仿真科学与技术及其军事应用丛书

国家自然科学基金项目(70901075)和军队科研项目资助
总装备部“双百计划”人才工程经费支持

基于 Agent 的作战建模

李雄 著

国防工業出版社
·北京·

内 容 简 介

基于 Agent 的建模，既是涉及复杂适应系统理论和人工智能科学的新兴交叉领域，也是仿真科学与技术的热点研究领域。基于 Agent 的作战建模，作为基于 Agent 建模的军事应用，为解决复杂作战系统建模难题提供了新途径。

本书分绪论、基于 Agent 作战建模的相关概念、基于 Agent 的作战建模框架、作战 Agent 模型、多 Agent 作战交互行为模型、基于 Agent 的作战建模 VV&A、基于 Agent 的作战建模平台、基于 Agent 的作战建模案例、基于 Agent 的网络中心战建模领域新挑战等 9 章，全面系统地研究了基于 Agent 作战建模的理论、方法、技术及应用。主要内容不仅是国内外本研究领域进展的体现，而且是作者近 10 年来作战建模研究的汇集，是作者负责的国家自然科学基金项目和多个相关军队科研项目成果的反映。

本书可作为高等院校仿真工程专业本科及相关专业研究生教学用书，也可供广大仿真建模研究人员参考。

图书在版编目(CIP)数据

基于 Agent 的作战建模/李雄著. —北京：国防工业出版社，2013. 8

（仿真科学与技术及其军事应用丛书）

ISBN 978-7-118-08694-2

Ⅰ.①基... Ⅱ.①李... Ⅲ.①软件工具－应用－作战模拟－研究 Ⅳ.①E83－39

中国版本图书馆 CIP 数据核字(2013)第 108356 号

※

国防工业出版社出版发行

（北京市海淀区紫竹院南路 23 号　邮政编码 100048）

北京嘉恒彩色印刷责任有限公司

新华书店经售

*

开本 710×960　1/16　**印张** 23¼　**字数** 408 千字

2013 年 8 月第 1 版第 1 次印刷　**印数** 1—3000 册　**定价** 48.00 元

（本书如有印装错误，我社负责调换）

国防书店：(010)88540777　　发行邮购：(010)88540776

发行传真：(010)88540755　　发行业务：(010)88540717

丛书编写委员会

总序

为了满足仿真工程学科建设与人才培养的需求，郭齐胜教授策划在国防工业出版社出版了国内第一套成体系的系统仿真丛书——“系统建模与仿真及其军事应用系列丛书”。该丛书在全国得到了广泛的应用，取得了显著的社会效益，对推动系统建模与仿真技术的发展发挥了重要作用。

系统建模与仿真技术在与系统科学、控制科学、计算机科学、管理科学等学科的交叉、综合中孕育和发展而成为仿真科学与技术学科。针对仿真科学与技术学科知识更新快的特点，郭齐胜教授组织多家高校和科研院所的专家对“系统建模与仿真及其军事应用系列丛书”进行扩充和修订，形成了“仿真科学与技术及其军事应用丛书”。该丛书共 19 本，分为“理论基础—应用基础—应用技术—应用”4 个层次，系统、全面地介绍了仿真科学与技术的理论、方法和应用，体系科学完整，内容新颖系统，军事特色鲜明，必将对仿真科学与技术学科的建设与发展起到积极的推动作用。

中国工程院院士

中国系统仿真学会理事长

李伯虎

2011 年 10 月

序 言

系统建模与仿真已成为人类认识和改造客观世界的重要方法，在关系国家实力和安全的关键领域，尤其在作战试验、模拟训练和装备论证等军事领域发挥着日益重要的作用。为了培养军队建设急需的仿真专业人才，装甲兵工程学院从 1984 年开始进行理论研究和实践探索，于 1995 年创办了国内第一个仿真工程本科专业。结合仿真工程专业创建实践，我们在国防工业出版社策划出版了“系统建模与仿真及其军事应用系列丛书”。该丛书由“基础—应用基础—应用技术—应用”4 个层次构成了一个完整的体系，是国内第一套成体系的系统仿真丛书，首次系统阐述了建模与仿真及其军事应用的理论、方法和技术，形成了由“仿真建模基本理论—仿真系统构建方法—仿真应用关键技术”构成的仿真专业理论体系，为仿真专业开设奠定了重要的理论基础，得到了广泛的应用，产生了良好的社会影响，丛书于 2009 年获国家级教学成果一等奖。

仿真科学与技术学科是以建模与仿真理论为基础，以计算机系统、物理效应设备及仿真器为工具，根据研究目标建立并运行模型，对研究对象进行认识与改造的一门综合性、交叉性学科，并在各学科各行业的实际应用中不断成长，得到了长足发展。经过 5 年多的酝酿和论证，中国系统仿真学会 2009 年建议在我国高等教育学科目录中设置“仿真科学与技术”一级学科；教育部公布的 2010 年高考招生专业中，仿真科学与技术专业成为 23 个首次设立的新专业之一。

最近几年，仿真技术出现了与相关技术加速融合的趋势，并行仿真、网格仿真及云仿真等先进分布仿真成为研究热点；军事模型服务与管理、指挥控制系统仿真、作战仿真试验、装备作战仿真、非对称作战仿真以及作战仿真可信性等重要议题越来越受到关注。而“系统建模与仿真及其军事应用系列丛书”中出版最早的距今已有 8 年多时间，出版最近的距今也有 5 年时间，部分内容需要更新。因此，为满足仿真科学与技术学科建设和人才培养的需求，适应仿真科学与技术快速发展的形势，反映仿真科学与技术的最新研究进展，我们组织国内 8 家高校和科研院所的专家，按照“继承和发扬原有特色和优点，转化和集成科研学术成果，规范和统一编写体例”的原则，采用“理论基础—应用基础—应用技术—应用”的编写体系，保留了原“系列丛书”中除《装备效能评估概论》外的其余9本，对内容进行全面修订并修改了5本书的书名，另增加了10本新书，形成“仿真科学与技术及其军事应用丛书”，该丛书体系结构如下图所示（图中粗体表示新增加的图书，括号中为修改前原丛书中的书名）：

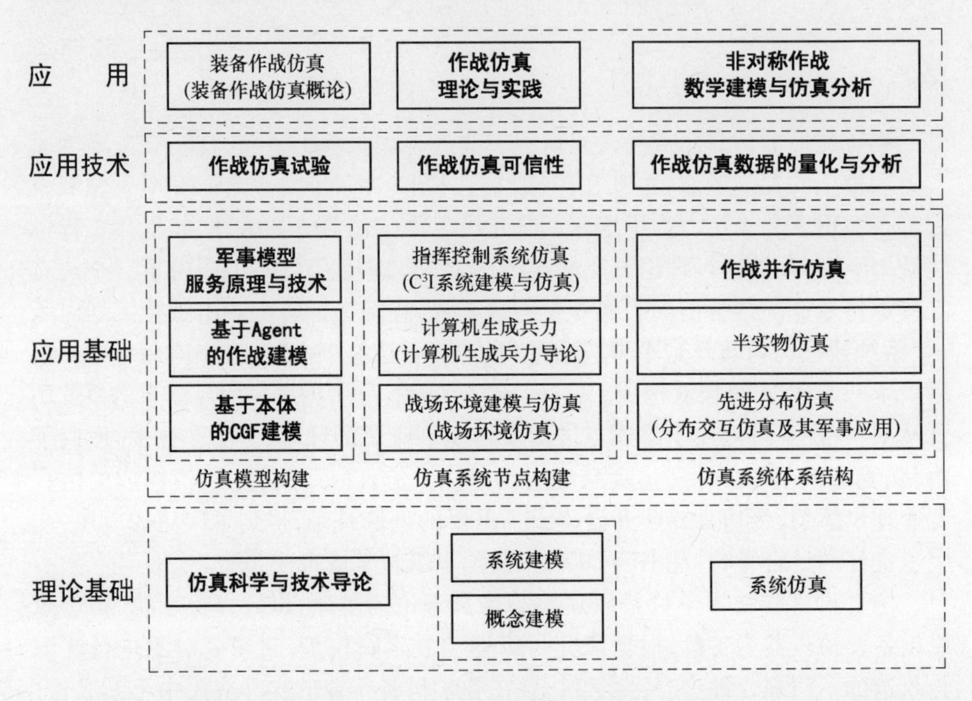

中国工程院院士、中国系统仿真学会理事长李伯虎教授在百忙之中为本丛书作序。丛书的出版还得到了中国系统仿真学会副秘书长、中国自动化学会系统仿真专业委员会副主任委员、《计算机仿真》杂志社社长兼主编吴连伟教授，空军指挥学院作战模拟中心毕长剑教授，装甲兵工程学院训练部副部长王树礼教授、装备指挥与管理系副主任王洪炜副教授和国防工业出版社相关领导的关心、支持和帮助，在此一并表示衷心的感谢！

仿真科学与技术涉及多学科知识，而且发展非常迅速，加之作者理论基础与专业知识有限，丛书中疏漏之处在所难免，敬请广大读者批评指正。

郭齐胜

2012年3月

总序

仿真技术具有安全性、经济性和可重复性等特点，已成为继理论研究、科学实验之后第三种科学研究的有力手段。仿真科学是在现代科学技术发展的基础上形成的交叉科学。目前，国内出版的仿真技术方面的著作较多，但系统的仿真科学与技术丛书还很少。郭齐胜教授主编的“系统建模与仿真及其军事应用系列丛书”在这方面作了有益的尝试。

该丛书分为基础、应用基础和应用4个层次，由《概念建模》、《系统建模》、《半实物仿真》、《系统仿真》、《战场环境仿真》、《C^3I系统建模与仿真》、《计算机生成兵力导论》、《分布交互仿真及其军事应用》、《装备效能评估概论》、《装备作战仿真概论》10本组成，系统、全面地介绍了系统建模与仿真的理论、方法和应用，既有作者多年来的教学和科研成果，又反映了仿真科学与技术的前沿动态，体系完整，内容丰富，综合性强，注重实际应用。该丛书出版前已在装甲兵工程学院等高校的本科生和研究生中应用过多轮，适合作为仿真科学与技术方面的教材，也可作为广大科技和工程技术人员的参考书。

相信该丛书的出版会对仿真科学与技术学科的发展起到积极的推动作用。

中国工程院院士

[signature]

2005年3月27日

序 言

仿真科学与技术具有广阔的应用前景，正在向一级学科方向发展。仿真科技人才的需求也在日益增大。目前很多高校招收仿真方向的硕士和博士研究生，军队院校中还设立了仿真工程本科专业。仿真学科的发展和仿真专业人才的培养都在呼唤成体系的仿真技术丛书的出版。目前，仿真方面的图书较多，但成体系的丛书极少。因此，我们编写了"系统建模与仿真及其军事应用系列丛书"，旨在满足有关专业本科生和研究生的教学需要，同时也可供仿真科学与技术工作者和有关工程技术人员参考。

本丛书是作者在装甲兵工程学院及北京理工大学多年教学和科研的基础上，系统总结而写成的，绝大部分初稿已在装甲兵工程学院和北京理工大学相关专业本科生和研究生中试用过。作者注重丛书的系统性，在保持每本书相对独立的前提下，尽可能地减少不同书中内容的重复。

本丛书部分得到了总装备部"1153"人才工程和军队"2110 工程"重点建设学科专业领域经费的资助。中国工程院院士、中国系统仿真学会副理事长、《系统仿真学报》编委会副主任、总装备部仿真技术专业组特邀专家、哈尔滨工业大学王子才教授在百忙之中为本丛书作序。丛书的编写和出版得到了中国系统仿真学会副秘书长、中国自动化学会系统仿真专业委员会副主任委员、《计算机仿真》杂志社社长兼主编吴连伟教授，以及装甲兵工程学院训练部副部长王树礼教授、学科学位处处长谢刚副教授、招生培养处处长钟孟春副教授、装备指挥与管理系主任王凯教授、政委范九廷大校和国防工业出版社的关心、支持和帮助。作者借鉴或直接引用了有关专家的论文和著作。在此一并表示衷心的感谢！

由于水平和时间所限，不妥之处在所难免，欢迎批评指正。

郭齐胜

2005 年 10 月

前 言

Agent是当前计算机科学领域中一个重要概念，它为刻画分布计算实体、分析复杂适应系统提供了合理的概念模型。将Agent与仿真建模技术有机结合起来，可充分而有效地利用知识的表示方法及推理方法等人工智能领域研究成果。当前，基于Agent的建模，已引起国内外科技界的高度重视。基于Agent的作战建模，是基于Agent建模技术在复杂作战系统建模中的应用，近年来已经成为军事研究的热点领域。

为了激发广大读者研究基于Agent作战建模的热情，共同推进军事仿真建模技术发展，作者紧密跟踪当前国内外本领域研究现状，在广泛阅读大量中外文献资料的基础上，结合自身学术科研成果，全面系统地研究了基于Agent作战建模的理论、方法、技术及应用。本书既属于“仿真科学与技术及其军事应用”专题系列，又自成体系，知识新颖，涉及面宽，内容丰富。

本书是在作者负责的国家自然科学基金项目“基于Meta - Agent交互链的作战系统建模研究”（编号:70901075）资助下完成的，撰写基础还包括作者主持完成的全军军事学研究生课题、军队武器装备科研项目。借本书出版之际，向国家自然科学基金委员会、军事科学院、总装备部机关表示衷心感谢。

本书的出版，还得到总装备部“双百计划”人才工程的大力资助，得到装甲兵工程学院、国防工业出版社各级领导和广大同仁的鼎力支持和热心帮助，在此特别鸣谢。

感谢我的博士导师徐宗昌教授、硕士导师黄侠峰教授、本科导师梁计春教授和“双百计划”带教导师肖田元教授、胡晓峰教授的谆谆教诲和提携帮带，感谢郭齐胜教授长期以来像导师一样给予我的技术指导和方法启迪，感谢国内外多位专家在课题研究和书稿撰写过程中给予的专业评审和中肯建议。

感谢课题组汤再江博士、董志明博士、付佳硕士、谢秀全硕士围绕本书内容开展的合作研究，感谢硕士生董斐、白桦、李智国在本书资料收集整理及文稿校对等方面的辛勤工作。

由于基于 Agent 的作战建模是一个学科跨度大、发展步伐快的新领域，加之作者水平有限，书中不妥之处在所难免，恳请广大读者批评指正。

李　雄

2012 年 10 月

目录

第1章

绪 论

1.1 作战与作战系统

1.1.1 现代条件下作战及其特点

作战(Warfare),是具有作战能力的各种作战单元,在一定的时间、空间和社会背景下进行的一种有组织的对抗性活动。在作战过程中,履行指挥员或战斗员职责的人及其操作控制下的武器装备,是作战实施的基本行为主体。

战场环境(Battlefield Environment),是战场及其周围对作战主体行为活动有影响的各种情况和条件的统称。随着世界新军事变革的深入发展,各国军队十分重视构成现代战场的五大重点发展领域,即5个战场职能的改进:赢得信息化战争;支配机动战;实施精确打击;保护部队;投送和维持兵力。这体现了现代条件下战场发展的基本框架,如图1-1所示。

从某种意义上讲,现代条件下作战的实质,就是为了打赢现代战争而依靠感知战场态势,投送兵力和维持兵力并同时保护部队,通过实施机动作战精确打击敌人。现代条件下作战的特点,主要包括以下几方面。

1.1.1.1 指挥决策速度快

为适应现代军队由机械化向“信息化+机械化”的方向发展,世界军事大国进一步加强部队的信息化建设,增加通用的数字信息装备,利用战术互联网在各级、各军兵种、各武器平台之间力求形成共同的战场信息感知能力,加

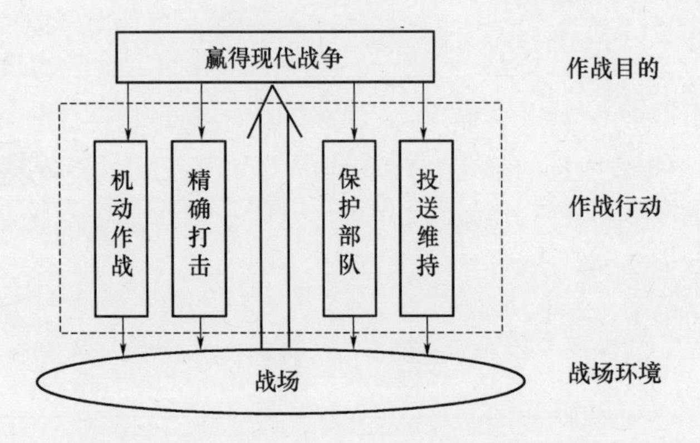

图 1-1　现代条件下战场发展的基本框架图

快决策和作战的速度,改进作战和保障行动的及时性与准确性,增强部队的战斗力。

(1) 以“无缝”连接形成指挥决策信息高速公路。随着指挥信息系统的高度成熟与发展,现代条件下作战,能实现侦察监视、情报收集、通信联络和指挥控制的无缝链接,可高度自动化地确保指挥员近实时地感知战场,定下决心,指挥部队和武器平台的作战与打击行动。现代战争中,通过运用指挥信息系统,可使部队指挥员观察战场和指挥作战的能力大幅度提高。

(2) 以实时态势感知加速指挥决策进程。在现代战场特别是战场核心区域,作战信息的优裕程度高,可获取的信息多,与信息共享能力相关的探测能力也相应得到提高,达成以通用作战图像为基础的共享态势感知,使战场向己方单向透明,提高指挥人员决策能力,在敌人的决策反应周期时间以内先敌发现,先敌了解,先敌决策,先敌行动,实施快速有效的打击。

1.1.1.2　作战行动控制好

控制的目的是更好地把握部队的作战行动。通过对作战目的、作战样式、打击方式、作战节奏、作战进程、作战时机、作战结局等全要素、全节点的控制,使部队的作战行动始终朝着预定和有利的方向发展。控制主要包括以下几个方面。

(1) 控制信息。控制信息是控制作战行动其他要素的基础和前提,是现代条件下作战的基本要求和基本手段。通过控制信息,使战场信息体系正常运转,产生应有的系统效果,有利于信息体系的对抗和信息优势的争夺。控制的主要环节是信息网络。信息只有通过有序流动才能产生应用价值。信息流动主要是通过信息网络。控制了信息网络,就等于控制了信息。控制的技术基础是先进的信息基础设施、先进的信息控制手段和有效的控制对策、方法。

(2) 控制力量。控制力量是对部队装备体系和作战人员的有效控制。现代战场上,由于作战力量的静态和动态情况主要通过网络获得,控制作战力量的手段主要通过网络实施,因此,对作战力量的控制在很大程度上取决于对网络的控制。各作战单位通过网络共享信息资源,信息流畅通无阻。

(3) 控制机动。控制机动是通过综合运用信息和机动能力,在整个作战空间的全高度和全纵深内,调动所有参战部队进行必要的和有利的军事行动,以作战力量的动态变化,赢得战场主动,控制作战节奏,夺取作战的胜利。控制机动的原则就是在准确的时间内,把准确的兵力兵器投送到准确的地点,并引导其对选定的要害目标进行准确的打击。

(4) 控制协同。现代战场上,要求在网络化作战条件下,部队每个作战单元进入一体化的知识基地,提取共享的作战条令和行动程序,这样使所有作战单元进行"自我协同"动作,实现指挥员总的作战意图,加快协同行动速度,以前所未有的规模和质量提高联合作战水平。

1.1.1.3 目标打击精度高

精确作战以获得好的效果,是未来战争的基本要求。其中精确打击是实现精确作战思想的主要打击方式。未来战场上作战部队的传感器网络要求大大改善情报、监视和侦察能力,以实时、准确的目标信息分配打击力量,指示打击平台,加上得到改进的信息化精确制导弹药,就可以用更少的弹药摧毁目标,实现对敌目标精确地探测、识别、跟踪、打击和毁伤评估。实施精确打击关键取决于以下 4 个要素。

(1) 目标探测精确。现代战场上,发现就意味着摧毁。因此,精确探测到目标,是精确打击目标的前提。由于目标的特征、机动、隐蔽、伪装等不断发生着变化,这就要求对目标的探测必须精确,进行连续的侦察监视,提供完整、准确的目标信息。

(2) 目标定位精确。准确掌握目标的方位,是精确打击的又一重要前提。目标定位分两类:第一类是固定目标的定位,一般情况下,只要精确测定目标的 GPS 坐标,就可以实施精确打击。第二类是运动目标的定位,必须准确获取目标的图像、方位、距离、特征等连续的实时信息,才能连续地准确定位。

(3) 武器制导精确。现代条件下作战,对目标的打击关键取决于武器制导技术的精确水平。精确制导武器最初的标准是 50% 命中概率。伊拉克战争中,美军使用的精确制导武器，命中概率基本达到80%以上，圆公算偏差缩小到1m～10m。精确打击要求体现距离可控、目标可选、手段可调等突出特点。在打击距离上，根据作战需要进行有效控制，既可近距离攻击，也可远距离打击；可全纵深、非接触打击，也可在接触战中使用直瞄武器；在打击方式上，可根据目标特征对打击手段和武器进行调整组合，综合使用各种不同平台发射，以形成最佳作战能力，对敌方重心进行"外科手术式"的点穴攻击。

(4) 毁伤评估精确。毁伤评估是对精确打击效果的评定。如果不能快速、及时、准确作出毁伤评估，就无法制定下一轮打击计划。现代条件下作战，交战双方行动转换迅速，战场态势瞬息万变，要求及时派出有效的侦察力量，对前一轮火力打击效果进行实地掌握，而后对目标毁伤情况进行分析判断，真正实现精确化火力打击。

1.1.1.4 战场生存能力强

新军事变革的成果主要体现在战争形态的变化上，正逐步推动机械化战争不断向信息化战争发展。基于这种新的战争形态，作战在样式、方法、物质基础等方面，具有与以往作战不同的特征。超视距的非接触交战和对信息基础设施进行的大规模攻防，已成为现代条件下作战的主要行动样式。在战斗地域进行的近距离交战，正逐步减少并可能最终退出战争的历史舞台。由此，战场生存能力也呈现新的特点，体现新的要求。

(1) 通过以"小行动"实现"大目标"，提高战场生存能力。现代条件下作战，层次模糊化、灵活化，要求以小的行动实现大的目标，从而提高部队的战场生存能力。信息化战争中，传统作战层次的划分将基本失去意义。战争与战役甚至战斗在目的与时空上更加趋同。由于大量信息化、智能化装备和系统的集中运用，使得精确打击能力获得更大幅度提高，小规模、高效益的作战行动就能有效达成一定的战役甚至战略目的。一个周密计划的战术行动可能就是一次战役甚至一场战争。这种特点，要求战术部队更加注重打击和防卫一体化，尤其是重点打击敌方和防卫己方关乎政治、经济和军事命脉的重要目标。通过战术部队的小行动和更短暂的进程，实现作战的有限目的，降低部队装备体系运用的危险性，降低被敌发现和杀伤的概率。

(2) 通过小型化、一体化编成，提高战场生存能力。现代战争中，要求编成小规模的高度一体化的部队，完成过去由数量庞大的军队才能完成的战役、战略使命。而且要求作战部队的建制规模更加小型灵巧，减少人员被杀伤的概率，提高机动作战能力。旅、营或更低级别的战术单位成为主要的作战建制，并可能出现按作战职能编成的小型作战群或一体化的小型联合体，实施真正意义上的一体化攻击和防卫,减少部队在战场上的暴露程度。

(3) 通过无人化平台的运用,提高战场生存能力。自从无人驾驶侦察机在阿富汗战争中应用以来,无人化平台得到各国军队的高度重视。目前,世界许多发达国家都在制定无人化平台发展计划。大量无人化平台可能在未来作战中大规模投放于战场,执行侦察探测、信息传递、破袭敌电子设备和武器系统,以及杀伤敌作战人员等任务。由此,可大大减轻部队人员和载人平台作战风险,提高作战行动的安全性。

(4) 通过地理分散配置,提高战场生存能力。现代条件下作战,战场范围广,空间大,但装备体系之间的联系紧密,部队野战生存要求突出。在现代战争中,由传感器、指挥机构、打击平台和保障装备构成的装备体系,在地理上大跨度地分散配置,变集中兵力为集中信息和火力,使得在特定地理范围内的高价值作战目标大为减少,从而大大降低受敌攻击的风险,也就大大增强部队的战场生存力和作战稳定性。

1.1.2 作战系统的相关概念

系统(System)是由相互联系、相互制约、相互依存的若干组成部分(要素)结合在一起,从而形成具有特定功能和作用(运动)规律的有机整体。系统中最小的即不需要再分的部分称为系统的元素或要素,还可以进一步分解的对象称为子系统。元素和子系统都是系统的组成部分,简称组分。组分及组分之间关联方式(系统把所有元素整合为统一整体的模式)的总和,称为系统的结构(Structure)。只要组分之间存在相互作用,就有系统结构。作战系统(Warfare System),即依托一定的战场环境,各作战主体相互关联形成的系统结构。

1.1.2.1 作战系统领域概念视图

分析作战系统,即可发现兵力组织和它的实际组元通过作战行动,受战场环境影响并作用于战场环境;而交互行为则处于作战系统领域概念的中心,反映了实际组元逻辑关系。作战系统领域概念视图如图 1-2 所示。其中:

(1) 兵力组织(Force Organization),是按作战需要规定的或用于试验研究编配的部队组织系统。

(2) 作战行动域(Warfare Action Domain),是涉及武器装备作战行动,与武器装备作战任务或活动相关的主题领域或知识领域。

(3) 实际组元(Real Component),是一种具有主动行为能力的兵力组织中实际要素和成员。组元具有粒度性,在平台级实体建模中,组元是单件武器装

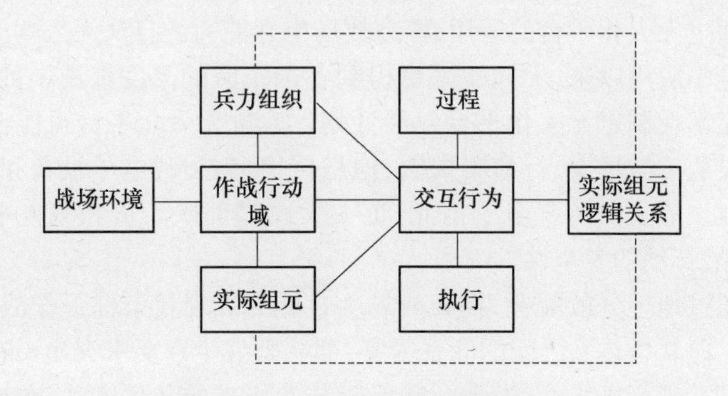

图 1-2　作战系统领域概念视图

备平台，即组元实体；在单元级实体建模中，组元是作战单元。各个组元在一定目标的导引下，按一定关系结成集体。

(4) 过程(Process)，是实际组元交互行为的持续活动，用以表示军事行动过程中的任务(Task)与子任务(Sub-Task)、活动(Activity)与子活动(Sub-Activity)或基本战术动作(Elementary Tactical Action)等，这些任务活动通过约束的满足和激励来推动整个军事行动或作战使命的实现。

(5) 交互行为(Interaction)，本质上是反映实体与实体、活动与活动、作业与作业或实体、活动、作业等概念内在联系的谓词。如实体相互间的消息传递、输入与输出等，它具体表现为发送或接收。

(6) 执行(Implementation)，是描述过程执行时所能完成的任务，对于可分解的任务或活动，执行可表示为一系列分解后的子任务或子活动，如果是不可再分解的活动或子活动，则表示为该活动或子活动的具体计算模型。

(7) 实际组元逻辑关系(Logistic Relationship between Real Components)，反映过程间的各种约束(Constraints)，主要表现为规则(Rules)。

1.1.2.2　作战行动域及其各层次概念

作战行动域，涉及作战行动样式、任务与子任务、基本战术动作(活动与子活动)等各个层次概念，如图 1-3 所示，其中：

(1) 作战行动样式(Warfare Action Type)，是按敌情、地形、气候及技术手段、作战行动内容等不同情况，对作战行动类型的具体划分。

具体的作战行动样式例子如表 1-1 所列。

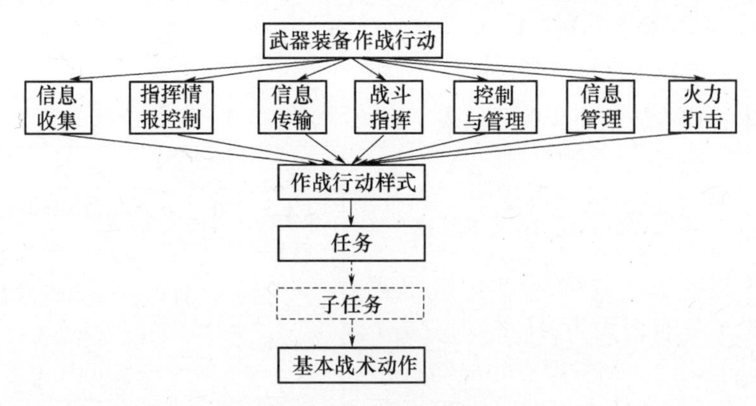

图 1-3 作战行动域图

表 1-1 作战行动样式实例

种类	作战行动样式	种类	作战行动样式
信息传输	无线电传输	战斗指挥	了解任务
			判断情况
	有线传输		定下决心
			下达命令
	卫星传输	火力打击	反坦克导弹火力超视距打击
	微波传输		坦克火力直瞄射击
			炮兵火力间瞄射击

(2) 任务(Task),是由一个实体或行为者为达到某种目标而要执行的一个或多个军事行动或军事作业。当触发条件满足时,行为者启动执行,在执行过程中,任务可能接收或消耗一个或多个输入,产生或递交一个或多个输出,改变一个或多个内部状态。执行一直持续到终止条件满足为止。

① 行为者(Actor),是占有、执行、引导或控制一个特定活动的实体。

② 触发条件(Entrance Condition),是行为者初始化、开始、重启动或继续一个活动的充分必要的一组状态或事件序列。

③ 终止条件(Exit Condition),是行为者终止、中断、结束一个活动的充分必要的一组状态或事件序列。

具体的军事任务例子如表 1-2 所列。

表 1-2 军事任务实例

行为者	活动(动作+实体)
侦察车	对敌目标实施警戒侦察
营长车	向全营下达战斗命令
坦克	冲击敌前沿阵地

(3) 子任务(Sub-Task),是对于完成任务的一段特定过程的描述。

(4) 基本战术动作(Elementary Tac-

tical Action),又称元动作(Meta - Action),或称操作(Operation),是可直接在环境中执行的最基本的活动行为。

具体的基本战术动作例子如表 1 - 3 所列。

表 1 - 3 基本战术动作实例

种类	基本战术动作名
侦察车警戒侦察	登记、标绘,向情报处理车报告
	机动至有利地形,待命
	机动至有利地形,隐蔽
营长车下达战斗命令	发布任务需求
	下达战斗方案
	调整战斗计划
坦克冲击	占领有利地形,掩护
	短停,射击
	行进间射击

1.1.2.3 实际组元逻辑关系

就作战系统领域而言,实际组元逻辑关系有且只有两大类:冲突(对立方)和同盟(同一方)。对立双方组元间目标对立,形成敌对的冲突(矛盾)。同一方组元间目标一致,但区分上下级及同级关系。上下级表征了指挥者与被指挥者之间的逻辑关系,具有军事命令特征,即被指挥者必须按照指挥者的命令行动;处于同级关系的组元在目标一致的前提下参与存在竞争活动的工作协调,以充分发挥自身能力,达成协同动作。

坦克营内武器装备实际组元之间的关系如图 1 - 4 所示。其中,规定横线表示实际组元指挥跨度,纵线表示指挥与被指挥的关系,省略号既表示省略部分组元,又表示组元之间协同动作。

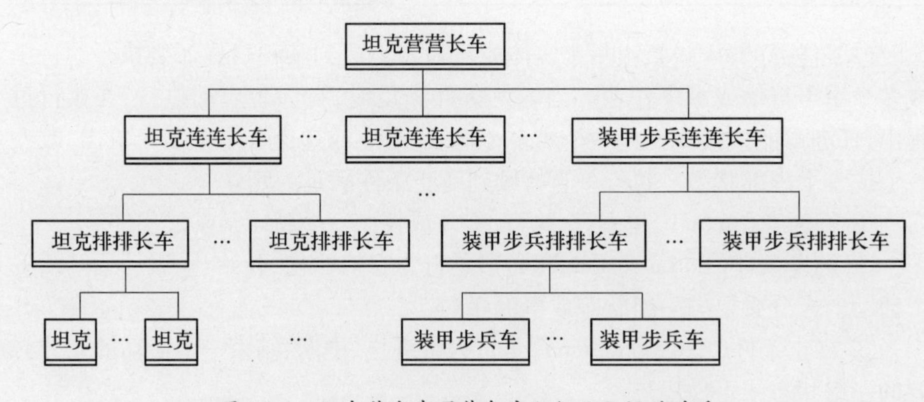

图 1 - 4 坦克营内武器装备实际组元之间的关系

由图 1 - 4 可以看出,多个同级组元共受一个上级组元指挥时,它们既服从上级组元的命令,又通过相互间的协作性竞争争取任务的赋予,发挥其能力。正是通过实际组元之间形成的逻辑关系,表达了实际组元交互行为,并将各个实际组元耦合在一起,构成了兵力组织。

1.2 作战建模及其基本方法

1.2.1 作战建模的基本概念

1.2.1.1 模型及作战模型

模型(Model),是对一个系统、实体、现象或过程的物理的、数学的或者逻辑的描述。模型是人们依据研究的特定目的,在一定的假设条件下,再现原型(Prototype)客体的结构、功能、属性、关系、过程等本质特征的物质形式或思维形式。模型表达的物质形式,如沙盘、态势图等;思维形式,如方程式、程序框图等。

模型既是研究对象,是理解和反映客观事物形态、结构、行为和属性的一种形式;模型又是研究手段,提供一种处理或简化复杂问题的方法。但模型只是对客观事物的简化反映和抽象,是对实际原型的模仿,不是"原型的重复",而是根据不同的使用目的,选取原型的若干侧面进行抽象和简化(也有可能放大),在这些侧面,模型具有与原型相似的数学描述或物理描述。

作战模型(Warfare Model)是作战过程的抽象,是作战过程的一种物理的、数学的或其他方式的逻辑表达。在军事上用来研究以作战为目的的模型,均可称为作战模型。

根据对现实世界的抽象程度,在计算机技术领域中的模型,一般可以划分为3个层次,即概念模型、数学模型和软件模型。同样,按照对现实军事世界(即实际作战系统)的抽象程度,作战模型可以划分为3个层次,即概念模型、数学模型和软件模型。

(1) 概念模型(Conceptual Model)。概念模型是对实际作战系统的第一次抽象,它作为作战模拟系统开发的参照系,抽取出与军事任务执行有关的重要作战实体及其主要作战行动和交互的基本信息,陈述作战模型的内容和内部表示法。通过概念模型,模拟开发人员可获取所模拟的实际作战系统问题或过程的细节信息,以便于进行作战模拟系统的对象分析和模型构建;领域专家可了解作战模拟系统的内部结构,以便于对系统进行证实。

(2) 数学模型(Mathematical Model)。数学模型是用数学语言描述的一类模型。数学模型可以是一个或一组代数方程、微分方程、差分方程、积分方程或统计学方程,也可以是它们的某种适当的组合,通过这些方程定量地或定性地描述作战系统各变量之间的相互关系或因果关系。除了用方程描述的数学模型外，还有用其他数学工具，如代数、几何、拓扑、数理逻辑等描述的模型。需要指出的是，数学模型描述的是作战系统的行为和特征而不是作战系统的实际结构。数学模型在概念模型简化的基础上，进行进一步抽象，对相关的作战任务空间要素的关系进行量化和函数化描述，为构建软件模型奠定基础。

(3) 软件模型(Software Model)。这里提到的软件模型，特指计算机软件程序模型，是通过数字计算机、模拟计算机或混合计算机上运行的程序表达的模型。软件模型可以采用特定开发语言的语法规则，也可以采用伪代码，其目的是用特定的数据类型和算法对数学模型的实现，向程序员传递数据类型和算法的信息。软件模型由系统分析人员在程序的详细设计阶段统一构建，而后由程序员采用适当的仿真语言或程序实现，同时也可作为验证代码正确性的参照。通过软件模型，来实现作战模型对实际作战行动的模拟。

1.2.1.2 作战模拟及作战建模

由于“模拟”(Simulation)与“仿真”(Emulation)可统归于“仿真”范畴，且都可用 Simulation 一词来代表，作战模拟(Warfare Simulation)有时也被人们称为作战仿真。作战模拟，是建立系统、过程、现象和环境的模型，并在一段时间内运行模型，用于分析、测试、人员训练和决策支持的过程，以揭示作战过程的基本规律的一种方法。

现代作战模拟，按模拟规模可分为 4 种类型，即技术模拟、战术模拟、战役模拟和战略模拟；按模拟用途，可分为 3 种类型，即研究型作战模拟、训练型作战模拟和辅助决策型作战模拟；按实现方法，可分为 3 种类型，即真实模拟、虚拟模拟、结构模拟。

从上述作战模拟概念可看出，建立系统、过程、现象和环境的模型，实际上就是作战建模(Warfare Modeling)。由于作战模型最能反映作战模拟的基本特征，因此，一定程度上可以说，建立作战模型是作战模拟的核心内容和关键环节。广义上的作战建模，也可以看做是作战模拟。

作战建模的基本思想是，根据相似性原理、模型理论、系统理论，以信息技术及军兵种战术和武器技术为基础，以计算机和专用设备为工具，采用一定的模型对现实作战过程进行简化抽象表示。实际作战过程中的各种作战活动，都可以用一定的模型加以表述。开展对这些模型的研究，用于揭示作战过程的基本规律。

作战建模作为研究作战问题的基本方法，越来越受到人们的重视。通过作战建模，可论证武器装备体系、探索作战运用方法、演示作战概念和指挥体系、评估武器装备效能和作战行动效能、训练武器装备操作人员和作战指挥员等，最终达到提高军队战斗力的目的。

1.2.2 作战建模的基本方法

1.2.2.1 古代作战建模方法

古代作战建模方法尽管很原始,但从这种很原始方法的萌芽中仍然可以折射出现代作战建模方法的影子,对于我们从历史方法论的视角透视现代作战建模,仍然具有十分现实的意义。特别是许多方法像兵棋推演、沙盘推演、实兵演习、图上作业等至今仍是比较有效的作战模拟方法,也仍在变化形式后被继续沿用。

1. 智力推演方法

早在原始社会,各部落首领们为了使本部落在部落间纠纷争斗中取胜,常常给下属传授角斗、射术这些技艺。于是,较为原始的战斗模拟就开始萌芽了。练习角斗,用于模拟作战技术;练习射术用的靶子,用于模拟敌人。随着战争形式的不断演变,开始出现战术,形成了以阵法演练形式模仿作战实施的原始智力推演方法。

至春秋战国时期,军事家们更加关注智力推演模拟中的定量分析。孙武提出的“十则围之,五则攻之,倍则分之”,强调了战争中量的概念;孙膑在协助齐国大将军田忌与齐威王进行的“田忌赛马”中,运用了对策论思想。更为具有代表意义的智力推演方法,是墨子和发明云梯的公输般当着楚王的面,“解带为城,以碟为械”进行了攻防作战模拟,结果“公输般九设攻城之机变,墨子九距之”。墨子止楚攻宋的模拟推演,可以看作是最早用于谋略阶段作战模拟智力推演的方法。

2. 沙盘推演方法

古代作战中,军事首领常用小石块或其他标记布置在地面上或者粗糙原始的地图上来表示己方和敌方军队的位置和运动,然后推测敌人可能的行动,把采取的应对战术轮廓勾画出来,以此来推断作战发展的进程和结果。这就是辅助指挥员进行作战筹划的最初的沙盘模型。

中国南朝宋范晔撰《后汉书·马援传》有记载:汉建武八年(公元32年)光武帝征伐天水、武都一带地方豪强隗嚣时,大将马援“聚米为山谷,指画形势”,使光武帝顿有“虏在吾目中矣”的感觉,这就是最早的沙盘作业。

1811年,普鲁士国王菲特烈·威廉三世的文职军事顾问冯·莱斯维茨男爵,用胶泥制作了一个精巧的战场模型,用颜色把道路、河流、村庄和树林表示出来,用小瓷块代表军队和武器,用来进行军事游戏。后来,冯·莱斯维茨的儿子约翰·冯·莱斯维茨利用沙盘、地图表示地形地貌，以算时器表示军队和武器的配置情况。这种"战争博弈"就是现代沙盘作业。

19 世纪末和 20 世纪初，沙盘主要用于军事训练，第一次世界大战后，才在实战中得到广泛运用。沙盘，是根据地形图、航空相片或实地地形，按一定的比例关系，用泥沙和其他材料堆制的模型。借助于实测地图的准确数据，可以制作地形沙盘模型，实现对实际地形的比例复制，而使用各种实物模型象征着实际地物，从而完成作战双方的兵力部署，继而推演双方战场态势的发展变化。

随着电子计算技术的发展，出现了模拟战场态势的新技术，为研究作战提供了新的手段。电子沙盘应运而生，它通过真实的三维地理信息数据，利用先进的地理信息技术，能实时动态查找每一个点的地理信息，如三维坐标、高度、坡度、河流、道路及各种人工军事工程与设施等信息。

3. 兵棋推演方法

兵棋实际上是一种策略游戏，被称为战争游戏。最原始的兵棋可以算是沙盘模拟。兵棋不同于沙盘之处在于它需要设置实际的数据，如地形地貌对于行军的限制和后勤的要求，不同的军兵种和武器装备的战斗力，不同规模和军兵种间的战役的伤亡数据等。有了这些数据，就相当于有了游戏规则的限制，然后游戏双方通过排兵布阵的调度，进行模拟的战争游戏。

兵棋推演的历史可以溯源到 4500 年前，中国人开始使用石块和木条等在地面上对弈的方法演示阵法、研究战争。为了训练双方指挥员智力，将部队编制形象地表示为车、马、炮、卒、士、象、帅、将、王、后等棋子，将地形描述为河川堡垒等，将部队行动抽象为若干规则，发明了模拟作战的兵棋，如中国象棋、围棋等，成为一种双方斗智的游戏。古老的中国围棋仅有黑、白两种棋子，却体现了包围、声东击西、突入敌阵、追击、撤退、弃子等全局思想和作战原理。

现代类型的兵棋由冯·莱斯维茨于 1811 年发明，它通常包括一张地图、推演棋子和一套规则，通过回合制进行一场真实或虚拟战争的模拟。地图一般是真实地图的模拟；推演棋子代表各个实际参加作战的战斗单位；规则是按照实战情况并结合概率原理设计出来的裁决方法。1816 年，冯·莱斯维茨的儿子约翰·冯·莱斯维茨中尉在斯德丁第二炮兵大队表演了他改进过的这种推演方法，从此兵棋作为军官训练和计划作战的一种新手段在普鲁士步入正轨。到 19 世纪末叶，兵棋推演得到广泛应用。特别是在第一次世界大战期间，兵棋推演已进入欧美一些国家军队院校课程教学。

20 世纪末以来，随着信息技术的进步，使用具有计算快速、数据统计精准的计算机系统进行推演成为兵棋推演的主要发展方向。计算机兵棋推演首先将作战部队的体制编制、武器系统、战术行为等逐一量化，换算成参数输入计算机数据库中;推演过程中,调用作战双方的各类参数及战场环境数据,模拟交战进程。

4. 实兵演习方法

实兵演习,是为了达到研究战争目的,在实际环境下,有真实兵力参加的作战模拟。实兵演习是一种具有悠久历史的作战模拟方法,它伴随着战争的出现而产生,随着战争实践和武器装备的发展而发展。早在原始社会晚期就出现了实兵演习的萌芽,夏、商时期人们常以围猎形式组织实兵演习,从春秋战国时期开始人们常组织实施各种实兵对抗演习,研究多种战术战法。

实兵演习区别于其他模拟方式的关键在于"真实性"。实兵演习以满足实战要求为其根本出发点,以现实的军事斗争情况为基础和依据,演习的情景和行动逼真、贴近实战,能使首长、机关的实际组织指挥能力和部队的实际作战能力,都得到比较充分的锻炼。由于是最接近实战的模拟形式,实兵演习至今仍是部队提高官兵军事素质的重要途径。

但由于动用真实的部队、武器装备,实兵演习还有几个固有缺陷难以克服:①筹划、组织、实施和保障都非常复杂;②耗费时间、资源、财力都很大;③伤亡难以控制和确定;④裁决也带有较高的主观性。因此,实兵演习通常主要是在战术层次和有限的战役层次上组织实施。

5. 图上作业方法

图上作业是运用标绘在简易地图上的不同颜色、不同形状的符号、图形、器具分别表示模拟对抗双方的指挥所、兵力所在地、主攻助攻方向、障碍物等,而在图上对对抗双方作战企图进行判别推演的一种方法。现在这种方式在作战模拟推演过程中,尤其是在作战组织计划阶段仍然广泛使用,各种符号也主要演化为现在军队使用的各种军标符号。

图上作业首先是要进行地形略图的绘制,标上作战地区要出现的村庄、道路、水系、桥梁、森林等;其次是战术标图,将敌情、我情、首长决心和战斗经过情况等标绘于图上,以供及时了解敌情变化,明确作战部署和战斗进程。图上作业的关键是熟练使用军标符号,根据地图判断敌我位置,标记进军路线,测量距离,推算火炮范围角度以及火力网衔接范围等方面内容。

在单方进行的图上作业中,对阵双方由单方局中人扮演,交替地代表双方考虑指挥控制、兵力调度、战法运用等问题。双边图上作业用于模拟双方军事对抗。在开放式双边图上作业中,对阵双方围在同一地图前,在能相互了解对手的情况下进行推演。封闭式双边图上作业模拟近似于实战情况,对阵双方均必须等待来自控制人员的反馈信息来了解战场态势,并据此作出反应。

图上作业的优点:①相比实兵演习而言,组织实施灵活方便,成本低;②可模拟如何对战场态势进行精确控制和管理，特别是在模拟复杂条件下作战及面向未来作战时，它所提供的训练机会更是野战演习不能相比的；③便于指挥员把自己的经验充分融入到作战模拟中去，便于充分发挥其想象空间，去模拟敌我行动。

当然，若是传统的图上作业，则存在以下缺点：①不具有实兵演习那种实战感，大有纸上谈兵的感觉，如果不具有一定的作战经验，模拟的效果不理想；②这种方法需完成大量的手工作业，如标图、态势评估及复现演习过程等；③对图上作业的技术要求比较高，一根直线的斜率出现失误都有可能导致作战的失败；④图上作业还需考虑自然气候等方面的因素，不能只凭比例尺量图上距离来推算作战时间。

随着电子计算机技术的飞速发展，出现了以数字化计算机作战模拟决心图的形式，由此，传统的纸质图上作业发展为计算机图上作业，成为指挥员进行作战筹划更强有力的决策辅助工具。

1.2.2.2 近现代作战建模方法

1. 兰彻斯特微分方程建模方法

在作战建模领域，是否可以建立包含兵力（火力）集中效应测度的数学方程，以描述和预测战斗的进程和结局，定量分析在什么条件下数量居于劣势的部队能击败数量居于优势的部队？这是一个自古以来长期困扰军事指挥员的难题。

英国汽车工程师、流体力学专家和运筹学专家兰彻斯特（Lanchester）于1914年9月~12月间，在英国《Engineering》杂志上发表了一系列有关飞机运用和空战的论文，在这些论文的基础上，又于1916年在伦敦出版了专著《Aircraft in Warfare, The Dawn of the Fourth Arm》（战争中的飞机，第四种武装的出现）。在上述文献中，兰彻斯特提出了对战斗过程中对抗双方的力量和数量关系进行系统的数学分析的微分方程，这些微分方程后来被命名为兰彻斯特方程。

在各种不同条件下进行的作战过程，需要用不同形式的兰彻斯特方程予以描述，但其最基本的形式仍然是兰彻斯特线性律和兰彻斯特平方律。

设x_0，y_0为$t=0$时刻的初始兵力，x，y为交战双方在t时刻的瞬时兵力，即

$$x_0 = x|_{t=0} = x(0), x = x|_{t=t} = x(t)$$
$$y_0 = y|_{t=0} = y(0), y = y|_{t=t} = y(t)$$

设α为红方的兵力损耗概率系数，β为蓝方的兵力损耗概率系数，t为时间

变量。

针对同兵种、损耗系数为常数、能进行直接瞄准的一对一格斗作战过程(如步兵对步兵、坦克对坦克的格斗),采用兰彻斯特第一线性律方程:

$$\begin{cases} \dfrac{\mathrm{d}x}{\mathrm{d}t} = -\alpha \\ \dfrac{\mathrm{d}y}{\mathrm{d}t} = -\beta \end{cases}$$

若战斗双方进行远距离的间瞄射击,火力集中在已知战斗单位的集结地区,不对个别目标实施瞄准,集结地域大小几乎与部队的集结数量无关,采用兰彻斯特第二线性律方程:

$$\begin{cases} \dfrac{\mathrm{d}x}{\mathrm{d}t} = -\alpha xy \\ \dfrac{\mathrm{d}y}{\mathrm{d}t} = -\beta xy \end{cases}$$

第一线性律与第二线性律战斗过程的状态方程形式完全一样,均为

$$\beta(x_0 - x) = \alpha(y_0 - y)$$

利用第一线性律与第二线性律对作战结局的预测分析一致,但双方瞬时兵力函数表达式不同。

若满足以下条件的作战过程均可用兰彻斯特平方律加以描述:

(1) 作战双方中每一方都拥有大量使用同类武器的成员参加战斗;

(2) 作战双方任何一个作战单位都处于暴露状态且处于对方的视线和武器射程之内;

(3) 每一个作战单位射击对方任何一个作战单位的机会大体相等(不预先进行目标分配);

(4) 在给定时间内双方都进行了一定数量的有效射击并能确认双方有哪些成员被消灭。

兰彻斯特平方律方程:

$$\begin{cases} \dfrac{\mathrm{d}x}{\mathrm{d}t} = -\alpha y \\ \dfrac{\mathrm{d}y}{\mathrm{d}t} = -\beta x \end{cases}$$

双方兵力在作战过程中满足的状态方程为

$$\alpha(y_0^2 - y^2) = \beta(x_0^2 - x^2)$$

2. 蒙特卡罗仿真建模方法

蒙特卡罗方法,也称统计模拟方法,或称计算机随机模拟方法。这一方法源于美国在第二次世界大战中进行的研制原子弹的“曼哈顿计划”。该计划的主持人之一、数学家冯·诺伊曼用驰名世界的赌城——摩纳哥的 Monte Carlo——来命名这种方法,为它蒙上了一层神秘色彩。

蒙特卡罗方法是20世纪40年代中期由于科学技术的发展和电子计算机的发明,而被提出的一种以概率统计理论为指导的一类非常重要的数值计算方法,是指使用随机数来解决很多计算问题的一种方法。其基本思想是当所要求解的问题是某种事件出现的概率,或者是某个随机变量的期望值时,它们可以通过某种“试验”的方法,得到这种事件出现的频率,或者这个随机变数的平均值,并用它们作为问题的解。

1950年,美国人约翰逊最早提出了用蒙特卡罗法来描述作战过程。建立一个蒙特卡罗作战仿真模型的关键是对作战诸要素的空间关系、时间关系以及相互作用的描述。蒙特卡罗方法的计算机实现,核心是将现实世界用模块化的语言加以描述,形成随机型模拟模型,来表达战斗过程中的各种要素、各要素之间的关系、要素的行为、由行为产生的事件以及由事件引起的要素的行为或状态变化。

上述这种行为或状态的变化,往往是通过研究相应过程的统计性质,确定它们所遵从的分布规律,由产生的随机数来确定的。产生随机数的常用方法有物理方法和数学方法。

抛硬币、掷骰子等,就是最常用的物理方式产生随机数的方法。该方法的特点是:产生随机数代价高昂、不能重复、使用不便,但随机特性好。

例1-1 在红方某前沿防守地域,蓝方以1个炮排(含两门火炮)为单位对红方进行干扰和破坏,为躲避红方打击,蓝方对其指挥所进行了伪装并经常变换射击地点。经过长期观察发现,红方指挥所对蓝方目标的指示有50%是准确的,而红方火力单位在指示正确时,有1/3的射击效果能毁伤蓝方1门火炮,有1/6的射击效果能全部消灭蓝方。可采用物理方式产生随机数的方法,模拟红方实施10次打击行动的动态过程。

鉴于目标指示正确与否的概率都是1/2,可用抛硬币来模拟目标指示,规定抛出结果是硬币正面朝上为指示正确,反面朝上为指示不正确;同理,可用掷骰子来模拟毁伤目标情况,规定骰子掷出结果1、2、3点为没击中,4、5点为毁伤1门火炮,6点为毁伤2门火炮。由此,把红方10次射击的过程动态地显现出来,如表1-4所列。

表1-4　物理方法产生随机数仿真10次射击动态过程

试验序号	投硬币结果	指示正确	指示不正确	掷骰子结果	消灭蓝方火炮数		
					0	1	2
1	正	√		1	√		
2	正	√		4		√	
3	反		√		√		
4	正	√		4		√	
5	正	√		2	√		
6	反		√		√		
7	正	√		3	√		
8	正	√		6			√
9	反		√		√		
10	反		√		√		

从上面的仿真试验结果可以看出:在10次射击中,有3次为有效射击,故有效射击的比率为3/10=0.3,无效射击的比率为0.7;毁伤蓝方0门、1门、2门火炮分别为7次、2次、1次,故10次射击平均每次毁伤蓝方火炮数为

$$E=0\times\frac{7}{10}+1\times\frac{2}{10}+2\times\frac{1}{10}=0.4$$

理论计算和仿真试验结果的比较如下表1-5所列。

表1-5　理论计算和仿真试验结果对比

分类＼项目	无效射击比率	有效射击比率	每次射击平均毁伤目标数
仿真试验	0.7	0.3	0.4
理论计算	0.75	0.25	0.33

虽然仿真试验结果与理论计算存在差异,但它却能更加真实地表达实际的战斗动态过程。当然,若仿真试验的次数足够多,则其结果将与理论计算值趋于一致。

数学方法产生随机数是按专门的程序由计算所得。这种方法的特点是:能够快速产生随机数,并且特别适用于计算机仿真。

例1-2　红方火炮对目标射击的命中率为$P=0.4$,现对目标射击10次。可通过数学方法随机数,模拟其射击的动态过程。

采用数学方法产生10个[0,1)区间上均匀分布的随机数$\xi_1, \xi_2, \cdots, \xi_{10}$。若$\xi_i \leqslant 0.4$则认为射击命中,否则为不命中。其过程如表1-6所列。

表1-6 数学方法产生随机数仿真10次射击动态过程

序号	1	2	3	4	5	6	7	8	9	10
ξ_i	0.438	0.374	0.516	0.295	0.812	0.271	0.219	0.673	0.417	0.198
命中情况	×	√	×	√	×	√	√	×	×	√

从比较结果可看到第2、4、6、7、10次射击命中,其余没有命中。有效射击比率为5/10=0.5。用蒙特卡罗法进行仿真试验,动态地显示了红方火炮10次射击过程。

3. 指数法

指数法是在多军兵种参加、使用多类武器装备作战过程中用来统一战斗效能度量标准的方法,主要用于描述一些较大规模的战略或战役模型及野战训练模型。它为一些不易用数字描述的因素,如训练水平、士气、指挥员的指挥能力等进行量化处理提供了方便,是一种辅助决策的有效手段。

作为用于在作战建模中确定各项数值的一种方法,指数法最早由美国陆军退休上校杜派(T. N. Dupuy)于1964年提出,因而在作战建模领域,指数法常称为“杜派指数法”。

1964年,杜派与同事为美国陆军战斗发展司令部开展了一项“武器杀伤力的历史发展趋势”研究。杜派考察了从古到今各类武器的物理属性与能力,然后把它们结合到一个经验公式中,得到历史上各种武器的假设杀伤力指数(Theoretical Lethality Index, TLI)。考虑到军队因疏散程度大幅度提高而导致战场伤亡率减少的事实,杜派用TLI除以疏散因子,得出武器实际杀伤力指数(Operational Lethality Index, OLI)。

杜派还对地形、气象、天候及部队的精神状态、训练水平、领导能力、后勤条件等可能影响武器效能的因素,给以特定的数值表达,然后乘以OLI,得出部队的总战斗潜力。各方总战斗潜力的比,就是军队的战斗力指数。

由于指数法能够等效地反映诸兵种合成及各类武器组合时的双方兵力比,以及它具有结构简单、反应快速、通俗易懂、便于在计算机上实现等突出优点,因而在作战建模中得到了较为广泛的应用。可利用历史数据,采用指数法综合计算出等效战斗力指数。一些文献给出了某些陆战武器装备战斗力指数的历史数据,如表1-7所列。

表 1-7　某些陆战武器装备战斗力指数的历史数据

陆战武器装备类型	单件武器装备战斗力指数	数量	总指数
某型步枪	1.2	6000	7200
某型机关枪	6.0	150	900
某型机关炮	24.1	250	6025
某型迫击炮	120.0	50	6000
某型坦克	450.5	200	91100
…	…	…	…

尽管作战建模研究人员为找到合理确定指数的方法进行了不懈努力，使指数法在近些年有了不少的改进，但由于指数法在描述模型时过于简单和粗糙，因而在其使用时仍受到了一定的限制。

4. 计算机仿真建模方法

1946 年出现电子计算机后，作战模拟产生了质的飞跃。计算机仿真（Computer Simulation），有时又被称为计算机模拟，是一种在计算机上“复现”真实系统的活动。计算机仿真技术是以数学理论、相似原理、信息技术、系统技术及其应用领域有关的专业技术为基础，以计算机和各种物理效应设备为工具，利用系统模型对实际的或设想的系统进行试验研究的一门综合性技术。计算机仿真系统不同于普通数值计算，它具有专门配置的软件系统，具有模型研究者参与活动的良好的人机界面，能为系统的研究和最优方案的搜索创造良好的条件。

广义上的计算机仿真，是指计算机化的或基于计算机仿真技术的仿真，它实际包括了蒙特卡罗计算机随机模拟（依托计算机以数学方法产生随机数并实现动态仿真试验），也包括了下面要介绍的虚拟现实模拟。

一般地说，采用计算机作战仿真有 3 种主要的形式：人不在回路、人在回路以及混合方法。混合方法就是前两种方法的结合运用。人不在回路方法中，人以作战模拟的研究者或者控制者身份出现，而具体的模拟任务则在作战模拟的回路之中，即人在把需要研究的对象设计好放入模拟系统之中并提供相应的边界条件、想定条件以及输出条件之后，所有的模拟过程便由计算机模拟系统自行完成。人在回路方法中，“人”是作战模拟的内部组成部分和必要环节，即“人”与系统一起创造了一个虚拟的环境，一起完成整个模拟任务，以达到模拟的目的。

计算机仿真建模，即计算机仿真中模型构建。依靠计算机仿真建模方法，人们把作战思想、作战行动用数学方法或半经验半理论的方法描述出来，为采用计算机进行作战过程的推演和作战方案的优选服务。它是一种运用系统工程、运筹学理论和计算机科学与技术,建立计算机化的作战仿真模型,描述作战过程各种活动和事件的作战建模方法。

5. 虚拟现实模拟方法

虚拟现实(Virtual Reality, VR),有人称之为灵境,是目前计算机领域的热点之一。它是一种可以创建和体验虚拟世界的计算机系统。虚拟世界是全体虚拟环境或给定仿真对象的全体。虚拟环境是由计算机生成的,通过视、听、触觉等作用于用户,使之产生身临其境的感觉的交互式视景仿真的大型综合集成环境。虚拟现实具有以下基本特征:

(1) 沉浸感(Immersion):又称临场感,指用户作为主角存在于虚拟环境中的真实程度。理想的虚拟环境应该达到使用户难以分辨真假的程度(例如可视场景应随着视点的变化而变化)。

(2) 交互性(Interaction):指用户对虚拟环境内的物体的可操作程度和从环境得到反馈的自然程度(包括实时性)。

(3) 想象力(Imagination):指用户沉浸在多维信息空间中,依靠自己的感知和认知能力全方位地获取知识,发挥主观能动性,寻求解答,形成新的概念。

一般来说,一个完整的虚拟现实系统由虚拟环境、以高性能计算机为核心的虚拟环境处理器、以头盔显示器为核心的视觉系统、以语音识别、声音合成与声音定位为核心的听觉系统、以方位跟踪器、数据手套和数据衣为主体的身体方位姿态跟踪设备,以及味觉、嗅觉、触觉与力觉反馈系统等功能单元构成。

1.3 作战建模中的复杂性问题

1.3.1 复杂系统、作战复杂性及复杂作战系统

1.3.1.1 复杂系统

复杂系统(Complex System)是相对简单系统而言的。美国的《科学》杂志1994年出版的“复杂系统”专辑中对“复杂系统”的定义是:通过对一个系统的分量部分(子系统)性质的了解,不能对系统的性质做出完全的解释,这样的系统称为“复杂系统”。该定义的内容实质是,整体的性质不等于部分性质之和,系统的整体与部分的关系不是线性关系。

胡晓峰教授等进一步指出,非线性只是复杂性中的一种,其余的还有远离

平衡态、混沌、分形、模糊性等，都是复杂性在某些方面的某种表现。复杂系统首先是系统，应该满足系统的基本性质；其次是具备复杂性，必须具备复杂系统所特有的性质。这些性质最主要的体现在适应性、不确定性和层次涌现性3个方面。

著名的系统工程大师钱学森还曾定义了复杂巨系统的相关概念。如果子系统种类很多并有层次结构，它们之间关联关系又很复杂，这就是复杂巨系统；如果这个系统又是开放的，就称作开放的复杂巨系统。可把通常说的社会系统视为开放的特殊复杂巨系统，其开放性指系统与外界有能量、信息或物质的交换，即系统与系统中的子系统分别与外界有各种信息交换，系统中的各子系统通过学习获取知识；其复杂性可概括为：①系统的子系统间可以有各种方式的通信；②子系统的种类多，各有其定性模型；③各子系统中的知识表达不同，以各种方式获取知识；④系统中子系统的结构随着系统的演变会有变化，所以系统的结构是不断改变的。

从组织行为的角度看，复杂系统是人类社会活动（包括军事行动）的主要组织形式。可以认为，复杂系统是指由相互交互主体（或者是进程、元素）组成的网络，其中所有单个主体的活动使系统具备了动态、聚合的行为。由此，复杂系统往往表现出以下两个最基本的属性与机制：

（1）聚合性（Aggregation）：单个主体之间相互交互的综合作用，导致系统出现聚合行为，这就是“涌现”（Emergence）现象，即宏观系统在微观主体交互中进化的基础上，出现“宏观层次”结构和性能上的突变。

（2）非线性（Non-linearity）：复杂系统由大量的部分组成，各个部分之间的交互不是线性的。

1.3.1.2 作战复杂性

胡晓峰教授等分析了产生作战复杂性问题的原因。系统要素多、组合复杂，是形成复杂系统的前提条件，而系统相互作用、互相适应及动态演进过程，才是形成复杂系统的原因。换句话说，系统的复杂性真正在于其行为的复杂上。对于作战系统而言，作战复杂性的根源，在于其具有自适应行为实体之间存在的关系环，正是由于这些关系环使得作战系统无法处于确定的稳定状态，从而导致了复杂问题的产生。

事实上，作战系统是由相互联系、相互制约、相互依存的若干作战实体（要素）结合在一起形成的具有特定功能和作用（运动）规律的有机整体。正如沈寿林教授所指出的，作战系统属于概念系统，同时作战系统又属于复杂适应系统和开放的复杂巨系统。作战系统并不是独立存在的，它总处于一定的环境之中。作战复杂性指作战系统存在多个有意义、不确定、非周期的可区分状态。

分析作战复杂性,首先需要分析其表现形式和产生机制。作战复杂性主要表现为力量组成复杂性、作战指挥复杂性、作战行动复杂性、作战保障复杂性、作战环境复杂性以及组合复杂性。作战复杂性的产生机制可以归结为偶然性机制、非线性机制、适应性机制和人为机制。偶然性机制包括作战发生的偶然性、作战中各种活动的偶然性、自然因素的偶然性;非线性机制包括指挥控制层次中的反馈回路,对敌方行动的分析和反应行动、决策过程以及其他偶然性因素;适应性机制包括与友邻之间的协作与协调,以及与敌方之间的对抗。

1.3.1.3 复杂作战系统

复杂作战系统(Complex Warfare System),即基于复杂系统视角、突出作战复杂性的作战系统组织。为了更好地反映现代条件下作战的特点,要求基于复杂系统的视角对作战系统进行分析,把握作战复杂性的实质,深刻理解复杂作战系统的行为机制。

就指挥控制而言,现代条件下的信息化战争,要求一体化的传感器网络为指挥机构和武器平台提供前所未有的空间感知,各级指挥员乃至基层作战单元由此可看到通用的、与战场相关的电子动态画面,从而可实时掌握敌军、自己和友军在战场中的准确位置,驱散战场“迷雾”,从而使指挥员能更及时、更准确地定下决心。部队战斗力的总和,不再是各个作战单元的简单相加。

就体系结构而言,这种信息化战场,是一种武器装备体系横向一体、分布交互的网络结构。复杂作战系统行动,是基于一体化战场系统,达成情报互通、信息共享、密切协同、快速反应、精确打击之目的的过程。以部队实施信息化作战为例,以战场实时(或近实时)信息为输入的作战指挥控制的基本过程如图1－5所示。利用全方位、多手段的战场传感器系统,探测与收集战场目标和态势的各种信息,对这些信息进行判读、分析、综合、传输、分发、管理后,制定作战指挥控制计划(包括指挥控制目标、指挥控制方案和指挥控制准则);然后,依据指挥控制计划,运用各种通信手段下达命令,实施对目标的精确打击;最后,对战场态势信息实现有效的偏差分析和决策追踪,修正火力打击计划和方案,组织武器系统对需要进一步毁伤的敌目标实施定点打击。

信息化战场作战过程,体现了侦察手段多样化、作战指挥实时化、火力打击精确化、武器系统综合化等特点,通过信息收集、处理、传递、利用的流程,使部队能够实时地感知态势、透视战场,快速地全程决策、锁定目标,高效地组织协调、精确打击,从而实现“传感器—控制器—武器”一体化作战的效果。这种一

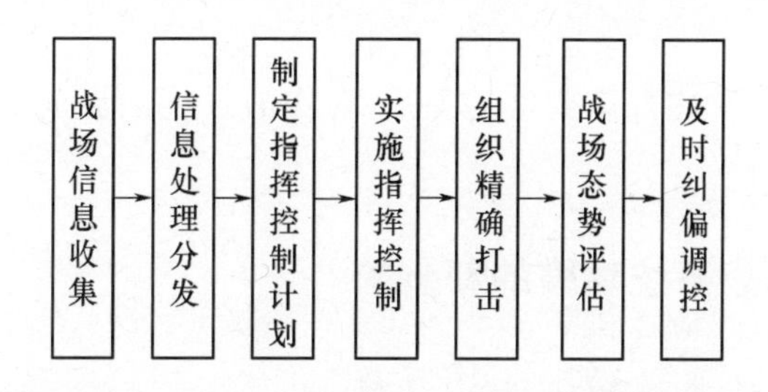

图 1-5　以战场信息为输入的作战指挥控制过程

体化作战系统,包括信息收集、传输与管理、指挥情报控制、战斗指挥、火力打击、系统管理与控制等功能模块。其概念模型结构如图 1-6 所示。

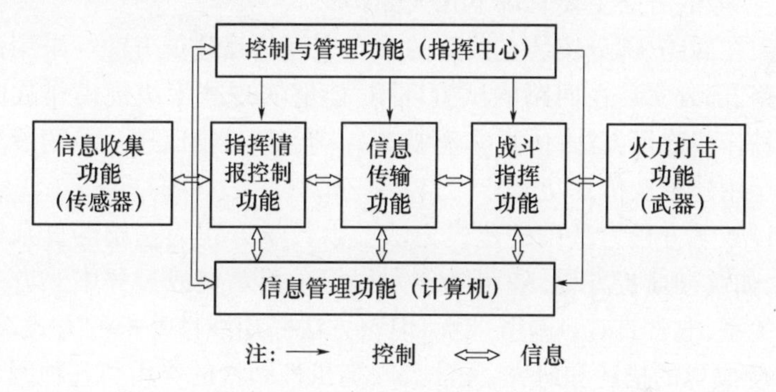

图 1-6　复杂作战系统概念模型

归纳起来,包含指挥员、操纵各种武器的士兵、各种保障人员的作战系统,体现了以下几点特征:

(1) 非线性(Non - linearity):作战双方的态势包含大量的非线性交互行为,例如,指挥控制中的反馈、作战指挥决策过程和作战过程中的不确定性因素等;参与兵力的整体作战能力并不是简单的单个参战单位的作战能力的线性和。

(2) “涌现”行为(Emergence):在作战过程中,作战系统的各个组成部分的相互作用将产生各个组成部分的孤立行为意想不到的作战态势。

(3) 自适应性(Self - adaptability):为了生存,作战双方必须不断地去适应变化的环境,并不断寻找最佳的适应方法。

(4) 自组织性(Self - organization):表面上看起来似乎“混沌”的局部行为,将产生整体的有序行为。

这些特点与复杂系统基本属性和机制是一致的,这说明了作战系统本质上是一种动态的、非线性的、自适应的复杂系统。

在这种情况下,若不综合运用恰当的系统建模的方法来研究,就不能掌握作战系统运行规律和内部诸要素的关系,对作战系统的复杂性行为就难以深刻描述。

1.3.2 复杂作战系统建模的新需求

1.3.2.1 当前各类建模方法的本质

在前面对作战建模基本方法分析的基础上,可从复杂作战系统建模新需求的角度,按照一般属性进一步进行归纳。当前,各国军队关于复杂作战系统建模的研究,一般的方法主要有以下几大类:

(1) 人在回路、部分实装在回路的分布交互仿真建模方法。采用该方法开发人在回路、部分实装在回路的试验环境,能够实现战术级规模作战的仿真试验。但这种作战建模方法,仿真实现成本高、难度大,难以进一步拓展复杂装备体系作战运用建模及仿真功能。

(2) 以数学方程为基础的建模方法。以数学方程为基础的复杂作战系统建模方法,如兰彻斯特方程,采用微分方程组来揭示交战过程中双方单位数变化的数量关系,非常直观,应用广泛。但该方法采用线性外推的方式,缺乏对于"活"的系统成员的描述和研究,无法反映随机性因素的作用和各种因素间的相互影响,而且双方指挥员的经验和部队的训练水平、士气及环境条件等因素体现得不明显。

(3) 其他方法。为了解决系统病态问题,各国军队用于复杂作战系统建模的研究方法还有:

① 参数优化方法:基于对复杂作战系统辨识和参数估计理论,实现对复杂作战系统仿真目标函数的最优化。但参数优化方法的应用是建立在一系列的假设基础之上,在整个战斗过程中某些参数是一个固定不变的常量,而实际上复杂作战系统行为是动态发展演进的。

② 定性建模方法:建立复杂作战系统概念性模型框架,从一个定性的约束集和一个初始状态出发,通过定性处理,预测复杂作战系统的未来行为。定性仿真方法不能描述作战的机动过程,而且缺乏对作战过程中的自适应特性的描述。仅有定性结果,仿真可信度不高,难以满足复杂作战系统细粒度仿真建模的需求。

③ 模糊建模方法:在建立复杂作战系统仿真模型框架的基础上,通过运用模糊数学理论对观测数据进行处理。但在复杂作战系统建模与仿真中,先验理

论特别是对信息化战场装备体系运用及其优化编配、先期概念技术演示验证等方面先验理论往往是不充分的,由此影响模糊仿真方法的应用效果。

④ 系统动力学方法:通过军事专家对复杂作战系统发展动力的研究,建立系统的动力学模型,能比较直观、形象地处理某些比较复杂的非线性问题,观测复杂作战系统在外部作用下的变化情况,从而预测复杂作战系统的发展趋势。但是,系统动态学也有缺乏全面的协调指标体系的"先天不足",缺乏空间因素的处理功能,难以刻画系统中各要素在空间上的相互作用和相互反馈关系。

尽管这些对复杂作战系统的建模方法各有差别,但从本质来看,基本上仍属于两大类:

第一类方法是结构级方法,体现朴素物理方法或还原论方法的实质。它从运行机制上把作为复杂系统的作战系统类比为一般的物理系统,将一般物理系统建模方法应用于复杂作战系统模型框架的构建。将专家关于以往战争作战仿真的经验和对未来战争仿真的假设与有限的先验知识,综合集成,充分利用;选定一个合理的模型框架,然后对其进行特征化处理,基于仿真试验观测数据进行参数估计,并以可信度分析修正模型,使复杂作战系统仿真模型能达到预期的可信度。复杂作战系统结构级建模方法如图 1-7 所示。

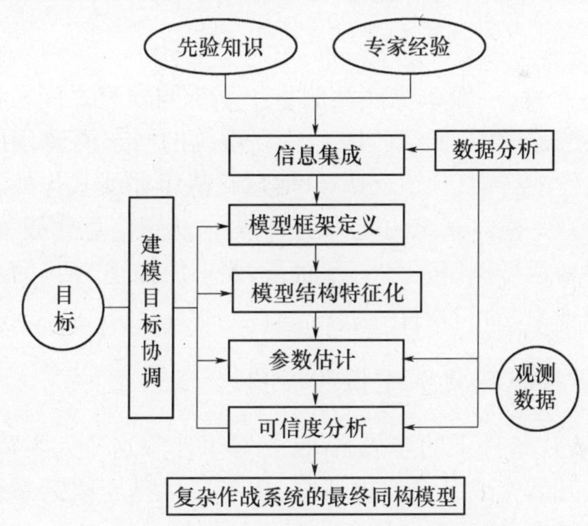

图 1-7 复杂作战系统结构级建模方法

第二类方法是行为级方法,体现归纳推理方法或反还原论方法的实质。它不考虑作为复杂系统的作战系统与一般的物理系统之间运行机制的相似性,而把仿真目标定位在行为一级,根据仿真试验观测数据构建复杂作战系统的同态模型框架,研究复杂作战系统的发展动向。它强调利用非形式化描述的方式,确定复杂作战系统的各种观测变量;通过采用统计归纳或信息熵最小化的方法归纳处理各种观测数据,并通过线性外推的方式生成新的数据,同时经过对复杂作战系统可信度分析后,建立起系统同态模型。复杂作战系统行为级建模方法如图1-8所示。

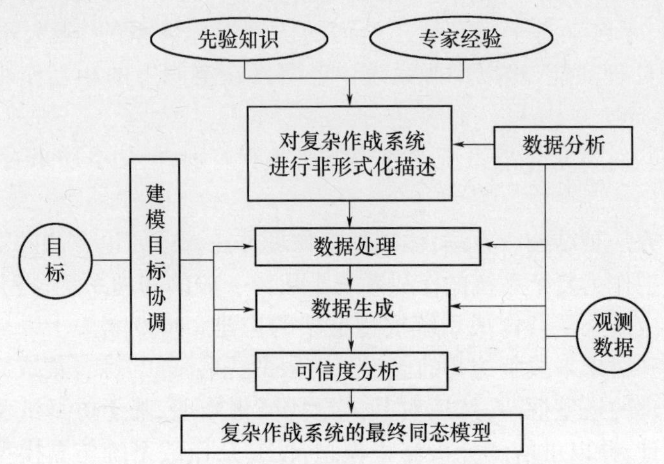

图1-8　复杂作战系统行为级建模方法

就系统描述而言,一般系统往往侧重于系统与模型之间在行为一级等价。而在复杂作战系统建模中,低级阶段是建立系统的同态模型,用来演练(再现)机械化战争线式作战行动,预演(预测)信息化战争非线式作战、网络中心战等行动。高级阶段则是建立系统的同构模型,力求认识信息化战争装备体系与军事理论等内部要素运行机制。另一方面,还要求能描述"活"的系统成员,反映微观现象与宏观现象之间的内在联系。

1.3.2.2　复杂系统视角下建模的新要求

如前所述,现代条件下的作战系统,是军事斗争这一人类特殊社会活动领域的复杂系统。开展作战系统建模研究,要求必须基于复杂系统视角,充分反映作战复杂性的特点,构建面向信息化时代的作战模拟体系,从而突破"从战争中学习战争"的传统方式束缚,实现"从未来中学习战争"。

(1) 体现综合集成思想。为了有效分析开放的复杂巨系统(包括复杂作战系统),需要运用钱学森院士首创的定性定量相结合的综合集成(Meta - synthesis)的思想。该思想就其实质而言,是将专家群体(各种有关的专家)、数据和各种信息与计算机技术有机结合起来,把各种学科的科学理论和人的经验知识结合起来。这三者本身也构成了一个系统。该方法在作战建模中的应用,就在于发挥这个系统的整体优势和综合优势。

(2) 强调主动的、活的个体。在复杂作战系统中,存在一系列各类作战实体(个体)。系统中,既没有脱离整体的个体,也没有脱离个体的、抽象的整体。针对复杂作战系统的建模,必然要求刻画系统中个体的主动性或适应性,即分析个体如何在与其他个体的交互中,表现出系统的宏观"涌现"行为。认识复杂作战系统,既要有整体意识,从宏观层面把握全局,又要有个体意识,能正确地区分有关个体的范围和边界,描述个体的智能特性。

(3) 把个体与环境(包括个体之间)的相互影响和相互作用作为系统演化和进化的主要动力。个体的相互作用是整体的基础。整体的目标、行为、环境和演进,都与这种个体的相互作用紧密相关。复杂作战系统各个体在统一指挥下,"整体大于部分之和",能够产生这种相互作用带来的"增值"。正是因为这种相互作用,导致复杂作战系统的组成、结构及运行方式不断发生变化,孕育整体层面的复杂性。开展复杂作战系统建模,必须重点考虑个体与环境(包括个体之间)的交互机制,并研究如何通过该机制推动系统行为发展的规律。

(4) 将微观行动与宏观涌现有机地联系起来。系统中各个体的微观运动状态,经过统计即可反映宏观涌现特性。除了统计规律之外,还需要构建其他的机制或渠道,更好地建立起微观与宏观之间的联系。复杂作战系统建模,要求在复杂系统科学方法论的指导下,从个体(组元)角度分析微观行动,从系统(组织)角度分析宏观涌现,并通过二者的有机结合(实质上即还原论与反还原论的统一),深入分析微观与宏观的相互关系,为作战建模问题寻找到新的解决方案,更好地刻画和描述复杂作战系统行为。

(5) 引进随机因素的作用,具有更强的描述和表达能力。常见的随机因素分析方法是引入随机变量,即在变化的某一环节中引入外来的随机因素,按照一定的分布影响演变的过程。这种方式只是通过对系统状态的某些指标产生定量的影响,而系统运作的规律、内部的机制并没有质的变化,就是说,系统不会因此而演化。为此,在复杂作战系统建模中,必须充分考虑作战实体智能推理特性,设计随机作用机制,更完整地表达系统因这种作用机制而进化的方式。

综上所述,随着现代战争的复杂化,各种信息化武器装备不断出现,作战空间不断扩大,对复杂作战系统建模提出了更高的要求。需要综合运用各种建模方法,特别是着眼于反映微观现象与宏观现象之间的内在联系,体现作战运用中所固有的智能性，真正模拟各装备平台实体的智能行为，克服以往传统的作战建模方法的不足，将军事知识和系统科学理论、建模与仿真试验分析有机整合起来，为形成军事与技术紧密结合、多学科融合一体的综合集成研讨厅构架桥梁，为实现军事理论和战法创新、先期概念技术演示验证、指挥和保障水平检验、部队编制和装备系统效能评估奠定坚实的基础。

第2章

基于 Agent 作战建模的相关概念

2.1 Agent

2.1.1 Agent 定义

Agent 技术在计算机领域的研究和应用,源于 20 世纪 70 年代美国麻省理工学院(MIT)研究人员开展的一系列关于分布式人工智能(Distributed Artificial Intelligent, DAI)的研究。研究人员发现,通过协作将一些简单的信息系统组成一个大的系统,可以显著提高系统处理复杂问题的能力,并且通过定义合理的协作机制可以提高整体系统的智能水平。

Agent 的概念源自于 DAI,在分布计算领域,人们通常把在分布式系统中持续自主发挥作用的、具有自主性、交互性、反应性、主动性等特征的活着的计算实体称为 Agent。

目前,人们仍然没有给出 Agent 的被广泛接受的一个定义。Agent 具有丰富的内涵,其中文名词有“主体”、“智能体”、“代理人”或“节点”等,人工智能(Artificial Intelligent, AI)的研究者倾向于使用智能体,而在复杂性科学(Complexity Science, CS)理论中则更多地称之为主体。

一般而言,Agent 可表示为三元组:

$Agent = \langle Attributes, Actions, Interface \rangle$

其中,*Attributes* 是 Agent 的属性集合,阐述 Agent 的本质属性;*Actions* 表示该 Agent 的交互行为集合,规定 Agent 的行为活动;*Interface* 表示该 Agent 与环境或其他 Agent 之间的通信接口,明确 Agent 的通信方式。

通常认为,Agent 具有以下特点:

(1) 自治性(Autonomy):一个 Agent 是一个独立的计算实体,具有不同程度的自治能力,即对自身行为与内部状态有一定的控制力。Agent 有它自己的虚拟 CPU,能在非事先规划、动态的环境中解决实际问题,在没有用户参与的情况下,独立寻找和获取资源、服务等。

(2) 社会性(Sociality):Agent 具有一定的社会性,即 Agent 具有以一定的方式与外部环境中其他 Agent 交互的能力,Agent 间存在相互依赖和制约的关系。

(3) 反应性(Reactivity):Agent 能感知所处环境,并通过行为对环境中相关事件做出适时反应。

(4) 预动性(Go - aheadism):Agent 的行为是为了实现其目标,Agent 能够遵循承诺采取主动,表现面向目标的行为。

(5) 可通信性(Communicationability):Agent 之间可以进行信息交换,进行一定意义下的“会话”。任务的承接、多 Agent 的协作、协商等都以通信为基础。

智能型 Agent 还具有以下特性:

(1) 智能性(Intelligence):Agent 具有一定程度的智能,包括推理到自学习等一系列的智能行为。

(2) 适应性(Adaptability):Agent 能从其自身的经历、所处环境和其他Agent 的交互中学习。

从行为方式角度看,Agent 一般可看成是为实现一定目标,适应一定环境并在此环境下自主地执行任务的行为主体。Agent 实体之间进行交互、动作和协作,同时与环境也进行着能动的行为,如自学习等(图 2 - 1)。Agent 不同于其他软件开发方法,它不是面对现实世界中静态实体或功能,而是面向有意识、有思维的行为实体,也就是说 Agent 把行为实体作为系统的基本成分,是按照行为实体的存在方式进行划分的。Agent 技术的发展产生了 AOP(Agent - Oriented

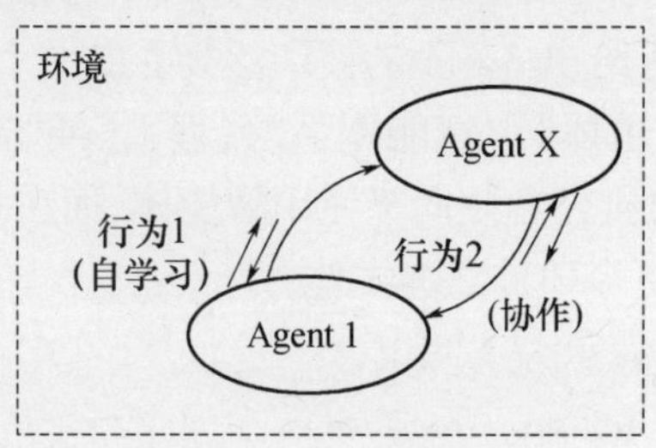

图 2 - 1　Agent 的行为图

Programming)。Agent 的这种认知世界的模式从理论上可以解决以上软件开发方法的弊端。因此,可以说,Agent 的理论、技术,为分布开放系统的分析、设计和实现提供了一个崭新的途径,可被誉为"软件开发的又一重大突破"。面向 Agent 技术作为一门设计和开发软件系统的新方法,已经得到了学术界和企业界的广泛关注。

Agent 理论与技术的发展,还与复杂适应系统(Complex Adaptive System, CAS)理论紧密相关。用 CAS 的观点,可概括诸如细胞人脑、免疫系统、生态系统、蚂蚁群以及人类社会中的经济、政党、组织等复杂系统的一般性特征。在 CAS 中,其成员被称为具有适应性的 Agent。在一个 CAS 中,"适应"可应用于所有的 Agent,也就是说 Agent 能够与环境以及其他 Agent 相互作用,并在这个过程中"学习"和"积累经验",还会根据学到的经验改变自身的结构和行为策略。整个系统的演变或进化,包括新层次的产生、分化和多样性的出现,新的聚合而成的或更大的 Agent 的出现等,都是在这个基础上出现的。

2.1.2 Agent 分类

有关 Agent 的分类就像 Agent 的定义一样,学术界一直没有统一的概念。现有的分类和 Agent 的应用都是以 Agent 的某几个属性作为关键属性,进行分类和设计 Agent 系统。由于 Agent 定义不统一,各领域研究人员把具有 Agent 某些属性的研究对象称为某类 Agent。因此,为明确这些 Agent 的具体含义,在这里根据 Agent 的不同功能与特性对 Agent 进行分类。

2.1.2.1 按照基本属性分类

1. 思考型 Agent

思考型 Agent 又称慎思型 Agent(Deliberative Agent),从思考型范例发展而来,其最大特点是将 Agent 看作是一种意识系统,能够模拟或表现出被代理者具有的所谓意识态度,如信念、愿望、意图(包括联合意图)、目标、承诺、责任等。

许多思考型 Agent 采用世界模型(World Model)规划(Plan)如何达到或完成其目标。它们搜索可能的行动空间序列直到找到某一序列,该序列能将当前状态转换到目标状态。规划的结果是一系列的行动或任务,这些行动或任务将传送到效应器,该效应器通过分配或调用低层不同的效应器来执行这些行动或任务。

思考型 Agent 包含世界和环境的显式表示和符号模型,使用符号操作进行决策。思考型 Agent 模型通常采用基于符号逻辑的研究方法。一些研究人员从

Agent 内在的感应状态、信息处理过程进行研究，并采用通常应用于人的概念，如表示人的心智状态的信念、意志等，来表示思考型 Agent 的结构。其中，应用最广的是 BDI 模型，该模型中，思考型 Agent 可理解为由信念、愿望、意图（Belief, Desire, Intention, BDI）组成的意识系统。其中，B、D、I 分别对应于 Agent 的信息性、选择性、决策性。模型中的信念反映了 Agent 自身、环境和相关 Agent 的状态以及对为完成委托任务而采取的活动的估计，愿望是关于在主客观条件下 Agent 希望达到的某种状况以及对所采取手段的个人爱好，意图对应于 Agent 已决定的目标和任务。

一个典型的思考型 Agent 的结构如图 2-2 所示，其程序描述如下：

```
function Deliberative-Agent(percept) returns action
  static: environment,                /*描述当前世界环境*/
          kb,                         /*知识库*/
    environment ← update-World-Model(environment, percept)
    state ← Update-Mental-State(environment, state)
    action ← Decision-Making(state, kb)
    environment ← Update-World-Model(environment, action)
    return action
```

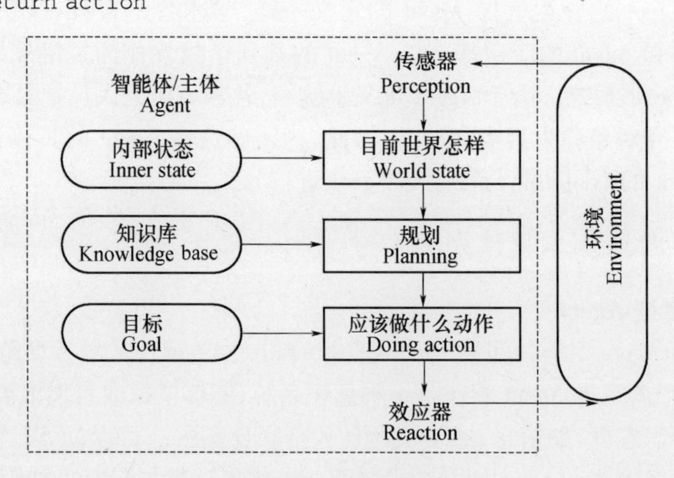

图 2-2　思考型 Agent

思考型 Agent 的优点是符合人们的思维习惯，易于理解，能够进行复杂的推理；但如何在一定时间内将现实世界翻译成准确、恰当的符号描述本身是个技术难题，并且复杂的推理过程使思考型 Agent 对环境的变化难以做到快速响应。

2. 反应型 Agent

反应型 Agent（Reactive Agent）来源于 Brooks、Agre 和 Chapman 等人的研究

成果,这些 Agent 并不拥有环境内部的、形式化的模型,能够及时而快速地响应外来信息和环境的变化,但相比思考型 Agent,智能程度较低且灵活性较差。

反应型 Agent 模型通常采用基于行为主义的研究方法。一般地,反应型 Agent仅执行从传感器到效应器相对简单的映射。大多数情况下,反应型 Agent 通过触发规则对环境的变化或来自其他 Agent 的消息产生反应,执行预先指定的条件—动作规则。也可以说,条件—动作规则使反应型 Agent 将感知与动作连接起来,实现决策过程。

一个典型的反应型 Agent 的结构如图 2-3 所示,其程序描述如下:

```
function Reactive-Agent(percept) returns action
  static: rules,      /*一组条件—动作规则*/
  state ← Interpret-Input(percept)
  rule ← Rule-Match(state, rules)
  action ← Rule-Action[rule]
  return action
```

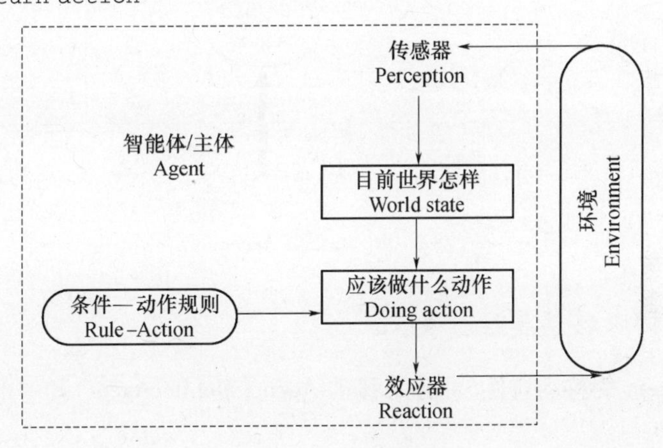

图 2-3 反应型 Agent

3. 混合型 Agent

可以看出,纯粹的思考型 Agent 或者反应型 Agent 都不太适合实际系统,比较好的方法就是将二者的优点有机地结合起来,构成混合型 Agent(Hybrid Agent)。混合型 Agent 是上述两种类型 Agent 的综合。

针对响应问题对时间要求的不同,混合型 Agent 通常设计成多层结构。越往下层,实时性越高,以反应结构为主,反之慎思比例增大。在高层强调 Agent 的自主性,自主型的 Agent 能够通过机器学习,或者在其运行中与其他 Agent 交互更为理性地收集信息,使其在工作的过程中知识不断增加,能力不断增强,具有更高的智能。

一个典型的混合型 Agent 的结构如图 2-4 所示。在该结构中,一个 Agent 有机地组合了多种相对独立而并行执行的智能形态,包括感知(Perception)、动作(Action)、反应(Reaction)、建模(Modeling)、规划(Planning)、通信(Communication)、决策(Decision Making)等模块。

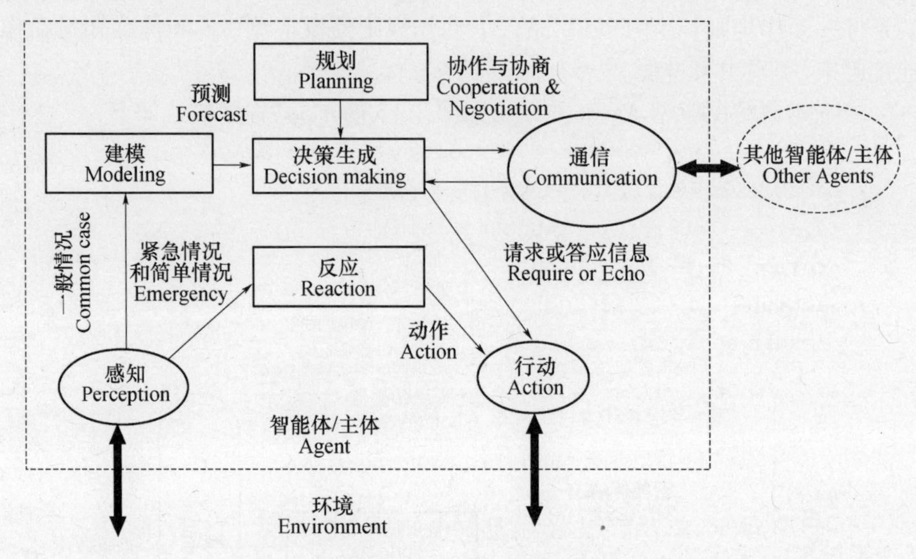

图 2-4 混合型 Agent

2.1.2.2 按照移动属性分类

根据 Agent 的移动属性,可分为移动 Agent(Mobile Agent)和一般意义上的非移动 Agent。

随着网络技术的发展,可以让 Agent 在网络中移动并执行、完成某些功能,这就是移动 Agent 的思想。根据国际上一些专家的描述,移动 Agent 是一个代替人或其他程序执行某种任务的程序,是指模拟人类行为和关系、具有一定智能并能够自主运行和提供相应服务的程序。它在复杂的网络系统中能够自主地从一台主机移动到另一台主机,该程序能够选择何时、何地移动。在移动时,该程序可以根据要求挂起其执行,然后转移到网络的其他地方重新开始或继续其执行,最后返回结果和消息。

移动 Agent 从创建、移动、执行和最后返回结果形成了完整的生命周期,可以用 6 种状态表示:创建、准备、传输、阻塞、执行和结束。

移动 Agent 除了能支持一般操作、降低网络负载、封装多种网络协议、支持容错计算外，还能对环境变化做出动态的、灵活的响应，即移动 Agent 可以通过不同的服务，检查执行环境，动态地响应变化。如果 Agent 得不到所需服务的话，例如存取不到指定的数据库，那么 Agent 可以使用其他的服务去获取相同信息，或者迁徙到网络上的其他机器上。

移动 Agent 的特点之一是移动性(Mobility)，这是它和一般 Agent 的区别所在。移动 Agent 的移动一般是在异质主机上持续移动。由于移动 Agent 会在移动状态下挂起、移动，然后继续执行，因此，除移动对象处理程序之外，还必须有 Agent 当前的运行状态信息和相应的数据。

移动 Agent 的特点之二是自主性(Autonomy)。移动 Agent 能在没有人或其它代理直接干涉和指导的情况下持续运行，并能控制其内部状态和动作。代理的移动一般是由 Agent 自主决定的。

在网络一体化的时代，移动 Agent 技术较之于传统的分布式技术有着明显的优势：节约网络带宽、提供实时的远程交互、支持离线计算、实现载荷卸载、易于分发服务、增加应用强壮性、提供平台无关性。需要指出的是，上述优点并不是移动 Agent 计算所特有的。除了远程实时交互外，其余几点用传统的方法也可以实现，但唯有移动 Agent 技术提供了一个能满足全部要求的体系框架。

2.1.2.3 其他分类

Agent 还可以根据 Agent 拥有的理想和相关属性进行分类。例如，Nwana 根据 Agent 的自主性、协同性、学习性三大基本属性，将 Agent 分为 4 类，即协同型 Agent、界面型 Agent、学习型 Agent 和智能型 Agent。Stan Franklin 强调了 Agent 的智能和自治属性，对 Agent 进行了划分。Petrie 则把 Agent 分为智能自治 Agent、可移动 Agent、服务器 Agent 等几种，这几种 Agent 的共同之处在于它们都采用特定的消息格式通信，都采用端到端的通信方式，即 Typed - message - Agent。

Agent 有时还可以按它们的角色分类，如 WWW 信息 Agent 等。这种分类方法经常利用 Internet 网搜索引擎，如 Web 爬行者(Web Crawler)、Lycos 搜索引擎等，把 Agent 分为信息 Agent 和网络 Agent。信息 Agent 也可能是静止、移动或协商型 Agent。当然，也可以按 Agent 属性或 Agent 思想组合的混合 Agent 进行分类。

总之，Agent 分类最基本的标准是 Agent 的属性。建立何种 Agent 模型，目的是应满足 Agent 技术开发人员的需要。

2.2 多 Agent 系统

2.2.1 多 Agent 系统概念

2.2.1.1 多 Agent 系统定义

所谓多 Agent 系统(Multi - Agent System, MAS),就是由多个 Agent 组成的系统。Durfee 等把多 Agent 系统定义为"一个松散式耦合的 Agent 网络,它们一起工作来解决超出它们各自能力范围的问题"。Agent 是一个个体,有很强的表达能力,而多 Agent 系统是一个多 Agent 合作求解系统,其中每一个 Agent 有自身的追求目标,群体 Agent 具有整个问题总的追求目标。

也就是说,多 Agent 系统是一个有组织、有序的 Agent 群体,并不是 Agent 的简单迭加,而是有机的组合,该系统具有通信机制和协调机制等重要特性。其中,每个 Agent 可以与特定的一些其他 Agent 进行信息交换。Agent 根据事先设定的规则、标准和方式,对实际发生的资源冲突、目标冲突等进行协商和协调,最终达到维护系统整体利益的效果。这样,多个 Agent 之间相互作用从而完成单个 Agent 由于资源和能力受限而无法解决的复杂问题。

总的来看,多 Agent 系统具有自主性、分布性、协调性、并发性,数据分散、计算异步并行等特点。多 Agent 系统的目标是将大的复杂系统软硬件系统建造成小的、彼此相互通信及协调的、易于管理的系统。从单个 Agent 的角度看,不同的 Agent 具有不同的问题求解能力,Agent 之间按照约定的协议进行通信和协调,使得整个系统成为一个性能优越的整体,可以解决单个 Agent 难以解决的问题。每个 Agent 根据环境信息完成各自承担的工作,也可以分工协作,合作完成特定的任务。

目前,多 Agent 系统是 DAI 的研究热点。多 Agent 系统研究,更强调借鉴人类及各种生态系统所展现出的社会性智能去构造求解复杂问题的智能行为。由于现实世界是复杂的、动态的、实时的,传统的人工智能技术难以解决。多 Agent系统是 DAI 的一个重要分支,是将过去封闭的、孤立的知识系统发展为开放的、分布的智能知识系统。在复杂的动态环境下,各个 Agent 通过相互协商,以协调、实时的方式处理问题,完成共同的任务,达到一致的目标。多 Agent 系统的研究提供了多个 Agent 协调工作的机制,也为复杂大型系统建模提供了方法。

多个 Agent 可以组成一个简单的社会。这个社会群体中的交互形式有的比较简单,但大多数比较复杂。通过这样的交互达到个体所不具备的、涌现的社会智能,是多 Agent 系统研究和应用的重要主题。事实上,根据 I. Foster 和 N. R. Jennings 等人观点,在系统工程中引入多 Agent 系统的方法,实际上是将问题分解成多个交互的自治组件,这些组件有着特殊的目标并能够完成特殊的服务。Agent、交互和组织是其中最关键的抽象模型。一些外在结构与机制则常用来描述和管理各 Agent 之间复杂、动态的组织关系网。由此,一个多 Agent 系统的规范视图可如图 2-5 所示。

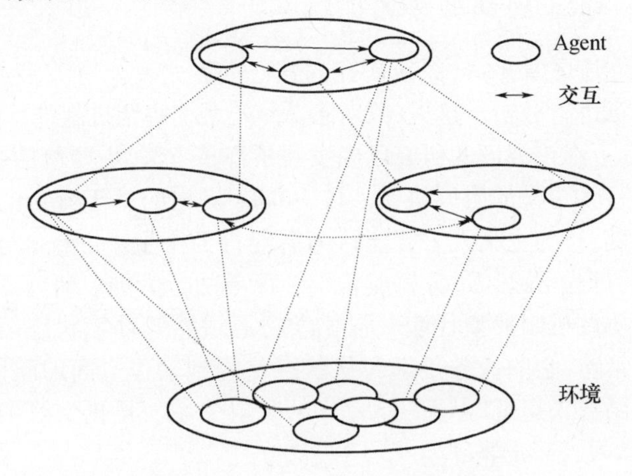

图 2-5 多 Agent 系统的规范视图

在多 Agent 系统中,Agent 之间的交互不仅仅是多个 Agent 的行为,而且往往反映了 Agent 的组织行为。实际上,交互是多 Agent 组织形成的基础。针对某个多 Agent 系统而言,其组织关系是组成组织的 Agent 之间相互依赖关系所体现的一种组织约束,也是通过组织内成员 Agent 之间的交互方式对组织进行显式描述的一种方法。

2.2.1.2 多 Agent 系统的体系结构

多 Agent 系统的体系结构是指多 Agent 系统中 Agent 间的信息关系和控制关系,以及问题求解能力的分布模式。它是结构和控制的有机结合,是提供 Agent活动和交互的框架。常见的多 Agent 系统有两种结构形式:

(1) 完全分布式结构。在这种结构中,系统中所有 Agent 相互共享信息和知识,每个 Agent 都具有协商通信能力。当某一个 Agent 需要其他 Agent 服务时,直接向该 Agent 发出需求信息。这种结构主要适于规模较小的系统,其优点是局部自治性很好,并行程度高,便于扩充。当系统规模增大,Agent 数量变得很多时，系统的通信量非常大，系统的运行将会变得困难。

(2) 联邦式结构。这种结构引入了基于中介子(Mediator)协调机制，中介子将一组 Agent 聚集成为 Agent 集合，集合内部 Agent 只与中介子进行通信，中介子负责集合内部的 Agent 的行为协调，同时代表整个 Agent 集合与系统中的其他中介子或 Agent 进行通信和行为协调。基于这种结构的多 Agent 系统简化了完全分布式结构中的通信与控制，能够解决相对复杂的实际问题。

2.2.1.3 多 Agent 系统的协调机制

多 Agent 协调是多 Agent 系统研究的核心问题之一。有关多 Agent 协调的概念将在第 5 章进行分析。这里，只对多 Agent 系统协调机制进行简要介绍。

目前，国际上在该方面的研究已经发展了许多方法，主要包括：

(1) 基于行为主义的协调机制。以 Brooks 提出的基于行为的系统分析与设计方法为基础，行为主义人工智能认为智能行为产生于 Agent 与环境的交互过程中，复杂的行为可以通过分解成若干个简单的行为加以研究。强化学习是基于行为主义协调机制典型代表。强化学习通过感知环境状态信息来学习动态系统的最优策略，它的任务是学习从状态空间到动作空间的映射，其本质就是用参数化的函数来逼近“状态—动作”的映射关系。强化学习中常用算法有 Q-学习、TD 学习、Sarsa 学习。

(2) 基于符号推理的协调机制。以 BDI 理论为基础，采用传统人工智能中符号推理的基本原理，通过建立比较完整的符号系统进行知识推理，从而使 Agent具有自主思考、决策、协调行动的能力。联合意图是基于符号推理协调机制的典型代表。意图是连接思维状态与行为的桥梁，Agent 联合意图包括了参加者的实际推理和联合行动的产生，所以联合意图与单个 Agent 的意图一样，提出了问题、限制了 Agent 可能的行为选择，联合意图负责对联合行动的初始化、指导和监控，帮助将 Agent 个体和群体联系起来，对 Agent 的思考和行动起到规范作用。

(3) 基于多个进化群体协进化的协调机制。为参与合作的每个 Agent 都构造一个自身采用进化算法的群体，多 Agent 之间的多个群体按照协进化机制同时进行进化，每个进化群体为相应的 Agent 提供行为决策功能，这样多个 Agent 相互交互的过程就是多个进化群体协进化的过程。协进化主要包括合作型协进化、竞争型协进化。

2.2.1.4 多 Agent 系统的通信机制

多 Agent 系统中，Agent 之间的通信是实现各个 Agent 相互作用和相互协作的基础。多 Agent 通过通信,各个 Agent 形成以 Agent 社会形式出现的分布式自主系统。因此,可以认为,通信能力是 Agent 社会性的体现,通信机制是构建多 Agent 系统的前提条件。

从 BDI 意识模型来看,通信的作用可从以下方面进行反映。

(1) 信念:进行知识共享,扩大 Agent 的观察范围和知识库容量,弥补单个 Agent 推理能力的不足。

(2) 愿望:了解其他 Agent 的愿望,从整体上预测某个 Agent 的行动;采纳其他 Agent 的愿望,可以进行任务协作。

(3) 意图:了解其他 Agent 的意图,具体预测某个 Agent 的行动;采纳其他 Agent 的意图,可以进行规划协作(结果共享协作)。

按 Agent 的意识状态划分,通信内容可以分为信念和愿望两个基本类型。

(1) 信念传递:信念的传递在一般情况下是 Agent 间的一种互助行为。在某些情况下,尤其是发送者的信念与接收者的信念具有逻辑冲突时,信念的传递就成为双方辩论过程的一部分,其目的往往是为了改变另一方的信念,并进而改变其行动方案和意图。信念传递对 Agent 行为的影响是间接的、不明显的,但在多 Agent 系统的演化中却起着重要的作用。

(2) 意图传递:意图的传递对 Agent 行为具有直接的影响,可用来进行 Agent间的行为协调。意图在 Agent 意识状态中表达为期望中的环境状态,具有与观察信念相同的表达方式,可以与信念一样进行传递。

多 Agent 系统常用的通信机制有直接通信、广播通信、公共黑板系统等。这些通信机制都有各自的特点和适用的范围。直接通信具有简单高效的特点,但必须明确通信的双方;广播通信的效率高,传播的信息量大,但在带宽受限的情况下易造成系统的拥塞;公共黑板系统能实现数据信息的共享,但目前用于多 Agent 通信的黑板实质上是一种被动的协调中介,数据的共享是异步进行的,对于一些实时性、同步性要求较高的任务,难以满足需求。

2.2.2 多 Agent 系统应用

多 Agent 系统既是 DAI 的重要研究方向,把控制器当作具有自治性和协作性的主动行为能力的 Agent,通过相关 Agent 的通信和任务分享进行协调工作,以实现预定的目标;它又是 CAS 的重要研究领域,强调系统内主体的智能交互行为刻画及系统宏观现象描述。多 Agent 系统在多方面的应用显示出了强大的生命力,具有潜在的巨大市场。下面仅举几个例子来说明。

2.2.2.1 在智能机器人方面的应用

构建智能 Agent 模型,可用于智能机器人的仿真。当前,应用多 Agent 系统理论,实现智能机器人的相互协作,以完成复杂任务,已成为智能控制方面的一个热点研究问题。宁建华等通过在 FIRA 机器人足球比赛仿真平台上的仿真,实现多个 Agent 机器人相互配合来完成进球的任务,分析了部分策略的实现方式,归纳了不同位置的 Agent 机器人在使用不同的策略时相互之间的协作关系。赵亮等研究了基于 Agent 的多轴工业机器人控制逻辑重组问题,通过简单地设置上位机参数,工业机器人在任务解耦、子任务调用和任务耦合 Agent 等的作用下,就可以改变动作特征,包括动作逻辑顺序、运动参数等,使得用户操作更加简单化,且提高企业生产效率。苗新刚等对复杂结构件自动装配系统进行了多 Agent 建模,将系统分成若干个相互独立的 Agent,各 Agent 间通过局域网进行通信,通过改进的合同网协议进行协商,从而可以可靠地、有效地完成自动装配任务。

2.2.2.2 在卫星系统研究中的应用

目前,Agent 技术与卫星系统相关研究的结合点,在于利用 Agent、多 Agent 系统的技术与方法来实现卫星系统的自主/自治运行和卫星之间的协同、规划与调度,主要的工作包括美国空军、NASA 和欧空局等组织对航天器自主运行技术的研究。Walt Truszkowski 系统阐述了 NASA 关于 Agent 技术的观点,指出要利用 Agent 技术来实现地面系统与空间系统的自主运行,使它们能够以更高的自治级别来运行。典型的系统包括哥达德飞行中心(GSFC)开发的无人参与地面系统 LOGOS 以及阿莫斯研究中心(ARC)和喷气推进实验室(JPL)开发的航天器自主运行原型系统 Remote Agent(RA)。王红飞等给出了基于多 Agent 的卫星计划调度系统方案并设计了个体 Agent 结构,给出了任务协作分配算法并据此实现了一个原型系统。伴随着卫星、计算机和通信技术的发展,多 Agent 系统方法在卫星系统中的应用,将使卫星的运控工作出现革命性的变化。

2.2.2.3 在协调专家系统方面的应用

对于复杂的问题,采用单一的专家系统往往不能满足要求,需要通过多个专家系统协作,共同解决问题。利用多 Agent 技术,可实现多专家系统的协调求解。Jennings 提出将两个孤立的专家系统转变为一个多 Agent 系统的具体方法,建立了一个基于规则的多 Agent 系统环境 Grate,通过采用多 Agent 的协调技术,将 BEDES 与 CODEAS 两个专家系统有机地结合起来,并建立了二者的协调协议，从而实现了多种诊断方法的集成，提高了故障诊断的效率。李爱等构建了基于多种油样分析的多 Agent 协同诊断专家系统方案，并开发了飞机液压系统状态监控专家系统（AHMES1.0），应用于飞机液压系统的磨损故障监控。专家系统由污染分析 Agent、理化分析 Agent、铁谱分析 Agent、光谱分析 Agent、融合诊断 Agent 及综合诊断 Agent 构成，综合诊断 Agent 负责控制和管理其他 Agent 进行协同诊断。根据飞机液压系统诊断的实际情况，给出了各 Agent 的诊断规则。

2.2.2.4 在调度系统中的应用

调度是将时间和资源分配给规划中的作业，并根据一组规则和指标对规划进行优化选择，这组规则或约束反映了作业与资源之间的时间关系。近年来，基于 Agent 的技术也被广泛地用于解决调度问题。Butler 提出了用于分布式动态调度的多 Agent 体系结构 ADDMS（Architecture for Distributed Dynamic Manufacturing Scheduling），将调度分为两个层次，第一层通过 Agent 的协商机制，以一种分布式的方法将制造单元分配给作业；第二层对共享制造资源进行动态分配。任海英等针对柔性作业车间调度的特点，提出了一种基于多 Agent 协商的柔性作业车间调度系统，系统由工件 Agent、机器 Agent 和工序 Agent 组成。Agent之间通过相互发送消息和响应消息进行交互，并且通过消息相应函数按照各 Agent 局部的信息、同时兼顾系统的性能进行决策。工件 Agent 通过招标的方式，选择合适的机器完成加工任务，机器 Agent 通过竞争来获得工件的加工权。

2.2.2.5 在制造网络中的应用

制造网络是一个运行在大范围分布环境下的异构系统，包含多种企业实体、多种运行模式，还包含了企业生产经营的所有功能。根据协作的目的不同，这些分布式的系统之间还要能够快速灵活地进行重构。根据制造网络的特性需求，范玉顺等提出了一种以网格技术为基础，建立在多 Agent 系统协调控制框架与支撑工具基础上的制造网络的功能体系结构。根据供应链运作参考模型，蔡政英等将循环制造链建模为包括供应商 Agent、制造商 Agent、分销商 Agent 等多种 Agent 的网络模型，根据不同功能特点在内部进一步分解为采购、制造、分销、再采购、再制造、再分销等子 Agent，分析了这些 Agent 运作中的干扰问题。梁海鹏以制造网络协作化生产为背景，针对制造网络中的协作化质量控制及其控制策略开展研究，结合工作流技术和软件多 Agent 技术，研究了制造网络跨组织质量控制过程集成管理和协同问题，建立了基于多 Agent 的制造网络质量控制过程工作流管理(QCPWMA)模型,讨论了模型中的多Agent结构、多Agent的配置过程和运行过程等问题,给出了基于同步点的跨组织质量控制过程协同方法,以及该方法在QCPWMA模型中的实现。

2.2.2.6 在产品协同设计中的应用

制造业的信息化,需要实现产品设计数字化、自动化。多Agent系统方法引入该领域,为上述问题提供了解决的可能。刘晋飞等为满足分布异构环境对产品协同设计的要求,提出了一种基于多Agent的产品模块化协同设计策略,构建了基于多Agent的产品模块化协同设计自顶向下的四层过程模型,从模块内聚度、模块耦合度和模块可执行度进行探讨,建立了基于多目标优化的模块分解数学模型,利用模块分解Agent实现最优模块划分,通过相似度算法获得求解模块的最匹配Agent,引入集成推理与决策机制构建了协同设计Agent行为模型,给出了基于黑板的Agent平行协商机制。薛立功将多Agent技术应用于协同设计,构建了一个协同设计的软件平台MICAD(Multi - agent Intelligent Computer Aided Designing),在MICAD平台上集成了多媒体音视频技术,解决了以往系统中视频会议与协同设计系统分离,难以实时反应协同环境的变化等问题,从多个角度研究了协同设计中Agent的冲突类型,构造了一种冲突消解系统模型,并对制造车间生产的控制方式、组织结构、竞争与协作进行了研究,将多Agent技术应用于优化车间调度的蜂群算法。

2.2.2.7 在数据挖掘中的应用

各个行业部门积累了大量业务数据,迫切需要将这些数据转换成有用的信息和知识,数据挖掘(Data Mining, DM)引起信息产业界的极大关注。蒙祖强等设计了基于多Agent技术的个性化数据挖掘系统,介绍了该系统构造的基本思想和Agent的状态转变关系及它们之间的通信协议,利用用户Agent和挖掘Agent得到个性化数据挖掘系统的多Agent系统,并给出了系统的算法。陈珂等针对分布式数据计算现有方法,分析其不足,通过研究移动Agent体系结构及关键技术,从理论上探索将Agent技术与分布式数据挖掘相结合的可行性和技术优势,采用Agent技术解决分布式数据挖掘时所遇到的问题,全面、系统提出了解决方案,在此基础上,实现了一个Intranet环境下的基于移动Agent的分布式计算平台。高雅田将多Agent系统技术引入数据挖掘模型自动选择方法的研究,建立了基于多Agent系统的数据挖掘模型自动选择(Data Mining Model Auto Selection, DMMAS)模型框架,提出了Agent集群概念与设计,通过外交角色、管理角色及劳务角色的引入,实现了Agent集群在挖掘模型选择设计过程的协作与交互，并在油田开发生产领域探讨了基于多 Agent 系统的 DMMAS 应用，完成 DMMAS 模型的实例化。

2.3 基于 Agent 的建模

2.3.1 基于 Agent 的建模概念

Agent 是一个计算机硬件或软件系统，其组成元素之间以及与所在环境之间存在着某种特定的关系，能够连续不断地感知外界的变化及自身的状态变化，并自主产生相应的动作。

基于 Agent 的建模是将 Agent 作为系统的基本抽象单位，必要的时候赋予 Agent 一定的智能，然后在多个 Agent 之间设置具体的交互方式，从而得到相应系统的模型。基于 Agent 的建模，一般采用一种自下而上(Bottom－up)的建模思路，先建立组成系统的每个个体的 Agent 模型，然后采用合适的多 Agent 系统体系结构来组装这些个体 Agent，最终建立整个系统的系统模型。当然，基于 Agent的建模也可以采用自上而下(Up－bottom)的建模思路，先设计多 Agent 系统体系结构，再细化设计不同个体的 Agent 模型，最终用多 Agent 交互来刻画实际系统组元交互关系。应该说，两种建模思路“殊途同归”。由于 Agent 是一种计算实体，所以最终均可构建实际系统的程序模型。这大大地方便了研究人员对系统进行仿真研究和开发人员应用开发，实现从分析到实现的平滑过渡。

2.3.1.1 基于 Agent 的建模理论基础

如前所述，Agent 的提出最初来自于 DAI 领域，其发展与 CAS 研究紧密相联。事实上，基于 Agent 建模的理论基础有两种：DAI 理论，CAS 理论。

1. DAI 理论

随着计算机和人工智能技术的发展及普及，在生产、生活等方方面面计算机和人工智能技术都发挥着不可替代的作用，所解决的问题也越来越复杂，单个的人工智能无论再复杂也不能解决多个智能协作解决的问题，因此出现了 DAI。DAI 是人工智能研究的一个重要分支。DAI 研究与传统人工智能有着紧密联系。一方面 DAI 研究要用到传统人工智能的成果(如已有的知识表示方法、推理机制)，另一方面，DAI 的结构可用于许多传统的人工智能应用，如机器人、定理证明、调度和自然语言理解等。

DAI 研究的目标是要建立一个有多个子系统构成的协作系统，各个子系统间协同工作对特定问题进行求解。在分布式系统中,把待解决的问题分解为一些子任务,并为每个子任务设计一个问题求解的任务执行子系统。通过交互作用策略,把系统设计集成为一个统一的整体。每个系统不能在环境中单独存在,而要与多个智能体在同一环境中协同工作,协同的手段是相互通信。

DAI 的研究主要分为分布式问题求解(Distributed Problem Solving,DPS)和多 Agent 系统两个方向。DPS 研究如何分解某特定问题,并将其分配到一组拥有分布的知识并相互协作的智能体进行求解;多 Agent 系统则与协调一组(可能预先存在的)智能体自治或半自治行为有关,研究侧重于这些智能体为了采取联合行动或解决各自问题,如何协调各自的知识、目标、策略、规划。

从上面分析可知,上述两个方向其实是相辅相成的。从研究内容看,围绕这两个方向,DAI 系统研究人员将面对以下一些基本问题:

(1) 任务的描述、分解与分配。任务描述不仅是系统设计者的指南,还应使系统能以此进行推理,从而能够动态调整;任务分解体现问题分解要求,主要考虑抽象层次、独立性、冗余度、资源最小化和依功能/生产划分等几个方面;问题分解后将被分配到有关智能体进行求解。

(2) 通信和协作研究。对交互单元和交互模型的选择产生了交互语言和协议。依托通信机制,完成组织结构、相关最小化、集中/分布规划、增加相互了解、通信管理、资源管理和自适应等方面研究。另外,冲突消解方法与采用的组织结构有很大关系,因此,还要研究如何进行冲突消解。

(3) 智能体和系统行为建模。智能体建模可以使智能体进行局部决策,并提供获得一致行为的协调机制,系统行为建模是实现系统自适应的关键。这方面内容是当前的研究热点。

(4) 语言、框架和环境的实现。一般而言,DAI 系统实现平台包含基于对象的并发程序设计系统、黑板框架、集成系统和试验测试床等类型。

2. CAS 理论

20 世纪 80 年代,随着计算机技术的逐渐成熟,计算机仿真成为研究的重要方法,复杂性科学的研究迎来了一个新的高潮,人们开始研究 CAS。CAS 理论主要是由美国圣菲研究所(SFI)提出的,该研究所是在夸克理论创建者 Gell - Mann 等 3 位诺贝尔奖获得者的支持下于 1984 年建立的,最重要的研究成果是提出了 CAS 理论,他们把复杂性探索视为一种"新科学"。这一科学在经济、管理、生态系统、社会系统、复杂网络等复杂性领域获得迅速发展。

CAS 是由适应性主体相互作用、共同演化、并层层涌现出来的系统。CAS 理论的根本思想是"适应性造就复杂性"。系统的适应性主要体现在系统中的主体可以与环境或其他主体相互协作,以适应外界环境变化或者系统自身的需求变化。适应性主体具有感知和效应的能力，自身有目的性、主动性和积极的“活性”，能够与环境及其他主体随机进行交互作用，自动调整自身状态以适应环境，或与其他主体进行合作或竞争，争取最大的生存和延续自身的利益。但它不是全知全能的、或是永远不会犯错失败的，错误的预期和判断将导致它趋向消亡。因此，也正是主体的适应性造就了系统的复杂性。

适应性是产生复杂性的机制之一，但不是唯一的来源，也有可能是随机因素产生的，CAS 理论并不否定其他产生复杂性的渠道。然而，适应性产生复杂性的系统却是一大类常见的、重要的复杂系统。

Hock 认为 CAS 的特性是开放性、动态性、自组织性、自管理和适应性、非中心化或分布的、不规则、构成的、使能的。Holland 则认为聚集、非线性、流、多样性、标识、内部模型和积木是其基本特性。其中，前 4 个是主体的特性，后 3 个是主体与主体、主体与环境进行交互时的机制，后 2 个特性强化了 CAS 中层次化和模块化的概念。

尽管上述两种表述在形式上有所区别，但就实质而言，都强调了在微观方面系统中的主体通过与环境及其他主体的相互作用来调节自身行为，增强自身的适应性；在宏观方面正是这种相互作用产生涌现现象，使得涌现的整体行为比各部分行为的总和更为复杂，在涌现生成过程中，尽管规律本身不会改变，然而规律所决定的事物却会变化，因而，会存在大量的不断生成的结构和模式，这些永恒新奇的结构和模式，不仅具有动态性还具有层次性，涌现能够在所生成的既有结构的基础上，再生成具有更多组织层次的结构。

3. 两种理论 Agent 建模的比较

从建模的思路来看，两者是一样的，都是采用自下而上的自然描述方法，将目标系统按照自然的方式抽象为对应的 Agent，然后分别对各类 Agent 刻画描述，最后将各类 Agent 组建在一起构成一个完整的多 Agent 系统模型。当然，两者同样也都强调从宏观层次上观察系统的涌现行为，也体现了系统设计中自上而下的分析思想。

从建模的目的来看，两者又不尽相同。DAI 理论建模的主要目的是实现在逻辑上或物理上成功分离的多个 Agent 的并发计算、相互协作实现问题的求解。正是通过任务分解和分配，基于多 Agent 间通信、协作及冲突解决，完成分布式协同工作。而 CAS 理论建模目的是通过个体 Agent 间的相互作用和交互，涌现出系统宏观行为。大量个体 Agent 的相互作用体现系统的整体特性，使系统演化成更高层次。

从应用的角度看，两者互为补充。在基于 Agent 的建模中，均可应用这两种理论，或者在建模的不同阶段、不同工作内容时分别使用这两种理论。例如，在建立涉及战役指挥、作战单元以至单兵的体系对抗过程的Agent模型时,既有DAI理论建模(战役战术层次),又有CAS理论建模(作战单元和单兵),两者通过互为补充的方式完成建模。从此角度看,DAI理论的Agent建模和CAS理论的Agent建模是一致的。

2.3.1.2 基于Agent的建模方法及其与传统建模方法的区别

基于Agent的建模方法,是通过对目标系统在一定层次上进行自然划分,建立与之对应的Agent模型,通过个体Agent间相互作用和影响获得系统宏观行为的一种建模方法。

基于Agent的建模方法与传统建模方法的区别在于:

(1) 系统层次的视角。传统的建模方法局限于从某特定的系统层次去看待系统,基本上不涉及跨层次问题。基于Agent的建模一般是自下而上、也可自上而下地观察和描述系统的行为,是一种由低到高(由高到低)、从微观到宏观(从宏观到微观)、跨层次的研究思路。

(2) 建模的思路。数学解析建模的思路为:系统分析和描述,得到影响系统各因素,再分析这些因素间的关系并量化,最后建立数学模型。而使用基于Agent的建模方法则为:首先分析系统,按自然描述的方式抽象出系统所刻画的Agent,通过Agent间的相互交互和作用来研究系统。

(3) 关注的内容。数学解析模型以一组数学方程作为起点,这些方程代表宏观系统各属性的关系,是系统各属性间的定量关系。而基于Agent建模方法的侧重点在于Agent间的交互行为和作用,及由这些交互作用引起的系统宏观属性的变化。

2.3.1.3 基于Agent的建模的主要特点

Agent技术是近些年以来系统建模领域的前沿技术。把Agent技术应用于复杂系统建模,能够更好地体现系统各实体之间的关系,乃至各个实体的自我目标。基于Agent的建模技术在复杂系统分析中将会有更高层次、更广泛的应用。基于Agent的建模,主要有以下特点:

(1) 描述的自然性。由于Agent是描述个体主动性的有效方法,所以可以支持对主动行为的仿真。Agent可以接收其他Agent和外界环境的信息,并且按照自身规则和约束对信息进行处理,然后修改自己的规则和内部状态,并发送信息到其他Agent或环境中,Agent的这种行为模式适合对主动行为的仿真。利用Agent可在一定层次上对复杂系统进行自然分类,然后建立一一对应的Agent模型,实现对系统的仿真。

（2）宏观和微观行为有机结合。在通常的建模过程中，特别强调对复杂系统中个体行为的刻画和对个体间通信、合作和交流的描述，以通过对微观（底层）行为的刻画来获得系统宏观（上层）行为，而基于 Agent 的建模仿真技术提供了将系统宏观和微观行为有机结合的新途径。

（3）突出相互作用。各个 Agent 与环境（包括其他 Agent）的相互作用是系统演化的主要动力。相互作用是驱动系统运动的主要原因，在这些相互作用中还可引入随机因素，使其具有更强的描述和表达能力。

（4）适合于分布计算。将 Agent 分布到多个节点上，支持复杂系统的分布或并行仿真。这种方法造就了基于 Agent 仿真的动态性和灵活性。一方面，Agent实体在仿真过程中可以与不同地点、不同任务的其他实体或用户进行交互；另一方面，在仿真过程中也可以随时增加和删除有关的实体。

（5）具有重用性。基于 Agent 思想建立的各仿真实体模型，由于其封装性和独立性较强，可以使一些成熟、典型的 Agent 模型在系统间得到广泛地重用，以提高建立目标应用系统的效率。

2.3.2 基于 Agent 的建模应用

正是由于 Agent 不仅具有自治性、社会能力、响应性、能动性等高级行为特征，而且还有知识、信念、责任、承诺等精神状态特征，它可以是智能软件、智能机器人或智能计算机系统，因而在复杂系统模型研究中可由许多 Agent 按一定规则结合成局部细节模型，并利用 Agent 间的局部连接准则构造出复杂系统的整体模型。基于 Agent 建模法是复杂系统建模的一种新工程方法，已被应用于国民经济、生态系统和军事作战等领域。这里仅举几个例子来说明。

2.3.2.1 在产业建模中的应用

产业是一个由多种主体构成的复杂系统，这些主体包括生产产品或提供服务的供应型主体、消费产品和服务的需求型主体，以及相关的政府部门、银行和科研院所等。主体具有主动性，在规则约束下与环境相互作用。基于 Agent 的建模是研究复杂系统的重要方法，近年来广泛应用于产业建模研究领域。

针对信息产业集群问题，绳立成以产业集群理论为基础，分析了信息产业集群内部企业的微观行为与产业集群宏观现象之间的联系，提出了信息产业集群形成模型的设计策略。以基于 Agent 的建模为技术手段，在 Repast 仿真环境下，建立了政府主导环境下信息产业集群形成模型并进行了仿真，通过实证数据检验了模型的有效性。

围绕产业集群企业竞争建模，赵剑冬借鉴 Agent 技术在信息网络、软件工程、分布式计算和智能控制等方面的研究成果，并结合人工社会的思想，提出人工社会的概念模型，将 Agent 的适应性区分为高层认知行为和狭义适应性行为。通过基于 Agent 的建模和其他建模方法的比较研究，对经济社会系统的研究方法进行了总结。在建模观点、生命周期、适应性算法、Agent 仿真适用性以及通用程序架构等方面，完善和规范了基于 Agent 的经济社会系统仿真方法（Agent – Based Economic and Social Simulation，ABESS），并采用 ABESS 方法建立产业集群企业生产营销竞争仿真模型和产业集群企业技术创新竞争仿真模型。

针对产业集群技术创新机理的研究主要停留在定性描述和数学分析的现状，梁娟采用"自下而上"和"自上而下"交叉循环的研究思路，运用基于 Agent 的计算经济学研究的成果和 Swarm 仿真，通过建立数字化的产业集群技术创新系统，研究产业集群技术创新机理，得出促进产业集群技术创新持续发展的关键因素是：技术势差的存在、技术支撑和创新激励。

为考察科研成果转让费对产业演进的影响，在科研成果转让费的不同水平下观察产业集约度演变，李强等运用基于 Agent 的建模方法设定需求 Agent、供应 Agent、科研 Agent 的属性和行为，基于 Swarm 平台开发产业演进仿真模型。仿真结果表明，随着科研成果转让费的降低，产业集约度的周期性逐渐减弱。当转让费减低到一定程度时，周期性被波动性代替。

围绕如何模拟复杂产业知识网络的演化，周浩元研究了复杂产业知识网络的结构特征与知识学习的动态相互影响，建立了一个 Agent 的计算试验模型，设计了 5 类知识 Agent，每类 Agent 根据各自不同的策略选择合作 Agent，并分析了各种知识网络的结构特征。结果发现，其涌现出复杂社会网络的一些典型结构特征。在混合 Agent 构成的知识网络上，探讨了获得快速知识增长的 Agent。结果表明，位于网络中心的 Agent 在知识竞争中可以获得领先地位。

2.3.2.2 在国家关键基础设施建模中的应用

国家关键基础设施是指支撑一个国家或者社会正常运行的关键公共基础资源服务系统，如国家电力、能源输送、交通、供水、信息传输网络等。该系统上任何微小局部的自然失效、扰动和破坏都有可能在整个网络造成不可意料的连锁反应，从而严重威胁国家安全和社会稳定，并给国家造成重大的经济损失。进入 21 世纪以来，对国家关键基础设施网络的建模研究，逐渐引起各国科技界的高度关注。

美国国家基础设施仿真分析中心（NISAC）建立了基于 Agent 的经济学实验室并进行经济仿真，开发了城市基础设施套件和相互依赖的能源基础设施仿真系统 IEISS；Sandia 国家实验室在 ASPEN 系统基础上加入了电力网、原油供应网、天然气供应网等基础设施网络，研制了 ASPEN－EE。

李志强等采用复杂网络和 Agent 建模方法，构建国家基础设施网络综合仿真模型来分析对基础设施的影响过程。采用多领域分层结构的方法来设计国家关键基础设施的综合仿真模型的总体框架结构，给出了国家关键基础设施仿真模型的逻辑结构，采用构建影响区人工势场的方法来设计基础物理和空间关联关系模型，采用全球三维地理信息系统 GeoMatrix 设计三维可视化系统，基于 COM＋和数据库设计了系统模型的分布式总体集成策略。

智韬等根据复杂网络理论和基于 Agent 的建模方法实现了电力网络模型，较好地模拟了实际电力系统的运行机制以及由电力网络中各个节点共同涌现出的电力网络级联特性，为研究电力网络的拓扑结构生成机制、动态连锁反应机制、网络的自适应临界特性，分析电力网络模型与其他关键基础设施的关联性，提供了有效的手段。

2.3.2.3 在大规模群体行为建模中的应用

这里所说的大规模群体行为，既包括针对危机状态或紧急状态的人群行为，也包括平时活动中某种团体的人群行为。不管是当社会危机出现或紧急情况发生时，还是在平时的某种状态，群体行为自身复杂性特点都比较明显，建模和表现的粒度难以把握。基于 Agent 的建模便于描述时空因素下的个体之间及个体与环境间的互动，因此，可用于针对这种大规模群体行为效应的刻画。

杨志谋等采用自下而上的设计思路，设计了一个包含日常与危机两种状态以及三层可变粒度的大规模群体行为模型，解决了行为描述粒度的问题、行为演化的确定性随机性问题以及行为的视觉化呈现问题，用基于 Agent 的建模方法来构建社会子系统中大规模群体行为模型。通过对底层的单个实体、实体与实体之间以及实体与环境的交互进行建模，建立个体的人际关系网络，在此基础上建立个体与局部交换规则，产生群体行为，研究高层群体的自组织过程和行为的涌现性。

郭丹基于分布式思想，应用基于 Agent 的建模方法，来模拟城市人口紧急疏散过程，解决了当前各类疏散模型中模型求解问题单一的现状。通过在高分辨率微观层面中真实模拟人员 Agent 实体行为，再将实体间相互作用的集合来反映整个复杂过程的中观和宏观规律，实现由简单元素互相作用而形成复杂现象的过程，将人工智能、计算机仿真技术与地理信息系统有效结合，建立城市大规模人员疏散应急仿真模拟。人员个体行为模型区别于现有的元胞自动机、社会力模型等典型微观代表性模型，强调个体的智能性和学习能力，建立个体与个体之间、个体与环境之间的复杂联系。

吴江等以政府信息化为例，用因果关系图系统思考了政府信息化中的群体行为，并利用基于 Agent 的建模方法建立起政府信息化群体行为模型（EGGBM），借助 Repast 平台实现了仿真系统，提出了详细的模型验证的实验过程，并对模型的应用给出了例子。结果表明，EGGBM 可为政府信息化的管理决策提供辅助依据，是政府信息化中群体行为研究的一种全新尝试。

2.3.2.5 在交通系统建模中的应用

交通系统是一种复杂系统，特别是车辆等交通工具单元和信号控制单元等，表现出跟人类智能类似的自治性、社会性、主动性和反应性等特点。由此，可以采用基于 Agent 的建模方法，开展交通系统建模研究。这对于定量分析交通系统规划与设计方案，为提高运输枢纽服务水平及运行效率具有重要的理论价值和现实意义。

邝先验等应用 Agent 技术建立了城市交通仿真模型，在 VC + +6.0 编译环境下开发了基于 Agent 的交通仿真系统。设计了路网描述图元库，分析了车辆 Agent 的结构，探讨了基于期望间隙和期望速度的车辆驾驶模型；分析了信号控制 Agent 的结构模型，针对传统定周期控制方法不能适应实际交通流的不足，给出了交通信号自寻优仿真方法。仿真应用实例表明了该仿真系统的有效性和实用性。

王超等从系统特性、内在运行机制和外在行为表现等方面对空中交通系统进行深入分析，提出了基于离散事件和连续时间相结合的混合空中交通仿真模型。该模型采用 Agent 技术实现个体微观行为的仿真，并集成个体微观行为表现所构成系统的宏观性能。构建了典型的空中交通系统的 Agent 模型：飞机 Agent和管制员 Agent，并通过一个起飞和落地的应用，验证了基于 Agent 的空中交通混合仿真在模拟个体微观行为和系统宏观表现方面均具有较高的逼真度。

唐明基于微观行人行为理论以及活动有限状态机模型，建立了客运枢纽环境下完整的行人 Agent 导航模型。引入行人流惯常状态下行人之间的有限度竞争最优路径策略，提出了通道内的 Agent 动态路径目标节点更新算法，解决了通道弯道处由于 Agent 竞争最优路径目标节点可能导致的死锁现象问题；在行人流交织区域，由于流量较小方向上的行人流在仿真过程中容易被流量较大方向上的人群阻滞，通过研究人群子整体的判断方法，提出了行人 Agent 对人群障碍物的动态避障算法，解决了交织区域小流量方向上的行人 Agent 的死锁问题。

李振龙等应用基于 Agent 的建模技术对区域交通信号的协调控制进行了研究，构建了区域 Agent、路口 Agent 和车载 Agent，区域 Agent 和车载 Agent 构成网络调度层，路口 Agent 构成信号控制层，车载 Agent 和路口 Agent 采用反应型结构，区域 Agent 采用思考型结构，从而建立了基于 Agent 的区域交通控制系统，并通过对系统结构的分析建立了一主多从动态博弈协调模型，最后对一个简单的交通网络进行了仿真。

张发等采用基于 Agent 的建模方法设计并实现了交通流仿真平台，步长推进由调度 Agent 协调仿真的运行。以 MaSE 方法对多 Agent 系统建模，用自动机描述人车单元 Agent 和路段 Agent 之间的交互。人车单元 Agent 采用刺激反应混合结构，路网采用分层结构分解为路网、路段（交叉口）、车道，信号控制方案分解为入口车道流向灯色组合，用分叉树表示信号灯组的状态。

2.4 基于 Agent 的作战建模

2.4.1 基于 Agent 的作战建模概念

2.4.1.1 由对象过渡到 Agent

Agent 和多 Agent 系统技术是近年来得到飞速发展和广泛应用的一项 DAI 技术。从目前的研究成果来看，基于 Agent 的作战建模方法，除借用了知识工程的方法外，最主要是借用了面向对象的方法。这是因为：一方面，面向对象技术发展已比较成熟，有很多经过实践检验的方法和工具；另一方面，对象（Object）和 Agent 是两种比较一致的观察客观世界的工具，Agent 与对象有许多共同点，Agent 是以独立的个体封装数据和方法，有对象的继承与多态的性质。因此，从对象过渡到 Agent 是直观而且自然的。

一般来说，对象可以看作是一种封装了属性、事件和方法的计算实体。从认识论角度来说，它是一种抽象技术，它的最基本的特征是封装、继承和多态；从软件的角度来看，它是一个计算实体，封装了一些属性以及可根据这些属性采取特定措施的方法，对象之间可通过消息传递或调用来进行交互。而 Agent 则是一种更高粒度的抽象，它除了对属性、事件和方法的封装外，更封装了相关的思维能力和决策行为，从而体现出较高的自治性、较强的面向目标性、灵活的反应性以及和其他 Agent（或对象、人等）进行交互的社会性等。

对象通过属性和服务的结合的确能够表述事物的静态特征和动态特征，但其动态特征的展现是被动的，因而不具有灵活的自主性行为。Agent 则特别强调灵活的自主性行为，不但抽象出实体的特性、动作，还有感觉、心智、承诺等，这也是 Agent 在概念上与对象的根本区别。

另外，Agent 与标准对象模型还有一个重要的区别，每一个 Agent 都有自己独立的控制线程；而标准对象模型中整个系统才拥有一个控制线程，当然对于主动对象来说，也拥有自己独立的控制线程，但它不具有 Agent 那样的灵活的自治行为。

因而，Agent 比对象更能反映现实。这样从现实出发，更加容易将系统分解成以 Agent 为单位的灵活、强交互的系统。在分解的过程中，子系统的关系也可以自然地映射为 Agent 之间的交互、协作。由此，面向 Agent 的系统分析成为分割复杂系统问题空间的有效途径。

由于 Agent 具有社会性，所以，从映射角度来说，面向 Agent 的系统组织更适合处理系统中的依赖和交互关系。复杂软件系统往往包含复杂的组织关系，这些组织关系使得一些分散的模块可以被划分在一起，被视为概念上的一个实体；其次，这些特征化的实体之间有着高级的链接关系；再次，实体间的关系是变化的，要求每个实体应该具有适应这种变化的能力。而基于 Agent 的计算机软件系统有着灵活的组织关系，可以按一定的机制自动建立和解除。这种结构使单个的 Agent 可以独立的开发，然后加到系统中。这样，基于 Agent 的系统有着良好的可成长性、可扩展性，而这正是复杂作战系统建模所必需的。

面向 Agent 的分析与面向对象的分析(Object - Oriented Analysis, OOA)的比较如表 2 - 1 所列，OOA 的概念模型如图 2 - 6 所示。

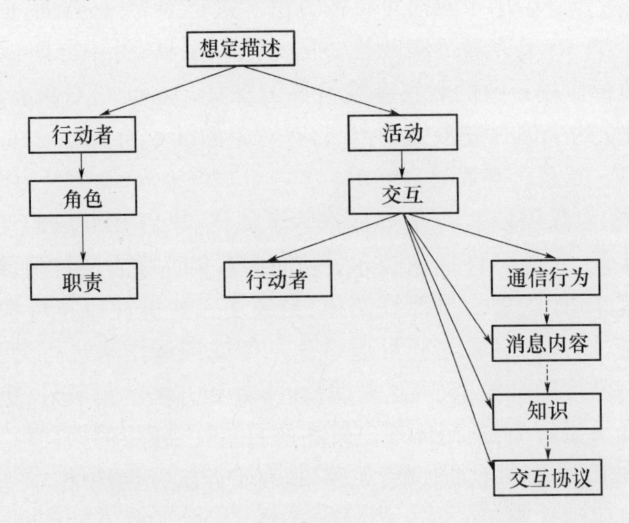

图 2 - 6　面向 Agent 的分析的概念模型

表 2-1　面向 Agent 的分析与面向对象的分析的比较

	面向 Agent 的分析	面向对象的分析
基本单元	行动者与活动	目标与函数
预期值	目的、角色和职责	需求
目标	Agent 模型	对象模型(有时是动态的函数模型)
系统动力	Agent 交互	用户与系统交互
信息	基于通信行为的消息	无约束
输出	行动者、通信行为、知识、交互协议	对象、属性、函数、关系与状态

2.4.1.2　基于 Agent 的作战建模方法概述

作战系统是一种极其复杂的动态随机系统,具有规模大、因素多、结构关系复杂、状态多维等特点,对其进行建模仿真非常困难。军事概念模型,作为军事人员和建模人员之间有效的交流工具,能够让建模者更加清楚地认识和把握需要模拟的作战系统和需要解决的作战问题。通用、规范的军事概念模型的描述将为仿真模型的设计提供一种科学的依据和表述方法。因此,在建模过程中用概念模型描述仿真模型是首要的、至关重要的一步。

概念化的建模过程需要一个合理的抽象集和一种正确的方法论对系统的分解、分析和设计进行指导。传统的系统概念建模方法如 OOA、IDEF0、UML 等,都可以应用到军事概念建模中。IDEF0 采用自上而下逐层分解方法,以顶层描述系统概念需求而始,把一个复杂系统简单化,把一个抽象系统具体化,以详细描述系统功能完成而终,最终得到系统全貌描述。IDEF0 基本模型是活动,通过输入、控制、输出和机制(ICOM)进行相应描述。关于统一建模语言(Unified Modeling Language, UML),将在第 3 章结合基于 Agent 的作战建模过程进行介绍。

另外,基于军事作战的特点,在上述这些一般性方法的基础上,支持军事领域建模的方法学,如面向过程建模方法和面向对象建模方法。但前者关心的焦点是作战过程,不太注重作战系统结构分析;而后者是先对系统的组成对象建模,然后才对系统建模。

应该说,基于 Agent 的作战建模(Agent - based Warfare Modeling, ABWM),吸收了上述军事概念模型描述及军事领域建模过程的内容实质。它与传统的建模理论和方法不是对立排斥的。但如前所述,传统的建模理论和方法不再适应复杂作战系统中灵活、复杂组织关系及强交互特性的描述,Agent 建模方法和技术的提出顺应了复杂作战系统建模的需要。基于 Agent 的建模已成为当前作战建模领域的研究热点,在军事仿真领域已经有了不少应用。可以这样理解:

所谓基于 Agent 的作战建模,实质上即采用基于 Agent 的建模理论和方法,构建复杂作战系统仿真模型。

基于 Agent 的作战建模的基本着眼点是:一个复杂作战系统的全局行为,是从系统低层次上组成元素的交互行为中产生的。通过对这些元素建模,对它们的行为进行仿真,观察模型在仿真过程中表现出来的整体涌现性行为,就能够获得对原型系统的认识。因此,基于 Agent 的作战建模遵循以下 3 个原则:

(1) 通过指定作战系统组成元素内部状态的变化方式,观察大量组成元素交互作用的结果,研究作战系统的整体行为。

(2) 对作战系统组成元素的行为,一般没有集中控制。

(3) 通常假定作战系统组成元素采用一定的军事规则与其他元素或者环境进行交互。

基于 Agent 的作战建模,参考其原型系统组织背景,将系统内部组元(各武器装备、军事人员等)直接映射成相应的职能 Agent,把这些组元所具有的资源、知识、目标、能力等作为 Agent 自身属性加以封装,使仿真过程中 Agent 和对应的传感器、指挥中心、战斗平台、保障平台、计算机生成兵力(Computer Generated Forces,CGF)等仿真实体或人可方便地交互。通过用 Agent 刻画战争系统中的各个单元(个体),描述战争系统中个体损伤、兵力补充、物资供应等各种微观行为,从而实现对战场这种高度动态的环境行为进行仿真。

一般的作战建模方法与基于 Agent 的作战建模方法的比较如表 2-2 所列。

表 2-2　一般的作战建模方法与基于 Agent 的作战建模方法的比较

建模方法	一般的作战建模方法	基于 Agent 的作战建模方法
交互行为描述	很弱,并假设系统中的交互是线性的	很强,并能描述系统中的非线性行为
复杂边界条件的描述	很难描述	比较容易
对单个作战单元的建模	假设所有的作战单元都是相同的	每一个作战单元都有自身的特性,并对环境作出自己的反应
作战模拟时间比例尺	=1,模型的计算时间为真实时间	≫1,模拟时间可以为欠实时
模型的侧重点	侧重兵力的毁伤率	侧重兵力的毁伤过程

从现代认识论和方法论的角度看,基于 Agent 的作战建模方法是结构级方法、行为级方法之外的第三条途径。它采取自上而下分析、自下而上综合的思路,既以一系列对于未来战争的假设公理为基础,但不验证公理,而是力求在假设公理基础上产生复杂作战系统行为,实现对复杂作战系统中基本元素及其之

间交互的建模与仿真;也对复杂作战系统模型仿真试验结果数据进行归纳分析,但仿真试验数据不是来自于对真实世界的直接测量,而是来源于一套严密而又明确定义的规则。因此,可以认为,该方法是一种作战建模的综合方法,可将复杂作战系统的微观行为和宏观“涌现”现象有机地结合在一起。基于 Agent 的作战建模方法如图 2 -7 所示。

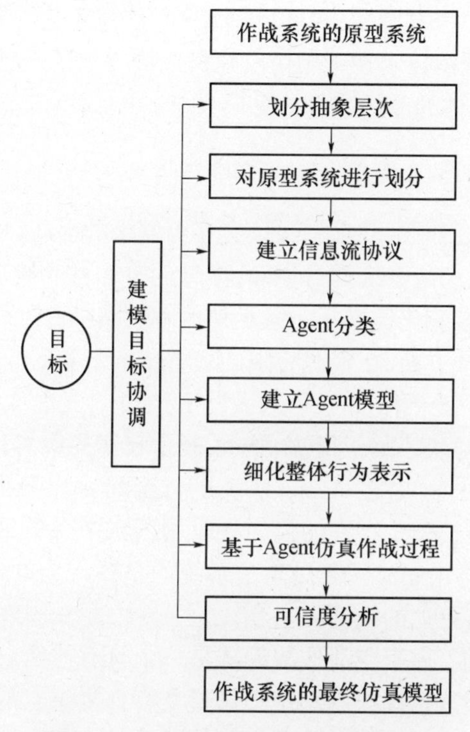

图 2 -7　基于 Agent 的作战建模方法

基于 Agent 的作战建模方法,从建模方法层面上还体现了模块/部件化程序设计思想,它将基于 Agent 的作战建模仿真系统程序按照层次结构分成 3 层模块:最上层即多 Agent 系统,中间层为 Agent,最下层即 Agent 内部功能模块。上层模块调用下层模块,其模块的划分面向实际复杂作战系统的物理构成及仿真演示目的,但与一般的模块/部件化程序设计有所不同。一般的物理系统如热力系统中的阀门、水泵等,具有清晰的物理边界和足够的物理独立性,而 Agent 由于具有自主性、反应性、社会性、主动性、适应性、协同性等特点而成为一种智能实体,多个 Agent 之间通过信息共享与交互机制构成多 Agent 系统。基于 Agent作战建模方法的这种特性,可为解决复杂作战系统仿真试验问题提供一种有效途径。

2.4.2 基于 Agent 的作战建模应用

Agent 具有自主性、反应性、社会性以及推理能力等特点，目前，基于 Agent 的建模技术已在军事训练、基于 Internet 的信息获取以及娱乐等领域获得广泛的应用，它已经成为人工智能领域描述行为模型的通用技术框架，能够用来解决传统的人工智能所不能解决的环境适应性、信息不完全性以及实时性等问题。基于 Agent 的建模技术在军用仿真建模领域得到了广泛的应用。这里仅举几个例子来说明，具体的应用案例详见第 8 章。

2.4.2.1 在指控系统建模中的应用

随着信息化战场分布、动态、实时、交互等要求的提高，将 Agent 技术用于智能指控系统研究，能满足系统的自主性，信息的分布性和响应的实时性等要求，为实现指控系统的智能化提供了一条最佳的解决路径。

在通用协作指挥方面，在资源有限的多 Agent 环境下，没有哪个 Agent 自己有能力、资源或信息完成系统的目标，因此必须协调多个 Agent 的活动，以满足系统的整体目标。孙琰等基于指挥 Agent 概念和优先级思想，提出一个新的协作模型，利用指挥 Agent 对多 Agent 系统进行全局协作分配，协作申请分级处理，解决了传统协作模型中存在的模型与应用领域中有关只适用于静态环境的问题。指挥 Agent 协作完成任务提高了系统的整体行为的性能，增强解决问题的能力，使系统具有更大的灵活性。

在空战指控方面，由于空战作战编队是一个具有严密的指挥控制关系的组织，这就要求机载空战指挥控制系统不仅要具有在复杂空战环境下的自主决策能力和高度自治能力，并且要与编队中其他成员及上级有良好的交互性。刘金星等对协同空战指挥决策思维进行分析，对 BDI 结构进行扩展，提出了基于信念(Belief)、愿望(Desire)、责任(Obligation)、战术意图(Tactical Intention)的空战指挥控制决策思维模式，应用时态分支逻辑 CTL * 对空战指挥决策的可能事件进行描述，建立了基于 BDOTI(Belief, Desire, Obligation, Tactical Intention)结构的智能 Agent 的多模态逻辑框架，使空战指挥控制系统具有良好的自主性、自治性和社会性，可实现各机之间的有效交互和协同。

在防空作战指控方面，为了实现从“传感器—指控系统—数字化部队—武器系统”的一体化作战指挥，使战场资源达到最佳配置，刘强等运用 Agent 理论和技术，在分析 Agent 组织建模特性的基础上，充分发挥多 Agent 的交互性和协作性以及单个 Agent 的自主性，提出基于多 Agent 的智能指控系统模型。该智能化模型可使战场中的各种信息资源实现共享战场态势实时感知,战术决策速度加快和自主协同打击能力提高。通过仿真试验运行结果表明,在对敌防空作战中基于多 Agent 的智能指控系统由于具有较高的智能化率,可使作战效果得到显著提升。

2.4.2.2 在作战训练仿真中的应用

在未来信息化战场上,为了能使装备最大限度地发挥整体效能,为了更好地运用战术技术,必须开展作战训练。利用实际装备、动用实际兵力开展训练,组织实施困难,训练代价高。为了更好地适应战场环境动态变化的灵活性,同时满足训练经济性、安全性等要求,各国都十分重视作战训练仿真研究。作战训练仿真是指利用现代建模技术对训练活动及其过程进行抽象,建立相应的数学模型和程序模型,用计算机技术进行实现,完成军事人员的模拟训练。基于 Agent 的作战建模以其独有的优势,已在作战训练仿真领域中得到广泛应用。

Karen 等提出了在实时作战仿真模型中所使用的一种 Agent - IHUT,该 Agent 包含两部分:①反应式智能 Agent,主要用来表示人的一些认知处理活动,如视觉感知、事件检测、信息处理、态势评估以及决策制定等;②徒步步兵的物理模型,主要用来模拟在作战环境下士兵的运动和相关的动作。目前,IHUT 已经应用到了一些用于城市作战训练的仿真系统(MOUT)中。

杨瑛霞在以建构主义学习理论为代表的先进的教育学习理论指导下,运用分布式虚拟现实和 Agent 等技术,依托武警初级指挥院校现有的良好网络基础设施,设计了一个面向武警初级指挥学员综合知识学习与指挥能力培养的分布式虚拟训练系统,并进行原型设计与实现,目的是为初级指挥员综合指挥培训创设虚拟训练平台,作为实训教学的有效补充。

马立元在大型复杂装备虚拟操作训练系统设计中,讨论了虚拟操作训练系统面向 Agent 的设计方法,划分了具体的 Agent,分别研究了智能训练任务生成 Agent(ITPA)、受训者智能评估 Agent(ITEA)、智能虚拟人 Agent(IVMA)和智能过程控制 Agent(IPCA)的设计方法,研究了使用决策表方法实现训练目标与训练任务的映射,设计了一种受训者操作水平的智能评估算法;围绕虚拟操作训练系统联邦成员仿真流程设计,对智能联邦成员间交互处理 Agent(IIDFA)进行了研究,提出了对象模型和联邦成员间交互模型的设计方法;建立了某型导弹分布式虚拟操作训练系统,验证了分布式虚拟操作训练系统多 Agent 设计方法的正确性。

2.4.2.3 在装备体系对抗建模中的应用

在面向装备体系对抗的作战模拟中,可将武器装备体系中的每个组分看作实体,也就是在战争空间内对实际战争系统中的各类组分的抽象。因此,可用基于 Agent 的建模方法来实施对装备体系中大量的实体以及实体间的交互建模。基于 Agent 的建模方法,可以有力地描述装备体系的复杂性属性,并且为典型复杂问题,如模型粒度问题、聚合与解聚问题、行为“涌现”问题等提供了新的解决思路。该方法目前已成为装备体系作战建模的重要途径。

CoABS(Control of Agent Based Systems)是 DARPA 的 Agent 研究中最大的项目,由 CMU、MIT、USC、Stanford 等大学联合,以新一代武器装备体系对抗等军事应用为背景,系统地研究了 Agent 技术的实时容错、协同操作、行为控制、环境适应、快速构造、无缝继承等关键技术。

蔡延曦等给出了一个模拟武器装备体系对抗的多 Agent 系统整体结构模型,该整体结构模型不仅包括多个作战单元 Agent,还要包括各项服务支持模块;分析了多 Agent 系统中单个 Agent 的内部结构,介绍了软件实现。在对抗过程中,态势显示模块实时显示当前战场中各个 Agent 的位置、受损状态、移动方向等情况,使观察者对整个作战的涌现效果有一个直观印象和整体把握。在对抗的同时,数据记录模块也随时将作战产生的攻击与损伤数据记录到数据库中。战场仿真模块根据双方受损情况不断地对作战结束条件进行判断,一旦满足结束条件,就不再允许任何 Agent 产生动作,一个完整的作战对抗过程即告结束。

朱一凡等把武器装备体系对抗作为一类典型的 CAS 问题来开展研究,在分析自治 Agent 建模在海军战术仿真中的应用需求的基础上,对将多 Agent 系统及基于 Agent 的作战建模相关理论和方法应用到海军战术仿真系统进行了初步探索。从分析实体模型层次和类型入手,利用作战主体刻画具有复杂作战行为的实体,提出了一个作战主体模型框架,阐述了作战单元、作战平台和装备的(装配或指挥控制)关联关系。

第 3 章

基于 Agent 的作战建模框架

3.1 基于 Agent 的作战建模过程

3.1.1 基于 Agent 的作战建模过程概述

基于 Agent 的作战建模过程,即如何按照模型设计及仿真要求,采用科学适用的作战多 Agent 系统开发方法,实现基于 Agent 作战模型的基本步骤流程。从当前本研究领域发展情况看,围绕多 Agent 系统开发这一基于 Agent 建模中的核心问题,国内外学者提出了一系列方法,主要可分为 5 类,即基于知识工程的方法、基于对象技术的方法、基于角色和组织模型的方法、面向目标的方法和形式化方法。这些方法基本都已应用于基于 Agent 的作战建模领域。下面先对不同多 Agent 系统开发方法视角进行对比分析,而后再围绕几种具体的多 Agent 系统开发方法,重点介绍其视角下基于 Agent 的作战建模过程。

3.1.1.1 各种多 Agent 系统开发方法介绍

1. 基于知识工程的方法

该类方法应用知识工程的理论与技术对 Agent 系统进行建模,其根本思想在于将 Agent 视为一个具有知识处理能力的实体,重点反映 Agent 的认知特性。代表性工作主要有:MAS - CommonKADS 方法、CoMoMAS 方法、DESIRE 方法。

例如,MAS - CommonKADS 方法由 C. A. Iglesias 和 M. Garijo 等提出,它将系统分析分为两个阶段,即概念描述阶段和需求定义阶段。概念描述阶段使用

UseCase 获取用户初始需求，根据 UseCase 生成消息序列图（Message Sequence Chart），然后从消息序列图中识别“角色”及其交互关系。需求定义阶段使用了6个模型对系统需求进行描述：AgentModel、TaskModel、ExpertiseModel、OrganizationModel、CoordinationModel、CommunicationModel。

2. 基于对象技术的方法

该类方法以面向对象软件开发方法学的理论和技术为基础，将 Agent 视为具有并发和自主特征的特殊对象，通过对已有面向对象软件开发方法的扩充来支持对基于 Agent 系统的建模。该方法便于利用面向对象方法在软件生产中的普遍使用来推广 Agent 技术。代表性工作主要有：MaSE（Multi - agent System Engineering）方法、AUML（Agent - based Unified Modeling Language）方法。

MaSE 方法由 Scott A. Deloach 和 Mark F. Wood 等提出，通过描述系统目标（做什么）、行为（怎么做）、Agent 实体结构以及它们之间的通信方式来定义一个系统。在该方法中，Agent 没有统一的结构（Architecture），这是有别于其他方法的一个特色，其次它将 Agent 定义为比面向对象中的对象还要抽象的类（具有了行为特征），并应用需求分析工具 UML 对系统进行建模。

AUML 方法是 J. Odell 及 H. Yim 等通过对 UML 的扩展，支持对 Agent 系统的社会组织结构进行建模。提出了描述 Agent 交互协议的3层表示方法，提供了一组模板用于描述 Agent 间的交互协议（包括消息通信和通信内容）。通对 UML 进行扩展，期望在工程实践中广泛接受 Agent 技术，这是一种很实用的方法学考虑。

3. 基于角色和组织模型的方法

该类方法借助于社会学和组织学等学科的理论，通过角色或组织概念来理解系统中的行为，将 Agent 视为系统中承担某个或某些角色的自主行为实体。一个 Agent 可以承担一个或者多个角色，一个角色也可以为多个 Agent 所承担。角色限定了实体的行为规则、交互方式。实体的行为能力通过其承担的角色访问。这类方法摆脱了既有方法在语言和概念上的约束，以基于角色的概念模型为基础，因此可以创建出符合多 Agent 系统概念的软件分析、设计与开发语言。代表性工作主要有 Gaia 方法和 OrgMAS 方法。

例如，Gaia 方法是由 M. Wooldridge、N. R. Jennings 和 D. Kinny 等提出的多 agent 系统分析与设计方法。该方法将系统当作一个由不同交涉“角色”构成的“社会”或“组织”，通过对“角色”属性（职责）——角色的功能、权限——使用资源的权利、活动——自主进行的运算、协议——成员的交互方式（目的、发起人、响应者、输入、输出、处理）及相互关系的定义来描述系统模型，该方法定义的系统模型分为3个子模型：成员结构、成员社会职责和成员关系。该方法将

Agent 视为理性 Agent,并将信念(系统状态的信息部件)、期望(Agent 的动机特性)和意图(由信念和期望所驱动的行为)作为 Agent 的 3 种基本精神状态来对 Agent 的行为进行描述。

OrgMAS 方法由鲍爱华、姚莉等提出,从系统工程的角度出发,将复杂系统划分为若干组织分别进行建模设计,从而降低系统分析复杂度;同时,该方法将本体建模贯穿于整个建模过程,使得异质 Agent 之间能够通过本体映射获得相同的语义基础。

4. 面向目标的方法

Cockburn 等提出了面向目标的多 Agent 系统分析方法。目标可定义为一个系统或子系统要实现的目的,面向目标分析首先是辨识系统的高层目标,然后将每个高层目标分解为子目标。Cockburn 将目标分为 3 类,即系统外部目标、用户目标和系统内部目标,系统外部目标是从系统外部要求系统所必须达到的,用户目标是从用户认知和使用角度要求的,系统内部目标是从系统内部要求的。Park 等定义系统最高目标为根目标或总目标,并将总目标分解为子目标、系统子目标、用户目标和系统内部目标间,并以目标层次结构图描述系统各层目标间的关系。Park 等在目标分析基础上又提出了一整套产生或映射 Agent 到目标的启发式方法。如:相应于每个被识别的主要目标产生一个 Agent;如果将子目标映射成 Agent,则其上一层目标则可映射成协作 Agent,以为下一层的 Agents 提供协作支持。在 ITS(智能交通系统)模型中,他们通过面向目标分析其 ITS 问题域,得出了系统目标层次结构后,将系统子目标映射为 Agent,用户目标映射为角色。这种面向目标的个体 Agent 分析方法,可以识别出系统中的 Agents、辅助 Agents,同时还可分析得到 Agents 间的关系,但分析时,可操作性较差一些,很难全面分析系统。

Jo Chang - Hyun 用 BDIAgents 进行了系统建模,可以用两步来完成:①在分析阶段,用各种假想以发现系统的 BDI 和 Agent;②在设计阶段,分派 BDI 给合适的系统中的 Agent。建立基于 Agent 的系统提供更接近于自然的方式,仿真复杂的实际系统。因此,在许多研究项目中 Agent 作为下一代实体建模复杂系统。用外部用例获得在系统中需提供服务的基本行为意图(Intentions),用内部用例定义系统目标(Desires)且发掘更详细的行为以实现目标。分析实现目标的行为,可以获取与系统行为以实现目标有关的环境知识(Beliefs)。

5. 形式化方法

针对 Agent 软件的形式化开发方法的研究仍处于初始阶段,局限于应用形式化 Agent 理论对 Agent 系统进行规范。例如,使用时态逻辑,能够描述 Agent 的动态特性并对此进行验证。通过直接运行或编译用 Concurrent Metatem 等语言编写的 Agent 规范,可以对该规范进行验证。传统的以模型为基础的形式化语言(如 Z 语言)被用来描述不同抽象层次上的 Agent 概念以及 Agent 系统的结构。然而,由于 Agent 概念不是 Z 模型中的基本成分,一个复杂的 Agent 系统必须从集合论的基本概念开始进行定义和描述。针对组织模型形式化的研究,徐晋晖、张伟、石纯一等指出 Agent 组织的形成和演化是基于 Agent 计算和合作的关键,给出了面向结构的组织形成和演化机制,解决了麻木性和灵活性差的问题。

该方法研究主要成果有 BDI 等模态逻辑以及 Agent 的博弈模型。近年来开始出现以 Agent 为基本概念的形式化建模语言、需求规范语言的研究,如 AgentO 方法、SLABS 方法、Tropos 方法等。

例如,P. Busetta 等提出的 Tropos 方法,进一步拓展 BDI 描述逻辑,将 Agent 概念及其相关要素贯穿于从系统分析到实现的全过程,实现了基于 Agent + BDI 架构的 Agent 设计开发平台 JACK。P. Breseiani 等在 JACK 设计环境下,定义了一种称为 Tropos 的面向 Agent 的软件开发方法,把面向 Agent 的软件过程分为早期系统需求分析、后期系统需求分析、系统架构设计、详细设计和系统实现等 5 个阶段。

3.1.1.2 不同方法视角下建模过程本质上的一致性分析

尽管上述不同的多 Agent 系统开发方法视角,分别反映了各自对应的基于 Agent 建模方法所关注的不同侧重点,然而就基于 Agent 建模过程来看,本质上是一致的。

1. 描述方法或形式上的一致性

就描述方法或形式而言,上述不同视角下基于 Agent 的作战建模过程在本质上是一致的。各种视角下的建模,在多个阶段都可采用 UML 形式分析和表达。AUML 方法自然是这样,其他方法,例如 MaSE 方法视角下的建模和 Org-MAS 方法视角下的建模,都在不同阶段采用 UML 模型图描述。其中,对系统进行需求描述,并根据需求描述系统的结构,主要应用 UML 静态图(包括用例图、类图、包图、对象图、组件图和配置图);对系统的行为状态进行描述,采用 UML 动态模型图,如动态时序状态或交互关系图(包括状态图、活动图、顺序图和协作图)。

需要指出的是,我们重点只对用例图、类图及状态图、活动图、顺序图进行了阐述,对其他 UML 模型图较少介绍或没有介绍,但这些 UML 模型图均可用于基于 Agent 的作战建模,只是强调的侧重点不一样而已。换言之,可根据用户需求,按照 UML 不同模型图的形式描述作战系统,刻画多 Agent 模型。

此外，基于知识工程的方法、基于对象技术的方法、基于角色和组织模型的方法、面向目标的方法，也一定程度上都可采用形式化方法进行描述。而形式化方法中的 Agent 模型结构及建模过程，也主要围绕组织、角色、实体、交互等概念进行描述，也可采用 UML 表达。

总之，上述不同的多 Agent 系统开发方法对应的基于 Agent 的作战建模方法，就本质上而言是一样的，其建模过程中各阶段工作相互引用、相互借鉴，在完成建模任务方面可以说是“殊途同归”，只是模型设计者侧重考察的角度有所差别而已。

2. 基本程序步骤的一致性

采用基于 Agent 的方法解决复杂作战系统问题，不同视角下基于 Agent 的作战建模具体流程虽然各有千秋，但总体上基本一致，体现了以下几个主要阶段：

（1）系统功能分解。基于 Agent 的方法将系统分解为多个灵活运行并交互作用的 Agent。复杂作战系统往往是分布式的或具有多重控制流程，使用基于 Agent 的方法可将多重控制流程分别分配给不同的 Agent 执行，这样不仅降低了系统的复杂性，而且 Agent 根据子系统的局部情况决定自己的行为和状态，能及时地对局部事件作出响应。

（2）系统抽象。复杂作战系统的子系统的概念模型和 Agent 的组织结构能够非常一致地对应，它们都包含了一些内部的组成模块，这些模块各自有相应的功能。利用 Agent 模型、Agent 间的交互模型和组织关系可以更准确地描述子系统、子系统间的交互和组织关系。

（3）系统建模与软件实现。Agent 的内核是由一组知识系统、专家系统及问题求解程序构成的。它反映的是 Agent 内部和领域问题的处理能力，用户可根据实际需要自由组装。

（4）进行系统功能的重组。组合的过程就是根据复杂作战系统的问题求解需要，将各子问题的基于 Agent 的解决方法通过关联关系组织起来。由各种最基本问题的解决部件来实现更高级更复杂问题的解决方案，并且每个子系统根据需求可重复的被使用。Agent 的智能性可将自己的功能与其他 Agent 的关系提供给设计者，拓宽设计者的思路，提高开发速度。

就建模的基本步骤而言，上述不同视角下基于 Agent 的作战建模过程虽然各有差别，但本质上是一致的。实际中，各种基于 Agent 的作战模型开发一般步骤如图 3－1 所示。

其中关键的步骤是第 4 步和第 5 步。最重要的步骤是第 5 步：居于后台，观察样式，通过对系统模型的不断交互作用和“运行”，不断改进优化系统模型。

第1步 — 寻找一个真实系统来进行研究。
第2步 — 在不丢失系统本质情况下尽可能简化系统。
第3步 — 编写程序模拟系统的单个Agent,以及一些有特殊关系的简单规则。
第4步 — "运行"系统的简化模型。
第5步 — 居于后台，观察样式，多次运行程序，得到行为样式的统计。
第6步 — 发展真实系统行为的理论。
第7步 — 修改模式，改变参数，识别行为改变的来源，进一步简化模型。
第8步 — 重复第4步～7步。

图3-1　多 Agent 建模的典型步骤

不难看出,各种视角下基于 Agent 的作战建模过程都基本反映了上述步骤及重点。

3. 模型演化的一致性

就基于 Agent 的作战模型演化过程来看,上述不同视角下基于 Agent 的作战建模在过程上基本一致。在分析各种视角下基于 Agent 的作战建模方法的基础上,可以进一步归纳出基于 Agent 的作战建模的基本过程。在实际的应用中,基于 Agent 的作战建模过程包括以下几个步骤。该过程及其模型演化如图3-2所示。

(1) 对象系统分析。对对象系统的组成要素、结构以及各构成要素的活动或工作特征、相互关系进行分析。

(2) 确定构造模型的 Agent。确定用于构造系统模型的 Agent 对象的类型,明确各类 Agent 与对象系统中实体或事物的对应关系,确定各类 Agent 的行为特征,并建立各类 Agent 之间的抽象关系模型。

(3) 模型的详细描述。根据前面提供的作战 Agent 系统模型描述方法建立对模型要素及结构的详细描述,包括各类 Agent 的结构、行为和交互的描述,以及系统组织结构的抽象描述。

(4) 定义仿真控制结构。确定仿真系统的具体控制结构、各部分的工作方式以及相互之间的信息、指令流动等。

(5) 建模结构与控制结构的连接。将建模内核与仿真控制结构连接起来,形成可运行的仿真模型系统。

(6) 定义试验方案。确定模型的具体试验结构,包括各类 Agent 的数量、参数、Agent 对象之间的具体关系模型、初始状态,以及各种试验控制的运行条件与参数等,形成仿真试验方案。

(7) 执行仿真试验,生成试验结果。

(8) 分析试验结果,修改试验方案,重新进行试验,直至退出。

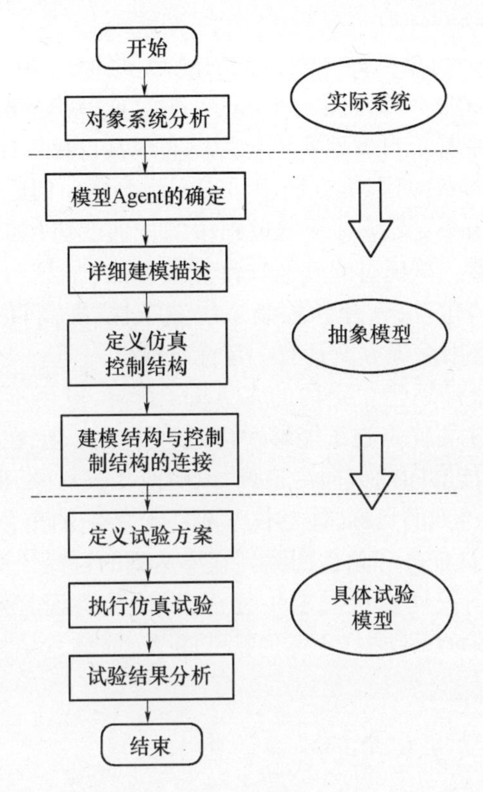

图 3-2　基于 Agent 的作战建模过程及模型演化情况

3.1.2　MaSE 方法视角下的建模过程

3.1.2.1　MaSE 方法

近年来应用系统的特征发生了深刻的变化，人们对计算机系统寄予了更高期望和要求。复杂应用系统通常具有层次性、分布性、自主性、开放性、动态性、异构性和交互性等特点。对这类应用系统的开发是现阶段软件工程面临的一个巨大挑战。MaSE 就是在这种背景下产生的一种以 Agent 理论和技术为基础的面向 Agent 的软件开发方法。

美国空军技术学院(Air Force Institute of Technology, AFIT)在 1998 年开发出一个包含系统完整生命周期的方法，即 MaSE 方法，以及分析、设计和开发异构多 Agent 系统的工具 agentTool。MaSE 利用多 Agent 系统提供的抽象来开发智能的分布式系统。为达到一定的目标，MaSE 用一系列的基于图形的模型描述系统中的 Agent、Agent 之间的交互以及结构独立的详细 Agent 内部设计。

它充分借鉴面向对象软件开发方法的思想，将面向 Agent 的软件开发方法视为面向对象范型的进一步抽象，将 Agent 视为对象的特例。但在 MaSE 方法中 Agent 是可以自主甚至自发地实施行为以实现其自身目标的实体，Agent 之间通过对话(Conversation)而不是方法激活来实现合作。同时，MaSE 方法支持异构多 Agent 系统的开发，支持对开发过程中的任何变更(如需求变更或设计变更)进行跟踪和调整。与现有的其他软件开发方法(如结构化、面向对象)相比较，它在系统的自然建模、管理和控制系统复杂性、提高目标软件系统的灵活性、可维护性和可重用性等方面具有一定优越性。

MaSE 的主要目标是建立异构的多 Agent 系统，可用不同的方式实现同样的 MaSE 设计。其主要优点在于能够适应过程中的变化，在分析和设计阶段中生成的每个对象都能够向前或向后追溯，以更改相关对象，保证一致性。例如，在确定目标步骤里得到的目标，能够恢复到一个特定的角色、任务和 Agent 类；同样，Agent 类能够从任务和角色回溯到它要达到的目标。

MaSE 能够帮助设计者从需求中分析、设计和实现有效的多 Agent 系统。该方法及其工具 agentTool 独立于任何特殊的 Agent 体系结构、编程语言或通信框架。

3.1.2.2 MaSE 方法视角下建模的基本过程

就“建模”的广义含义而言，MaSE 方法视角下的建模过程，如图 3－3 所示。针对模型构建这一“建模”狭义含义而言，该过程主要包含 3 个阶段，即系统分析、Multi－Agent 系统建模，Agent 建模，其中 Multi－Agent 系统建模包括静态建模和动态建模。

1. Multi－Agent 系统分析

Multi－Agent 系统分析阶段，主要完成基于 Agent 的作战模型系统需求分析和系统结构分析。其中，系统需求分析主要是要弄清用户对作战模型系统的功能要求；而系统结构分析，对于 Multi－Agent 系统，是要发现 Agent 个体，理清每个 Agent 的目标，以及初步分析 Agent 为实现自身目标可能要与哪些Agent进行必要的交互，也就是说要哪些 Agent 帮忙才能实现自身目标。

具体地，可通过以下步骤完成系统分析：系统功能分析、用例分析、发现个体 Agent、确定 Agent 的目标和识别 Agent 的认识关系等。

(1) 系统需求分析。需求分析人员首先根据系统的初步需求规约，获取系统目标，并根据不同系统目标之间的父子关系将它们组织成层次性的结构，形成系统目标层次图，在一个较高的抽象层次描述系统的功能和非功能性需求。

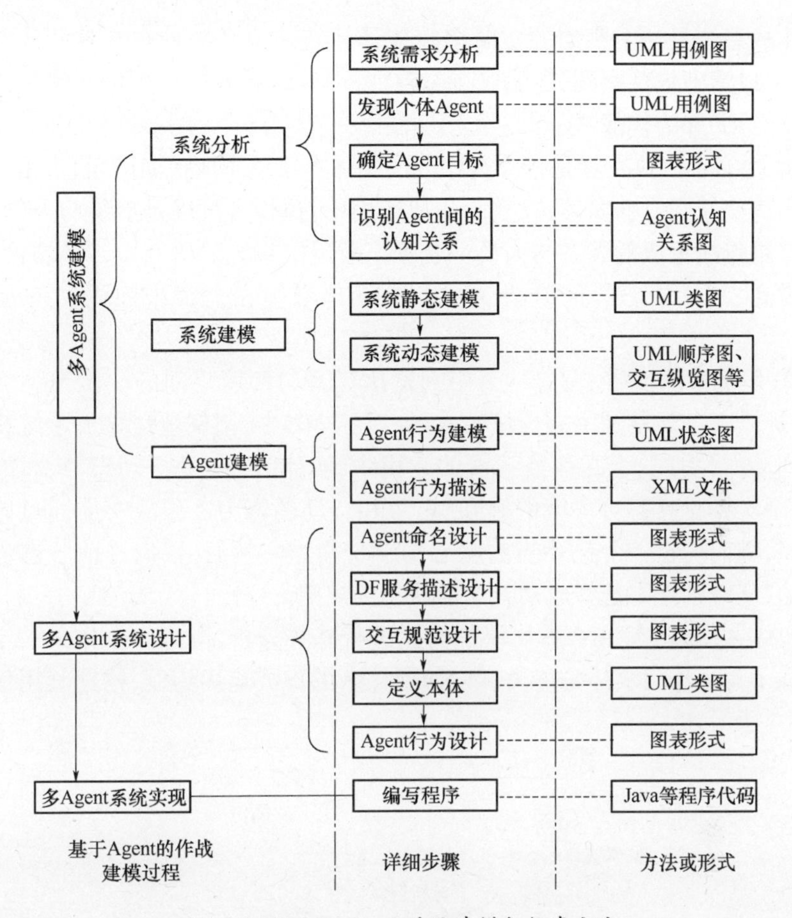

图 3-3　Multi-Agent 系统建模与仿真方法

(2) 用例分析。根据系统目标层次分析所体现的系统拥有的功能,可以创建系统用例图和顺序图。这一阶段的目的是帮助识别系统中的角色和通信路径,描述系统中的角色以及角色之间的交互,以支持后续阶段的系统角色模型和任务的定义。因此,用例图的实质就是从用户角度描述系统功能,并指出各功能的操作者。

用例(Use Case)模型描述的是执行者所理解的系统功能。它描述了目标系统的功能需求,是需求分析之后要进行的工作,它不仅在开发过程中要保证系统所有功能的实现,而且还被用于验证和评估所开发的系统,从而影响开发工作的各阶段和 UML 的各个模型。用例模型由若干个用例图(Use Case Diagram)构成,用例图主要描述执行者和用例之间的关系。在 UML 中,构成用例图的主要元素是用例和执行者及其之间的联系。

作战系统是一个典型的实时多智能体系统。该系统具有有效的外部可视行为,可以清晰地观察到战场的进展态势。下面以有效的外部可视性来研究解读作战运用,并为作战 Agent 建立用例图。

① 执行者。执行者是指参与作战的实体在系统中所扮演的角色,是与系统中的用例交互的一些实体,在实际作战运用中,执行者可以是单装与人的合体,也可以是作战编成的装备与人员。装备作战运用系统的研究中,对实时性的要求非常高,对战场态势的分析、评估、决策都必须在一个很短的时间周期内完成。

② 用例。从本质上讲,一个用例是执行者与环境之间的一次典型交互作用,它提供了可观察到的有价值的效果。在 UML 中,用例被定义成系统执行的一系列动作(功能)。在作战系统的建模中,实体 Agent 处于动态、实时的环境中,每个实体应具备对环境的感知、思考和行动的能力。作战实体通过感知外部环境,继而构建一个包含当前状态的自身模型。然后,根据当前状态进行态势评估,从规则库中选择出适合当前状态的规则。

实体 Agent 决策和合作协议都需要进行态势分析,决策和合作又一定意义上加强了每个作战实体的能力。以侦察分队的作战运用为例,构建其用例图如图 3 -4 所示。

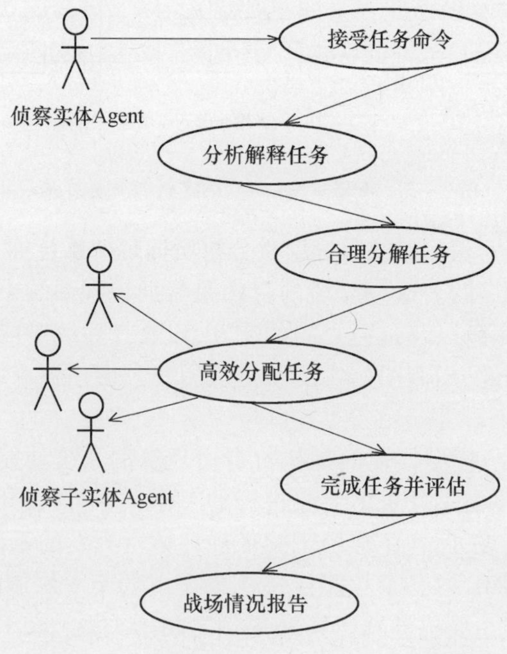

图 3 -4　侦察分队 Agent 作战运用用例图

图 3－4 是一个实际侦察分队在接收任务后应采取的动作以及后续工作的用例图。侦察分队实体 Agent 在收到上级指挥员的命令后，通过解析任务将任务分解为一系列对应的子任务或动作事件，并分配给实体的子 Agent，子 Agent 通过完成对应任务或行为，由父 Agent 进行战况评估，将完成任务后的战场情况报告给任务下达指挥员。在实际的建模中，通常以这些任务的分配和实现情况为驱动进行 Agent 的结构及行为设计，构建相应的用例图描述战况。

（3）发现个体 Agent。发现基于 Agent 系统中的 Agent 个体，也就是对系统进行 Agent 抽象，将系统中的实体或系统运行功能模块映射作为 Agent。对系统进行抽象的原则是：从系统的物理结构出发，围绕着系统的目标来对系统进行抽象。在这个过程中，核心工作即通过上述需求分析和用例图所表述的系统结构，将执行者包括外部执行者和内部执行者映射为 Agent。

（4）确定 Agent 任务。每个 Agent 都有其任务，Agent 总是为完成自己的任务而执行一系列的动作。在这个阶段主要是要识别出每个 Agent 的任务。确定 Agent 的任务没有规范化的方法，通过对系统的分析，以用例图为基础来识别。

（5）识别 Agent 间的认知关系。在 Multi－Agent 系统里，Agent 为完成其目标需要与其他 Agent 间交互，即在 Multi－Agent 社会中的每一员，与其他 Agent 会有信息交换，存在一定的社会关系，如认知关系（Acquaintance）。在分析阶段根据用例图识别 Agent 间的交互关系，以 Agent 关系图（Agent Relationshi PDiagram）表示。Agent 关系图中用两个要素来描述，即 Agent、Agent 间关系。Agent 间关系图可以借用 UML 用例图来表示，但在 Agent 关系图中不再需要用例这个元素，用 Actor 表示 Agent，用 Associate 表示 Agent 间的关系。也可用 Dependency、Generalization 来辅助表示 Agent 间的关系。

识别 Agent 间的认知关系，从用例图分析得到，一般地，协作完成某项军事任务的 Agent 间可能存在认知关系，但仍需分析 Agent 间是否有必要存在直接通信关系。故而可以按以下步骤来识别 Agent 间的认知关系：①先将某 Agent 参与的 Agent 组划分出来；②分析该 Agent 与 Agent 组中其他 Agent 间是否存在通信关系。

2. Multi－Agent 系统静态建模

Multi－Agent 系统静态模型可利用 UML 类图（Class Diagram）扩展来描述 Agent 间的静态组织结构，从静态角度建模系统。UML 类图中的主要模型元素类与类间关联。类用长方形方框表示，分为上、中、下 3 个区域，上面的区域内用黑体字标识类名，中间区域标识类的属性，下面的区域标识类的操作及方法。为能应用 UML 工具建模 Multi－Agent 系统，需对 UML 类图进行必要的扩展。

在 Multi – Agent 系统里可以同时存在有 Agent 和对象，面向对象类封装的是类的属性与方法，而 Agent 类中封装的是其信念和计划。UML 中类模型元素的图标仍用于一般对象类的描述。为区别 Agent 类和面向对象类，在 UML 类图中增加 Agent 类，该模型元素仍采用长方形方框表述，也分为上、中、下 3 个区域，最上面的区域标识 Agent 类名；中间区域用于标识信念（Beliefs）；下面的区域用于标识计划（Plans）。

以侦察力量 Agent 为例，侦察分队 Agent 由不同侦察装备 Agent 及指挥员 Agent 组成。就分队一级而言，核心属性是标识和编制，基本操作是通信；就装备平台一级而言，属性包括标识、侦察能力、机动能力等，操作包括信息解读、行为决策、行为实施等；就指挥员而言，主要属性有指挥级别、反应能力、决策能力等，主要操作有威胁判断、方案评估、通信等。作战中，侦察分队依赖通信单元实现侦察情报传输；通信单元依赖信息系统完成各项通信功能。通过上述分析，可建立侦察分队 Agent 模型的类结构图，如图 3 – 5 所示。

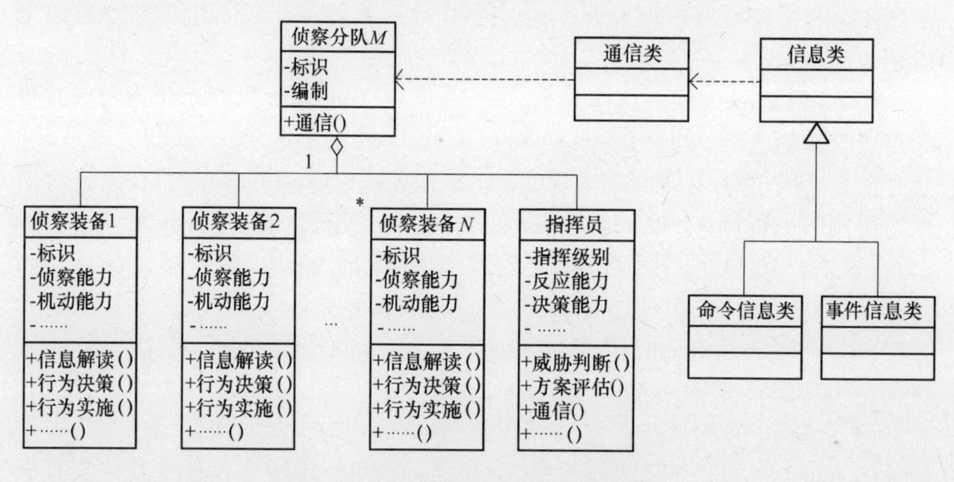

图 3 – 5　侦察分队 Agent 类结构示例

用类与类之间的连线表示类之间的某种关系，除了如上所述的依赖（Dependency）关系外，还有泛化、关联、聚合、组合、实现等关系。泛化（Generalization）即继承关系，子类不仅具有父类的属性和操作，还可以有特有属性和操作，也可重载父类的操作。例如，实际的作战系统建模中，侦察排 Agent 类继承侦察连 Agent 类，又可派生出不同侦察车 Agent 类的属性和方法。又如，图 3 – 5 所示的信息类（父类）及命令信息类、事件信息类（子类）之间也体现了这种泛化关系。下面，再重点阐述关联和聚合关系。

关联（Association）是一种实体 Agent 之间联系的结构关系，描述一个类的实体 Agent 到另一个类的实体 Agent 之间的关系。聚合(Aggregation)表达实体 Agent 之间“整体、部分”的模型关系。在这种关系中,整体拥有部分对象,其中一个类描述了较大的事物(整体),它由较小的部分组成,使用菱形线描述聚合关系。

图 3-6 中,侦察连指挥车 Agent 与侦察排 Agent 之间即为关联结构关系,关联可以拥有名称和角色,如图 3-6 的“指挥”名称以及侦察连指挥车“指挥”角色,该图中扮演指挥角色的侦察连指挥车类与扮演接受指挥角色的侦察排类相关联,在该关联结构中 * 表示有多个侦察排能够接受侦察连指挥车的指挥。图 3-6 还描述了侦察排 Agent 的聚合关系,即武装侦察车 Agent 和雷达侦察车 Agent 聚合组成整体的侦察排 Agent。如前所述,在图 3-5 中也存在聚合结构关系,不同侦察装备 Agent 及指挥员 Agent 聚合形成了侦察分队 Agent。

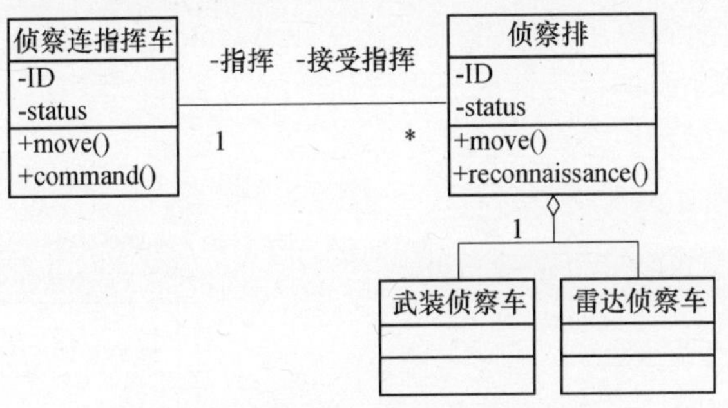

图 3-6　关联结构及聚合结构关系图

3. Multi-Agent 系统动态建模

Multi-Agent 系统动态建模是通过 Agent 间的交互与协作来描述 Multi-Agent系统的动态行为,而 Multi-Agent 系统中各 Agent 间的交互与协作是采取协商的方式来实现的,即通过通信语言交流实现 Agent 间的交互与协作,完成 Agent 的目标和任务。可通过交互顺序图、活动图完成 Multi-Agent 系统的动态建模。

1) 顺序图

顺序图(Sequence Diagram)描述的是角色、实体之间的对话,是实体间交互关系的一种表示方法,表达的主体是消息的序列。顺序图将交互关系表示为一个二维图,纵向轴是时间轴,时间沿竖线向下延伸;横向轴代表了在协作中各独立对象的类元角色,类元角色用生存线表示。当实体存在时,角色用一条虚线表示,当实体的过程处于激活状态时,生存线就是一条双道线。消息用从一个对象的生命线到另一个对象的生命线的箭头表示,箭头以时间顺序在图中从上到下依次排列。

典型的顺序图如图 3 - 7 所示。在顺序图模型中,可借鉴 AUML 的部分研究成果,扩充 UML 中的顺序图模型,增加 3 种连接器符号来对角色的复杂行为进行更加充分的描述。其中,第一种符号表示"与",由此出发的事件都要发生;第二种表示"异或",即由此出发的事件有且只有一件发生;第三种表示"或",说明由此触发的事件有可能发生,也有可能不发生。通过这几种符号,可以用顺序图来描述角色更加复杂的行为,从而更好地表现 Agent 的自治性与智能性。

利用 Agent 方法构建系统,突出的优点就是在构建 Agent 类后,可以方便地利用现有的面向对象工具灵活建模,模块的可移植性高,模拟的现实环境更加真实。因系统运行的主体是各类 Agent,故整个建模的过程可以看作是由不同功能 Agent 的连续活动,因此只需描述出一组 Agent 的运用过程,也就在一定程度上说明了整体系统的运行情况。现以侦察连为例,用顺序图描述其概略运用情况,如图 3 - 8 所示。

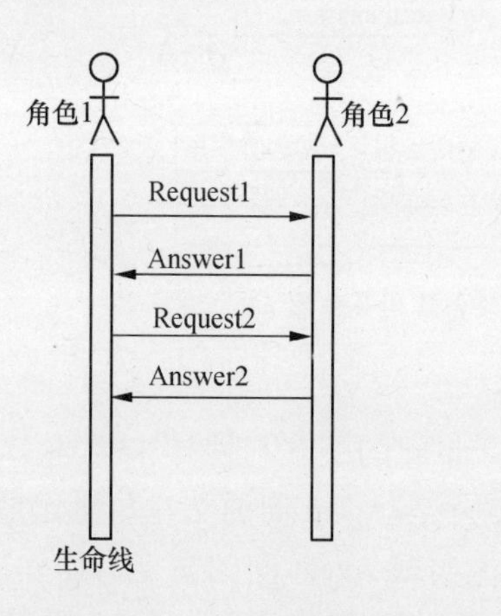

图 3 - 7　典型顺序图

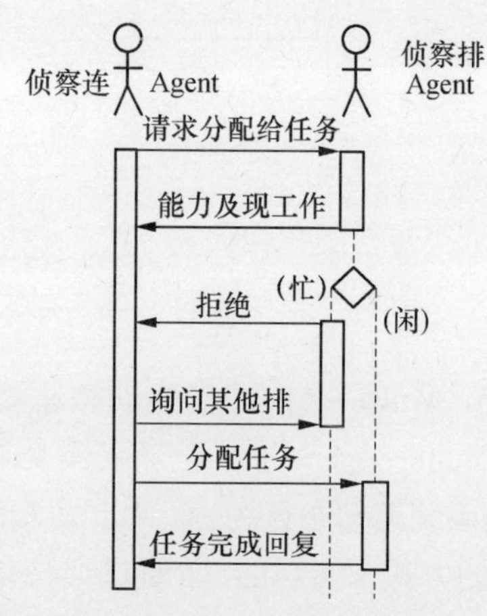

图 3 - 8　侦察连、排 Agent 交互的顺序图

在图 3 - 8 中表示的交互为:侦察连 Agent 接到上级任务命令,在任务细化后需要分配任务给低一级实体 Agent 予以解决。首先向某一排 Agent 发布任务分配请求,侦察排 Agent 回复自己现在的状态,包括自己所具备的工作能力和现在的工作状态。当所询问的侦察排 Agent 忙且又必须执行现在任务时,侦察排 Agent 发出拒绝的回复,此时侦察连 Agent 继续向其他排 Agent 发布询问;当所询问的侦察排 Agent 空闲,或可推后执行正在进行的工作时,则接受侦察连 Agent的任务分配,完成任务后将任务完成情况报告给侦察连 Agent。

2）活动图

活动图(Activity Diagram)描述活动的顺序,展现从一个活动到另一个活动的控制流。活动图在本质上是一种流程图,阐明了业务用例实现的工作流程。活动图的组成元素一般包括:活动状态图、动作状态、动作状态约束和动作流。在一个活动图中,活动状态表示在工作流程中执行某个活动或步骤;动作状态是指原子的、不可中断的动作,并在此动作完成后通过完成转换转向另一个状态;动作状态约束表述动作状态的前置条件和后置条件;动作流是动作之间的转换,表示各种活动状态的先后顺序。

在基于 Agent 的作战建模中,针对作战 Agent 而言,可通过活动图来表现系统的行为,描述 Agent 活动的顺序关系所遵循的规则。通过活动图不仅展示Agent执行某个动作行为的前置条件和后置条件,定义 Agent 的行为规则即计划(Plan),而且,描述 Agent 行为的输入与输出。Agent 的通信行为的输入与输出是信息,动作行为的输入与输出可以是对象、Agent 内部的属性或是数据库对象。

利用活动图,侦察连 Agent 组织实施侦察的过程也可用活动图 3 -9 表示。

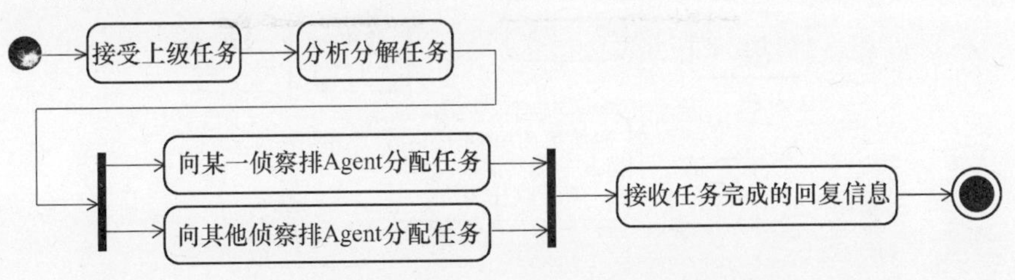

图 3 -9　侦察连 Agent 工作的活动图

侦察连 Agent 接到上级任务命令,分析并分解任务后,需要将分解后的任务分配出去以完成任务。这过程依次经历向某一侦察排 Agent 分配任务、该排无法完成任务时向其他侦察排 Agent 分配任务、接收任务完成的回复信息的步骤,直到序列图终点,与任务完成的顺序图有异曲同工之处。

4. Agent 建模

状态图(Statechart Diagram)描述对象所有可能的状态以及状态发生转移的条件。借助 UML 状态图可实现个体 Agent 的建模。状态描述了一个类对象生命期中的一个阶段。它可以用 3 种附加方式说明:在某些方面性质相似的一组对象值;一个对象等待一些事件发生的一段时间;对象执行持续活动时的一段时间。虽然状态通常是匿名的并仅用于该状态的对象的活动描述,但它也可以有名字。

在状态图中，不同状态由事件相连，每个事件连接着两个或多个状态，事件只由事件出发的状态处理。状态一般用圆角矩形表示。

UML 状态图描述一个实体基于事件驱动的动态行为，显示了该作战实体是如何根据当前所处的状态对不同事件作出反应的。状态图的节点包含状态名和活动两部分内容。

在 Agent 决策的顺序图中，侦察排根据自己的能力情况和当前的工作状态对上级的任务进行选择，判断下一时刻应该执行的动作。侦察排 Agent 从当前状态的忙与闲两种情况出发选择下一步的状态。下面用状态图来表示这一过程，侦察分队工作状态图如 3 - 10 所示。

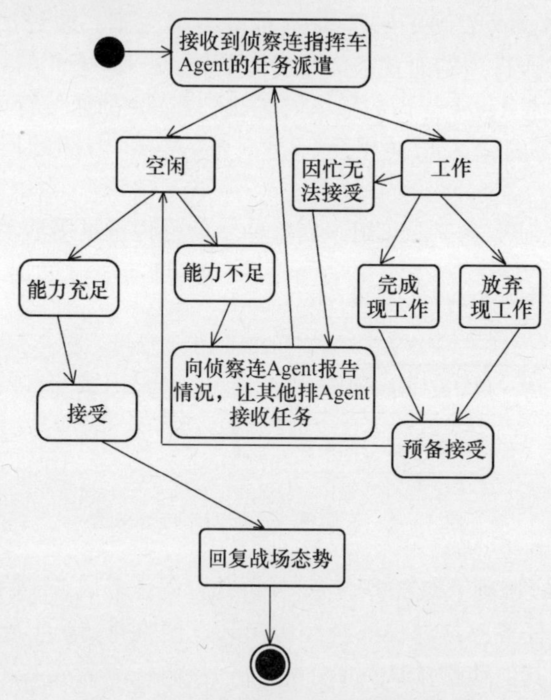

图 3 - 10　侦察排 Agent 工作的状态图

(1) 如果当前侦察排 Agent 处于空闲状态，则进一步分析其是否具备解决该任务的能力。能力充足则接受，并在完成任务后回复战场新的态势，结束本次生命循环；否则放弃，由侦察连 Agent 进一步重新询问其他侦察排 Agent，进入新一轮的询问。

(2) 如果当前侦察排 Agent 不处于空闲状态，即有工作正在处理，它可选择 3 种状态：因忙无法接受、很快完成现任务准备接受新任务、放弃现任务准备接受新任务。当选择因忙无法接受状态时，侦察连 Agent 重新询问其他侦察排

Agent；当选择其他两种状态时，意味着侦察排 Agent 准备接受新任务，此时其状态可视转为空闲状态，可转至（1）进入新一轮的生命循环。

3.1.3 AUML 方法视角下的建模过程

3.1.3.1 AUML 方法

在多 Agent 中，Agent 之间的沟通协议是一项很重要的课题。而针对这一部分，有关学者所做的研究认为，利用现有的 UML 建模语言及其所提供的扩展机制，可以用来表示 Agent 之间的交互协议；而有许多学者致力于制定出一套可以表示 Agent 之间交互协议的新图形（如 UAML、UAMLe、AUML、EAUML 及 MSC 等），其中以 AUML 的交互协议图（Protocol Diagrams）较有成果。

由于 Agent 一定程度上可被视为是对象的一种扩展，所以多 Agent 系统也被视为是一种面向对象系统的扩展，但是如果使用面向对象技术来分析 Agent 系统显然不能满足复杂智能系统建模的需要。因此，FIPA（Foundation for Intelligent Physical Agents）组织便开始发展 AUML，希望可以根据 AUML 来描述以 Agent 为基础的系统，而交互协议图便是 AUML 目前所开发出来表示 Agent 之间交互协议的一种新图形，它是以 UML 中的顺序图为基础加上一些扩展机制，使得该图形可以用来描述 Agent 之间的沟通过程。

基于 AUML 方法对多 Agent 系统开发过程中，一般从两个方面对系统的逻辑体系结构进行描述：主要用 AUML 类图描述系统的组成概念及各概念之间的静态关系，即静态结构；用 AUML 的各种行为图描述构成系统的各概念之间的动态关系及各概念内部的行动，即动态行为。

1. 类图

由于 Agent 与对象的区别，需要对 UML 中的类图进行修改，以表示 Agent 类及其之间的关系。类图的主要成分是：Agent 类（责任、知识、动作和协议）、泛化、聚合和关联关系。类图信息可从 5 个层次来看待：

（1）实体/责任/关系层：用类符号（含名称）表示出当前抽象层次中系统中的所有各类 Agent，它是构成系统的实体的抽象描述。

（2）知识层：给出每个 Agent 类的知识结构，即 Agent 履行其责任所需要的信息资源。

（3）消息层：在 Agent 类之间的关联上标明彼此之间需要传递和交换的各类消息，即描述“消息类”。

（4）动作层：给出高级层次的大场景的反应规则集合和规划算法库，描述 Agent 内部（私有的）行为的控制机制。

（5）协议层：给出 Agent 类与其他 Agent 类相互交互需要遵循的协议名称。

2. 行为图

行为图包括交互图、活动图和状态图，用于对系统的动态行为进行建模。交互图（顺序图或协作图）以共同工作的 Agent 群体为中心，侧重考察 Agent 之间的交互作用，即 Agent 的外部行为，主要用以捕获 Agent 之间需传递的消息序列，即获取 Agent 的 I/O（输入/输出）信息流。活动图和状态图则主要以 Agent 个体为中心，侧重考察 Agent 的内部活动和状态变迁。

3.1.3.2 AUML 方法视角下建模的基本过程

采用 AUML 方法，基于 Agent 的作战建模过程中的几个主要的步骤如下。

1. 确定系统角色和用例

在进行系统目标分析的基础上，根据目标分析得到的子目标，完成目标和角色的映射，即每个子目标对应一个角色（一个角色也可负责多个子目标）。例如，某侦察仿真系统可确定以下 4 个角色：指挥控制端、侦察执行端、目标以及侦察结果评估端。这一步骤中，需要给出系统的用例，明确角色的功能和职责。鉴于前面已经对用例进行了介绍，这里不再重述。

2. 建立 Agent 类模型

在面向对象的设计中，对象的静态模型用类图来表示。AUML 方法视角下的基于 Agent 作战建模，采用扩展后的 Agent 类图来表示，Agent 类图在 UML 类图的基础上，加入了状态、知识、计划以及协议等元素。这里以侦察分队 Agent 为例，对 Agent 类模型进行说明和分析。

侦察分队 Agent 是由指挥员 Agent 与侦察装备 Agent 形成的聚合体，侦察分队与指挥员实体及侦察装备间的关系是组分关系。在侦察分队模型运行时，所有的侦察战场信息首先传至指挥员模型，由指挥员模型处理后再分发至各侦察装备模型，因此指挥员模型与侦察装备模型间是指控关系，而侦察装备模型之间则是平行的关系。有了这些关系后可以建立侦察分队模型的类结构图，以战斗侦察排为例，如图 3－11 所示。

从图 3－11 中可以看出，特定的 Agent 模型都可通过特定类结构进行描述，并可类化为特定的“实体对象”，这些实体对象除具有共性的属性和行为外，还具有自己的属性及行为。当进行较低层次的分辨率建模时，整个战斗侦察排 Agent作为一个行为实体模型存在；当针对任务继续粒化实体时，可以粒化出较高层次的分辨率模型——单装 Agent，这里是战场侦察雷达 Agent，同时包含一个侦察排指挥员 Agent。战斗侦察排指挥员 Agent 具有更加详细的功能和属性，一定程度上可以认为是继承于单装 Agent。此外，这里的低分辨率的战斗侦察

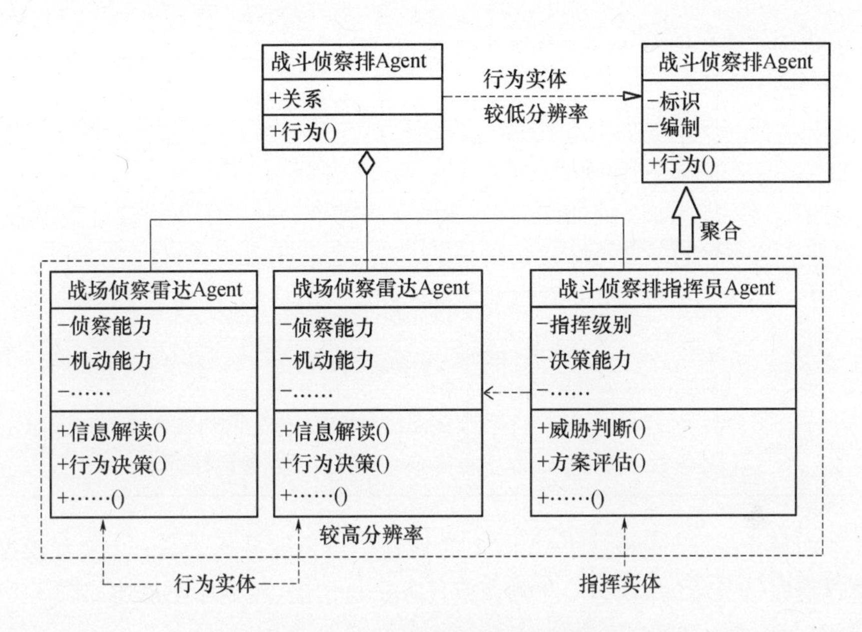

图 3-11　战斗侦察排类结构模型

排行为实体 Agent,可以表示为由高分辨率的单装 Agent 和战斗侦察排指挥员 Agent 在降低分辨率时聚合而成。

3. 确定多 Agent 交互

从 Agent 之间的关系可以确定各个 Agent 之间的交互;通过这些交互以及触发交互发生的事件或消息可以得到系统的顺序图;由顺序图可以画出通信图和状态图。将 UML 中的顺序图应用于 Agent 群体交互行为建模时,需进行适当的扩展。一种扩展是将消息的格式进行扩展,另一种比较重要的扩展是对并发机制的支持。顺序图添加顺序图片段,用新的符号表示复杂的交互。一个片段中也可以包含其他的片段。顺序图中片段的类型如表 3-1 所列。

表 3-1　顺序图扩展的片段类型

片段名称	片段参数	说　明
Assert	无	指明包含在此片段中的交互必须完全按照它们指示发生;否则会声明片段被无效,并抛出异常
Loop	Min Max	以指定次数的循环执行包含在片段中的交互
Break	无	假如包含在 Break 片段中的交互发生,则应该退出所有交互
Alt	[Guard Condition 1]	执行条件成立的交互

（续）

片段名称	片段参数	说　明
⋮	⋮	⋮
	[Guard Condition n]	
Opt	[Guard Condition]	包含在此片段中的交互,只有条件为真时才会执行
Neg	无	不执行此片段中的交互
Par	无	指定此片段中的交互能顺利地并行执行
Sequecing	无	包含在此片段内的交互要严格按照顺序来执行
Ignore/Consider	无	Ignore 表示有一些消息类型不在组合片段中显示;反之,Consider 指出应该被考虑的消息

下面就作战实例中的某一方向上的侦察作战情况分析多 Agent 交互模型。侦察连侦察任务中的高地 G_1 北侧侦察任务执行情况,用顺序图描述如图 3－12 所示。

战斗侦察排 Agent 接收到侦察 G_1 高地北侧的任务时,经过任务分析后先将此任务分配给战场侦察雷达 Agent 去执行完成。该战场侦察雷达 Agent 随即进入阵地沿 G_1 高地北侧山脚由西向东展开侦察,发现敌火力且已发现自己,随即向排指挥实体汇报。当得到撤回命令时,该战场侦察雷达 Agent 撤回并汇报侦察到的敌情;否则继续侦察任务。此时,又侦察到大量大范围的敌情,自己无法达到完全的侦察,将情况向战斗侦察排 Agent 汇报,请求侦察支援。当收到无支援的指令后,自己继续侦察任务,或者得到其他侦察装备 Agent 的支援(这里是无人侦察飞机 Agent),两侦察装备 Agent 同时继续侦察,并将最终敌情汇报给战斗侦察排 Agent。

4. Agent 配置信息

采用 AUML 建模时,组件图描述系统各个组件之间的关系,用于表示系统的软件实现;部署图突出系统基本的配置需求,用于表示系统的硬件实现。组合部署图和组件图,可以得到配置图,以更明确的方式表达出系统的实现,即指定 Agent 会被分配到哪些物理设备上,并说明如何靠软件来实现。

在 AUML 建模的最后,还可通过定时图来体现 Agent 的交互在时间上的变化。定时图侧重于描述时间对系统交互的影响,用于表示系统内各 Agent 处于某种特定状态的时间,以及触发这些状态发生变化的消息。

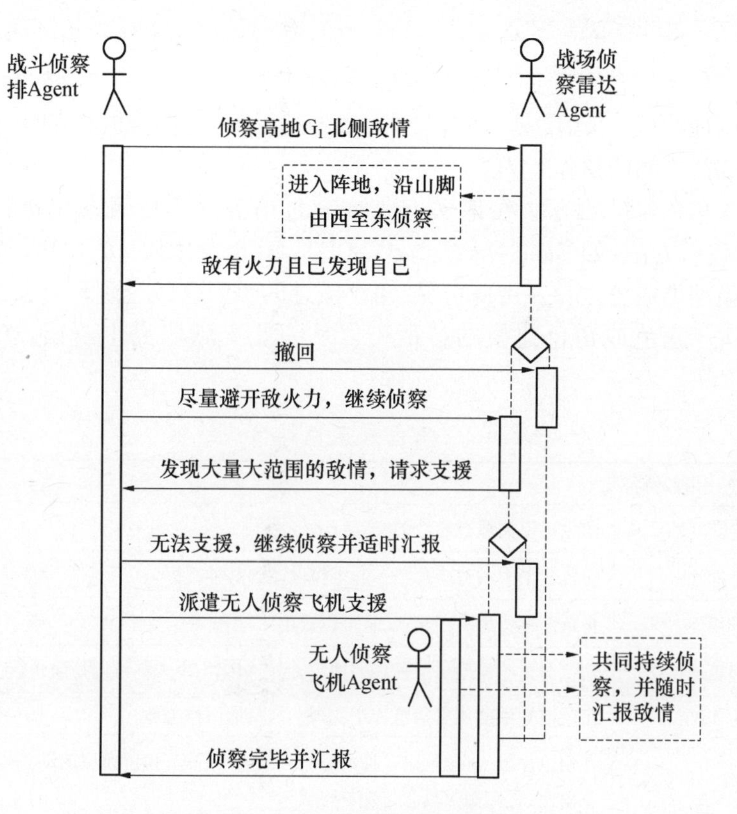

图 3－12　G_1 高地北侧侦察行为顺序图

3.1.4　角色模型方法视角下的建模过程

3.1.4.1　角色模型方法

人的认识总是由浅入深、循序渐进的，在现实世界中角色（Role）的概念已经深入人心，易于被组织的工作人员及系统分析员所理解。在基于 Agent 的作战建模中，角色对应于现实作战编组（平台）的概念，不同角色对应不同的工作职能。

一方面，角色是对现实军事世界当中的个体或组织的性质、行为、结构等共性特征的抽象，作战组织及其个体之间存在着各种关系，而角色间的关系也可很好地用来模拟个体或组织之间的结构或行为关系。或者说，角色是参与者的原型，参与者在作战流程中的岗位通过担任合适的角色确定。另一方面，角色具有与其扮演的作战组织个体的职位、职能所对应的一系列权利、义务及其规范。其行为模式将会受到处在作战组织某种特定地位的个体行为的约束。

对于角色概念的理解一般可从静态和动态两个方面思考:①角色具有一定的静态属性特征;②角色具有一定的社会交互行为,比如协同作战中侦察系统与坦克编队之间的协作行为。

基于角色建模的方法在诸多文献中有过研究。角色概念也被许多基于Agent的建模方法,如 Gaia、MaSE、Styx、SODA、MESSAGE/UML、ROADMAP 等用作概念模型的成分之一。由此可见,角色概念的引入已经受到现有研究人员的关注。关于角色或角色建模的特征可以从一些文献研究中看出,如表 3-2 所列。

表3-2 角色或角色建模的特征

角色、角色建模的特征	说 明
社会交互性	角色建模关注社会性的交互行为
目标性	角色建模中的每个角色一起工作以达到某种目标
重用性	角色模型作为一种模式,它可以重用
抽象性	角色与角色模型是一种新的抽象,因为组织与个人都可以扮演角色
协作性	角色模型中的所有角色为了实现一定目标协作工作
动态性	在角色建模中,角色以一种动态的方式进行分配;角色模型的动态性可用来对移动性、适应性等概念与现象建模
分解性	角色模型可以将复杂的角色组织分解,设计者可以从简单的角色入手,然后通过合成得到复杂的角色

角色模型方法中,还可对角色及与角色紧密相关的概念进行形式化描述。

角色(Role)是具有一定职责和能力的抽象实体,承担某个角色的 Agent 则成为该角色的一个实例,即角色可以看作是一组具有相同能力 Agent 的集合,它们两者是多对多的关系。角色可定义为:

$$\forall r\ (r \in R)\ r = \{ag_1, ag_2, \cdots, ag_n \mid ag_i \in Ag\}$$

社会(Society)是为同一任务目标由多个 Agent 或多个角色构成的组织单位。社会可定义为:

$$\forall s\ (s \in S)\ s = \{ag_1, ag_2, \cdots, ag_n \mid ag_i \in Ag\}$$

$$\text{或}\ \forall s\ (s \in S)\ s = \{r_1, r_2, \cdots, r_n \mid r_i \in R\}$$

激活角色(Active Role)的含义是,Agent 在一个特定作战场景中所启用的单个角色,用 $ar(acs)$ 表示在某个作战场景中激活的角色,可定义为:

$$\forall acs\ (acs \in ACS)\ (ar\ (acs) \in R(ag))$$

多个作战 Agent 协同工作的动态作战环境(ACS),包括协作时间、空间、协作伙伴和作战对象等。Agent 工作是通过 AR 和 ACS 之间建立起映射函数 agentwork 来进行的。可表达为:

$$\forall acs\ (acs \in ACS)\ acs = \{time,\ space,\ parter,\ object\}$$

$$agentwork(ag,\ ar)\ :\ Ag \rightarrow ACS$$

角色指派(Role Assignment),即根据协作任务为 Agent 指派适当的角色,使其具有一定的能力。角色指派关系 RA 是 Agent 与角色之间多对多的关系,可表达为:

$RA \subseteq Ag \times R$

$R(ag) = \{r \mid$ 指派给某个作战 Agent 主体 ag 的角色集,$ag \in Ag\}$

3.1.4.2 角色模型方法视角下建模的基本过程

这里,通过介绍闫琪博士提出的基于角色的多 Agent 系统开发方法,阐述角色模型方法视角下基于 Agent 的作战建模过程的主要步骤。

1. 捕获目标

设计方法的第一个阶段是捕获系统目标,将初始的系统规范转换成结构化的系统目标集合。由于各个角色能够满足子目标,而所有子目标的满足将导致系统目标的实现,因此角色构成的组织能够解决需求规范所提出的初始问题。捕获系统目标的过程分为 3 个子步骤,即识别目标、创建用例、构造目标。

(1) 识别目标:即提取系统需求中的要素,确定作战场景的意图,从而识别出相应的目标。

(2) 创建用例:即从需求规范中提取用例。提取用例其实就是询问用户如果这个事件发生,应该做什么。用例定义了系统的基本运行情景,从情景分析所列的功能中,可以初步识别出作战多 Agent 系统的主要用例。

(3) 构造目标:即分析各目标的重要性,创建目标层次图。要求:①系统中最重要的目标应当放到目标层次图的顶层,如侦察分队建模,实施某高地战术情报侦察,为战斗分队感知近实时战场态势即顶层目标;②目标的组织应当结构化,所有子目标应当适合其相应父目标,除了子目标处于相对较低的层次之外,与子目标相关的功能和操作模式应当与其父目标相同;③应把主要操作模式的目标与可选模式的目标区分开来。

2. 目标到角色的分析

本阶段目的是建立角色组织的静态结构模型,并且创建角色所实施的服

务。其中,建立从系统目标到角色的映射是核心。常见的映射方法包括:

(1) 直接映射(一对一映射):在目标层次图的每个目标层次中,一个目标映射为一个角色。例如,“武装侦察”目标可直接映射为武装侦察车实体角色。

(2) 分解映射(一对多映射):一个目标需要由一组相关的角色共同协作才能完成时,则为这个目标设计多个合作的角色。例如,“协同侦察”目标可分解映射为无人侦察机、电子侦察车、照相侦察车等实体角色。

(3) 合成映射(多对一映射):多个相关的目标共同创建一个角色。例如,“情报分类”、“态势分析”、“方案形成”等目标合成映射为情报处理车实体角色。

3. 创建交互协议

本阶段主要工作是运用交互图描述多个角色实体之间的消息序列,由此建立角色组织的动态结构模型。

4. 角色到 Agent 的实例化

在角色模型方法中,由于作战 Agent 的建立依赖于绑定在其上执行的角色。设计者应根据角色组织的构成情况以及角色之间交互的情况实例化得到作战 Agent,并对其进行组织。本阶段主要完成两项工作:一是根据角色、角色组织模型以及角色交互识别出系统所需的 Agent;二是对角色进行实例化得到 Agent,并对 Agent 进行裁剪和合并。

5. 组装系统及系统实施

在这个阶段需要设计作战 Agent 的内部结构。在组装系统实现结构重用的基础上,根据基于 Agent 的作战建模需要,合理安排设计各 Agent 的数量及配置位置等。

3.1.5 组织模型方法视角下的建模过程

3.1.5.1 组织模型方法

对象和 Agent 都是一种对客观事物的抽象,它们之间共同点很多,现在的面向对象技术也有向 Agent 技术靠拢的趋势。但就目前的情况来说,它们之间的区别还是明显的。一般来说,对象可以看作是一种封装了属性、事件和方法的计算实体。而 Agent 则是一种更高粒度的抽象,它除了对属性、事件和方法的封装外,更封装了相关的思维能力和决策行为,从而体现出较高的自治性、较强的面向目标性、灵活的反应性以及和其他 Agent(或对象等)进行交互的社会性等。因此,Agent 是一种具有主动行为能力的智能对象。而多 Agent 系统也就可以很自然地从人类社会中组织的概念对应过来。这样,所谓组织,可以更一般地抽象为具有交互能力的多个自治的 Agent 在一定目标的导引下,按一定关系结成的集体。所以,多 Agent 系统的建模过程也就是 Agent 组织的描述过程。

如果从组织的结构层次上分析,Agent 组织包括组织结构以及在组织结构之上所使用的规范和约束组织的策略、原则等。其中,组织结构(Organization Structure)给出了组织的基本构成单元和形式,组织原则(Organization Policy)则给出了组织的目标、策略等。因此,Agent 组织可以定义如下:

$$Org = < Org\_Str,\ Org\_Pol >$$

其中:Org_Str 为组织结构;Org_Pol 为组织原则。

组织结构刻画了成员之间可能存在的有关问题、知识、信息、控制等方面持续性的静态关系模式,并从全局角度定义了 Agent 在组织中扮演的角色和职责。各 Agent 通过组织结构知识获取系统整体行为的观点,从而有助于引导 Agent 实现合作、协调的行为,增强系统的全局一致性。其定义如下:

$$Org\_Str = < Members,\ Roles,\ Relations,\ Interactions >$$

其中:Members 是组织的组成成员的集合,它是由 Agent 组成的,是组织中最基本的粒度;Roles 即角色,是对 Agent 在组织中应该承担的职责和专业化分工的抽象规范。Agent 在组织中通过扮演一定的角色来发挥其功能和作用。一般情况下一个 Agent 在组织中可以承担多个角色,而一个角色也可以由多个 Agent 来承担。Relations 即角色之间的相互关系。Interactions 指组织结构中角色(成员)之间的交互。

组织原则由组织目标、组织策略组成,定义如下:

$$Org\_Pol = < Org\_goal,\ Org\_strategy >$$

其中:Org_goal 即组织目标。一般可以将组织目标分解为由子目标组成的层次结构,并由不同的角色分别承担子目标,子目标最终是由 Agent 通过动作的执行来实现。Org_strategy 即组织策略,体现了对其行为及其改变规律的主动管理。组织策略包括知识分布策略、协调控制策略、冲突消解策略等。

3.1.5.2 组织模型方法视角下建模的基本过程

这里,通过介绍鲍爱华、姚莉等提出的 OrgMAS 方法,阐述组织模型方法视角下基于 Agent 的作战建模过程的主要步骤。

1. 获取目标

在这第一阶段,设计者需要通过作战流程划分、作战体系功能结构划分、作战组织构成划分或作战地域划分等方式,从初始系统内容中标识出目标,然后,再对目标进行分析,并结构化为目标层次图。

2. 用例分析

用例定义了系统所能处理的事件序列,是用户或需求提供者认为系统应该具备的行为。在使用用例的过程中,生成用例的同时还可能挖掘出一些关于系统目标的信息,用例有助于加深项目人员对系统的理解。在组织模型方法中,用例模型中的角色和用例定义了多 Agent 系统的功能边界。随着用例分析的深入开展,不断细化目标模型。

3. 组织结构分析

为了更好地分析复杂、异质系统涉及的大量目标、用例和角色,首先将复杂的系统需求进行分解,依据一定的原则将原有的系统领域划分为多个组织,然后对各个组织分别进行分析,建立各自的角色模型,从而降低系统分析的复杂度,提高系统分析的精度。

在 OrgMAS 方法中,将建模组织(Modeling Organization, MO)形式化定义为

$$MO = \langle name, R, G, Cons \rangle$$

其中:name 代表组织名称,R 代表组织中所包含的角色集合,G 代表组织需要达到的目标集合,Cons 代表了角色与目标的关联,说明了角色需要承担哪些目标。

由此,对于复杂的系统,可以根据系统功能或系统目标,将原有复杂的角色和目标划分到多个建模组织中去,然后再对组织内部的角色与目标的对应关系进行分析,将角色与目标关联起来,形成组织内部的角色模型,为后续 Agent 类、Agent 结构分析打下基础。

4. 创建本体模型

在 AI 界,最早给出本体(Ontology)定义的是 Neches 等人,他们将本体定义为“给出构成相关领域词汇的基本术语和关系,以及利用这些术语和关系构成的规定这些词汇外延的规则的定义”。Gruber 进一步提出:“本体是概念化的明确的规范说明。”

在基于 Agent 的作战建模中,往往需要针对大量的异质 Agent 开展交互模型开发。为了解决异质 Agent 因不同的语义基础而造成彼此之间难以互相理解与协作的问题,可通过应用本体的方法,构建本体模型,由此确保异质 Agent 建模中所采用的概念和数据结构来自相关本体。这里,对本体进行形式化定义为

$$Onto = \langle C, R \rangle$$

$$C = \langle name, attrs \rangle$$

$$R = \{ \langle c_i, c_j, type \rangle \mid 0 \leqslant i, j \leqslant |C|, c_i, c_j \in C, type \in \{1 \sim 1, 1 \sim n, n \sim n\} \}$$

其中:C 代表应用领域中的概念,attrs 代表概念的属性集,R 代表概念与概念之

间的联系,type 代表在特定关系 r 下,概念与概念之间的数目比。

本体的基本要素为:类/概念(Classes)、关系(Relations)、函数(Functions)、公理(Axioms)和实例(Instances),基本关系有 4 种:part - of、kind - of、instance - of 和 attribute - of。下面,以战术情报侦察系统为例说明本体模型概念,如图 3 - 13 所示。在本体模型中,矩形表示概念,由概念名称和概念属性列表组成;箭头线表示概念关系,其中,实心箭头线表示概念之间的层次关系,分叉箭头线表示概念之间的联系,数字代表了概念联系的数目比例。

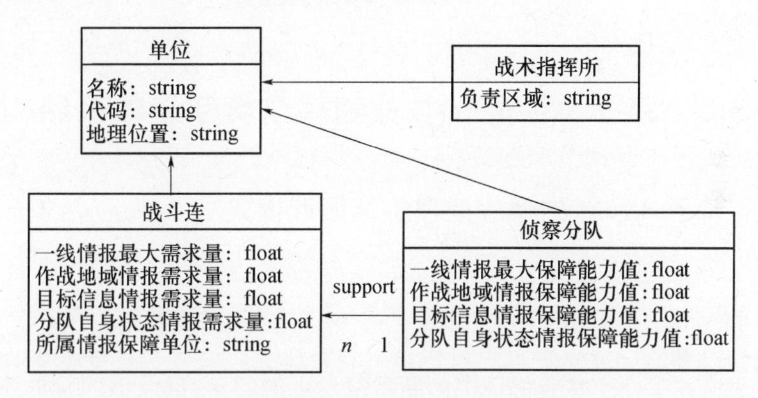

图 3 - 13　战术情报侦察系统本体模型示例

在 OrgMAS 方法中,本体建模贯穿于基于 Agent 的建模全程,与其他建模过程相辅相成。本体中的概念及其关系,直接来源于目标层次模型、顺序图模型和用例模型等模型的分析设计。在相关模型发生改变时,本体要进行相应的改变,以保持模型的一致性。同时,设计 Agent 模型时要以本体模型为基础,即以本体为语义基础设计 Agent 的内部要素。

需要指出的有两点:①构建本体模型时需要尽可能以现有本体为基础,以最大程度地利用原有建模成果;②从上述本体模型来看,对 Agent 模型的描述与前面类似,这客观上也正好说明了 OrgMAS 方法与前面几种方法本质上的一致性。

5. 创建 Agent 类模型

Agent 类模型的创建,用于描述 Agent 所需要扮演的角色、需要实现的目标以及所属的组织。Agent 类的形式化描述为

$$AgentClass = <name, R, G, MO>$$

其中:name 代表 Agent 类名称,R 代表 Agent 类的角色集,G 代表 Agent 类的目标集,MO 代表 Agent 类所属建模组织集。

Agent 类模型以角色模型和顺序图模型为基础,通过将 Agent 类与角色进行

绑定,可以确定 Agent 类所扮演的角色和所属建模组织,而顺序图模型则可以给出 Agent 类之间的对话。在基于 Agent 的作战建模中,为了进一步给出 Agent 类的细节,通常还可从 Agent 的目标模型、信念模型和计划模型等方面对 Agent 类进行细化。

6. 系统部署设计

与前面几种方法中系统配置、系统组装类似,确定运行系统中每个 Agent 类有几个 Agent 实例存在,而后确定系统的运行结构,并进一步确定各 Agent 实例的物理分布。

3.2 基于 Agent 的作战建模仿真系统体系结构

3.2.1 基于 Agent 的作战建模仿真设计模式

3.2.1.1 设计模式概述

模式(Pattern)思想最早来自建筑学领域。Alexander 针对建筑学指出:"每一个模式描述了一个在我们周围不断重复发生的问题,以及该问题的解决方案的核心。这样,你就能一次又一次地使用该方案而不必做重复劳动。"设计模式(Design Pattern)是软件工程中的一个重要概念,其基本思想是对软件设计中的常见问题进行描述,并给出优良的解决方案,使得设计师在遇到类似的问题时可以重用优良的解决方案,从而实现在设计层次上的复用。每个模式中所描述的解决方案都具有易于理解、方便维护、易于扩展等优点。因此,模式在软件系统中的使用十分普遍,已经成为开发人员进行设计交流的重要工具和手段。

在软件工程领域,一般在描述设计模式时需刻划下面 4 个方面的信息:

(1) 模式名称:给出模式名,概括模式的主要特征。模式名可以帮助思考,便于与其他人交流设计思想及设计结果。

(2) 问题:描述模式的应用域。主要是描述应该在何时使用模式,解释设计问题和问题存在的前因后果,描述特定的设计问题。有时,问题部分还包括使用模式必须满足的一系列先决条件。

(3) 解决方案:给出设计问题的抽象描述,明确如何用一个具有一般意义的元素组合解决问题。主要是描述设计的组成成分、它们之间的相互关系及各自的职责和协作方式。

(4) 效果:描述模式应用的效果及使用模式应权衡的问题。尽管描述设计决策时,并不总提到模式效果,但它们对于评价设计选择和理解使用模式的代价及好处具有重要意义。效果大多关注对时间和空间的衡量,也表述语言和实现问题。清晰地列举出这些效果,对理解和评价这些模式很有帮助。

3.2.1.2 基于 Agent 的作战建模仿真设计模式内容

基于 Agent 的作战建模,为作战模拟领域出现的新问题和新挑战提供了较好的解决方案,这种方案呼唤新的软件设计模式的产生。基于 Agent 的作战建模仿真设计模式,实质上是使用面向 Agent 软件开发范型的技术手段,针对作战模拟领域给出问题的解决方案,并对模式解决的问题及问题上下文、解决方案等元素进行详细规范的记录。

提出该模式的目的,在于发起关于基于 Agent 的作战建模通用特征、作为实现复杂作战系统建模研究的工具,以及建立军事系统工程、建模与仿真领域和软件开发界关于 Agent 作战建模的对话联系与交流,并且指导基于 Agent 的大型复杂作战建模仿真系统框架的设计。基于 Agent 的作战建模仿真设计模式主要包括以下内容:

1. 模式名称

模式名:基于 Agent 的作战建模(Agent - based Warfare Modeling, ABWM)。模式的主要特征:遵循一般过程,解决作战建模中面向 Agent 分析的问题,可帮助作战模型设计者寻找合适的 Agent、确定 Agent 的粒度、刻画 Agent 交互并描述仿真模型实现。模式的核心在于针对作战多 Agent 系统这类在特定上下文中反复出现的问题,给出良好的、经过充分考验的设计实践。

2. 问题

目前,相关的作战建模方法有指数法、兰彻斯特微分方程建模方法、蒙特卡罗仿真建模方法等,但如第 1 章所述,这些方法难以刻画复杂作战系统智能行为。现代条件下的作战,各类实体交互机制十分复杂,微观上体现动态智能决策特性,宏观上体现整体的涌现特性。

就作战多 Agent 系统研究领域而言,作为一种新颖的系统分析与建模范型,面向 Agent 分析必然会遇到许多新的问题需要解决,例如:如何设计单个作战 Agent,多个作战 Agent 之间如何交互,如何通过协作实现问题合作求解,如何评估作战 Agent 仿真模型的可信性,如何实现多 Agent 交互仿真等。

3. 解决方案

Agent 特别适合于用来描述分布计算实体,研究和分析分布计算系统。从运行系统角度来看,Agent 是系统内完成一定功能的计算实体。Agent 向用户或其他 Agent 通过提供服务的方式来完成本地各项功能。Agent 的服务是应用系统处理事物的基本单元,是 Agent 对外的调用接口。Agent 最早出现在国外人工智能研究领域，其最大的特点是具有一定的智能及良好的灵活性，特别适合于对复杂、分布和难于预测问题的处理。

当模型需要在不同的 Agent 之间实现协同工作时，单纯依靠基于单 Agent 的建模方法往往无法逼真地再现系统的特性，而多 Agent 技术的发展为解决这一问题提供了有效的途径。多 Agent 系统的研究涉及到在一组自主的 Agent 之间协调其知识、目标及规划等，以便联合起来采取行动或求解问题。

随着人工智能技术和计算机技术的发展，Agent 和多 Agent 技术为作战模拟领域提供了基于 Agent 的作战建模这一新方法。可采用推理机制设计作战 Agent模型，以模拟作战中的智能兵力行为；可按照军事指挥控制与协调机制实际需求设计多 Agent 交互模型，刻画战场中不同作战实体交互活动。通过比较由于 Agent 的推理所产生的微观行为和涌现出的宏观行为与真实系统的行为，验证基于 Agent 作战模型的有效性。

4. 效果

就基于 Agent 的建模方法而言，3.1 节介绍的基于知识工程的方法、基于对象技术的方法、基于角色和组织模型的方法、面向目标的方法、形式化方法均可被采用。这些方法都可用来刻画作战实体 Agent 行为及交互活动。建模人员可根据自身专业情况，分别采用其中一种方法或在作战建模的不同步骤中按照实际特点运用不同种方法。

就基于 Agent 的建模平台而言，目前，有几种建模平台，如 EINSTein、Swarm、NetLogo、Repast 等，在人工生命、社会、经济领域有较多的应用，一定范围内（简化设置作战条件）也能在作战建模中应用，起到较好的效果，具体的各作战建模平台及其应用将在第 7 章中详细阐述。但这些通用型建模平台在面向复杂军事建模需求时，仍然存在局限之处，原因在于：①Swarm 等平台针对的是单机模拟方式，无法满足复杂军事对抗分布仿真需要；②Swarm 等平台采用的调度机制通常为预先定义的，在 Agent 创建时设置，灵活性不够，导致各个仿真对象之间不能实现并行，不能充分仿真 Agent 间事件的并发性，因而难以真实反映 Agent 之间的关系；③上述建模平台对仿真的战场环境往往都有十分严格的界定与假设，通常只有简化战场条件及行为规则才能适应这些建模平台。

由此，迫切需要开发能够满足设计者需要的基于 Agent 的建模仿真系统（平台），在该系统（平台）下，能够按照作战模拟需求更灵活地实现在网络环境下的分布式仿真。提出基于 Agent 的作战建模仿真设计模式，对于大型复杂作战建模仿真系统开发，具有良好的指导作用。

3.2.2 基于 Agent 的作战建模仿真系统总体框架

仿真是真实世界的抽象表示，没有一个仿真系统可以解决建模与仿真界的所有功能需求。因此，对于一个仿真体系结构来说，灵活性是十分重要的，它必须支持在不同环境下选用不同开发语言的能力，还要在不需采用多种方法的情况下满足互操作性和重用性。

高层系统结构(High Level Architecture, HLA)是美国国防部1995年推出的一种新的支持复杂大系统仿真的技术框架，较原分布交互仿真(Distributed Interactive Simulation, DIS)系统更具有灵活性、可扩充性、互操作性和可重用性，更适合于建立大型复杂分布交互仿真系统。

HLA 由规则(Rules)、对象模型模板(Object Model Template, OMT)和运行时间支撑系统(Run - Time Infrastructure, RTI)的接口规范说明(Interface Specification, IS)两部分组成。HLA 通过规则、OMT、RTI 来保证联邦中成员之间的互操作。开发一个基于 HLA 的分布交互仿真系统，应明确联邦成员及联邦的组成，确定联邦成员之间的交互及交互信息；建立联邦对象模型(Federation Object Model, FOM)和仿真对象模型(Simulation Object Model, SOM)；然后对各个联邦成员进行模型实现。

HLA 的核心思想是：引入了面向对象的思想，通过建立各联邦成员的 SOM 从而将仿真系统内部的功能抽象成该成员与外界进行信息交换的标准接口，在此基础上再建立 FOM 从而建立各联邦成员之间信息交换的标准接口；HLA 同时引入了 RTI，借助于 FOM、通过联邦成员的 HLA 接口，明确地将联邦成员的仿真应用模型、仿真支撑功能和数据分发与传递服务分离开，从而可以在不必对原有系统进行较大改变的情况下，方便地让新的仿真系统与原有系统进行集成。HLA 的灵活性充分体现在以下方面：

(1) 适用于所有类型的仿真，包括虚拟仿真、构造仿真和跟真实系统的接口。

(2) 适用于所有目的的仿真，包括训练、分析、采办和联合试验等。

HLA 采用对称的体系结构，使所有的应用程序都通过一个标准的接口形式进行交互作用，将分布交互仿真的开发、执行同相应的支撑环境分离开，从而可使仿真设计人员将重点放在仿真模型及交互模型的设计上，在模型中描述对象间所要完成的交互动作和所需交换的数据，而不必关心交互动作与数据交换是如何完成的。

由于 HLA 在仿真思想和实现方面的先进性，采用该体系结构规划和建设基于 Agent 的作战建模仿真系统，既有利于上述建模与仿真方法的综合运用，又有利于体现仿真系统本身功能，同时还将大大缩短仿真应用的开发周期，提高作战系统仿真模型的可靠性和可重用性，提高仿真系统的开放性、可操作性和可扩展性。着眼于增强基于 Agent 的作战建模仿真系统标准的规范性、协议的统一性，确保软硬件互通、互联、互操作，基于 HLA 体系结构，采用 RTI 作为底层支撑平台。把仿真系统定义为联邦，系统的仿真试验过程即为联邦的执行过程，以联邦的逻辑结构支撑多种仿真类型间的交互，通过 RTI 管理各仿真应用，满足模拟大型系统、复杂过程的需要。

为确保基于 Agent 的作战建模仿真系统有效运行，在从作战系统实际组元到 Agent 的映射过程中，除应分化各实体 Agent 外，还应分化一部分管理 Agent和服务 Agent。各 Agent 组成一个联邦。红、蓝双方各职能 Agent 分别组成红方 Agent 联邦、蓝方 Agent 联邦；管理 Agent 和服务 Agent 组成白方 Agent 联邦。

其中，红、蓝方 Agent 联邦均可按照作战仿真需求，采用由作战系统实际组元到 Agent 映射方法来确定。白方 Agent 联邦包括演示控制、数据库、态势显示、战场环境等成员，按照映射关系分别完成导调控制、公共服务、视景显示、环境支持等功能，达到管理和服务基于 Agent 的作战建模仿真系统运行的目的。基于 Agent 的作战建模仿真系统的总体框架如图 3－14 所示。

图 3－14　基于 Agent 的作战建模仿真系统框架

当 Agent 个数较少时，各个 Agent 之间的信息交换可由一台计算机仿真。当 Agent 个数较多时，则通过仿真支撑平台（软总线）完成。仿真支撑平台发挥着公共平台的职能作用。当某个 Agent 需要与其他 Agent 交换信息时，信息按照定义好的格式经过仿真支撑平台完成数据的交换和路由，实现各 Agent 之间的有效交互与资源共享，从而建立起基于 Agent 的作战建模仿真系统。赵怀慈等证明，这种总线式控制方法明显优于网状结构设计。

各个实体 Agent（红、蓝方联邦成员 Agent）形成多实体 Agent 系统，它们依靠白方联邦成员 Agent 提供的仿真控制功能，实现交互，并与之一起构成多

Agent系统。对于白方联邦成员 Agent 而言,其工作原理与红、蓝方联邦成员 Agent一致,只是由于功能有所差别而定义和工作内容不一样。因此,尽管白方联邦成员 Agent 不是实体 Agent,但一定意义上可按照实体 Agent 的方式参与交互,实现基于 Agent 的作战建模。

图 3 - 14 看起来比较抽象,实际上在作战建模仿真实践中,我们往往可以结合建模仿真目的和需求,开展基于 Agent 的作战建模仿真系统设计。图 3 - 15 所示为一个陆军战术级仿真系统逻辑体系框架示例。其中,红方、蓝方 Agent 成员,分别代理其对应的红方、蓝方编组(装备),而试验成员和仿真应用可看成白方联邦成员 Agent 起着管理并应用该仿真系统的作用。

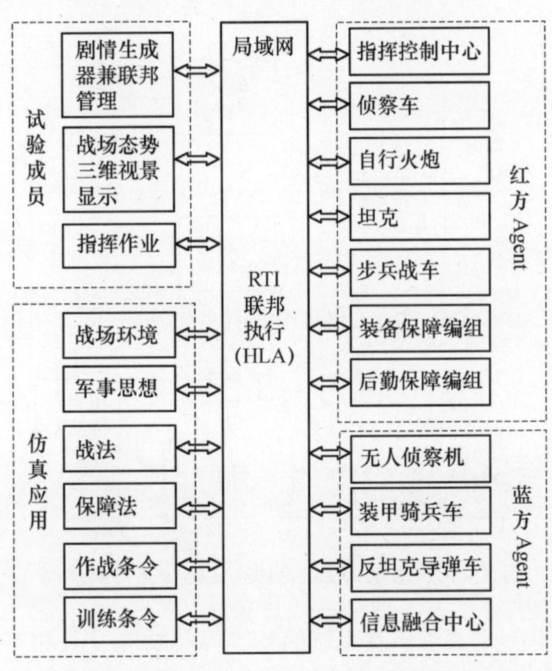

图 3 - 15　陆军战术级仿真系统逻辑体系框架

3.3　基于 Agent 的作战建模仿真控制体系结构

3.3.1　基于 Agent 的作战建模仿真控制框架

如前所述,在基于 Agent 的作战建模仿真系统框架中,除了要完成红方 Agent、蓝方 Agent 设计及实现外,还有如底层通信、仿真管理与调度、时间管理等一系列仿真控制问题需要解决,而且这些问题往往涉及红蓝方 Agent 交互及并行仿真、分布式仿真等核心问题。为了便于实现通用的仿真控制和试验环境,使得作战模型设计者可以集中精力于对仿真对象系统的建模研究上,同时实现较高的建模灵活性、可维护性以及代码可重用性,需要设计基于 Agent 的作战建模仿真控制框架。

这里,通过介绍曹军海博士设计的基于 Agent 的离散事件仿真系统控制功能结构来探讨基于 Agent 的作战建模仿真控制框架。如图 3-16 所示,该仿真控制框架确定了基于 Agent 的作战建模仿真系统中的几种主要的控制功能,包括:输入接口控制(IIC)、输出接口控制(OIC)、模型结构控制(MSC)、仿真时钟控制(SCC)、试验数据控制(EDC)、仿真试验控制(SEC)以及仿真逻辑控制(SLC)。

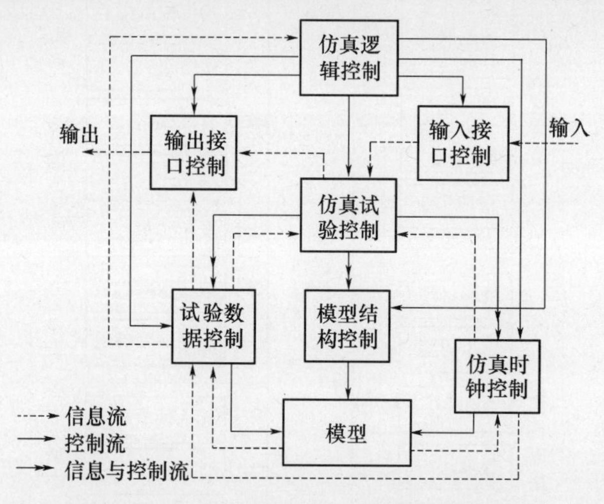

图 3-16　基于 Agent 的作战建模仿真控制框架

该仿真控制框架定义了仿真系统的基本控制功能及其相互关系,这种结构是一种抽象结构模型,对系统的具体结构并无限制,在实际应用中具有很大的灵活性,如多个控制功能可以合并为一个模块,或者同一种控制功能由多个模块同时来执行等。

在基于 Agent 的作战建模仿真控制框架中,仿真试验控制与试验方案、模型结构控制、仿真时钟控制和试验数据控制一起构成了一个仿真系统完整的试验框架。由此,一个基于 Agent 的作战建模仿真试验框架可用 BNF 形式表达如下:

<试验框架> ::= <试验方案> <仿真试验控制> <模型结构控制> <仿真时钟控制> <试验数据控制>

<试验方案> ::= <模型实例描述> <初始状态> <仿真时钟描述> <数据监测

描述 >

< 数据输出描述 > < 试验流程描述 > < 退出规则 >

< 模型实例描述 > :: = < Agent 实例描述 > < Agent 实例关系描述 >

< Agent 实例描述 > :: ={ < Agent 类型 > < Agent 数量 > < Agent 索引表 >}

< Agent 索引表 > :: ={ < AgentID >(通信地址)}

< Agent 实例关系描述 > :: ={ < AgentID 1 > < AgentID 2 > < 关系描述 >}

< 初始状态 > :: = < Agent 状态描述 > < 环境状态描述 >

< Agent 状态描述 > :: ={ < AgentID > < 状态域 > < 状态值 >}

< 环境状态描述 > :: ={ < 状态域 > < 状态值 >}

< 仿真时钟描述 > :: = < 时钟表达 > < 推进模式 >(< 推进步长 >)

< 数据监测描述 > :: = < Agent 状态监测描述 > < 环境状态监测描述 >

< Agent 状态监测描述 > :: ={ < AgentID > < 状态域 > < 数据获取方式 > < 数据获取时机 >}

< 环境状态监测描述 > :: ={ < 状态域 > < 数据获取方式 > < 数据获取时机 >}

< 数据输出描述 > :: = < 数据描述 > < 数据输出格式 > < 数据输出接口 >

< 数据描述 > :: ={ < 数据名 > < 数据结构 > < 数据来源 >}

< 数据结构 > :: ={ < 数据项 >}

< 试验流程描述 > :: ={ < 试验编号 > < 试验说明 > < 循环次数 >}

< 退出规则 > :: ={ < 退出条件 > < 退出方式 >}

基于 Agent 的作战建模仿真,各联邦成员通过向仿真支撑平台公布/订购对象类和交互类,实现联邦成员间的数据交换和互操作。其公布/订购关系主要是由作战系统仿真试验方案和联邦成员所仿真的对象确定的。基本原则是联邦成员只公布其他成员感兴趣的对象类和交互类,也只订购自己所需的对象类和交互类。例如,在一般的基于 Agent 的陆战系统建模仿真系统中,指挥控制中心需要情报侦察系统的信息以进行战情分析与态势判断,则情报侦察系统成员需要公布其所仿真的对象类;而各火力打击单元成员要对目标实施打击,就需要订购目标对象类属性并公布自己的射击交互类。各联邦成员间其他公布/订购关系依此同理可确定。

3.3.2 基于 Agent 的作战建模仿真控制功能描述

3.3.2.1 输入接口控制(IIC)

IIC 完成用户定义信息和数据的输入与转换。IIC 不限于与何种类型的信息源建立连接,其接受和处理的数据可以用来定义试验方案、描述模型特征,用于系统模型的实例化和试验过程;IIC 也可以传递控制指令到试验控制流程,来实时地控制仿真试验过程。例如，通过IIC功能，从数据库中读取兵力部署信息和实体模型设置信息，或在二维电子地图上重新编辑，将这些信息写入数据库进行存储以备下次应用。

3.3.2.2 输出接口控制(OIC)

OIC将系统内部的数据与指令以一定的数据格式输出到“外界”。这些数据与指令的接收者可以是用户界面(User Interface, UI)，也可以是其他Agent系统或者其他应用等。就输出到UI而言，最典型的例子如：从数据库读取或从红蓝方Agent接收信息，展现二维或三维战场态势，包括二维或三维作战模型的显示、移动、毁伤、射击等。就输出到其他Agent系统或其他应用而言，最典型的例子如将敌反坦克导弹来袭等战场突发事件通过RTI传送给其他联邦成员共享战场态势。

3.3.2.3 模型结构控制(MSC)

模型是描述或解决某个问题所需要的一组特征数据与解决这个问题所需要的操作或方法的结合。在此意义上讲，模型是一组特征数据与方法的一种匹配关系。简言之，模型=方法+数据+匹配关系。方法、数据及其匹配关系描述了一个模型的内部结构，体现了模型结构的共性。而对于陆军战术级作战仿真模型，由于其具有分辨率低、种类多、层次多和数量大等特点，因此可引入模型属性来描述其结构特性。根据其特点，属性应包括作战样式、作战单位、模型所属种类和模型功能等方面。所以，在基于Agent的陆军战术级作战建模中，模型的结构应为：模型=属性+方法+数据+匹配关系。

计算机仿真的本质是运用模型来分析和研究系统本身的运行特性和规律。因此，基于Agent的作战建模仿真系统的运行，必然需要模型的有力支撑。为了达到此目的，就必须对模型进行高效的管理。从仿真控制角度实现对模型属性、方法、数据、匹配关系高效的管理离不开MSC。

MSC在仿真试验开始时，根据模型描述来初始化系统模型，实现系统开始运行时的组织结构和初始状态；在模型运行过程中，MSC也可以根据需要介入“系统”结构的变化，改变“系统”的组织状态。

在基于Agent的作战建模中，有时MSC的功能可由一类管理Agent(ManAgent)实现。ManAgent主要是提供Agent的控制服务，Agent的声明、注册、撤消与退出等。在网络环境下的分布式仿真中，还可设计InAgent，用于限制网络中Agent交互的流量以及管理网络中Agent的交互和节点的触发。

在实际应用中，还可依托导调成员Agent完成MSC的部分功能，最典型的例子如:启动仿真主线程,运行红蓝双方 Agent 作战模型,导调这些模型的作战行为,为战场提供一些突发情况。

3.3.2.4 仿真时钟控制(SCC)

在进行基于 Agent 的作战建模仿真时,常将整个仿真的作战进程按时间分割为许多小的"网格"。间隔时间的长度可以根据仿真模型的具体需要来定,如时、分、秒等。习惯上称此间隔为时间步长。在程序中仿真时钟按此步长前进,在时间步长内,近似地认为系统的状态不变。在一个时间步完成时,对组成仿真模型的所有 Agent 实体、实体属性、活动、事件一一进行考察,根据多 Agent 交互行动来改变系统的映象,将系统从当前状态推进到下一个状态。

根据基于 Agent 的作战建模仿真的模型情况,可以采用等时间步长和变时间步长两种进行仿真时钟控制。采用等时间步长,系统的时钟是自动推进的,时钟每次推进一个固定的步长。在一些基于 Agent 的作战建模仿真系统中,例如考虑武器装备平台 Agent 的机动时间的模拟中,事件发生的时间本身是一个随机变量,也可以采用变步长的时间步。时间步长单位的设定应根据仿真的目标和模型的具体情况而定。通常,要求比较精确的仿真结果的、战场分辨率高的、注重于过程的仿真模型,时间步长设得小一点。

为了保证每个仿真 Agent 不会收到小于其当前时间的 TSO 消息(时戳顺序消息),可通过 SCC 完成仿真系统中对仿真时间的表达与控制,这样,每个仿真 Agent 不能自主推进它的逻辑时间,而只能向一个 TimeAgent 提出申请,获得许可后方能推进。每个可通信的 Agent 实体依靠各自所具有的局部虚拟时钟(Local Virtual Time, LVT),定义虚拟时间,形成计算科学中的逻辑进程(Logic Process, LP)。各个逻辑进程的功能都近似于一个独立的离散事件仿真器,需要时它们可以交换事件信息。基于 Agent 的作战建模仿真控制结构本身还包含一个全局的虚拟时间(Global Virtual Time, GVT),用于确保 LP 之间的时间同步而保证不会发生事件的因果错误(次序颠倒),从而实现基于 Agent 的作战建模仿真中的并行计算。

一个时间管理周期分为 3 步。首先,仿真 Agent 调用一个时间管理服务,请求逻辑时间推进;接着,TimeAgent 向仿真 Agent 分发消息队列中满足发送条件的消息;最后,TimeAgent 通过调用一个由仿真 Agent 定义的时间推进过程,通知仿真 Agent 允许推进其逻辑时间。

3.3.2.5 试验数据控制(EDC)

数据是对研究对象或问题量化处理后所形成的数值,是信息的表现形式之一,是计算机处理的主要内容,是定量分析的基础。开展基于 Agent 的作战建模,以试验数据或数据对比来反映客观实际,没有试验数据就没有定量分析。

EDC 是仿真试验分析的基础,也是仿真系统的关键功能之一。该功能主要完成对模型试验数据的收集与分析。在基于 Agent 的作战建模中,该模块收集与分析的试验数据,主要是军事数据,它是作战建模中各种军事信息的具体表现形式,即对作战环境、作战条件和作战行动进行量化处理所形成的数据。EDC 主要收集与分析基础数据、作战方案数据、建模参考数据、输出数据 4 种军事数据。

在基于 Agent 作战建模仿真系统联邦设计阶段,设计 EDC 的关键是确定各个联邦成员之间的数据流(信息流)和控制流,主体内容是对象类与交互类的设计。

如前所述,各联邦成员通过发布其他成员感兴趣的对象类和交互类,订购自己所需的对象类和交互类,实现联邦成员间的交互过程。围绕 EDC 功能实现,依据基于 Agent 作战建模仿真系统功能、使命,对其对象类/交互类进行设计。就战术层次 Agent 作战建模而言,对象类主要有目标(Target)类、侦察平台(装备)(ReconnaissancePlatform)类、指挥平台(装备)(CombatPlatform)类和管理(Management)类;交互类主要有改变目标运动参数(AlterMovement)类、装备(设备)参数输出(EquipmentOutput)类。

(1) Target 类,具有 ID(目标批次)、Type(目标类型)、Name(目标名称)、Property(目标敌我属性)、State(目标当前状态)、Xposition/Yposition(目标当前坐标)、Orientation(目标运动方向)、Velocity(目标运动速度)等属性。

(2) ReconnaissancePlatform 类,由 Target 类派生,只不过增加了一些属性,例如:InformationCollection(信息采集状态)、InformationFusion(信息融合状态)、InformationTransmission(信息传输状态)。CombatPlatform 类同理,增加了一些决策(Decision - making)属性。

(3) Management 类,具有其他对象类的一切属性,便于订购所有属性,用于导调管理、仿真回放和结果分析。

(4) AlterMovement 类,具有 ID(目标批次)、AlterOrientationValue(改变目标运动方向)、AlterVelocityValue(改变目标运动速度)等参数。

(5) EquipmentOutput 类,具有 ID(装备/设备号)、TargetID(目标批次)、Time(时刻)、方位角(AzimuthAngle)、距离(Distance)、速度(Speed)等参数。

在基于 Agent 作战建模仿真系统联邦运行阶段,EDC 主要完成对实体模型数据、交互信息数据、辅助信息数据等三大类数据的控制管理。

实体模型数据对应作战模型,为保障模型的一致性,可采用三层身份鉴定方法,例如蓝方机步营 1 连机步 1 排,ID 是 020101 - J - 1, 020101 代表所属单位,02:蓝方,01:机步营,01:1 连,J 代表本身性质:机步排,最后一个 1 代表标号:第1排,这样可以在网络上唯一确定一个模型信息的归属,每个模型有3个状态(出现、存在、消失),状态集为{Appear, Exist, Disappear}。有了这些信息模型,在各个节点上的维护就有了保障。典型的交互信息数据如射击信息、命令指示、报告等。其中,射击信息包括弹种、起点、终点等信息,各节点可依据天气信息和地形数据对射击信息进行维护,这样可以减少网络上信息的流量。辅助信息数据主要包括地形、天气等,这些信息可由导调方生成并发送给其他联邦成员。

3.3.2.6 仿真试验控制(SEC)

SEC借助于试验方案的概念来实现对试验过程的控制。进行SEC的核心目的,在于设计适应建模仿真需要的基于Agent作战建模仿真系统总体流程,将试验方案、各试验控制功能与模型联系在一起,协调和管理其他试验控制功能,便于比较不同条件下的系统行为以及模型运行效果等。这里以陆军战术级作战仿真系统为例,说明其总体流程,如图3-17所示。

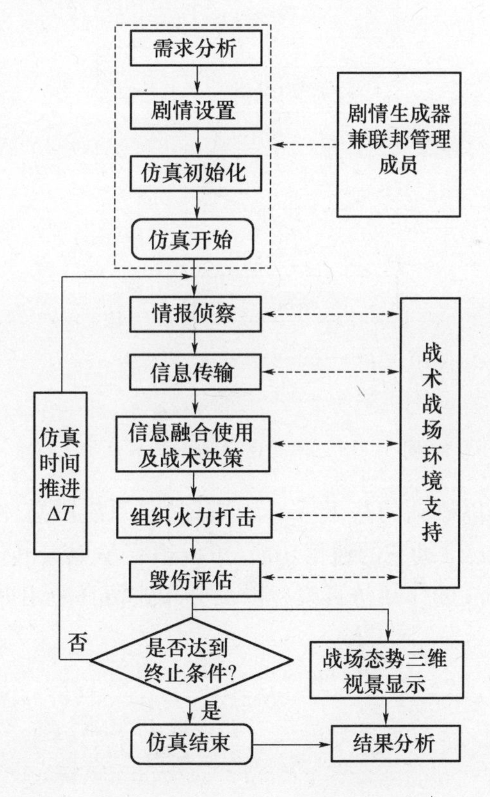

图3-17 陆军战术级作战仿真系统总体流程

3.3.2.7 仿真逻辑控制(SLC)

SLC是仿真系统的执行机制,它负责管理基于Agent作战仿真系统的总体运行流程,并调度其他仿真控制功能,如系统的初始化、用户数据输入、试验流程的启动与停止、试验数据的分析以及退出系统等。SLC的工作流程如图3-18所示。

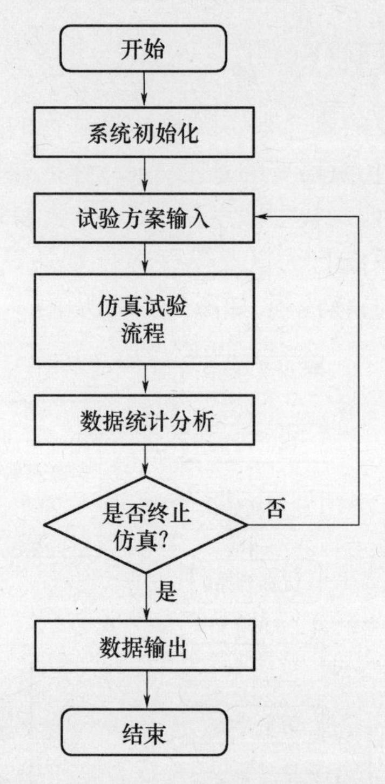

图3-18 仿真逻辑控制工作流程

SLC的作用可以概括为基于Agent作战仿真系统的总体执行框架,它本身就可以是一个Agent,借助它的通信功能,可以很容易地与其他仿真模型建立连接,为构造基于Agent的作战仿真模型以及分布式仿真应用提供了良好的条件。

第4章

作战 Agent 模型

4.1 作战 Agent 的形成过程

4.1.1 作战 Agent 形成的一般过程

战争是一个复杂巨系统,其主体——人或人与武器的结合体具有对战争环境的自适应性,抓住这一特点进行作战问题研究,是和平时期做好战争准备的重要手段,也是信息化条件下研究战争问题的有效方法。

基于 Agent 的作战建模是近年来进行作战模拟与仿真的新方法、新工具,它以作战系统中的基层个体为主要研究对象,通过模拟具有自适应能力的个体以及个体与个体之间、个体与环境之间的相互影响来揭示宏观的作战规律,突出个体与整体的关系。

Agent 的形成是基于 Agent 作战建模的基础和前提。研究 Agent 的形成,必须围绕作战任务来研究。分析作战组织体系结构,获取作战任务并进行分解,进而研究任务求解的条件,由此构建作战实体的 Agent 模型,通过这一思路来分析研究作战 Agent 形成的一般方法。

作战 Agent 在作战建模中是作战实体的模型,是系统模型中的参与者。它代表了作战中的任务执行者,依附于实际的作战实体。Agent 有粒度不同之分,不同粒度的 Agent 是不同级别的作战单位的模型,系统模型中建立的 Agent 的好坏取决于对作战实体的理解和划分。所以,构建好的 Agent 首先要对作战实体进行认真的分析与划分。同时,在建模时,如何划分作战实体,将什么样的作战实体组织作为一个整体来考虑,不能想当然的凭感觉进行,能够更合理解决问题是划分作战实体的依据和原则,因为研究作战运用的模型就是为通过解决问题来达到优化作战中武器装备高效运用的目的,所以构建 Agent 模型最先要考虑的应是任务情况及与之对应的作战实体问题。

可从任务分解的角度剖析作战体系结构,逐层分解作战任务,得到各层的子任务和元任务,进而完成这些任务。而任务求解的主体即为最终的 Agent,可通过任务求解的条件来描述,进而构建作战 Agent 模型。其形成流程如图 4 - 1 所示。

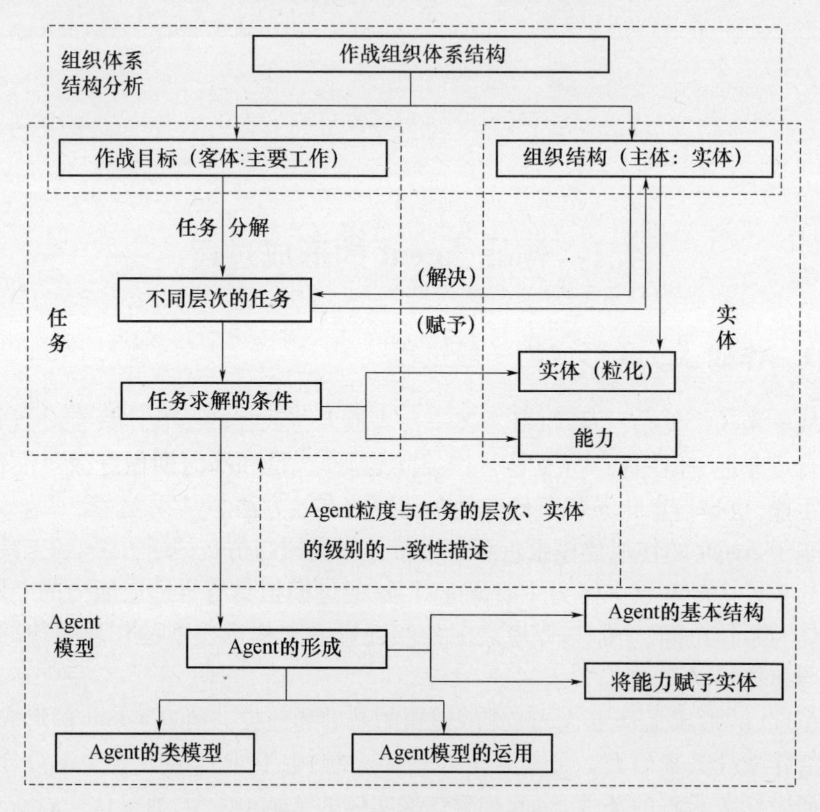

图 4 - 1　作战 Agent 形成流程

(1) 首先分析作战组织体系结构,这里研究的组织体系结构主要包括主体和客体两部分。客体是作战运用的任务目标;主体为完成任务的实体组织。

(2) 这里研究的实体 Agent 的形成是通过任务分解实现的。依据一定的原则对作战任务进行分解,分解出不同层次的子任务、元任务,为 Agent 的形成打下基础。

(3) 分解出子任务、元任务的目的,是针对它们建立划分不同级别的实体组织。确定分析完成这些任务所需的能力要求,提出任务求解的条件:粒化的实体和能力。

(4) 确定 Agent 的基本结构,针对作战运用的军事背景,将解决任务所需的能力赋予解决任务所需的实体,形成作战 Agent 实体。

(5) 构建相似实体的 Agent 类模型,并用 Agent 来表达作战实体在作战中的运用。同时,验证 Agent 粒度与作战任务的一致性。

4.1.2 作战组织体系结构分析

一般而言,作战组织体系是由多级指挥机构、指挥人员、武器装备在统一的作战任务驱使下形成的运作整体。其中,多级指挥机构、指挥人员和武器装备作为作战运用的实体组织存在,而作战任务是作战组织体系形成的前提条件。

4.1.2.1 作战组织体系结构概念

作战运用的组织结构是由多级指挥机构、指挥人员以及武器装备(作战平台,有人或者无人平台)组成的体系结构,是组织实体之间的结构关系的体现。结构决定了组织内的协作,而组织内的协作在很大程度上决定了任务执行的好坏。

为完整描述作战运用的组织体系结构,这里建立如下基本概念:

(1) 组织功能元。功能元指在某一次组织活动(如战役活动、战术活动等)中被认为在执行任务过程中不可再分割的基本功能。对于传统的等级组织,在不同层级上进行的组织活动就确定了不同的功能元,而对于新型的“扁平”、“分散型”组织,在技术不变情况下其功能元是确定的,其功能元由组织各节点平台所具备的唯一功能确定。描述组织基本功能为矢量$[f_1,f_2,\cdots f_n]$,n 为组织基本功能元数量,$f_i(1\leqslant i\leqslant n)$表示组织具备的第 i 项功能。

(2) 功能能力。能力是组织功能强度的量度,依据组织功能元的划分,组织能力是与功能元矢量对应的矢量$[c_1,c_2,\cdots c_n]$,$c_i(1\leqslant i\leqslant n)$是组织功能元$f_i$的能力量度。

(3) 平台资源。组织功能资源的载体,平台资源根据其拥有功能的多少划分为单一功能平台和多功能平台。记组织平台集合为 $P=\{p_1,p_2,\cdots,p_K\}$,K 为组织拥有的平台数量。平台的作战能力由其功能能力确定,平台$p_i(1\leqslant i\leqslant K)$的能力矢量可表示为$[pc_{i1},pc_{i2},\cdots,pc_{in}]$,$pc_{ij}(i\leqslant j\leqslant n)$表示平台 p_i 在功能 f_j 上具备的能力。平台的数据属性包括平台地理位置(x,y)以及平台类型等。

(4) 决策实体。信息处理并进行决策的实体，其能力可控制必要的平台资源来执行任务。根据需要可定义决策实体的知识和能力，决策实体等同于智能主体。记为 DM_s 组织决策实体集合，则 $DM_s = \{dm_1, dm_2, \cdots, dm_D\}$ ($D = |DM|$)。决策实体 dm_i 的数据属性包括信息处理能力、管理控制能力和协作能力等。

平台资源和决策实体均为作战运用中的作战单元，而功能元和功能能力则是作战单元的属性。

作战运用体系中作战单元是独立运作的个体，是模块化的兵力单元，可以理解为作战运用战场上的能力包或组件。作战单元具备独立运作的能力，能够根据任务的需要对战场的作战单元进行任意组合。作战单元是组织的原子，确定作战运用中的作战单元是组织分析的基础和前提。

不同粒度的作战单元设置决定了组织行为分析的复杂程度，也决定体系行为分析的精度。粒度越细，则复杂程度越高，精度越高；反之，粒度越粗，则复杂程度越低，精度越低。作战单元粒度的选择是复杂度与精度二者间的权衡。

通常，在陆军编制中选择以连为基本作战单元，如步兵连、炮兵连、特种作战连等；在海军编制中选择以舰艇为基本作战单元，如巡洋舰、驱逐舰、护卫舰等；在空军编制中选择以飞行中队为基本作战单元，如 F－16 飞行中队、F－117A 飞行中队等。

作战单元间的关系包括：决策实体—平台指控关系 R_{DM-P} 和决策实体间的协作关系 R_{DM-DM}，如图 4－2 所示。

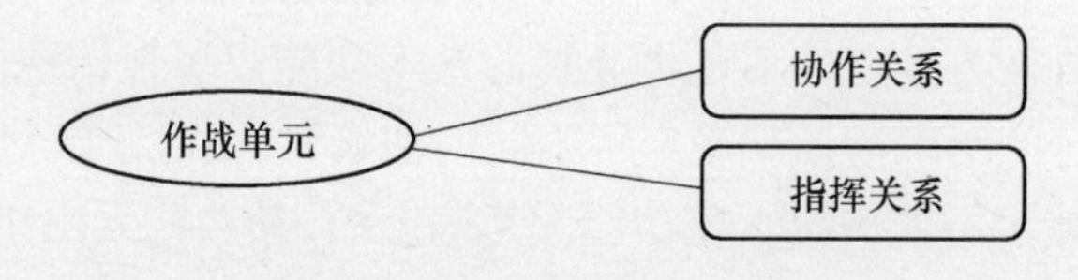

图 4－2　作战单元间的关系图

其设计参数分别是平台—决策者分配指控矩阵 PD 和决策者之间的协作交流矩阵 DD，分别定义如下：

$$PD(k,m) = \begin{cases} 1 & (\text{平台 } P_k \text{ 分配给 } DM_m) \\ 0 & (\text{其他}) \end{cases}$$

$$DD(m,n) = \begin{cases} 1 & (\text{从 } DM_m \text{ 到 } DM_n \text{ 存在协作}) \\ 0 & (\text{其他}) \end{cases}$$

以战场侦察装备体系为例，作战组织体系结构如图 4－3 所示。

决策实体与决策实体、平台实体与平台实体间存在着协作关系，决策实体

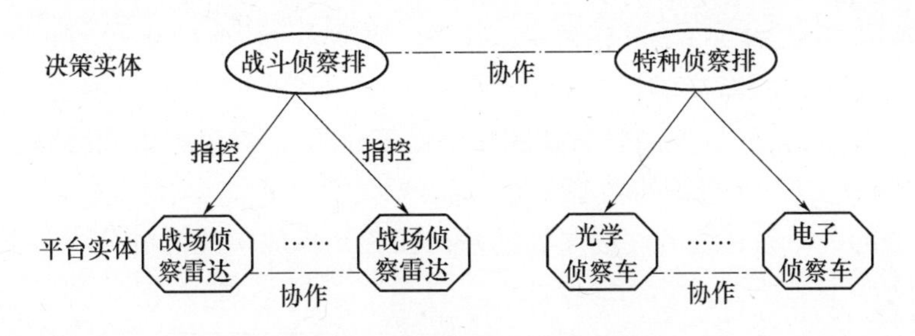

图 4-3　作战组织体系结构示意图

与其所控制的平台实体间存在着指控关系。可以看出,协作关系存在于同级作战实体之间,而指控关系存在于不同级别的作战实体之间。

4.1.2.2　作战任务

任务可表达为一个三元组:

$$M = \langle ID,\ E,\ P \rangle$$

其中,ID 是区别该任务的唯一标识符,E 是遂行任务的实体或行为者,P 是任务控制过程。

任务空间(Task Space)刻画了各决策时点 t 上等待分配的任务,可表达为一个五元组:

$$\sum_{Ei} = \langle \{E_j\},\ \{M\},\ Ru,\ Rs,\ Out \rangle$$

其中,$\{E_j\}$ 是实体集合,包含参与任务的相关实体,如信息化战场多传感器情报侦察作战,所涉及的实体不但包括上级、友邻部队,也包括本身所直属的各种传感器平台;$\{M\}$ 为实体 E_i 的一组有着相同目的和特性的任务集;Ru 为实体活动的规则集;Rs 为实体所使用的资源集,如对作战来讲则是战场环境、作战装备等;Out 为输出集合,实体的状态、任务完成情况可从输出集合中获得,输出的格式可以是文档、图形、数据文件等。

作战任务常用组织过程图(G_T)描述,即组织完成作战的任务流图。过程图的建立是组织设计工作的基础,过程建立的好坏决定了组织设计的成败。过程图确定了组织完成作战的任务元、任务元之间的关联。过程可以表示为 $G_T = (V_T, E_T)$,$V_T \in T = \{t_1, t_2, \cdots, t_k\}$,$V_T$ 表示过程图的节点,E_T 表示过程图中任务元之间链接。

依据组织功能元划分的粒度进行作战任务(T)分解,任务分解得到的任务需求与组织功能元能力匹配的任务称为任务元,由于任务的完成需要组织功能的执行,所谓"匹配"是指任务元的功能需求矢量与组织能力矢量的一一对应关系,否则该任务需要继续分解。记作战任务分解得到的任务集为 $T = \{t_1, t_2, \cdots, t_N\}$,$N$ 为分解的任务元数量,任务元 $t_i(1 \leqslant i \leqslant N)$ 的数据属性包括任务区域 $l = (x, y)$,任务处理时间 d 和任务执行的功能资源需求,其需求以矢量 $[r_{i1}, r_{i2}, \cdots, r_{in}]$($n$ 为组织的功能元类型)表示。

任务的关系包括任务间的序列关系和任务到作战单元间的分配关系,如图 4-4 所示。

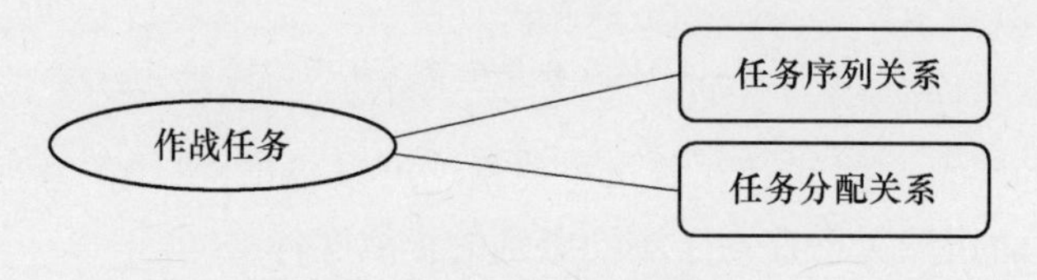

图 4-4 作战任务的关系

其中,任务到作战单元间的分配关系,又包括任务到平台的分配关系和任务到决策实体的分配关系。其设计参数分别是任务—平台分配矩阵 TP 和任务—决策者分配矩阵 TD,分别定义如下:

$$TP(i,k) = \begin{cases} 1 & (\text{平台 } P_k \text{ 分配到 } T_i) \\ 0 & (\text{其他}) \end{cases}$$

$$TD(i,m) = \begin{cases} 1 & (\text{任务 } T_i \text{ 分配到 } DM_m) \\ 0 & (\text{其他}) \end{cases}$$

4.1.2.3 作战元素间的关系

由以上分析可得,在作战运用中,组成其组织体系结构的元素可主要概括为任务、功能、实体以及组织。这里的实体是指解决任务的基本单元体,而组织是指实体所在的单位组织,是由实体按一定的规则组成的一个体系的作战实体,或者说是一个作战编成单元。它们之间的关系可通过网络表示,如表 4-1 所列。

表 4-1 作战元素间关系网

	任务	功能	实体	组织
任务	工序网	需求网	任务分配网	工业网
功能			知识网	能力网
实体			交互网	雇佣网
组织				协作网

（1）工序网：主要包含任务之间的先后执行顺序，也包含任务间的各种关系。

（2）需求网：对任务的进一步解释，进一步描述解决任务所需要的功能，需要具备什么样的基本功能才能完成任务。需求网的载体是任务。

（3）任务分配网：实体与任务的关系描述。将某任务分配给哪个或哪些作战实体解决，或给某实体分配哪个或哪些任务。

（4）知识网：主体解决完成任务需要一定的能力，在本网中描述了各作战实体所具备的能力，寻找解决具体问题的实体可通过该网络查询。知识网的载体是作战实体。

（5）交互网：作战实体单元间的互连、互通，交互即为协同，是实体 Agent 的反应性、社会性的重要手段。

（6）工业网：一个组织上的概念，它规范了同一类型或需要相同能力解决的任务的分配原则，对任务进行首次分配。

（7）能力网：描述了组织整体具备的能力素质，为工业网的建立打下基础。

（8）雇佣网：描述了一个组织拥有什么样的作战实体单元，具有多少作战实体单元。

（9）协作网：决策实体、组织间沟通交互的描述。

以上各网络对作战实体 Agent 的形成非常重要，直接或间接促成了实体 Agent的构建。

4.1.3 作战任务层次性及求解条件

4.1.3.1 作战任务的层次性分析

作战任务层次性分析的具体内容包括以下几点：

（1）作战资源能力分析、任务分解与任务建模。

（2）行动规划，确立任务间的序列关系。

（3）任务计划，建立作战单元执行任务的分配关系。

（4）协同计划，确立作战单元在任务执行上的协作与协同关系。

（5）编成计划，确立作战单元在任务执行上的指挥与控制关系。

由于作战运用体系元素间关系的相互关联与影响，其体系的设计内容是相互关联的，在流程上存在输入输出关系、反馈与迭代关系，如图 4－5 所示。

开展作战任务的层次性分析，主要途径是作战任务分解。作战任务的分解作为最基础的工作，是后续设计工作的输入。后续设计内容依次为行动规划、

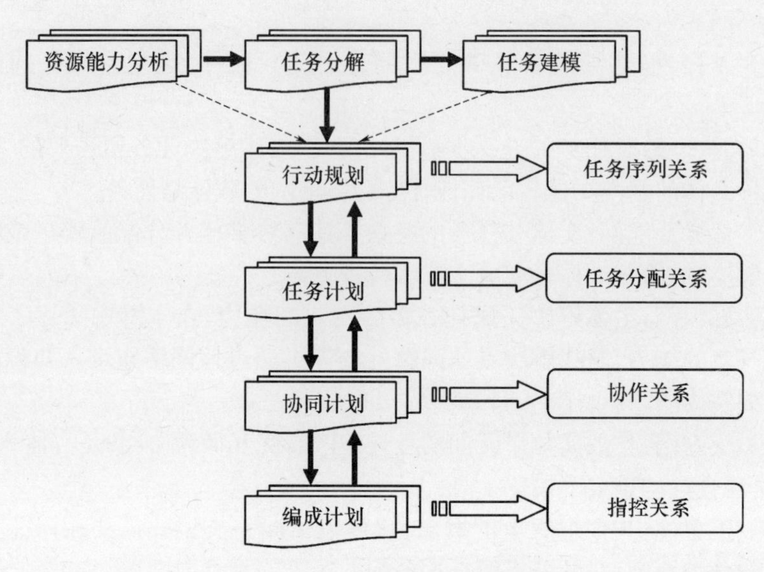

图 4-5 作战任务层次的内涵

任务计划、协同计划、编成计划与信息计划。行动规划确定任务间序列关系,是任务计划的输入;任务计划是在任务序列关系的基础上进行作战单元的调度,确定任务到作战单元的分配关系,即哪一个作战单元在什么时间什么地点采用什么手段去执行什么任务,任务计划是协同计划的输入;协同计划确立作战单元在任务执行上聚类与分组,即在任务上的协作与协同关系,协同计划是编成计划的输入;编成计划对作战单元的分组与聚类进行指控的编成,设置指控群以及指控关系。

任务分解是作战组织体系结构构建的首要内容,它是一切其他工作的基础,任务分解的程度决定着最终实体 Agent 模型的粒度。

4.1.3.2 作战任务求解条件

将作战任务进行分解是形成 Agent 实体的方法手段,求解由此产生的大量子任务和任务元是形成 Agent 实体的条件。子任务和任务元是将要被解决的对象,是客体。完成对客体的求解至少需要两个方面的内容:谁来解决完成任务,即实体;靠什么来解决完成任务,即能力。

1. 实体

这里定义实体即为作战单元,包括决策实体和平台实体,其中以决策实体为重点。

决策实体是作战实体资源的控制者,是作战任务的直接负责人,是指挥与控制关系中的节点,从指挥与控制关系上看,决策实体就是战场指挥员。其职责包括两个部分:①对所控制的作战平台的管理,如对所负责任务进一步的分解,分派作战平台,拟定执行计划,协调行动等;②所接收信息的处理,所接收的信息包括源于所控制平台资源的感知和上级命令与同级的共享信息。决策实体的职责模型如图4-6所示。

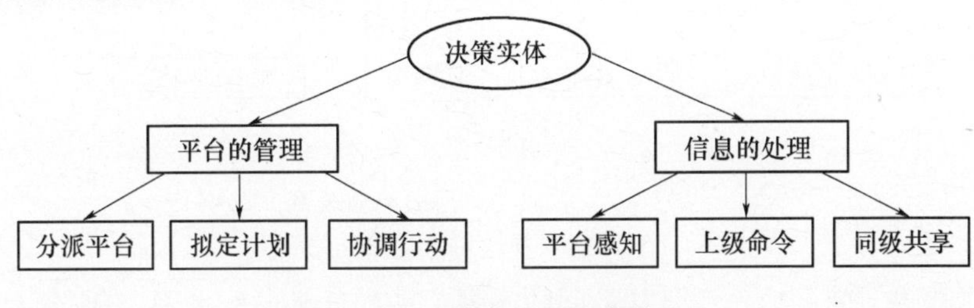

图4-6 决策实体的职责模型

决策实体和平台实体在作战运用中分别表现为作战指挥实体和作战执行实体。

(1) 作战指挥实体。类似师、旅(团)、营的决策机构。其主要功能:对本单位的战场态势进行分析判断,结合上级命令进行决策,任务规划并向下属单位下达命令。只能对执行实体下达命令的指挥实体,或是相应部队完成基本作战功能最小单位的指挥决策机构,称为基层指挥实体。例如,就世界各国军队通常情况而言,对于地空导弹部队来说,其基层指挥实体可为地空导弹营(有些国家为连,如美国);而对高射炮兵部队,其基层指挥实体可为高炮连。指挥实体的物理特性依附于相应级别的指挥所。

(2) 作战执行实体。直接领受基层指挥实体的命令,并按照指令执行战术动作的参战实体。一个基层指挥实体一般下辖若干作战执行实体,各个执行实体在基层指挥实体的指挥与协调下工作,共同完成上级分配给基层指挥实体的任务。例如,按照各国军队的通常情况,对于高射炮兵部队,高炮排、指挥排、雷达排等分别为若干作战执行实体,领受高炮连指挥所的命令,并按照命令完成基本的战术行动。作战执行实体的物理特性依附于具体的武器平台和操作人员。

实体间存在着两种关系,即指控与协作,现描述如下:

(1) 当某一任务需要多个作战单元同时协同来执行时,协同的作战单元间就存在协作关系。作战单元间的协作关系存在直接协作与间接协作两种协作关系,直接协作关系表示协同的作战单元在同一指控群内,而间接的协作关系表示协同的作战单元不属于同一指控群内,协同行动需要第三方进行协调,作战单元间的两种协作关系如图4－7所示。

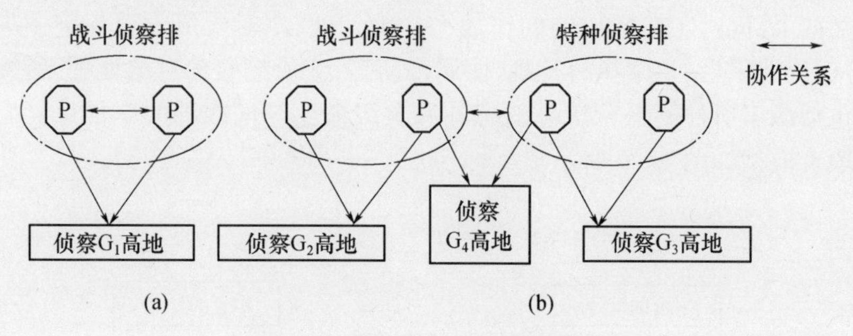

图4－7　作战单元间的协作关系
(a) 直接协作关系；(b) 间接协作关系。

作战单元间的协作源于任务间的序列关系和任务分配关系，在最简单的分配情况下（如任务到作战单元一对一的分配关系）是不存在协作关系的，记作战单元间的协作关系为 R_{cop}，直接协作 R_i，间接协作 R_e，则可表示为

$$R_{cop} = R_i + R_e = f(G_T, R_{TP})$$

式中：$f(G_T, R_{TP})$ 表示作战单元间的协作关系是任务序列关系 G_T 和任务分配关系 R_{TP}。

信息化战争条件下，由于战场时空环境的拓展，作战样式的多样性，以及战场对抗的体系复杂行为，使得作战单元间的协作关系异常复杂，战场协调任务异常繁重。

(2) 作战单元间的指控关系根据分布式作战体系指挥决策的需要而设置，而非传统意义上的等级指挥层次与组织。这种指控关系是分布式网络环境中的决策关系，同时确定决策指令发送关系。指控节点的设置是动态的、临时的，是依据任务执行的需求而设置，分布式作战体系中对等的作战单元是指控节点设置的载体，设置为指控节点的作战单元是网络决策的关键点，是指令的出处。

在指控关系的设置上通常是指控节点以及相互间关系的设置，在分布式作战体系中，作战单元是指控节点的载体，在确立指控关系前，分布式作战体系中所有作战单元是对等的个体单元，在依据完成作战任务需求而设置指控节点以及节点关系后就形成了作战单元间的指控关系，如图4－8所示。

图中，P 指侦察平台，包含战场侦察雷达、光学侦察装备和电子侦察装备等。

在分布式作战体系中，作战单元在任务上分配与协作关系导致作战单元的分组与聚类，其分组与聚类结果为作战群。作战单元间的指控关系是群内的指控关系、群与群之间的指控关系，如海上编队作战群由舰艇平台单元聚合，群内

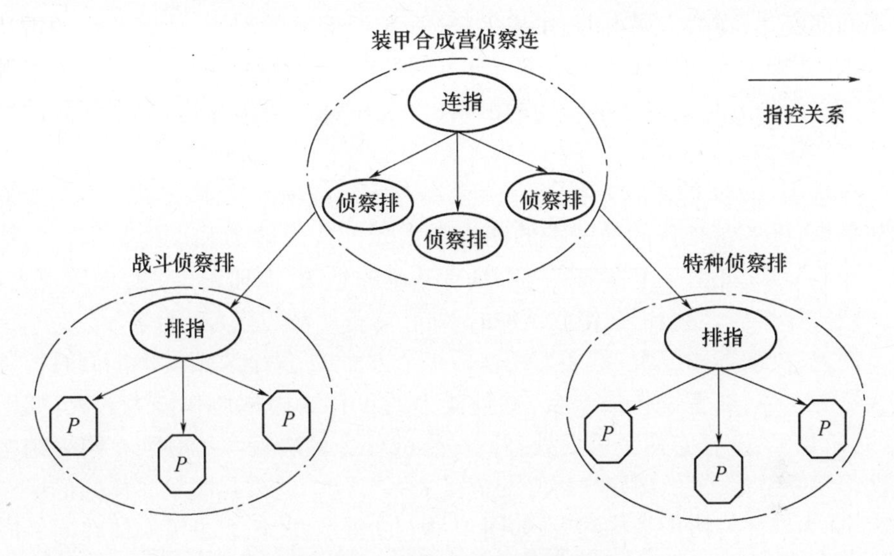

图 4-8　作战单元间的指控关系

指控关系是旗舰对其他作战单元的指控，在联合登陆作战中，海上编队作战群与岸上作战群在登陆的不同阶段存在不同的指控关系，在海上航行和近岸登陆展开阶段，登陆群可能隶属海上编队群，而在抢滩登陆阶段编队群需要配合登陆群的行动。

作战单元间的指控关系的设置旨在确保分布环境中决策的及时性与有效性，同时减少指令的延迟与曲解，提高指挥决策效率，最大程度发挥作战体系的效能，是作战单元在任务协作基础上对战场资源组织管理与协调的考虑。作战单元间的指控关系是战场指挥所设置的关键问题。

2. 能力

功能为作战资源实体所拥有，是执行作战任务的直接凭借。能力是作战资源所具备的功能大小的定量描述。

根据所具备功能的多少，平台可以分单一功能平台和多功能平台。为建立平台资源能力度量的统一形式，以矢量形式描述平台资源能力。在某一次战役筹划中，设定其基本功能的资源矢量为$[f_1,f_2,\cdots,f_n]$，n 为战场作战平台资源的基本功能数量，$f_i(1\leqslant i\leqslant n)$表示某一作战平台资源具备的第 i 项功能的能力大小。定义平台资源的能力矢量 $\boldsymbol{C}=[c_1,c_2,\cdots,c_n]$，$c_i$ 为f_i 类资源的能力度量，则作战平台具备的资源以及战役任务对资源的需求都可以以矢量 $\boldsymbol{C}$ 进行描述。

作战能力是作战资源所具备的功能大小的定量描述，而功能为作战资源实体所拥有，是执行作战任务的直接凭借。通常，功能的划分依据战争行动的层次不同而变化，在战术层次上，作战平台（如装甲部队的坦克、侦察分队的雷达等）的功能即为作战实体资源不可再分割的基本功能；在战役层次上，作战资源实体的功能划分是这些基本功能的汇聚（如装甲部队的坦克连、侦察部队的侦察连等）。

在基于 Agent 的作战模型中，武器装备与人组成一个整体，形成一个独立的作战平台，该平台具备的最基本的能力是武器的作战能力和人的基本智能能力。如此一来，任何一个作战实体都具有基本的感知、推理和知识存储等能力。具体到实际作战，他们依据作战条件的不同，具备严格的能力约束。

此外，决策实体（DM）的能力还包括4个方面：①每个决策实体能同时控制多少资源实体，或者说作战平台，这种能力约束称为内部协作能力约束，如图4－9（a）所示；②任意两个需要处理同一作战任务的决策实体必须在同一结构层次上建立链接关系，即建立对等的链接关系。这一约束是决策实体间的协作约束，称为外部的协作结构约束，如图4－9（b）所示；③任意决策实体在同一时刻能同时处理的任务数，即决策实体在某一时刻工作负载的约束。在这里假设决策实体的工作负载约束为3，即任意决策实体在同一时刻能同时处理3个任务。决策实体的能力约束模型如图4－9（c）所示；④决策个体的知识约束，所谓知识约束指决策个体对平台控制和任务执行所具备的经验和知识，通常，只有具备相关知识的决策个体才被允许控制相关作战平台和执行相关任务，如具备侦察知识的决策个体才能控制雷达等侦察平台并执行相关侦察作战任务。

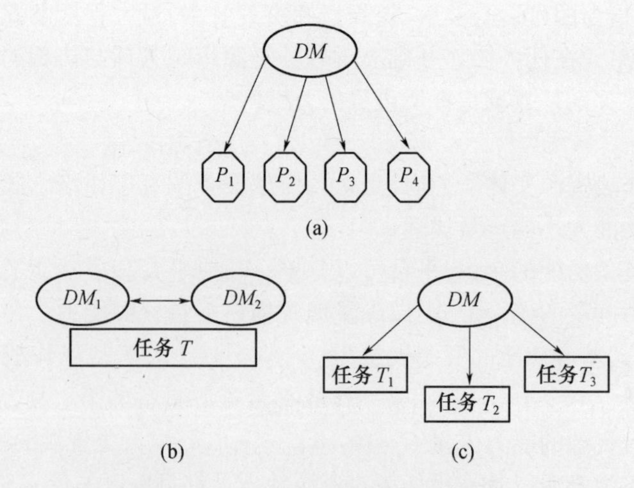

图4－9　决策实体的能力约束模型

（a）内部协调能力约束；（b）对等的链接关系；（c）工作负载约束。

4.1.4 作战 Agent 模型的形成

4.1.4.1 作战 Agent 模型结构设计

Agent 的能力与其结构密切相关。一般地,Agent 的能力需要通过特定的结构来表现,因为 Agent 的结构决定了各组成模块的功能和模块间的作用方式,从而使 Agent 表现出特定的能力。

Agent 的基本功能是与外界环境交互,得到信息,对信息按照某种技术处理,然后作用于环境。Agent 的通用模型如图 4 - 10 所示。Agent 可看作黑箱,通过感知器感知环境,通过响应器作用于环境。Agent 软件通过字符串编码作为感知和作用。在作战多 Agent 系统中,作为仿真系统基本单元的 Agent 最基本的功能描述如图 4 - 11 所示。

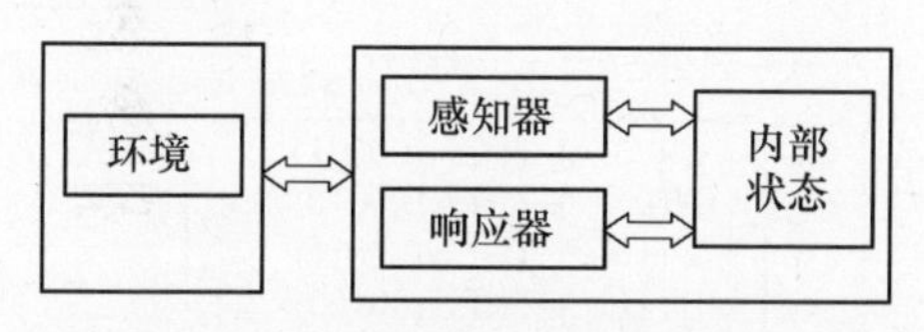

图 4 - 10　Agent 的通用模型图

```
function AGENT(perception) return action
static: memory, the agent's memory of the world
memory←UPDATE-MEMORY(memory, perception)
action←CHOOSE-BEST-ACTION(memory)
memory←UPDATE-MEMORY(memory, action)
return action
```

图 4 - 11　Agent 的基本功能描述

如前所述,由 Agent 的概念和特征可知,Agent 一般具有自治能力、反应能力、预动能力和社会交往能力等。其中,自治能力是指 Agent 能够在没有外界干预的情况下自动操作,这就意味着 Agent 的内部结构应当包含推理模块;反应能力表明 Agent 能够感知环境并对环境的变化作出反应,也就是说它的内部结构中包括感知器和效应器;预动能力则表明 Agent 的行为具有一定的目的性,也就是说它的内部结构中包括心智特征;社会交往能力表明 Agent 可以与其他的 Agent进行交互,也就是说它的内部结构应包含有通信模块和通信接口。这样,在分析 Agent 通用模型及基本功能的基础上,可进一步提出作战 Agent 的基本结构。作战 Agent 反映战场实际要求,体现作战实体行为特征,其基本结构主要包括感知器和效应器、推理机、内部心智状态和通信模块等,如图 4 - 12 所示。

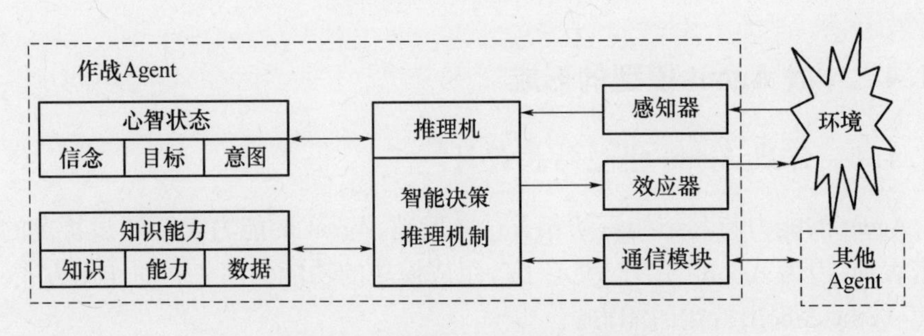

图 4－12 作战 Agent 的基本结构

若采用基于规则推理方式，则作战 Agent 的功能原理可进一步描述如图 4－13所示。

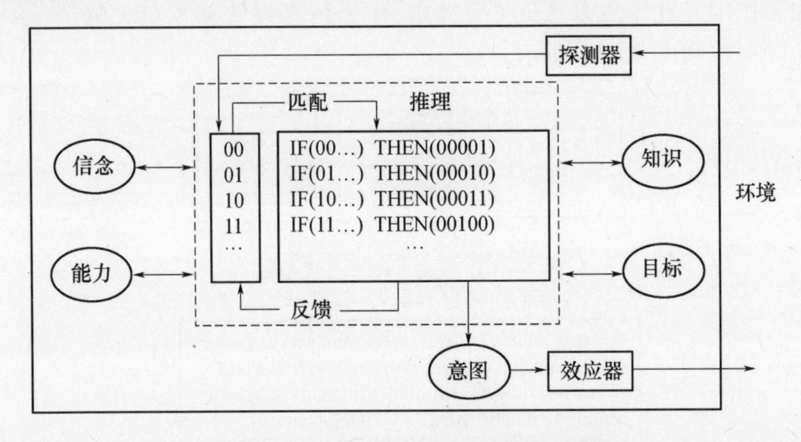

图 4－13 作战 Agent 的功能原理示意图

在这种结构下，作战 Agent 的能力主要表现为规则、智能决策表达下的行为推理能力。基于规则体现的是缘于因果关系的行为特征，而智能决策则反映的是选择行为效果最大、行为消耗最小、其比值最大的动作的行为特征。规则和智能决策揭示了作战 Agent 的理性特征，它是心智推理、产生特定行为能力的基础，通常由作战 Agent 在系统中承担的角色和地位共同决定。

作战 Agent 的行为推理能力是对 Agent 基本能力的一种综合。首先，作战 Agent 根据对环境的感知或与其他 Agent 的通信，建立各自的信念，确立自己的目标，并作为知识加以存储。然后依据参照心智状态在推理机的作用下，产生行动作用于环境，或者产生意图与其他 Agent 进行通信，直至 Agent 认定的目标已实现、或者目标不可达、或者目标已改变时，放弃原来的意图，并更新知识能力和心智状态。

4.1.4.2 作战 Agent 模型表达

一般而言,作战 Agent 的伪代码执行算法可表示如下:

```
WarfareAgent(){
    Perception();//感知
    While(true){
      Reasoning();//推理
      DecisionMaking();//决策
      InformationInteraction();//通信
      Action();//执行
      }
    Exit();
}
```

还可以采用一种离散事件系统建模工具 Petri 网(Petri Net, PN)的方法来定义作战 Agent 模型结构。Petri 网中,库所(Place)表明了“状态”,而变迁(Transitions)刻画了“状态的变化”,变迁的启动由其启动规则来进行控制。

一个 Petri 网是一种由节点与弧组成的有向图,可由一个四元组表示:

$$PN = \langle P, T, A, N \rangle$$

其中:P 为库所(Place)的集合;T 为变迁(Transitions)的有限集;A 为弧(Arcs)的有限集合,并且 $P \cap T = P \cap A = T \cap A = \varnothing$;$N$ 为节点函数(Node Function),是定义 A 到 $P \times T \cup T \times P$ 的函数。

Agent 的内部 Petri 网结构(Agent's Internal Framework Based on Petri Net),可由一个三元组表示:

$$N_{\text{in}} = \langle S_A, T_{\text{in}}, F_1 \rangle$$

其中:S_A 为 Agent 的内部结构元素,如内部状态库和知识库;T_{in}为 Agent 的内部动作集合;$F_1 \subseteq (S_A \times T_{in}) \cup (T_{in} \times S_A)$

在作战多 Agent 系统中,作战 Agent 总是与其他 Agent 交互作用,实现军事任务。因此,将 Agent 与环境交互的接口元素和外部动作考虑在内,可得到作战多 Agent 系统中单个 Agent 的 Petri 网结构的定义。

多 Agent 系统中单个 Agent 的 Petri 网结构(Framework of an Agent in a Multi - agent System Based on Petri Net),可由一个三元组表示:

$$N = \langle S, T, F \rangle$$

其中:$S = \{S_A, S_{\text{in}}, S_{\text{out}}\}$,$S_A$ 含义同上,S_{in}和 S_{out}分别表示作战 Agent 接收环境信

息和 Agent 向其他 Agent 发送信息的接口元素；$T=\{T_{\text{in}}, T_{\text{ext}}\}$，$T_{in}$ 含义同上，T_{ext} 为外部动作集合；$F\subseteq\{(S_{\text{in}}\times T_{\text{in}})\cup F_1\cup(S_{\text{out}}\times T_{\text{ext}})\}$，$F_1$ 含义同上。

作战多 Agent 系统中的单个 Agent，通过自身对环境的判断，产生外部行为序列(Act_1, Act_2,…, Act_n)，反作用于环境。而其内部结构 N_{in} 在其他 Agent 看来是一个黑盒子结构，可用替代变迁元素 t_A 表示；仅有作战 Agent 与环境的交互接口元素和外部动作是可见的，如图 4－14 所示。作战 Agent 按照一定的规则，并基于其信念、目标、能力与知识，对作战 Agent 自身所有可能的行为进行选择和排序，实现行为调度。生成的调度由一系列的外部行为及各自开始时间组成，即 $S=\{<\text{Act}_1, t_1>, <\text{Act}_2, t_2>, \cdots, <\text{Act}_n, t_n>\}$。

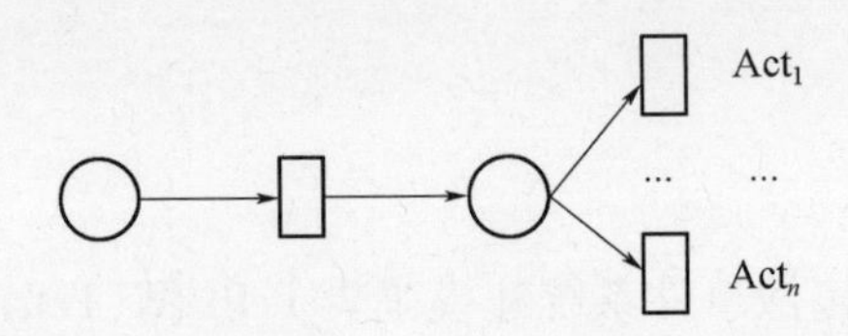

图 4－14　采用 Petri 网方法表示的作战 Agent 系统

特别强调的是，作战 Agent 是由实际作战组织体系中的作战实体映射而成，就其模型构建问题需要注意以下几点：

(1) 作战 Agent 模型是根据 4.1 节作战 Agent 形成流程而建立的，其建模核心在于从实际作战组织体系分析出发，按照任务层次获得实体及其映射而成的 Agent 的多粒度模型。不同层次作战任务、不同级别实体、不同分辨率 Agent 模型之间，存在一致性。有关该分析方法将在 4.2 节中进一步分析和研究。可通过层次化任务的分解与分配、不同级别实体的聚合/解聚，从而形成满足建模实际需要的作战 Agent 模型。

(2) 就作战 Agent 本身的模型结构而言，最主要的是需要进行推理机的设计和心智状态描述，针对这两点将在 4.3 节中进一步阐述。当然，为了实现该作战 Agent 真正的“拟人化”，即能够很好地代理原映射的作战实体智能行为，往往需要开展学习机制的设计，但学习功能往往实现难度大。着眼于更简洁、方便地实现模型，我们主要结合其他功能的分析来阐述学习机制，这里对学习机制不做专门探讨。

(3) 关于 Petri 网方法，既可用来描述单个作战 Agent 的行为，也可用来描述多个作战 Agent 之间的交互行为。有关多个作战 Agent 之间的交互，将在第 5 章中作深入研究。事实上，形成的作战 Agent 模型，即得到了建立作战多 Agent 系统的基本组元，为刻画多 Agent 作战交互过程奠定了坚实的基础。

4.2 任务层次、实体级别与 Agent 粒度分析

4.2.1 任务层次及任务分解、分配

4.2.1.1 任务层次与任务树分解法

由于作战组织体系体现了各类组元实体的逻辑关系,而组元实体的逻辑关系又反映了作战任务,因此,可以面向作战组织体系组元实体及其逻辑关系来分析任务并分解各层次任务,如图 4-15 所示。总任务 Task1 是将要求解的总问题,充当发起者角色的组元实体 *A* 将 Task1 分解成第一层任务 Task1.1、Task1.2 和 Task1.3,并与参与者 *B*、*C*、*D* 进行交互;*B*、*C*、*D* 之间通过协调、通信,再分别充当发起者和参与者角色,在并行执行任务的同时,实现任务不同粒度的分解。实线箭头和虚线箭头表示这种任务分解和信息交互过程;某层任务最终由组元实体 *X* 承担,则该层任务和组元实体 *X* 用粗线圆圈表示,否则用虚线圆圈以示区别。

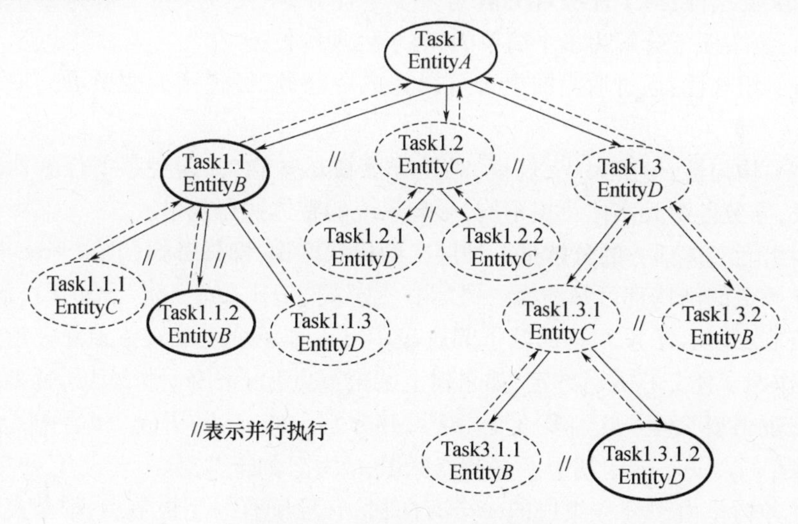

图 4-15 作战任务与任务分解

面向作战组织体系组元实体及其逻辑关系的任务分解,本质上是分析作战行动域中不同层次的概念。因此,也可以从作战概念层次区分的角度来理解作战任务分解的内涵,如图 4-16 所示。

对作战任务分解,不仅要考虑作战组织体系本身的静态信息,而且要考虑

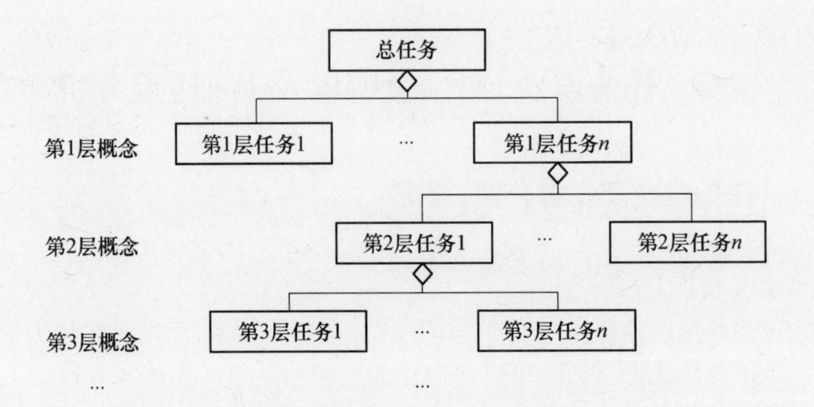

图 4－16　体现作战行动域概念分解内涵的任务分解图

执行该任务的 Agent 的能动信息，还要考虑多 Agent 间相互联系、相互制约的通信机制，兼顾多 Agent 协同工作的特点。任务分解一般要遵循以下几点：

(1) 独立性：所划分任务要具有一定的独立性，这样有助于各组元实体独立处理各任务，减少相互间协调、通信的工作。

(2) 层次性：一个任务可分解为多个子任务，子任务又可分解为多个下层子任务，复杂任务分解为多个简单的、易于处理的任务。

(3) 组合性：通过适当的组合可以完成一任务，经适当的变换可完成另一任务。

(4) 均匀性：分解大小、规模、难易程度要尽量均匀，避免某一任务执行时间过长，导致各组元实体负担不均，影响系统的整体执行效率。

对组元实体任务的分解是一种层次的树状结构，即任务树(Task Tree)。设任一任务 T 的结构都可归约为一棵“与—或”树，记作 $and-or-tree(T)$，满足：树的根节点表示任务 T，树的叶子节点表示可以被单个组元实体独立完成的任务(称作原子任务)，并且约定：如果树上某个节点有子任务，那么其子任务之间的执行逻辑要么全“与”，要么全“或”，并分别记作 $and-F(t_1, t_2, \cdots, t_i)$ 或 $or-F(t_1, t_2, \cdots, t_j)$，其中 F 是节点标识，t_i 为 F 的子节点。

任务树是由子任务组成的一个有向树，有且仅有一个根节点，根节点可以为空，子节点依赖父节点，子节点必须在其父节点执行完毕后才能被执行。运用任务树分解法对作战组织体系组元实体任务分解时，任务树的根节点为军事总目标，树中同层节点具有与/或关系。在这种与/或任务树 $and-or-tree(T)$ 中，若节点 T 有 n 条边通向节点 $ST_1, ST_2, \cdots, ST_n$，而且 n 条边取逻辑“与”关系，则表示任务 T 的完成有赖于整个子任务组的全部完成，即 $T=ST_1 \wedge ST_2 \wedge \cdots$

$\wedge ST_n$;若 n 条边取逻辑“或”关系,则表示任务 T 的完成有赖于任务组某一子任务的完成,即 $T = ST_1 \vee ST_2 \vee \cdots \vee ST_n$。利用这一方法,可以把一个复杂的任务分解为一组较简单的子任务。若子任务仍不利于直接执行,可对它作进一步的分解。

事实上,图 4 - 15 和图 4 - 16 从外观上看去像倒立的树,可用于表达任务树的形象;就其内涵而言,反映了作战组织体系中不同级别实体参与完成层次化任务的实质。

4.2.1.2 层次化任务的分配

作战运用中的任务最终是通过体系中的作战平台加以完成的,适当的任务只有经适当的分配给适当的作战实体,充分利用作战实体的自身功能能力和作战实体间的协同工作能力,才能达到高效的作战运用。任务分配形式可分为如下几种:

(1) 1→1:一个作战任务分配给一个作战实体,如电子侦察任务分配给电子侦察车平台,如图 4 - 17(a)所示。

(2) n→n:n 个作战任务分配给 n 个作战实体,如对 n 个高地敌火力配系实施侦察的任务分配给 n 个武装侦察车平台,如图 4 - 17(b)所示。

(3) n→1:n 个作战任务分配给 1 个作战实体,此时,要根据 n 个任务的优先等级进行排队,排序后交由各作战实体执行,如对 n 处敌电子信号源实施电子侦察的任务分配给 1 个电子侦察车平台,如图 4 - 17(c)所示。

(4) 1→n:1 个作战任务分配给 n 个作战实体,每个作战实体负责任务的一

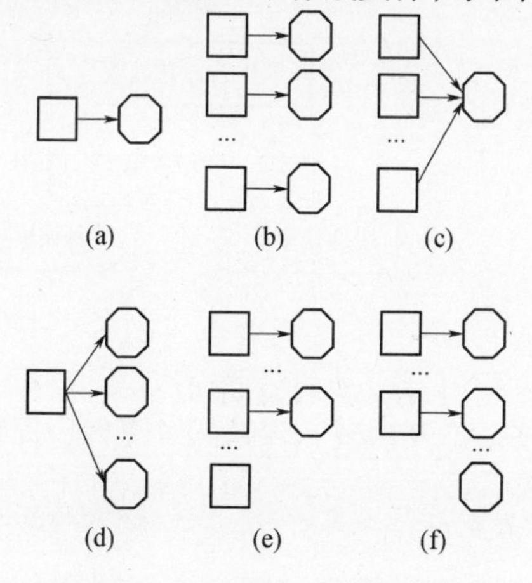

图 4 - 17 作战任务的分配形式

个子任务，如照相侦察车、电子侦察车、武装侦察车分别完成某高地地形、敌电子信号、敌火力配系侦察的3个子任务（它们构成1个完整的对某高地侦察的任务），如图4-17(d)所示。

(5) $n \to m(n \geqslant m)$：n个作战任务分配给m个作战实体，如对n个高地实施侦察的任务分配给m个侦察车。此时，要先对n个任务按照指定的m个作战实体所辖领域、所属专业进行分类，对同类任务再根据任务优先等级排队，依顺序将每一队列的出队任务交由指定的侦察平台，如图4-17(e)所示。

(6) $n \to m(n < m)$：与(5)类似，要先对指定的m个侦察平台按n个任务所辖领域、所属专业进行分类，对同类侦察平台再根据信任度等级排队，依序将出队的侦察平台指派于相应任务，如图4-17(f)所示。

4.2.2 实体的级别及聚合/解聚

4.2.2.1 实体的级别

作战运用是一个多作战层次实体参与的过程。现代战争中，指挥体制扁平化、力量构成模块化的趋势更加明显。作战单位的模块集成，更利于战场的指挥与控制。研究模块化的作战单位，利于把握整个战场态势。以侦察部队为例，侦察分队为常见的作战单位，也是作为模块化研究对象最为典型的作战单位。

在各国军队传统的编成编制下，侦察分队的指挥结构存在着层次性，其指挥结构是一个金字塔状结构，指挥权逐级加强集中，如图4-18所示。

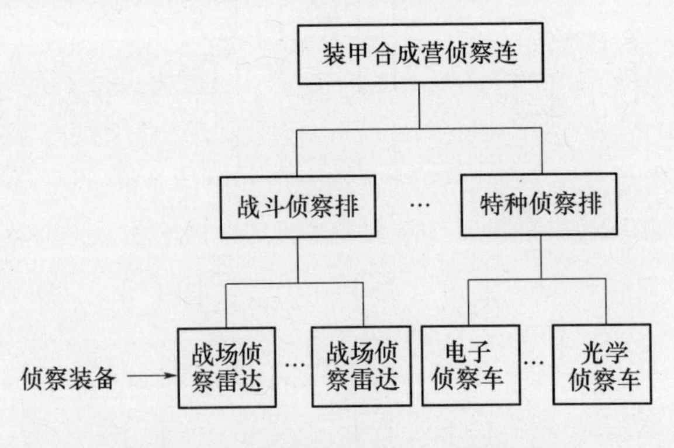

图4-18 侦察连金字塔状指挥结构图

在实体的研究中，结构中的各级智能实体均是装备与人的统一体，连、排分别是战斗编成的装备与人的统一体，侦察装备也是某一装备与相应操作人员的统一体。在上述金字塔状指挥结构中不同级别的实体(连、排、单装备)具有不同的指挥级别,以作战连编成为例,处于最底层的侦察装备没有指挥权限,但能感知外部环境,且接受上级的指挥,对上层负责;侦察连实体在一个作战连编成内具有最高指挥权,除具有感知外部环境、接受上级指挥外,还具有指挥和控制本连编成内其他侦察装备的能力;侦察排实体受侦察连实体的领导,又指挥着自己责任范围内的指挥装备。在本连的范围以外,所有不同级别的侦察装备实体都具有感知与作用环境的能力,而接受更高上级指挥、执行上级任务等都要经由侦察连实体,所以在大规模的建模中,侦察连实体可以代替整个侦察分队。

从笼统的意义上,可将侦察连实体、侦察排实体看作是指挥实体,将单侦察装备实体看作是行为执行实体。实际作战中,各参战实体的所有行动都是"一切行动听指挥"。因此,我们以"命令—任务"来形象说明作战指挥实体,指接受命令并布置任务;以"命令—动作"来形象说明行为执行实体,指接到任务命令,及时采取动作来完成。同时,将某一级别的作战实体看作是指挥实体还是行为实体也不是绝对的,再以侦察连为例,当从大的作战层次,如集团作战考虑,此时侦察连只是辅助工作,只需它整体具体执行什么任务,可将侦察连视为一个行为实体,而当从侦察连长的角度考虑,侦察连要完成某一项工作,要具体分配任务给下属排或装备,此时,就可将侦察连视为一个指挥实体。

4.2.2.2 聚合/解聚

实体级别的不同,决定了建立模型实体数量和模型抽象程度的不同。在战术作战建模领域,根据模拟实体的数量和模型抽象程度的不同,实体通常又可分为平台级实体和聚合级实体两种。平台级实体指每个仿真模型所描述的实体是单一武器平台,主要用于小规模分队战术仿真试验;而聚合级实体则把一个单元的所有实体作为一个整体来描述,可用于更高级别作战编组仿真试验。当仿真对象编组增大即平台数量大幅增多时,需要采取聚合的方法,将部分次要的或指挥员不必重点关注的作战平台聚合为一个实体(即聚合级实体),从而实现仿真。

聚合级实体与平台级实体,实际上反映的是仿真模型的分辨率,即模型的粒度(Granularity)、详细度(Level of Detail)。由各个武器装备平台映射而构建成的平台级实体模型,描述现实世界更详细,对细节描述更多。而多个平台级实体聚合而成的聚合级实体,对作战宏观描述更多、对细节描述相对少。一般而言,聚合级实体描述了一个能够独立完成作战任务的作战单位。这种不同级别实体模型聚合/解聚关系,如图 4-19 所示。

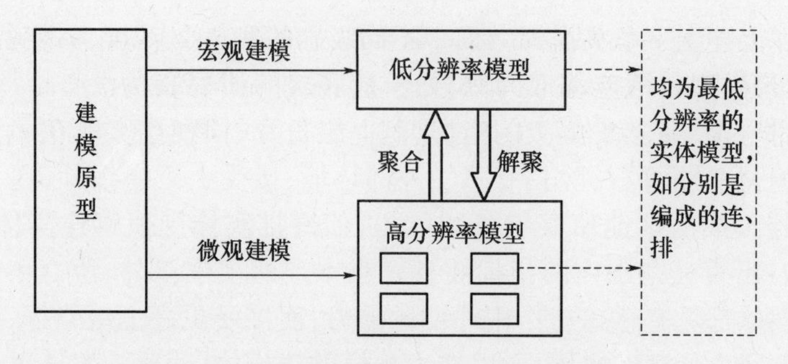

图 4-19　不同级别实体模型聚合/解聚关系图

聚合过程分为3个阶段：

(1) 由某个事件驱动聚合。

(2) 把聚合级实体的控制权转交给聚合模型。

(3) 聚合级实体充当新的交互节点，完成其任务。

为了能更好地掌握作战系统行为细节，需要进行高分辨率建模，由此将聚合级实体解聚为各平台级实体。解聚过程也分为3个阶段：

(1) 由某个事件驱动解聚。

(2) 控制权从聚合级实体转移到代表平台级实体的模型。

(3) 平台级实体充当新的交互节点，完成其任务。

实际上，作战实体聚合/解聚是一个层次化概念。在技术层面，需要建立动力学聚合/解聚模型。该层次上聚合的条件有：

(1) 实体批次号相同。

(2) 实体的位置、速度满足编组条件。

(3) 各实体状态类似。

聚合级实体的属性主要包括：

(1) 编组的速度。

(2) 编组的加速度。

(3) 编组中包含的作战平台数。

(4) 编组中指挥车的位置。

解聚是聚合的相反过程，例如，在排一级聚合级实体解聚到平台级实体的过程中，平台级实体的位置由聚合级实体的位置与作战平台在排编组内的编号等信息共同确定，具体做法是将聚合级实体位置加上平台级实体在排编组中的编队位置作为平台级实体解聚后的位置；平台级实体的速度、加速度等，可直接从聚合级实体获取；然后停止发布聚合级实体状态信息，转换到发布平台级实体状态信息。

在战术乃至更高级别作战层面,需要建立地理位置、战斗力指数及兵力损耗聚合/解聚模型。相应地,实体属性还包括损耗和作战能力。

在战术层次,聚合级作战编组地理配置位置可用聚合前更低级别编组的平均地理配置位置表示:

$$\begin{cases} X = \dfrac{\sum_{i=1}^{n} X_i}{n} \\ Y = \dfrac{\sum_{i=1}^{n} Y_i}{n} \end{cases}$$

式中:(X_i, Y_i)为战术层中第 i 个作战编组的配置位置;n 为作战编组的数量。

就配置面积而言,若聚合作战编组配置位置为(X,Y),配置方式为圆配置,配置面积为 S,如图 4-20 所示,则对于解聚作战编组的配置位置可用下式计算:

$$\begin{cases} X_i = X + \sqrt{\dfrac{S}{\pi}}\cos\theta \\ Y_i = Y + \sqrt{\dfrac{S}{\pi}}\sin\theta \end{cases}$$

式中:θ 为均匀区间$[-2\pi, 2\pi]$内的一个随机数。

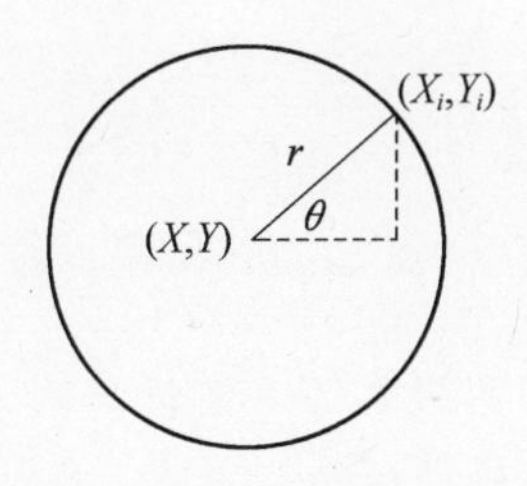

图 4-20 地理配置聚合/解聚

针对大量同类或不同种类武器装备平台编组映射形成的作战实体模型,其聚合/解聚过程需要考虑作战能力聚合/解聚。可按照指数法综合计算其战斗力指数,实现聚合/解聚。指数法的运用详见 1.2 节。

针对战斗损耗聚合/解聚,可运用兰彻斯特战斗动力学方程。针对不同条件,可分别采用兰彻斯特第一线性律、第二线性律、平方律方程建模,详见 1.2 节。若针对不同军兵种(专业)、不同种类武器装备交战情况,建立的兰彻斯特方程需要改进其形式,如平方律方程可改为

$$
\begin{cases}
\dfrac{dx_i}{dt} = -\sum_{j=1}^{n} \alpha_{ij}\varphi_{ij}y_j,\ (i = 1,2,\cdots,m) \\
\dfrac{dy_j}{dt} = -\sum_{i=1}^{m} \beta_{ji}\phi_{ji}x_i (j = 1,2,\cdots,n)
\end{cases}
$$

式中:作战双方分别有 m、n 个作战单元;α_{ij} 为红方第 i 个作战单元对蓝方第 j 个作战单元的毁伤率;β_{ji} 为蓝方第 j 个作战单元对红方第 i 个作战单元的毁伤率;φ_{ij} 为红方第 i 个作战单元用于攻击蓝方第 j 个作战单元的比例;ϕ_{ji} 为蓝方第 j 个作战单元用于攻击红方第 i 个作战单元的比例。

兰彻斯特方程中使用的两个基本变量(兵力和损耗系数),是作战过程中最主要、最直接的因素。兵力(基本作战单位总数)是作战的客观物质基础,而损耗系数(平均战斗力)是人和武器综合效能的反映。因而,兰彻斯特方程可以用于作战实体在战术乃至更高层次作战中的聚合/解聚。

下面以坦克排在上级编成内遂行摧毁 1 号目标任务的过程来研究多个平台级实体的聚合。当营指挥员希望了解各连、排战斗整体进展情况时,坦克 1 排所属的 3 台坦克映射形成的 3 个平台级实体(a_1, a_2, a_3)聚合形成体现全排 3 个平台级实体最本质行为特征的排聚合级实体 a'。

其中,聚合前的坦克 1 排中 3 个平台级实体(a_1, a_2, a_3),任务输入分别是:

T_1:短停后射击 1 号目标。

T_2:行进间射击 1 号目标。

T_3:向 1 号目标冲击。

坦克 1 排中 3 个平台级实体(a_1, a_2, a_3)聚合后,形成一个新的聚合级实体,其任务输入是:

T':摧毁 1 号目标。

在这次战斗中,连长车平台级实体 b 的任务输入是:

T_4:指挥坦克 1 排摧毁 1 号目标。

当指挥员需要细致了解更微观层次的行动情况时,则将排聚合级实体 a' 解聚为该排中的 3 个平台级实体(a_1, a_2, a_3)。

聚合与解聚过程中的事件驱动,在本例中即指挥员激起。通过通信实现控制权的转移,反映在本例中即坦克 1 排各平台实体或整排聚合级实体与连长车实体交互关系的转移。

需要指出的是,实体聚合/解聚概念具有相对性。所谓"聚合",是一个相对的概念,即聚合级实体也是相对的概念,与体现作战系统实际组元逻辑关系的任务分解层次紧密相关。例如,在遂行更高层次作战任务中,坦克 1 排聚合级实体、坦克2排聚合级实体、坦克3排聚合级实体还可聚合成坦克1连聚合级实体。由连到营、由营到团，同理。解聚的分析同样如此。例如，坦克1营聚合级实体解聚成3个坦克连实体，坦克1连聚合级实体解聚成3个坦克排实体，坦克1排聚合级实体解聚成3个平台级实体；当然，若还需要进一步增大模型分辨率，平台级实体还可解聚成车体、驾驶员、车长、炮长、二炮手等多个分系统级实体。

更高层次聚合级实体可视为一个特殊的低层次聚合级实体，排聚合级实体也可被视为一个特殊的平台级实体。尽管它们与一般的平台级实体粒度不同，它们代表的是一定的作战单位而非武器装备平台，但二者在仿真系统中运行机制是一致的。

这里使用的聚合/解聚法，是目前普遍使用的多分辨率建模方法，它可产生从现实世界到模型世界的直观映射，容易被模型开发者理解，结合在基于Agent的作战建模中的应用，该方法的优点尤为突出。实质上，就作战实体多分辨率建模效果而言，聚合/解聚过程与方法其实也体现了其他的多分辨率建模方法（如多重表示建模法、优化选择法）的本质。

实体聚合/解聚过程中建立的实体属性之间的关联关系如图4-21所示，其中，作战组元实体（MA）一个属性与多个作战组元实体（MA_i）属性相对应，依靠各种映射函数形成映射关系。图4-21中，虚箭头线表示同一实体属性之间的关系，实粗箭头线表示从聚合级实体到多个平台级实体属性的分布关系，而实细箭头线表示从多个平台级实体到聚合级实体属性的聚合关系。由于实体模型由反映不同任务层次结构的作战组织体系实际组元抽象而成，因此，它反映了多重表示建模法等其他多分辨率建模方法的实质，体现了模型中实体、实体属性和实体间逻辑关系的层次性，并通过属性关系图、与具体应用相关的映射函数以及一致性维护来保证不同分辨率模型之间的一致性。

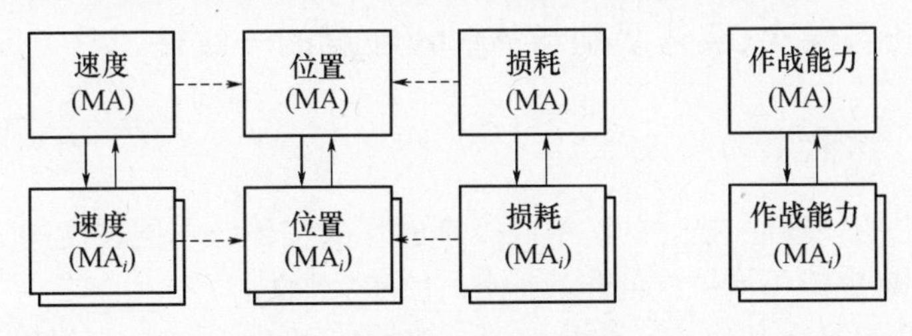

图4-21　实体属性关联图

优化选择法（即视点选择法）建模的思想是，只执行最详细的模型，所有其他各层次的模型通过从最详细的模型中选择本层次所需要的信息来执行。在该方法中，模型一直运行在最高分辨率，当它需要以较低分辨率与其他同级分辨率模型交互时，它运用模型抽象技术获得低分辨率模型，然后和外界进行交互。

针对作战组织体系中的实际组元模型，其视点选择法多分辨率建模的框架原理如图 4-22 所示。在仿真过程正常运行时，作战系统模型表现为最高分辨率的模型，刻画作战系统平台级实体行为。当更改视点时，即当模型与其他较低分辨率的模型发生交互时，模型通过抽取与交互最密切相关的属性"临时"构建一个匹配的、较低分辨率的作战系统模型用于交互。事实上，这个"临时"的作战系统模型并不是真正存在的，它只是一个模型"标记"，仅仅是为了交互的需要而虚拟出来的，只不过从较低分辨率的视点来看，好像是一个模型而已。作战组元实体聚合/解聚过程，本质上是更改视点的过程。在战术作战建模中，通常情况下，作战实体表现为平台级的形式，详细刻画构成作战系统的各个武器装备平台的属性；视点变更时，以低分辨率描述更高一层次武器装备编组（即更高级别作战单元）的行为。

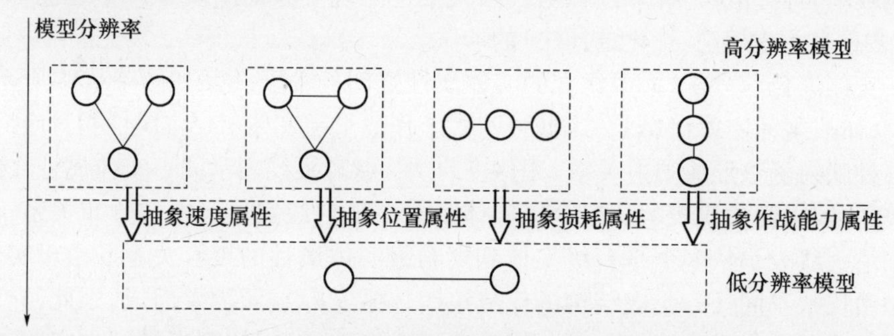

图 4-22　作战组元实体模型的视点选择法建模示意图

4.2.3　任务层次、实体级别与 Agent 粒度的一致性

4.2.3.1　功能上的一致性

功能上的一致性，描述的是不同级别的作战实体与不同粒度的 Agent 模型在功能需求（完成不同层次的作战任务）上的一致性。

任务分解层次和作战实体粒度的一致性如图 4-23 所示，根据作战 Agent 的形成流程，将作战任务 T 依照前面提到的任务分解方法将任务逐层分解细化，合理裁剪，最终产生可以依靠平台实体解决的子任务或元任务集合，如在本例图中为$\{t_{11}, t_{12}, \cdots, t_{m,nm}\}$。细化作战实体，针对任务、依据能力选择最高分辨率的作战实体单元,根据不同层次的作战任务确定不同级别的作战单元,为建立不同粒度的实体 Agent 打下基础。

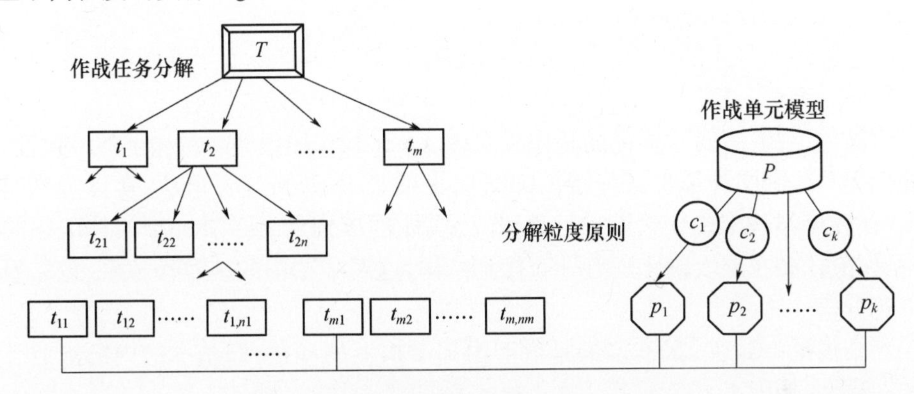

图 4-23　任务分解层次和作战实体粒度

由于作战 Agent 是由作战组织体系中组元实体映射而成,换言之,作战实体的行为模式通过作战 Agent 代理的形式来刻画,因此,上述不同层次任务与不同粒度作战实体模型的一致性关系,本质上即反映了不同层次任务与不同粒度作战 Agent 模型的一致性关系,如图 4-24 所示。

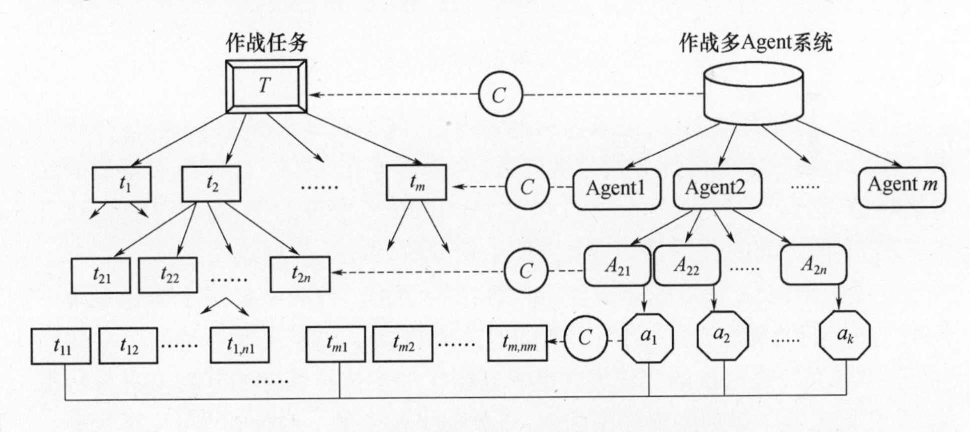

图 4-24　实体 Agent 与任务在功能上的一致性

在图 4-24 中,C 是作战能力,即解决任务的能力。作战 Agent 与任务通过能力相连,不同粒度的 Agent 模型,解决不同层次的作战任务,这样在一定程度上避免了"大实体—小任务"和"小实体—大任务"的现象,避免了由此可能产生的资源浪费或者因能力不足造成的时间浪费。例如,假设在一般情况下,侦察一个高地的任务该由一个侦察排去负责完成,这时,将某一高地的侦察任务交由整个连去执行，势必造成大量的侦察装备处于闲置状态，产生资源的冗余与浪费；如若相反，将某一高地的侦察任务交由一个班去执行，可能会因不能预期内完成任务而耽误整个战争的进程。

4.2.3.2 结构上的一致性

结构上的一致性，描述的是作战实体 Agent 与作战任务在结构上的一致性。我们先从作战实体原型与模型内部结构关系着手，分析任务层次、实体级别与 Agent 粒度结构上的一致性。另外，作战实体的级别划分后有一个实体组织结构，作战任务在层次细化后有一个任务结构，这两个结构的一致性关系，也需要进行分析。

结构的一致性，最基本的是模型内部结构上的一致，即基本的内部组成上的一致性，如图 4 - 25 所示。

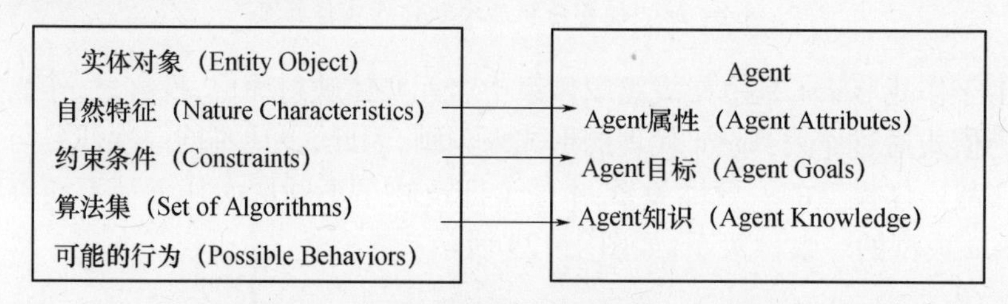

图 4 - 25 原型与模型内部结构上的一致性

作战实体拥有的属性、关系以及行为内容，同样在其 Agent 模型相应体现出来。在完成最基本的内部结构分析之后，再分析外在结构。任何组成模型的元素最终可以简单的归结为两种：①实体，如 UML 图形中的类、对象、用例、执行者等；②实体之间的关系，如 UML 图形中的关联、继承、依赖等关系。

实体的结构分为两类，即分类结构和组合结构。分类结构用于描述系统中各类 Agent 的类属层次关系，高层次的实体类概括了底层次实体类的公共属性（状态和行为），底层次的实体类在继承高层次的实体类特性的基础上进行特殊化、个性化扩展。以侦察连建模为例，在分类结构上的一致性如图 4 - 26 所示。

实际作战系统中的作战实体根据其本身的功能特征属性生成模型，构建的模型应当和模型 Agent 类的不同属性类保持一致，这样才能保证所构建的模型能具有和实体一致的功能。

组合结构用于描述一个实体 Agent 及其组成部分，假设根据作战需要而编组的某装甲合成营，由 1 个装步连（AIC）、1 个侦察连（RC）和 1 个坦克连（TC）组成。各连由装甲合成营指挥所（ABCP）指挥。组合结构的结果是获取树形结

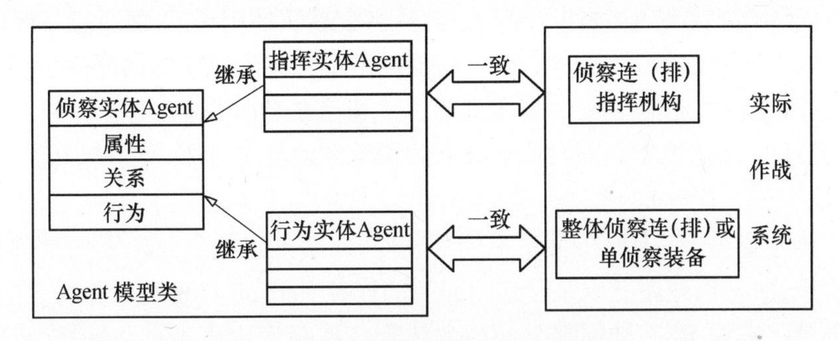

图 4-26　分类结构上的一致性示例

构图，该合成营组织结构的一致性如图 4-27 所示。在构建的与实体同等级别的实体模型时，实体组织内部的包含下属单位应当在模型中均有相应的模型，不能丢失任何一个子单位，否则将造成所建立模型的失真。因而，在更高级别的作战编组模型中，同样也包含了和实际实体中一样的 3 个 Agent 模型。

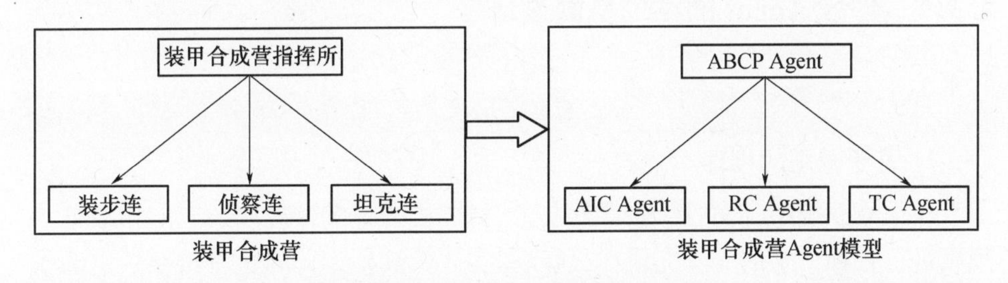

图 4-27　组织结构上的一致性示例

此外，关系上的结构体现的是作战组织体系各要素之间的相互关系，系统模型的结构也就是描述作战 Agent 之间的相互关系。模型中、模型间的各种关系错综复杂，关系一致性也是常见的一种模型结构一致性，实体之间关系的变化最终也将体现由实体所组成的结构的变化。关系上的一致性描述，如图 4-28所示。

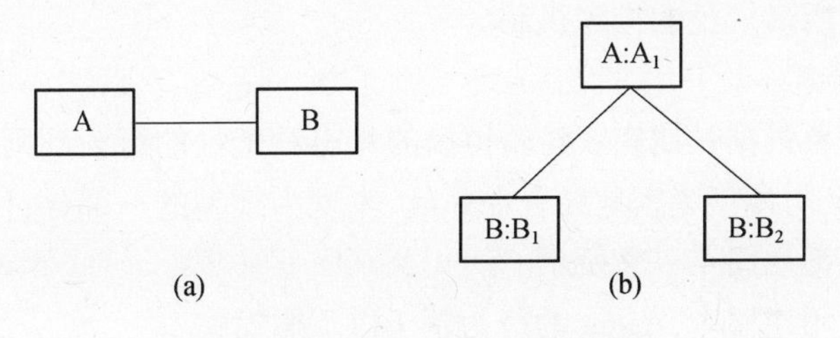

图 4-28　关系上的一致性问题

在实际作战系统中,如果作战实体 A 和作战实体 B 之间存在着一定的关系,那么,在构建模型后,A 的模型与 B 模型仍然具有建模前的同样的关系。如果在建模过程中,对其中一个实体进行了多角度的建模,如图 4 – 28 中实体 B 的模型,此时 A 的模型必须在原来模型的相关方面与 B 的多角度模型都继续保持联系。

在构建模型时,为保持关系上的一致性,还必须遵循实施图形元素的创建操作规则,包括创建图元以及创建图元间的连接。例如,在构建对象时,在对象之间创建了链接,那么其前提是相应的实际作战单元也必须存在链接,且在对象所属的类之间也必须存在关联。

4.3 作战 Agent 的推理机制及心智状态

4.3.1 作战 Agent 的推理机制设计

4.3.1.1 推理的基本方法

1. 基于规则的推理

在作战系统中,部队兵力、武器装备、指挥机构等实体按照一定的作战行为规则进行各种信息的交互完成作战行动,实体仿真模型同样也是按照一定的作战规则推动整个战场空间的行为和状态的变化而达到模拟真实情况下的作战过程。基于 Agent 作战仿真实体模型所体现的智能性,实质上是在传统静态实体建模的基础上赋予了模型一定的自主行为规则而体现出所谓的智能性。实体、规则、环境是仿真系统的三大要素,其中作战规则是军事人员对武器装备和战场行为等方面知识、经验的一种抽象与总结,是影响作战行动的关键因素之一。基于规则的推理(Rule – based Reasoning, RBR)当前已经成为作战 Agent 模型设计中应用最广泛的推理机制。

1) 规则描述

规则是对象根据长期实践经验得出的具有约定性的行为准则,是模型智能行为的体现,又与模型紧密地结合在一起,表现为模型的一部分,作战仿真实体模型与规则关系如图 4 – 29 所示。

在作战运用建模中,Agent 的行为基于以下假设:

(1) 不同级别的作战 Agent 有其不同的任务清单。

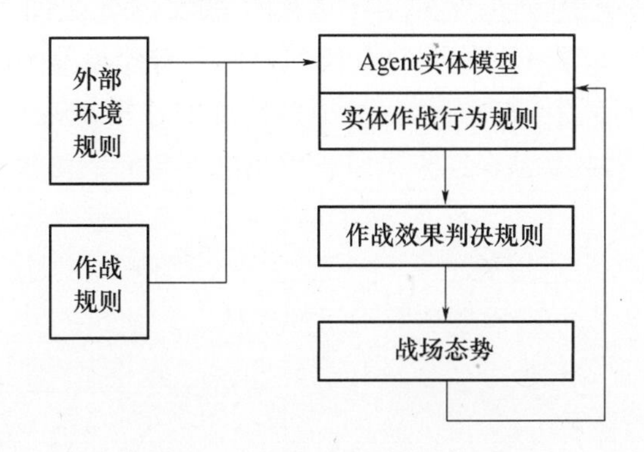

图 4-29　仿真实体与规则关系图

（2）不同分辨率的作战 Agent 任务可分解为一系列对应的动作。

（3）不同的动作可以通过定义谓词(组)或函数加以表达。

（4）意外情况时,Agent 可请求人工干预,并将干预处理规则增加至规则库。

这样,就可以用产生式规则来表达 Agent 的行为:

IF(命题 A)

THEN(命题 B)

其中命题 A 是行为的前件,用于判断,命题 B 是行为的驱动,用于执行。

对于作战建模仿真系统,我们将所涉及的规则分为外部环境规则、作战规则、作战效果判决规则 3 个主要部分。其中,外部环境规则是从整体和宏观上对仿真实体进行一定约束;作战规则是建模实体的核心,广泛涉及兵力、指挥、装备等各个方面的运用规则。除此之外,对各种作战效果的判决规则也是作战建模过程中重要的组成部分。表 4-2 归纳了基于 Agent 作战建模过程涉及的部分规则。

2）基于规则推理过程

推理机通常可采用前向推理的方法,当每一个规则的条件为真时,则执行该规则的动作。为了减少计算时间,只有当规则条件中的每一个状态都有赋值且其中一个状态改变时,才会重新计算规则条件的真假;当每一个状态中的所有变量都有赋值且其中的一个变量改变时,才会重新计算该状态的真假。为了检测规则的条件和条件中每个状态,给每个规则的条件和条件中的每个状态分

表 4-2　作战规则表

<table>
<tr><td rowspan="5">外部环境规则</td><td rowspan="3">价值取向规则</td><td>意识形态规则</td><td rowspan="3">…</td></tr>
<tr><td>外交关系规则</td></tr>
<tr><td>宗教文化规则</td></tr>
<tr><td rowspan="2">条件约束规则</td><td>兵力运用限定</td><td rowspan="2">…</td></tr>
<tr><td>武器运用限定</td></tr>
<tr><td rowspan="14">作战规则</td><td>装备运用规则</td><td>…</td><td>…</td></tr>
<tr><td rowspan="2">平台机动规则</td><td>坦克机动规则</td><td>…</td></tr>
<tr><td>…</td><td>…</td></tr>
<tr><td rowspan="7">兵力行动规则</td><td>态势判断规则</td><td rowspan="7">…</td></tr>
<tr><td>目标选择规则</td></tr>
<tr><td>火力运用规则</td></tr>
<tr><td>机动规则</td></tr>
<tr><td>侦察规则</td></tr>
<tr><td>武器运用规则</td></tr>
<tr><td>交战规则</td></tr>
<tr><td rowspan="4">作战指挥规则</td><td>态势判断规则</td><td rowspan="4">…</td></tr>
<tr><td>目标选定规则</td></tr>
<tr><td>兵力运用规则</td></tr>
<tr><td>通信规则</td></tr>
<tr><td rowspan="4">作战效果判决规则</td><td>毁伤判断规则</td><td rowspan="4">…</td><td rowspan="4">…</td></tr>
<tr><td>电子对抗判断规则</td></tr>
<tr><td>侦察效果判断规则</td></tr>
<tr><td>通信效果判断规则</td></tr>
</table>

配一个计数器。规则条件计数器的初始值为其所含状态的个数，状态计数器的初始值为其所含的变量的个数。当某个状态涉及的所有变量都有赋值时，状态计数器递减为0，包含该状态的条件的计数器减1。

给规则中一个变量赋值时，所可能触发的规则的算法为 $Assign(X_i, V)$，如下所示：

第一步，设置变量 X_i 等于值 V。

第二步，判断变量 X_i 是否初次被赋值，如果是，则把包含变量 X_i 的所有的状态 C_j 计数器减1；如果否，标记变量 X_i 为已定义。

第三步，判断状态 C_j 中的所有变量是否已经赋值，如果是，则计算状态 C_j 的真假。

第四步，判断状态 C_j 的状态是否为真，如果是，则把包含状态 C_j 的所有规则 R_k 计数器减1。

第五步，判断规则 R_k 中所有的状态是否全部为真，如果是，则触发 $Fire(R_k)$。

该算法为推理机的核心推理过程。在算法中，触发规则 R_k 的函数 $Fire(R_k)$ 把规则 R_k 的所有动作放到一个动作执行堆栈中，堆栈执行过程 *ExecuteActions*(*stack*)从堆栈中移去并执行每一个动作，直到堆栈为空。

2. 基于案例的推理

基于案例的推理(Case - based Reasoning, CBR)，是人工智能领域新出现的一种基于知识的问题求解方法。CBR 解题过程可简单描述为首先从记忆库(案例库)中找到与当前问题最相似的案例，再结合当前问题的特点对该案例作必要的修改以适应当前问题的求解。基于案例推理方法的概念设计，通过将历史设计方案描述为“案例”，克服了传统专家系统中规则获取的瓶颈问题，极大地丰富了领域知识的知识表示方法，并简化了知识库的维护工作。并且，通过对历史案例解决方案的调整，使得案例推理系统具有相当的创新性和解决新问题的能力，能够符合概念设计活动的创新性要求。另外，CBR 可根据过去实际发生的经验和案例得出结论，符合人类的思维习惯，因此推理得出的结论容易被用户所接受。

1）案例表述

CBR 在知识获取和维护、提高问题求解效率、改进问题求解质量和提高用户接受度等方面，往往优于传统的 RBR。其优势还在于对尚未完全了解的领域，可根据以往的经验预先拟定某些假设和推测，据此导出关键性因果关系，从而支持对所面临的待求解问题提出可行解决方案集，经过对可行解集的评估和优化后，再从中确定一个满意解。

知识的表示方法往往直接影响到 CBR 系统的能力和问题求解的效率，不同领域的问题通常具有不同的特点和属性，因而其知识的表示方法也不尽相同。近年来，CBR 工作者做了大量的研究，提出了语义、性能描述、因果图、定性状态和形状空间等设计案例的表示方法。这里借鉴上述方法的多层次描述原理，以侦察连组织战场情报侦察为例，来说明案例的表述方法。令不同案例的基本结构简记为：Case =(问题, 方案)，在此基础上经过提炼和组织，将侦察连组织战场情报侦察案例知识中的问题描述与问题解统一起来，梳理成树形结构，由此得到该案例描述的指标划分，如图 4 - 30 所示。

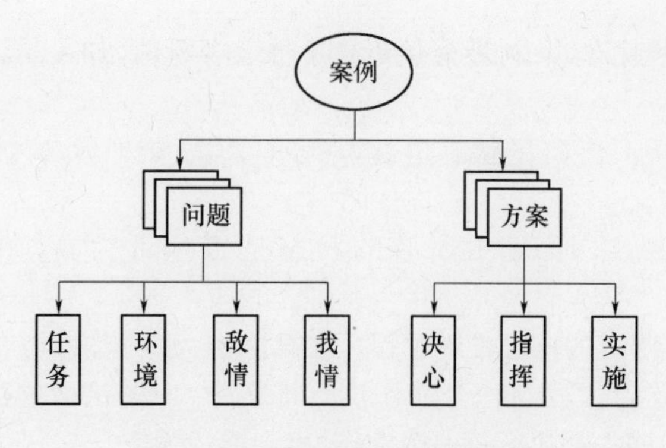

图 4-30　案例描述的指标划分

在军事案例中,其问题的基本结构可进一步简记为:Problem =(任务,环境,敌情,我情);方案的基本结构可进一步简记为:Scheme =(决心,指挥,实施)。其中,各指标仍然可再进一步细化。例如:任务,即遂行战场情报侦察任务,可进一步细化为侦察装备协同侦察、情报信息融合处理、侦察活动调度控制等;环境,即侦察连完成侦察任务时依托的地理、气象、电磁和核化等方面战场环境,地理环境则还可细化为影响战场侦察活动的各类地形因素。

2)案例的检索

案例的检索根据相似性度量方法,在某种相似性程度阈值下,从案例库中找出一组与新案例匹配较好的旧案例,并根据问题的描述找到最佳案例。案例检索是基于案例推理的核心环节,一般检索要达到以下两个目标:

(1)检索出的案例尽可能少。

(2)检索出的案例尽可能与目标案例相关或相似。

目前,检索的方法有很多种,如分类网模型、模板检索、最邻近检索、归纳检索、神经网络检索、模糊检索等。这里采取的检索方法是较为常用的最邻近检索法。设相似函数:

$$sim: U \times CB \rightarrow [0,1]$$

式中:U 为对象域即目标案例集合;CB 为案列库中的案例集合。

用 $sim(x,y)$ 表示目标案例(与源案例)的相似程度。

$$x \in U, y \in CB$$

显然有

$$0 \leqslant sim(x,y) \leqslant 1$$
$$sim(x,x) = 1$$
$$sim(x,y) = sim(y,x)$$

把案例库中与目标案例最为接近的 k 个源案例找出来，最近邻的概念定义为

$$NN(x,z) \Leftrightarrow R(x,z,x,y)$$

式中：z 为 x 的最近邻。

$$R(x,z,x,y): sim(x,z) \geqslant sim(x,y)$$

一般情况下，检索出的最近邻源案例是多于一个的，这是因为相似度并不是绝对精确的，需要选择一个阈值 t。

$$sim(x,z_j) \geqslant t \ (j = 1, 2, \cdots, k)$$

最后建立偏序关系：

$$z_1 > z_2 > z_3 > \cdots > z_k$$

依序对 k 个源案例的解进行分析、比较、修正、评估，从中挑选一个最满意的解。

在寻找最近邻源案例集时，如果阈值过小，使得该源案例集包含的源案例太少，应适当增大阈值。

4.3.1.2 作战 Agent 推理模型

个体 Agent 的推理行为是作战多 Agent 系统中各 Agent 成员行为和合作的综合，其成员个体的推理能力直接影响成员之间的协同以及整体与个体之间行为和目标的一致性，因此，多 Agent 协同和提高多 Agent 系统行为和目标可以增强个体 Agent 的推理能力。

推理决策是交互行为建模的核心，快速准确的推理决策是仿真中模型实用性和有效性的重要保证。在传统的推理行为模型中，通常是采用 RBR 或有限状态机(Finite State Machine, FSM)模型，它们在高效的知识库搜索策略下具有匹配效率高、推理控制简单、推理结果较精确等优点。但是，由于规则推理的控制策略单一，以及规则描述领域知识的不完备性，往往会发生死锁和决策失败等情况。单一的基于规则的推理机制能够使系统具有较好的处理一般领域知识的能力，但在一些特殊环境下的推理能力较弱，系统的健壮性较差。

要模拟作战 Agent 的推理决策，既要考虑实际的推理过程，也要兼顾计算机系统执行的局限性，在追求推理结果准确性的同时力求处理能力的完备性、处理速度的实时性。目前，CBR 充分运用了以往的经验知识，推理速度快，得到了广泛的应用。

结合 RBR 和 CBR 各自的优点，我们提出建立集成案例和军事命令(作战指挥命令)的推理机制 C^3BR(Case and Combat - Command Based Reasoning)，能较为客观地反映出作战 Agent 的推理过程。C^3BR 特点如下：

(1) 在解决实际问题时,人们总是既运用规则又运用以前解决类似问题的经验,这正是 CBR 和 RBR 相结合的理由。同样在实际作战过程中,作战 Agent 依据上级指挥者下达的军事命令为作战依据,具体实施作战过程中,又以积累的作战案例及先验知识来指导作战行为。集成军事命令和案例的推理决策方法的基本思想是:对于特定的问题,先限定该问题所落入的知识域,即属于军事命令知识还是经验知识,再用该方面知识进行求解。如果问题属于经验知识,则在案例的解答改编阶段,利用产生式规则实现解答的自动改编,提高模型的灵活性和强壮性。

(2) 在推理过程中,如果案例推理失败,立即转入军事命令推理。如果问题属于军事命令知识,则借鉴 FSM 的自动状态转换,直接运用产生式规则进行正向推理,完成问题的解答。

(3) C^3BR 能科学反映作战人员作战整体素质提高这一客观规律。作战人员随着参战次数的增多,个体战争素养如作战经验、战术运用、射击精度、战场生存能力会得到很大提高。这一客观过程正与 C^3BR 中基于案例的推理过程相映射,通过作战 Agent 内部的案例库,记录实体参战情况,并将每次战后经验数据录入其中,内化为案例库中的基准案例。通过"作战—经验反馈—作战"这一过程,提高作战 Agent 个体作战素养,提升基于军事命令的作战多 Agent 系统的整体作战能力。

C^3BR 过程如图 4-31 所示。

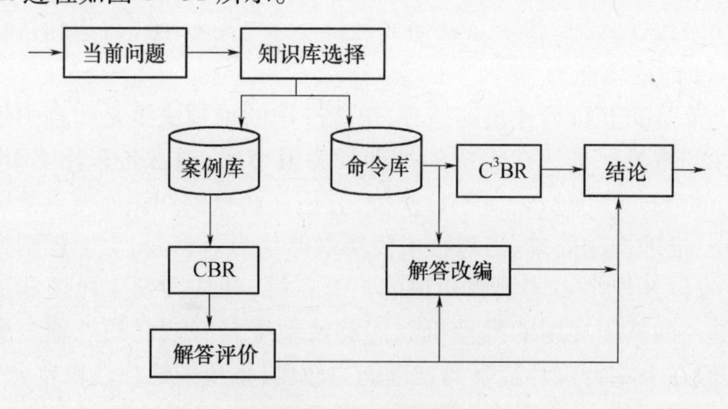

图 4-31　C^3BR 过程

4.3.2　作战 Agent 的心智状态描述

在传统的 BDI(Belief - Desire - Intension)心智状态模型中,愿望(Desire)描述了 Agent 对未来世界状况以及对所可能采取的行为方式的喜好,即 Agent 希望达到的状态或者希望保持的状态,属于心智状态的感情方面。而在军事体制下，军事命令是表达个体或组织心智的基本形式，是作战中特有的心智状态的属性。因此，作战多 Agent 系统，要求以军事命令为中心，以军事任务的分配来改变 Agent 的心智状态。也就是说，作战多 Agent 系统中，作战 Agent 模型应体现出军事命令属性。

既然愿望带有浓重的个人主义色彩，同作战单元在上级统一指挥下行动，以军事命令为约束，个人愿望服从组织命令的实际不相符，那么，在构建作战 Agent内部心智状态时，需要将愿望这一属性进行改造。

我们在构建内部心智状态时，将愿望转换为军事命令，由此形成 BMCI(Belief, Military - Command, Intension)模型，如图4 - 32 所示。这种关系易于从外部把握，也易于 Agent 自身的推理，因而适合于面向军事应用的作战多 Agent 系统研究。

图 4 - 32 愿望—命令转换示意图

由于军事命令的强制性，军事命令与愿望有比较大的区别。愿望倾向于个体的偏好，是个体对自身信念的一种具体目标。相比之下，军事命令则刻画了个体与群体或其他个体的约束关系，属于典型的社会性心智属性；军事命令是来自于群体中其他个体(指挥者)的协同要求，反映了指挥者的愿望和意图。

在上述 BMCI 模型的基础上，我们进一步提出一个能表现基于军事命令的作战 Agent(Military - command Based Warfare Agent, MBWA)心智状态活动的框架，如图 4 - 33 所示，用以描述作战命令的产生过程和产生机理。

根据图 4 - 33，MBWA 的一个军事命令状态的产生过程表示如下：

作战运用模拟过程中，首先选取作战事件 e，而后在知识库中存储着情景—意图匹配原则，不停地对感知输入和知识库中的知识进行检索、匹配和推理，当有匹配的情景，或收到指令、请求信息时，触发匹配规则，产生意图集。意图描述 MBWA 的感情偏好，意图可以是与当前(或初始)军事命令不相容的，也容许存在不可达的意图。这时需要不断地考虑和承诺当前的命令，得到与当前目标(应付外部威胁或响应相应请求)相容且可达的意图子集(即目标集)，并存入意图库中。意图集中的各意图尽管都能与当前目标相关，但由于资源的有限性，MBWA 不可能一次追求所有的目标。这时需要根据目标实现的代价或难易程度不同、MBWA 自身的能力和偏好等原则进行筛选，得出能完成目标的最优意图作为该时刻的指令，并存入命令库中，如图 4 - 34 所示。

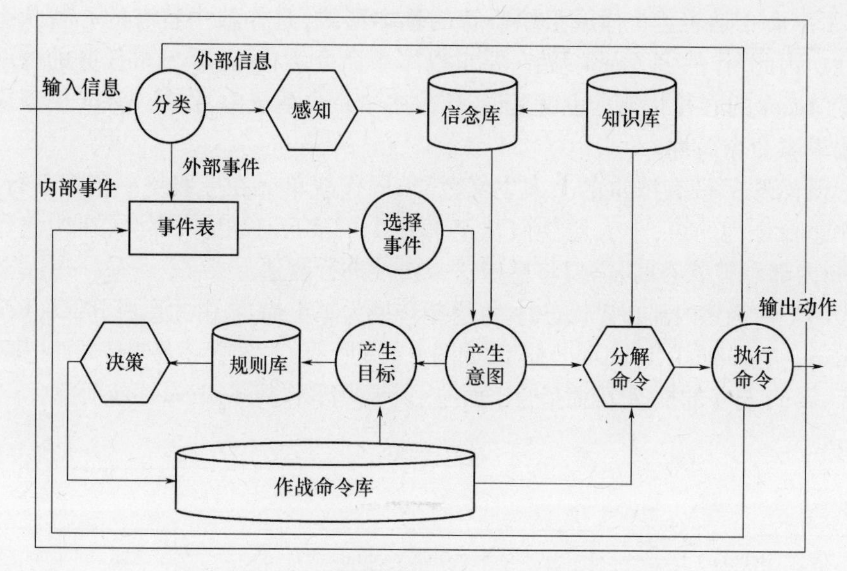

图 4-33　基于 BMCI 模型的 Agent 心智活动框图

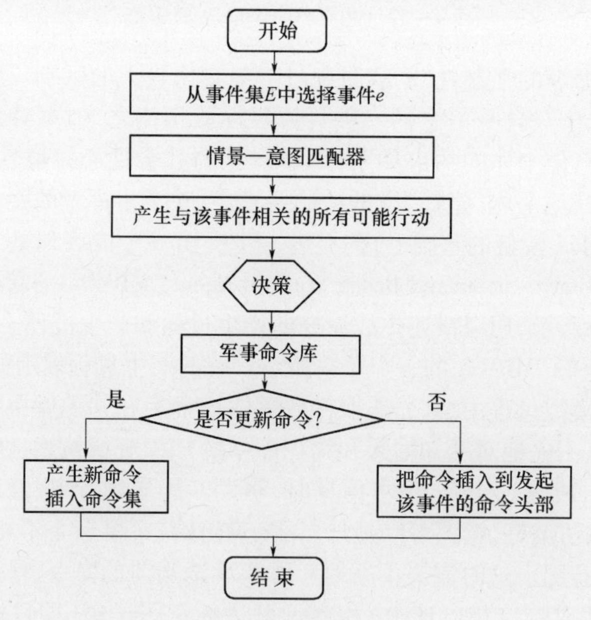

图 4-34　从事件到军事命令的产生

命令分为通用命令、专用兵种命令和专用军种命令三大类。其中通用命令按军事行动分为火力类命令、机动类命令、指挥类命令、侦察类命令和特种作战命令,如表 4-3 所列。

表 4-3 军事命令表

<table>
<tr><td rowspan="22">通用命令</td><td rowspan="4">火力类命令</td><td>火力压制命令</td><td rowspan="4">…</td></tr>
<tr><td>对空射击命令</td></tr>
<tr><td>火力突袭命令</td></tr>
<tr><td>…</td></tr>
<tr><td rowspan="8">机动类命令</td><td>开进命令</td><td>…</td></tr>
<tr><td>疏开命令</td><td>…</td></tr>
<tr><td>展开命令</td><td>…</td></tr>
<tr><td>跟进命令</td><td>…</td></tr>
<tr><td>战术跃进命令</td><td>…</td></tr>
<tr><td>指挥所转移命令</td><td>…</td></tr>
<tr><td>撤离命令</td><td>…</td></tr>
<tr><td>…</td><td>…</td></tr>
<tr><td rowspan="5">指挥类命令</td><td>指挥所开设命令</td><td>…</td></tr>
<tr><td>无线电静默命令</td><td>…</td></tr>
<tr><td>接替指挥命令</td><td>…</td></tr>
<tr><td>战斗时节转换命令</td><td>…</td></tr>
<tr><td>…</td><td>…</td></tr>
<tr><td rowspan="4">侦察类命令</td><td>…</td><td>…</td></tr>
<tr><td>…</td><td>…</td></tr>
<tr><td>…</td><td>…</td></tr>
<tr><td>…</td><td>…</td></tr>
<tr><td>特种作战命令</td><td>…</td><td>…</td></tr>
<tr><td rowspan="11">专用兵种命令</td><td rowspan="2">炮兵部队命令</td><td>炮兵射击命令</td><td rowspan="2">…</td></tr>
<tr><td>…</td></tr>
<tr><td rowspan="4">防空兵部队命令</td><td>防空警戒雷达侦察命令</td><td rowspan="4">…</td></tr>
<tr><td>防空掩护命令</td></tr>
<tr><td>对空防护命令</td></tr>
<tr><td>…</td></tr>
<tr><td>通信兵部队命令</td><td>…</td><td>…</td></tr>
<tr><td>工程兵部队命令</td><td>…</td><td>…</td></tr>
<tr><td>防化兵部队命令</td><td>…</td><td>…</td></tr>
<tr><td>电子对抗兵部队命令</td><td>…</td><td>…</td></tr>
<tr><td>陆军航空兵部队命令</td><td>…</td><td>…</td></tr>
</table>

（续）

专用军种命令	海军部队命令	…	…
	空军部队命令	…	…
	第二炮兵部队命令	…	…

所有命令在程序中使用同一数据结构。在 MBWA 设计中，可对命令的数据结构进行如下定义：

```
struct SOrderData;           //命令的总结构
{
  int m_nOrderType;           //所有指挥命令类型的统一编号，用整型数字作唯一
                                标识
  int m_nOrderID;            //命令序号
  int m_nInformID;           //信息编号
  int m_nSendTime;           //发送时戳，命令发送时的作战时间
  int m_nSendID;             //发送方，命令发送者的编成码
  int m_nReceiveID;          //接收方，命令接收者的编成码
  int m_nExecutorID;         //执行方，命令执行者的编成码
  int m_nBeginTime;          //命令的开始时间
  int m_nFinishTime;         //命令的结束时间
  UINT64 m_nGroupID;         //编成码
  int m_nTargetID1[10];      //单位序号
  int m_nTargetID2[10];      //单位序号
  SPoint m_sArea1[4];        //地域坐标 1
  SPoint m_sArea2[4];        //地域坐标 2
  SPoint m_sPoint1[7];       //第一组坐标点
  SPoint m_sPoint2[7];       //第二组坐标点
  SPoint m_sPoint3[7];       //第三组坐标点
  …
  int m_sNumber;             //整型数据
  int m_sMethod;             //方案代码
}
```

第 5 章

多 Agent 作战交互行为模型

5.1 多 Agent 作战交互行为概述

5.1.1 多 Agent 交互关系

多 Agent 系统由一组相对独立的自治主体组成,主体间依赖于知识级通信,能够合作完成单个主体难以胜任的复杂任务。与传统的智能系统(如专家系统)相比,多 Agent 系统代表了一种新的计算范型(Paradigm)。多 Agent 系统计算可分为个体与社会两个层面,个体计算是指单个 Agent 的内部行为,而社会计算主要是指 Agent 与外界的交互通信。在多 Agent 系统中,当两个或多个 Agent 通过相互作用行为建立一种动态关系时,它们之间将发生交互(Interaction)。Agent 之间的交互将引发一系列的行为,而这些行为会对 Agent 的未来状态产生影响。Agent 之间的交互通过一系列的事件来进行,在这一过程中,它们通过某种机制相互联系,而联系的方式可以是直接的,也可以是通过其他 Agent 或环境进行的。正是由于 Agent 之间的交互,才形成多 Agent 组织。实际上,多 Agent 组织是 Agent 的角色体现及其相互关系的合成。

根据多 Agent 系统中各 Agent 是否存在目标一致的协调(Coordination)关系,可将一个多 Agent 系统划分为协调系统和非协调系统。

非协调系统是指多 Agent 之间没有共同目标,没有协调行为,彼此间相互竞争、抵制、对抗的系统。在作战系统建模中,多 Agent 之间非协调的关系往往用于表达敌对方军队间对抗的关系。非协调现象是存在于人类社会中的一类重要现象，特别是作战多 Agent 系统中，作战双方的对抗是多 Agent 交互作用的一种典型的非协调关系类型。

一个多 Agent 系统中，若多 Agent 之间有共同目标和协调行为，则该系统即协调系统。根据 Franklin 的观点，如果 Agent 的行动计划中仅涉及自身，而与其他 Agent 无关，这个多 Agent 协调系统则是独立的。在独立的多 Agent 系统中，如果 Agent 的行为是完全孤立、互不干涉，则称为是离散的；如果其最终行为在外界看来，有一定的合作表现，则称为涌现合作。如果整个协调系统表现出合作的形式，则是一个合作系统。

可以用图 5－1 和图 5－2 分别表示上述多 Agent 交互关系、协调系统的划分。

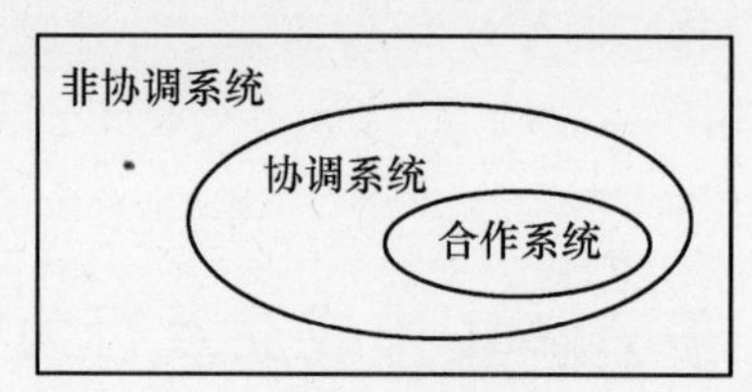

图 5－1　多 Agent 交互关系分类图

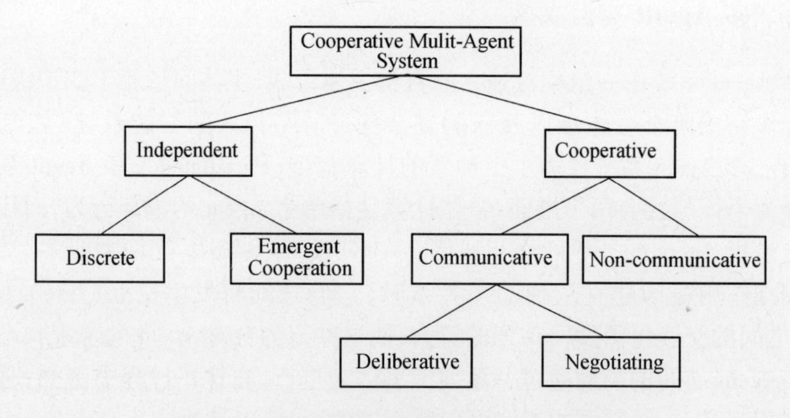

图 5－2　协调系统分类图(Franklin 分类法)

关于多 Agent 之间的合作(Cooperation)，从不同的出发点有不同的定义，有的相对宽泛，有的相对严格。有如下 3 种程度从宽至严的定义：

(1) Franklin 的定义：Agent 之间为松耦合的关系，即可称为合作。这是对合作最为宽泛的一种定义。

(2) Doran 的定义：当每个 Agent 的行为都满足以下至少一个条件的时候产生合作：

① Agent 有(也可能是不明确的)共同的目标,(没有哪个 Agent 可以独立完成),而它们的行为趋向于达成这一目标。

② Agent 执行的行为不仅仅是实现自身的目标,也是为了实现其他 Agent 的目标。

(3) Norman 的定义:合作是指为了一个共同的目标及共同的利益,Agent 与其他个体之间的行为。这是一类较为狭义的定义,在这类合作中,Agent 之间有较强的耦合性,彼此不但意识到其他成员的存在,且相互影响其行为的目标与动作的选择。

关于多 Agent 之间的协调(Coordination),李建民、石纯一的定义是:协调是指具有不同目标的多个 Agent 对其目标、资源等进行合理安排,以协调各自行为,最大程度地实现各自目标。合作与协调的区别:协调可以认为是一个个体行为,是指 Agent 为了可以达成自己的目标而采取的一系列的行动。这个目标可以是全局目标,也可以是局部目标,即个体目标。假设在一个系统中,存在多个自利的 Agent,它们各自进行着自己的目标,这些目标之间可以没有关系,也可以是前件后件的关系,也可以是并列的关系等。

还有一个与合作、协调相互关联又相互区别的概念是协商(Negotiation)。蔡大鹏、张书杰认为,多 Agent 系统中单个 Agent 拥有不完全的信息和问题求解能力,当 Agent 面临的问题难以独立求解,而合作求解更有效时,Agent 通过与其他 Agent 协商,将其部分或全部任务委托其他 Agent 来完成,因此,协商是多 Agent系统实现协同、协作、冲突消解和矛盾处理的关键环节,是建立在 Agent 通信语言之上的一种 Agent 交互机制。即协商是协作双方为对某些问题达成一致意见而减少不一致性或不确定性的过程。它可以出现在合作的系统中,也可以出现在如同 Franklin 描述的“独立”的系统中,它的目的就是使 Agent 之间的行为一致,减少、解决可能的冲突。

在基于 Agent 的作战建模领域,在一个多 Agent 系统中,各 Agent 目标一致的前提下(如同一方军队作战的情况),多 Agent 之间交互往往表现为合作、协调、协商,我们认为这种作战协同关系一定程度上可统称为协作(Cooperation)。

事实上,按照李建民、石纯一的观点,多 Agent 协作是指多个 Agent 通过协调各自的行为,合作完成共同目标。他们认为协作是一种特殊类型的协调,这也从侧面说明了我们为了更好地描述和分析作战多 Agent 系统中各 Agent 行为特征而提出的上述观点的合理性。

这样,针对同一方军队多 Agent 之间的作战协同关系我们以“协作”来研究,而对立方军队多 Agent 之间的非协调关系我们以“对抗”来研究。需要指出的是,不管是“协作”还是“对抗”,多 Agent 之间的交互机理(包括 Agent 与战场环境的交互关系)、通信方式的描述方法,在本质上是一致的。

5.1.2 多 Agent 作战交互行为组织结构

Agent 是实体的模型,在概念上它是实体的抽象概括,在建模过程中,它是作战实体的功能行为代理。所以,Agent 与作战实体存在对应的关系。

在作战运用的组织结构中,组成元素为指挥机构、指挥人员以及武器装备,所有这些构成了其组织结构中不同指挥层次的作战实体。作战实体的级别不同决定了 Agent 实体层次的不同。由于作战实体分成了指挥实体和行为实体两类,同时它们间存在着不同的指控协作关系和协同协作关系,使得 Agent 实体的结构存在着复杂的层次性。

Agent 结构的层次性,即 Agent 内部包含着子 Agent 以及其他的作战实体 Agent,而多个 Agent 就可以组成通过相互间协作来完成复杂任务的大系统,这些 Agent 间的组织方式有不同,由此组成的多 Agent 作战交互行为组织结构可有以下 3 类,即集中式、分布式和混合式。

5.1.2.1 集中式

作战系统是典型的军事系统,在该系统中,作战实体间存在严格的上下级指控协作关系,这种实体间指控关系对应于仿真模型中的实体 Agent,则体现在 Agent 组织结构的集中式。以侦察连多 Agent 系统为例来看,侦察连—排指挥实体 Agent 之间集中式指控协作关系如图 5-3 所示。

图 5-3 集中式

图 5-3 中的各种侦察排 Agent 受侦察连指挥实体 Agent 的统一指挥而实现集中,在指挥级别上是上下级的关系,在实体类型上分属指挥实体和行为实体。在一个集中式结构中,处于不同层次的 Agent 实体分属不同级别的实体类别。

集中式结构是作战实体级别关系的反映,是 Agent 粒度化的体现,是聚合/解聚的一个缩影。将图 5-3 中的侦察排 Agent 向指挥实体聚合,构成新的作战实体 Agent，则此时发生了 Agent 的聚合，提高了 Agent 的粒度层次。

5.1.2.2 分布式

在作战系统中，不同任务的求解需要不同的作战实体去解决，同时，更多任务的求解需要多个不同的作战实体去解决，这时，涉及一个重要的问题就是这多个作战实体对该任务的有效合理解决问题，这就需要不同作战实体间的良好沟通。在实体上体现为协同协作，在实体所对应的 Agent 上同样需要交互、通信。Agent 实体间的交互、通信发生在同一层次上，这在 Agent 作战交互行为组织结构上体现为分布式结构，如图 5－4 所示。

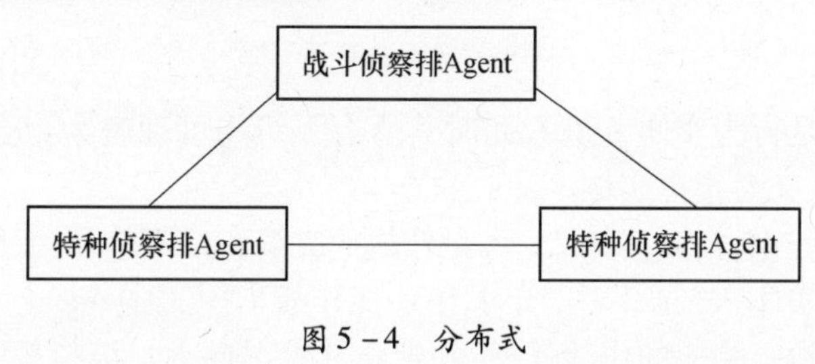

图 5－4 分布式

图 5－4 中的各种侦察排 Agent 属于一个级别的实体 Agent，它既可以是一个指挥实体的 Agent，也可以是一个行为实体的 Agent，关键是看该实体 Agent 在模型中处于什么粒度层次。

Agent 的分布式组织结构，是作战实体协作关系的一个反映，Agent 间存在哪些协作关系，以及如何协作，在其分布式组织结构可以形象地表达出来。

5.1.2.3 混合式

Agent 的混合式组织结构是存在以上两种组织结构的结构。在装备作战运用中，参与的作战实体一般都是较为复杂的，作战实体内部或者作战实体间，既存在上下级别的指挥控制协作，又存在同级作战实体的协同协作。这些实体所对应的 Agent 间的组织关系即为混合式组织结构，形式如图 5－5 所示。

在作战运用中，针对相应组织实体所建立的 Agent 模型，能体现出混合式组织结构的，一般应至少是连级别的作战实体，同时在粒度细化上，应分解到班乃至单装备单元。

根据常规分队的指挥体制和分队编成情况，考虑常规分队的一般合同作战，其实体 Agent 作战模型体系的组织结构应至少是营、连、排，甚至需到更下级的班编制的多层混合式组织体系结构。以各国军队通常编制的装甲合成营为例，将单作战装备视为基本粒度单元，营为最高指挥单位，连、排为中间单元，他

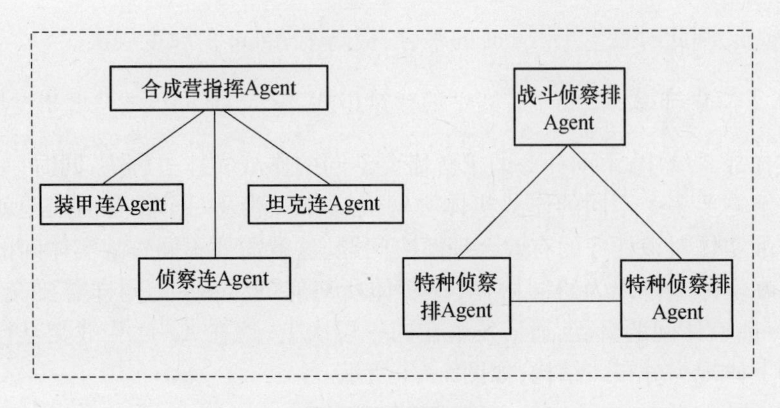

图 5－5　混合式

们相对于上级是行为实体 Agent，此时其所有下级均可理解为聚合在整体框架下；相对于下级又是指挥实体 Agent。

在作战过程中，指挥实体 Agent 是作战的决策和指挥单元，将作战方案向下一级作战指挥实体 Agent 下达，同时，下一级作战指挥实体 Agent 又作为上一级作战行为实体执行相应的作战任务，并把作战状况向上一级指挥实体 Agent 报告，为上一级指挥实体 Agent 提供决策依据。其组织结构如图 5－6 所示。

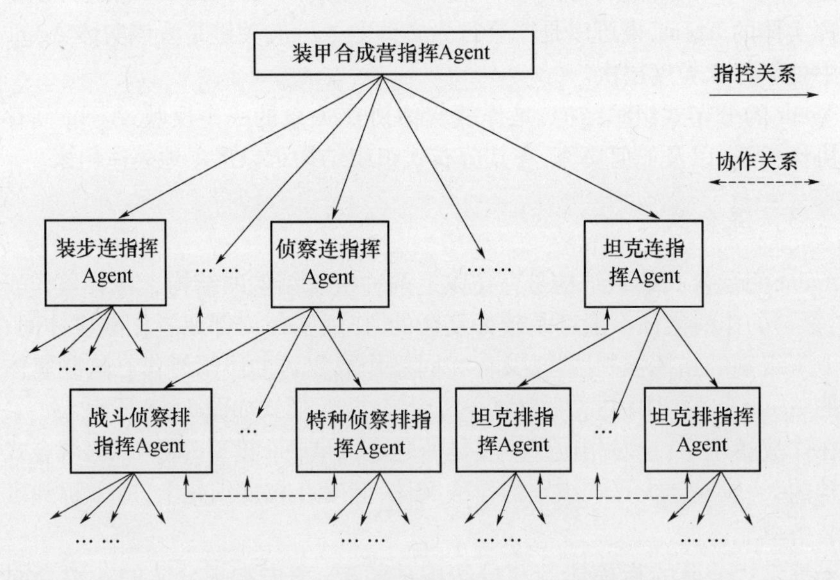

图 5－6　装甲合成营指挥 Agent 组织结构

在图 5－6 中，同一编成内上级指挥实体对下级作战实体存在着指挥控制关系，如合成营指挥 Agent 到侦察连指挥 Agent，此时从这个角度来看上下级属于集中式组织结构的范畴;在同一编成内的下层作战实体,如侦察连指挥 Agent 下的战斗侦察排指挥 Agent 和特种侦察排指挥 Agent,从同级的角度来看属于分布式组织结构的范畴。所以,该装甲合成营的整体 Agent 作战交互行为组织结构是一个典型的混合式组织结构。

5.2 多 Agent 作战协作模型

5.2.1 多 Agent 协作概述

协作,一般指的是多个 Agent 为实现同一个目标而执行的行为可以相同,也可以不同。当然,如前所述,按照基于 Agent 作战建模的需要,一定意义上可以把合作、协调、协商均当成协作来研究,即我们可以认为多 Agent 协作能够反映作战实际中的同一方军队作战实体间的协同关系。协作隐含了如下要求:有一个共同的目标、有一个共享的计划、多个 Agent 按一定方式组成团队并承诺协作、当计划顺利进行或出现意外状况时的处理、可互相理解的交互语言结构与内容。

由于单个 Agent 的能力有限,一般情况下一个系统中会存在着多个 Agent。它们相互协作,共同完成某个目标,这样就使得整个系统的工作能力以及智能性提高了许多。显然,如果没有一个好的协作结构,多 Agent 的执行过程会显得很混乱,一个较好的协作结构会使得 Agent 之间的通信变得更加的方便。一般情况下协作模型要包含以下的元素:

(1) 协作实体:可以并发执行的能动的实体,即每个 Agent 实体。

(2) 协作的媒体:它允许参与的实体进行相互协作。媒体同样为实体构建一个构架提供了服务。

(3) 协作规则:它决定了实体是怎样通过协作媒体来进行相互协作的。

当前,国内外学术界已经提出了一系列多 Agent 协作方式,除了下面要详细讨论的面向联合意图协作、基于合同网协作这两种协作方式外,还有其他协作方式。下面对其他几种主要的多 Agent 协作方式作一简要介绍。

1) 基于公告牌的合作规划系统

合作规划既突出了合作,又允许 Agent 为实现自己的局部目标而产生局部规划。合作规划的目标是由多个 Agent 的局部目标组成的目标向量。规划的过程是找到各个 Agent 的动作序列及动作之间的约束关系,动作的执行结果实现了目标向量的每一个分量。一个合作规划描述了一个由多 Agent 参与的规划,在该规划中，多个 Agent 协同一致，各自执行一部分子规划，来解决某个多 Agent 规划问题。合作规划系统（Cooperative Planning System, CPS）在合同网协议基础上发展而来，基本思想是要完成任务的 Agent 由于知识和能力限制不能生成相应规划，而通过公告牌发出生成请求；其他空闲 Agent 根据自己的情况产生不完全的个体规划（可能有步骤自己不能完成）并发送到公告牌；请求的 Agent 综合多个返回的个体规划形成较优的规划。

2）结果共享和功能精确的协同方法

结果共享模型的基本思想是每当一个 Agent 求得某一子问题的结果时，它就根据协作知识判断哪些 Agent 可能需要这一结果，并将结果传送给相应的 Agent。收到结果的 Agent 可通过不同方式利用该结果，例如：将收到的结果集成到本地的问题求解中以产生一个更为完整的求解结果，并传送给其他的 Agent；用于证实或证否局部的问题求解结果；作为启发式信息用于引导局部的问题求解等。事实上，一个任务的完成依赖于 Agent（问题求解器）的当前状态。对于同一任务，不同的 Agent 可能由于知识、技能和当前获得的信息的不同而求得不同的结果。

功能精确的协同（Functionally Accurate, Cooperative, FA/C）方法，从本质上说也是一种结果共享的协同问题求解方法，最早由 Lesser、Corkill 等人在实现分布式 Hearsay－II 系统中提出。其基本内容是通过 Agent 求解过程中不断地互换试验性中间结果来消除错误并汇集问题的最终解，从而克服局部解之间可能存在的不一致性。如何使用其他 Agent 的试验性结果，出现矛盾时如何消除不良影响，是 FA/C 协作方式中需要解决的关键问题。FA/C 模型主要适用于不确定环境下多 Agent 间的连续协作求解。然而，FA/C 的有效实现却十分困难。原始的 FA/C 模型由于不加约束地交换中间结果，从而导致大量无用信息的传递和处理，使系统的问题求解迅速陷入困境。因此，在实际使用中，往往需要对原始 FA/C 模型进行改进，以满足多 Agent 协作建模需求。

3）黑板模型

黑板模型结构是为了解决分布在不同物理环境下多个实体协作完成任务的并行和分布计算模型。该模型能够实现异构知识源的集成。黑板结构的概念最早由 Newwell 提出，其模型通常由知识源、黑板和控制机构 3 个主要部分组成。知识源是描述某个独立领域问题的知识及其知识处理方法的知识库。黑板是用来存储数据、传递信息和处理方法的动态数据库，是系统中的全局工作区。控制机构是黑板模型求解问题的推理机构，由监督程序和调度程序组成。黑板模型将求解问题的知识表示成分布的知识源，这些知识源就是 Agent，利用这些 Agent 来协同求解问题。在黑板模型中，Agent 相对独立，这样可利用多专家知识求解问题;Agent 的精度可大可小,对问题的分割比较容易;黑板的层次划分便于抽象技术的实现。这些特点使黑板结构得以广泛应用,成为一种通用的问题求解模型。

4)基于依赖关系的社会推理

基于依赖关系的社会推理的形成,是通过对 Agent 之间依赖关系的推理,发现与其目标有依赖关系的其他 Agent,并与之形成不同形式的合作组织。一个 Agent 提供其他 Agent 需要的服务的同时,也需要其他 Agent 为自己提供服务,这就是 Agent 之间的社会依赖。为了使 Agent 可以对相互间的依赖关系进行推理,需要在每个 Agent 的内模型中设计一个外部描述的数据结构,用于保存其他 Agent 的目标、动作、资源以及规划等内容。Agent 之间的依赖关系可以分为行为依赖、资源依赖,以及两种依赖兼顾三种情形。当这些依赖关系出现在不同的环境中,就出现了不同的依赖情景。

5)市场机制

经济活动中的市场是一种基于分布自主决策的资源配置机制,即每个市场参与方根据市场价格和自身偏好自主决策;同时,市场机制通过价格浮动反映资源供需状况的动态变化,通过供需均衡实现优化分配。在多 Agent 协作中,市场机制的基本思想是针对分布式资源分配的特定问题,建立相应的计算经济,使多 Agent 间通过最少的直接通信来协调交互活动。运用市场机制解决该特定问题,主要可以分为两个子问题:其一,确定各种资源的均衡价格;其二,根据资源价格和资源分配策略实现有效的资源配置。在该方法中,对 Agent 关心的所有事物(如技能、资源等)都给予标价,每个 Agent 通过投标以便获得最大的利益和效用。市场机制的特点是使用简单,适用于大量或未知数量的自私 Agent (Self - Interested Agent)。其难点在于用户的偏好难于量化和比较。

5.2.2 面向联合意图的多 Agent 协作

5.2.2.1 联合意图概述

联合意图(Joint Intention, JI)最早由 Cohen 和 Levesque 提出,是多 Agent 协同工作的重要理论之一。联合意图理论指出,当一个意见只被系统中的某一个 Agent 接受或者即将被其接受时,这个 Agent 有责任将这个意见传播给系统中的其他 Agent。也就是说,通过上述的行为,Agent 可以将其自身的信念通过通信传播给系统中的其他成员,增强了系统对于突发事件的应变能力,使系统可以更好地协同工作。

例如,Agent *a* 对于某个目标来说具有一个不变的信念,这个意图后的思维可以被描述为这个 Agent 相信这个目标现在并没有实现,但是最终必然会实现,并且将一直保持这个信念直到这个 Agent 相信这个目标已经实现或者不能实现、或者是不相关的。

根据联合意图理论,当两个 Agent 拥有相关联且不变的目标(JPG)时,它们必须进行相互的协作来实现其目标。如果其中任何一个 Agent 认为这个目标已经实现、或者不能够实现、或者与对方是不相关的,那么这个 Agent 必须让对方也了解到自己的这种认识。这时,两者之间的 JPG 也不复存在,但仍然有一个较弱的共有的目标(WMG)使得它们各自的认识可以被对方所了解。

联合意图抽象概念可以有效地支持 Agent 间联合社会性行为的描述和分析。联合意图体现了多个 Agent 的联合行为选择,因而选择性和联合性是联合意图概念的本质属性。

基于联合意图的多 Agent 协作具有如下优点:

(1) 联合意图中的承诺可以为 Agent 提供一个对协作活动中协调和通信进行推理的原则框架。

(2) 联合意图中的联合承诺可以引导 Agent 对多 Agent 行为进行监控和维护。

(3) 联合意图可以明确地表示多 Agent 行为,从而进行多 Agent 协作的推理。

团队是多 Agent 联合问题求解的有效方式,在许多动态、复杂的应用环境中发挥着越来越重要的作用。团队活动的本质特征是 Agent 有共享的目标和共享的承诺、意图等联合思维状态,它们的形成和演化严重依赖于 Agent 间的通信。联合意图理论的概念来源于联合活动。联合活动用于描述一个团队。为了表示一个团队所应当具有的特性,对其内部各主体的各动作要作整体考虑,基于联合活动的联合意图理论就表现出了这样的团队约束。该理论描述了多个自治的 Agent 间为共同完成一些不可能单独完成的任务时所组成的一个团队,以及该团队内 Agent 所必须具有的一些 Agent 之间的心智状态之间的理性平衡,指出 Agent 间的联合承诺、联合意图是约束 Agent 行为、保证团队联合行动一致性的关键。

联合意图框架采用模态逻辑和线性时态逻辑刻画。联合承诺是 Agent 团队 Θ 对某个目标 P 做出的共同承诺,而联合意图则是 Agent 团队 Θ 对执行某一行动 a 共同做出的联合承诺。同时,在行动的整个执行过程中,所有的成员共同相信它们将联合执行这一行动,记为 JIntend(Θ ,a,q)。其中,q 为目标持续的条件。

在实际基于 Agent 的建模中,还可按照联合意图框架对 Agent 间通信所需要的一些功能术语进行定义。例如,可将意图发布交互定义为 *Issue - inten tion* $(\alpha,\Theta,\varphi,p,c)$，其含义是：在 Agent α 识别到某目标的实现需要其他 Agent 的协作时，利用此交互将其协作意图公布出去，它包括协作目标 φ、候选协作团队 Θ、协作计划 p 和协作约定 c；将认知状态公布定义为 *Inform* $(\alpha,\varphi \mid p,\Theta,s)$，其含义是：当 Agent α 判断出协作目标 φ 或协作计划 p 的状态发生改变时，利用此交互向协作团队 Θ 中的成员公布协作状态 s。

5.2.2.2　面向联合意图的多 Agent 协作协议状态

在多 Agent 的系统中，为了更准确地进行描述，我们使用 ρ 表示某一个 Agent的状态。Agent 的状态中包括事件的一个序列我们使用 ε 表示。这样，Agent的状态就可以定义成一个四元组的形式，即 $\rho = <\varepsilon, AM, AS, AG>$，其中 AM 为 Agent 精神状态的集合，其中包括 B、D、I，分别表示 Agent 的信念、愿望、意图；AS 为单个 Agent 执行动作的集合；AG 为组合动作的集合。Agent 的状态是不断变化的，其他 Agent 的影响或者 Agent 所在环境的改变都会使 Agent 的状态发生改变，即通过某个触发事件，Agent 的状态就会从某一状态转换到另一个状态。一个多 Agent 系统的执行过程可以理解成：在系统中的每个 Agent 都在执行自己状态的转换，即：$\rho_1 \to \rho_2 \to \rho_3, \cdots$。这样一个多 Agent 系统就是在每一个 Agent 的状态转换中进行的。

图 5－7 所示为从 Agent 协作发起者的角度得到的协议状态变迁图，其中：箭头所指的方向是 Agent 消息的流向；Recv 表示正确的接收到了某个消息；Send 表示正确发送到了某个消息；Recv/Send 后跟随的是消息类型。状态变迁图中用状态 Refused 和 Accepted 隐含了协作的两种结果：协作失败和成功，同时也表明了协作的结束状态。

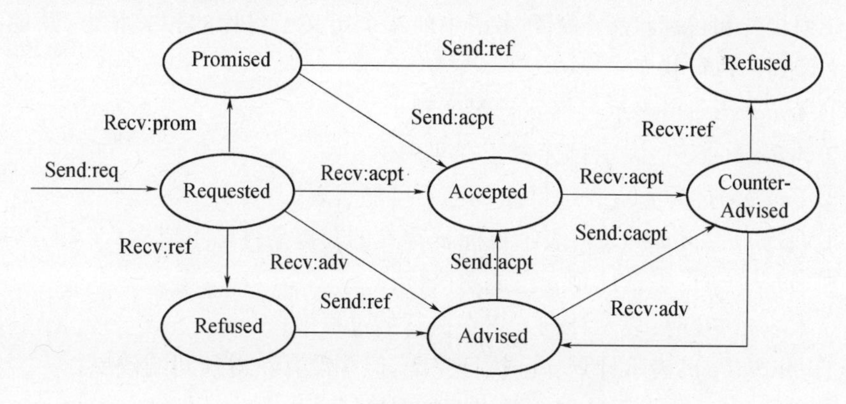

图 5－7　Agent 协作协议状态变迁图

在这里我们以“红方侦察车引导坦克协同攻击蓝方装甲车”的例子，对协作成功和失败的情况进行示例说明。

（1）协作成功。由于红方作战实体 Agent 间实现了联合意图协作，产生了积极的协作效果：

① 红方坦克 Agent 和红方侦察车 Agent 在连编组中以上级赋予的协同冲击任务为驱动，按照协同规则交替前进；

② 红方坦克 Agent 占领前方土岭左侧，掩护红方侦察车 Agent 前进搜索蓝方装甲车 Agent；

③ 红方侦察车 Agent 通过自身观察找到蓝方装甲车 Agent，告知红方坦克 Agent，后者完成行进间射击动作，消灭目标。

（2）协作失败。由于红方作战实体 Agent 没有共享态势或意图而引起以下协作失败结果：

① 当决定中止攻击时，红方侦察车 Agent 单独返回，而坦克 Agent 则继续向作战区域推进。

② 在跟踪蓝方装甲车 Agent 的过程中，红方侦察车 Agent 不幸被击毁，而红方坦克 Agent 继续向作战区域推进。

③ 红方坦克 Agent 遇到意外情况无法按时到达或在突击途中被蓝方装甲车 Agent 击毁，而红方侦察车 Agent 仍然等待坦克前来作战。

④ 蓝方装甲车 Agent 已被摧毁，而红方坦克 Agent 仍然按照规划执行任务，从而浪费了时间。

在联合意图理论中，Happens 表示动作序列将发生，Doing 和 Done 则分别表示动作序列正在进行和已完成，Until 可以通过 Happens 和 Done 得到。由此，可区分计划状态和目标状态。下列术语中前 4 个定义了目标的相关状态，其他的则定义计划的执行状态：

① $Achieved(\varphi)$：表示目标 φ 已经实现；

② $Achieving(\varphi)$：表示目标 φ 正在实现中；

③ $Unachievable(\varphi)$：表示目标 φ 已不可能实现；

④ $Lacking-Motive(\varphi)$：表示目标 φ 存在的前提条件已不成立；

⑤ $Success(p)$：表示计划 p 已成功执行；

⑥ $Executing(p)$：表示计划 p 正在执行的过程中；

⑦ $Invalid(p)$：表示计划 p 已执行完毕，但并没有获得预期的效果；

⑧ $Violated(p)$：表示计划 p 无法按要求执行。

在联合意图理论框架内，还可定义一套协作约定。多 Agent 协作约定可以看作是保障协作顺利进行的规则集,反映作战实体 Agent 之间的协同规则。结合上述几个主要的协作目标状态和计划执行状态,针对一般的作战行动建模,可给出这些约定的定义,如表 5-1 所列。这些协作约定可以作为一套固定的知识模块加载到需要参与协作的作战 Agent 模型中。

表 5-1　多 Agent 协作约定

条件		结论/说明
计划状态	*Violated*(p)	无法按原计划进行,需要对计划进行重规划并通知其他参与协作的 Agent
	Invalid(p)	原计划已无效,寻求其他计划并通知其他参与协作的 Agent
目标状态	*Achieved*(φ)	目标已实现,放弃所有与此相关的行为并通知其他参与协作的 Agent
	Unachievable(φ)	目标已不可能实现,放弃所有与此相关的计划并通知其他参与协作的 Agent
	Lacking - Motive(φ)	不再需要实现此目标,放弃所有与此相关的计划并通知其他参与协作的 Agent

5.2.2.3　面向联合意图的多 Agent 协作交互

根据从军事指挥人员、作战指挥条例等方面所获取的知识,可以总结出在陆军部队作战行动建模过程中实体 Agent 间可能涉及的协作交互信息,主要有三大类:即命令类(Command)、上报类(Report)以及请求类(Request),其中命令类主要是上级指挥机构下达给下属部队的作战命令,上报类是指下级向上级报告有关的战场信息,而请求类则是指挥类实体间请求对方提供某一服务的交互信息。这 3 类信息可为面向联合意图的多 Agent 协作交互提供通信基础。表 5-2所列为可应用于陆军作战建模仿真系统中多 Agent 协作的主要交互类。

表 5-2　主要交互类信息

交互类结构	
命令(Command)	坦克攻击命令(Tank AttackCommand)
	炮兵射击命令(ArtilleryFireCommand)
	陆航攻击命令(AviationAttackCommand)
	防空兵战备等级命令(AACombatReadinessCommand)
	破障命令(ClearObstacleCommand)
	开始机动命令(StartManeuverCommand)

（续）

交互类结构	
上报（Report）	上报位置信息（ReportPosition）
	上报工作状态信息（ReportWorkState）
	上报毁伤程度信息（ReportDamageDegree）
	上报战备状态信息（ReportCombatReadiness）
	上报空情信息（ReportAirlntelligence）
	报告防空兵射击结果（ReportAABattaleResult）
	报告炮兵射击结果（ReportArtilleryFireResult）
请求（Request）	炮火支援请求（Artillery FireRequest）
	请求预备队支援（ReservedTroopsRequest）
	空军支援请求（AirSupportRequest）

在实际的作战建模中，用 P_s 表示协作的发起进程，P_r 表示协作的接受进程。采用 *timeout* 作为不同状态下的超时事件，Π 为协议的内部选择，Ψ 为协议的外部选择，μ 为通信顺序进程（Communication Sequence Process, CSP）的递归算子。协议中对于超时事件，重置时钟等待，在若干次超时后退出协作。由于 *start* 和 *stop* 是 Agent 协作协议机与 Agent 的交互行为，并不能直接影响协作协议的运行，因此通过隐藏操作后得到作战多 Agent 协作的交互过程描述：

$P = P_s \parallel P_r$

$P_s \Pi \{start, stop\} = c0! \ m:req \to clock! \ set \to Wait$

$Wait = Q_1 \Psi Q_2 \Psi Q_3 \Psi (clock? \ timeout \to TEMP)$

$TEMP = if \quad \# \quad Timeout\_Number > 0$

$\quad then \ \# \ Timeout\_Number = \ \# \ Timeout\_Number - 1$

$c0! \ m:req \to clock! \ set \to Wait$

$\quad else \ stop$

$Q_1 \Pi \{start, stop\} = c0? \ m:acpt \to clock! \ reset \ \Psi \ c0? \ m:ref \to clock! \ reset$

$Q_2 \Pi \{start, stop\} = c0? \ m:prom \to clock! \ reset \to c0! \ m:acpt$

$\quad \Psi c0? \ m:prom \to clock! \ reset \to c0! \ m:ref$

$Q_3 \Pi \{start, stop\} = \cdots$

……

这样，整个面向联合意图的多 Agent 协作协议（Joint Intention - oriented Multi - agent Cooperation Protocol, JIMACP）可以表示为多个作战 Agent 进程的穿插并发交互：

$$JIMACP = \{P_i\} = \{P_s \parallel P_r\}$$

5.2.3 基于改进型合同网的多 Agent 协作

5.2.3.1 合同网概述

在所有多 Agent 协作方法中，合同网（Contract Net Protocol，CNP）是最著名且应用最广泛的一种协作方法。合同网方法由 Smith 和 Davis 于 1980 年提出，是建立在一个非集中式的市场结构基础上，为了解决任务分配的一个协同过程。其思想源自人们在商务过程中用于管理商品和服务的合同机制。

在合同网方法中，所有 Agent 分为两种角色，即管理者（由发起者 Initiator 充当）和合同者（又称为任务者、工作者，由参与者 Participant 充当）。管理者负责监督任务的执行情况并对任务结果进行处理；合同者负责具体任务的执行。每个节点可以代表一个 Agent，节点根据需要可以动态地承担不同角色。

合同网协议的基本思想是通过招标—投标—中标过程，对系统的任务进行委托分配，从而解决资源、知识的冲突等问题。其基本步骤为：①公布标书，即管理者接到任务，将其分解成多个子任务，对子任务进行招标；②投标，合同者根据自身的能力来评估这个任务并向管理者投标；③授予，管理者评估收到的投标并选择合适的合同者授予合同；④合同签订，管理者等待合同的最终结果。

需要指出的是，各个合同者对子任务进行投标，管理者选择合适的合同者执行子任务，但是执行子任务的合同者可能由于资源的不足等原因导致无法完成任务，这时对子任务进行再招标，这样就形成了多 Agent 组织的层次结构。此外，在合同网协议中，任何 Agent 可通过发布任务通知书而成为管理者，任何 Agent 也可通过应答任务通知书而成为合同者，即在一定条件下管理者与合同者可以变换角色。这一灵活性使任务能够被层次地分解分配。由此，合同网系统的任务分解分配过程形成一个动态确定的树结构。

Foundation for Intelligent Physical Agents（FIPA）机构确定的合同网协议多 Agent 协作组织模型如图 5－8 所示。其中，未充色的为发起者 Initiator 的协作行为；充色的为参与者 Participant 的协作行为。

合同网通过模拟人类社会活动中合同建立的过程来协调系统的工作情况，把任务按照一定的规则分配给各个参与者。随着信息技术的飞速发展及其军事应用，作战系统无论是兵力编成形式还是作战运用模式，都发生了深刻变革，指挥体系扁平化，组织结构树状化，Agent 之间不仅依靠指令行动，而且更主要以合同为纽带，在更大的层面内、以更灵活的方式参与交互，通过协作行为实现

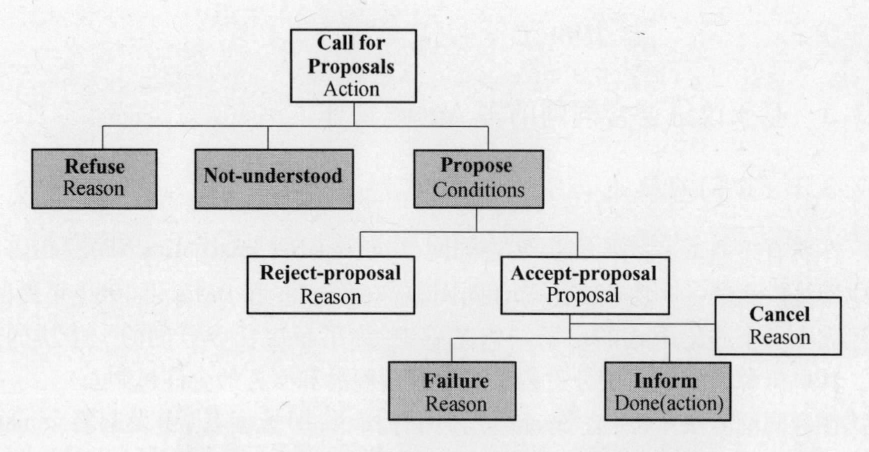

图 5-8 合同网协议多 Agent 协作组织模式示意图

任务。由此,可以借鉴合同网协议来研究作战系统实体 Agent 协作行为。

5.2.3.2 改进型合同网协议多 Agent 协作组织模型

在面向作战运用的多 Agent 系统中,由于需要模拟作战实体特定的战场智能行为,单纯采用传统的原始合同网协议,仍然存在一些不足。例如,没有军事命令特色,难以很好地体现作为上级要求完成任务的强制性,对一些重要军事任务无核实过程。因此,我们需要对传统合同网进行改进,以提高系统的可扩展性,并能高效求解问题。

为了更好地规定军事任务指派和有关作战实体 Agent 的角色,这里提出的改进型合同网协议协作(Collaboration by Improved Contract Net Protocol, CICNP)组织模型,除考虑命令/服从行为外,还带有约束和证实功能。发出交互的Agent 发布附带约束条件的任务。参与交互协作的 Agent 判断投标所提供的任务,分析和解释到达的消息,发送应用和完成合同,对任务求解后将结果送到发出交互的 Agent。在多 Agent 交互协作过程中,Agent 还通过对关键的、核心的信息进行证实的过程,实现军事任务。

作战多 Agent 系统内,改进型合同网协议协作可以定义为一个九元组,即

$$\text{CICNP} = \langle A, I, S, K, V, T, L, C, P \rangle$$

式中:

A 为参与协作过程的 Agent 集合,包括 Initiator Agent 和 Participant Agent 两类,分别代表协作发起者和参与者,如信息处理车 Agent 通报侦察需求中,它充当 Initiator Agent,其他 Agent 均为 Participant Agent。

I 为交互关系,即作战多 Agent 系统中 Initiator Agent 和 Participant Agent 的

交互关系。

S 为协作主题的集合，作战多 Agent 系统内协作主题可能有一个，但经常可能有多个，如侦察 1 号目标毁伤状况、侦察 2 号目标电子情报、侦察 3 号目标运动状态等。

K 为协作主题的范畴集合，是作战多 Agent 系统内参与协作的各 Agent 间的公共知识，协作主题 S_i 对应的范畴 O_i 包括对协作主题及允许取值范围的定义，其中取值范围是所有允许取值的集合，记为 F_i。

V 为 Agent 在提议 Offer 中提供 Agreement 的有效取值的集合。协作过程中，Agent 关于协作主题的有效取值 Agreement $\in \{(a_i) \mid a_i \in F_i, i \in S\}$，即 Agreement 的值可以是协作问题中各协作主题允许取值的任意组合。另外，还有一类特殊的 Agreement 值：Accept 表示接受当前 Offer 的值，Reject 表示拒绝当前 Offer 的取值，Not - understood 表示不清楚，Refuse 表示拒受，Propose 表示希望证实交互问题。由此，$V = \{(a_i) \mid a_i \in F_i, i \in S\} \cup \{$Accept, Reject, Not - understood, Refuse, Propose$\}$。

T 为以顺序排列的自然数表示的系统时钟。

L 序列：List$(x, y, i)(x, y \in A, i_k \in S, k \in N)$ 表示作战多 Agent 系统内 Agent x 和 Agent y 之间关于问题 i 的交互。用 $v(t)_{\alpha \to \beta}$ 表示 Agent α 在时刻 t 向 Agent β 发送的 Offer 中 Agreement 的值，则 List$(x, y, i) = \{v(t_1)_{\alpha 1 \to \beta 1}, v(t_2)_{\alpha 2 \to \beta 2}, \cdots, v(t_m)_{\alpha m \to \beta m} \mid \alpha_k, \beta_k \in \{x, y\}, t_k \in T, v(t_k)_{\alpha k \to \beta k} \in V(i)\}$ 是满足以下条件的 Offer 序列：

① 两个 Agent 交替向对方发送 Offer，即 $\alpha_k \neq \beta_k$，且 $\beta_k = \alpha_{k+1}$；

② Offer 序列中的各个元素是按时间顺序排列的。

C 为交互协作策略的集合。对于任一 Agent，其交互协作策略是针对当前作战环境状态，根据当前信念，在决策点处确定自己行动的一个完整规划。对于改进型合同网协议协作而言，最主要的交互协作策略即考虑如何选取（成为）合同者，何时结束合同交互等。

P 为改进型合同网协议。根据这个协议，作战多 Agent 系统中的 Agent x 发起、Agent y（及其他 Agent）参与的协议过程按照一定的步骤（图 5 -9）进行。

（1）Agent x 提出交互问题，通过广播式或点对点式向其他 Agent 发送消息，如信息处理车 Agent 向通用侦察平台 Agent 告示侦察任务。

（2）收到消息的某 Agent y 或一些参与者 Agent 响应 Agent x，表达其交互意愿；若 Agent x 在一段时间内没有收到回音，可选择再次发送消息或结束。

（3）Agent x 与联系到的 Agent 进入交互状态，单方或相互发送原始 Of-

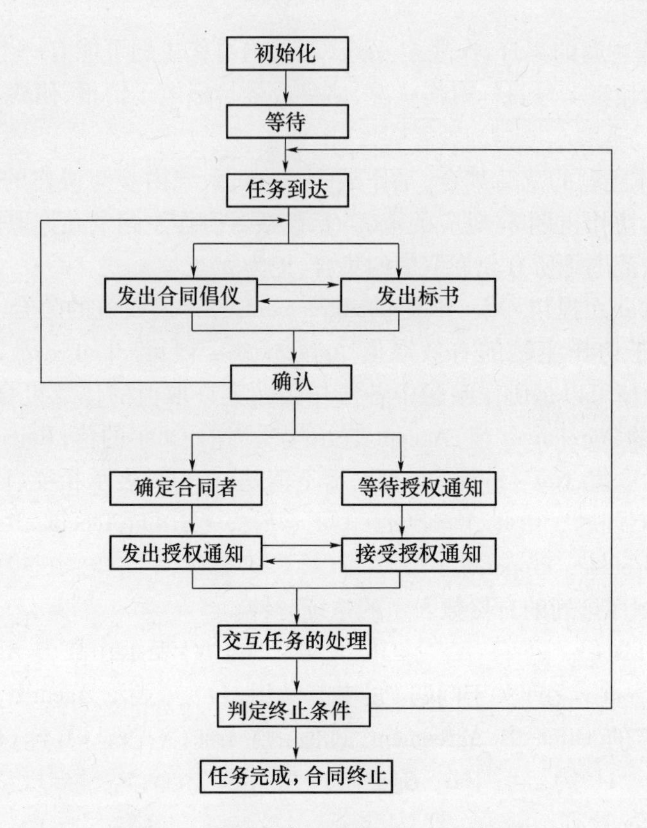

图 5-9　改进型合同网多 Agent 协作流程

fer 作为合同倡议(或标书)。收到对方的 Offer 后，Agent 需要应答。在确认后 Agent x 确定合同者，发出授权通知，合同者 Agent 接受授权通知而后执行任务。

在双方(或多方)通信中，通过附带约束条件与信息证实，完成作战系统某项主题军事任务的处理。

正是通过这种改进型合同网协议实现多个作战 Agent 交互协作过程，建立附带约束条件与关键信息证实的模式。在对各个可能分担任务的 Agent 发送招标消息时对招标的合同附带一定的约束条件(如完成任务时限、侦察测量目标的次数等)，投标 Agent 也在给招标 Agent 发送信息时加上约束条件，减少不必要的通信。在交互过程中，对关键的、核心的信息进行证实，确保侦察任务实现。改进型合同网协议多 Agent 协作组织模型如图 5-10 所示。

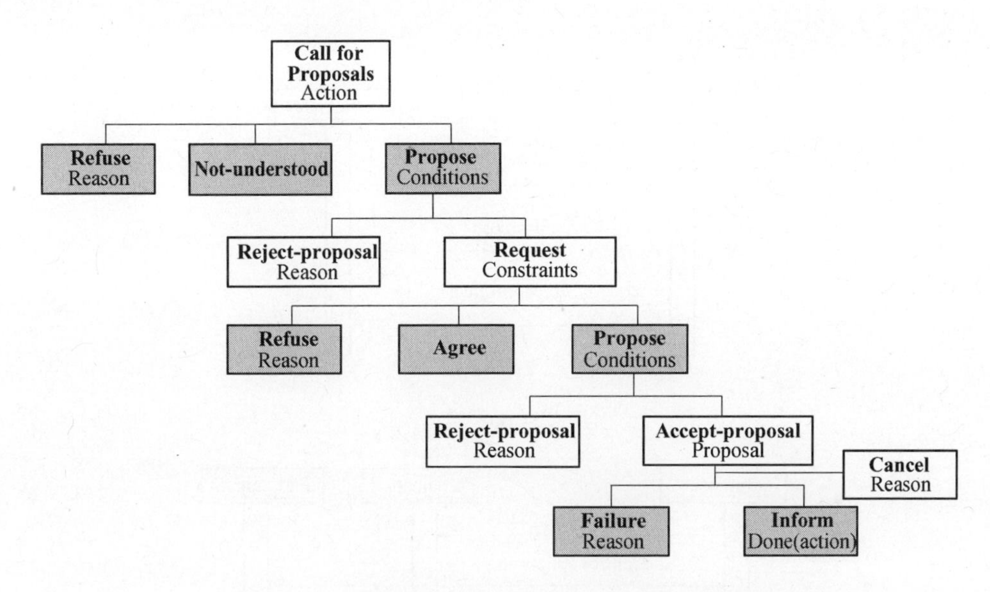

图 5－10　改进型合同网协议多 Agent 协作组织模型

5.2.3.3　改进型合同网协议多 Agent 协作表示形式

1. AUML 交互图表示形式

采用 Agent UML(AUML)方法,1 个 Initiator、1 个 Participant 参与协作时的 Agent 交互协议顺序图(Sequence Diagram)如图 5－11(a)所示。2 个(2 个以上同理)Participant 参与交互时,Agent 交互协议则可表示为图 5－11(b),其中 Initiator 经过对参与交互的 Participant 提出的 Proposal 进行判断,对 Participant 2 进行了拒绝,而接受了 Participant 1 的 Proposal。多个 Initiator、多个 Participant 交互时,其合同网协议由此可以确定。为了讨论的方便,下面只针对 1 个 Initiator、1 个 Participant 参与交互协作时情况进行研究,其他情况同理可得。

图 5－11 中,Call for Proposals(CFP)、Propose、Accept、Reject 等都是通信行为,反映了充当 Initiator 与 Participant 的 Agent 之间的交互活动。因此,在作战多 Agent 系统中,各个作战实体 Agent 的通信行为实际上又可称为交互通信行为。

FIPA 合同网交互协议 AUML 顺序图形式如图 5－12(a)所示。

按照上面提出的改进型合同网协议协作组织模型,采用 AUML 顺序图形式表达作战实体 Agent 交互协作协议,如图 5－12(b)所示。

Initiator Agent 向 Participant Agent 发送一个寻求提议的请求(即合同倡议)(CFP);在给定的期限(Deadline)内,Participant Agent 可向 Initiator Agent 提交提

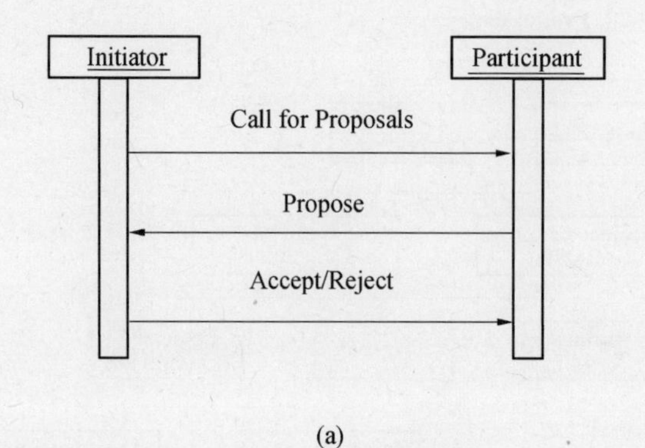

(a)

Initiator
Participant1
Participant2
Call for Proposals
Call for Proposals
Propose
Propose
Accept
Reject

(b)

图 5-11　Agent 交互协议的 AUML 顺序图表示形式

议(Propose),拒绝提交(Refuse),服从(Obey),或表明不清楚(Not understood);Initiator Agent 根据情况,拒绝提议(Refuse Proposal)或请求(Request)(包含完成任务的约束条件 Constraints);Participant Agent 在规定期限(Deadline)内对此作出拒绝(Refuse)、服从(Obey)或提交提议(Propose)的决策;Initiator Agent 评估分析后,拒绝该提议(Refuse Proposal),或选定合同承包者,同意该提议(Request);成为被选定为合同承包者的 Participant Agent 在得到确定消息后开始执行任务,并将执行结果通知(Inform) Initiator Agent:执行失败(Failure),已完成(Done)。在 Participant Agent 执行任务过程中,Initiator Agent 随时可根据情况的改变,取消(Cancel)任务。

正是通过这种带约束和证实功能的改进型合同网协议,实现作战实体Agent交互协作,满足复杂作战系统建模的需要。

除了顺序图外,还有另外一种作为 AUML 交互图的协作图(Collaboration Diagram)形式,主要描述协作对象(Agent)间的交互和链接。采用 AUML 协作

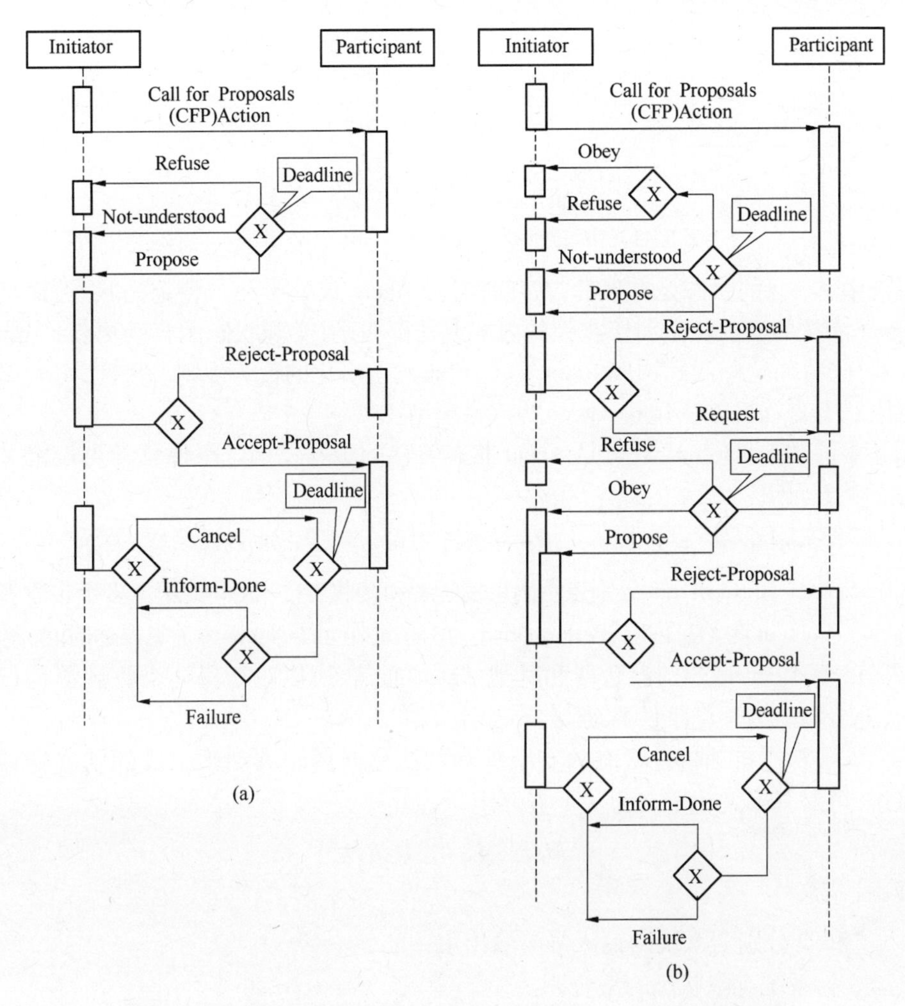

图 5-12　FIPA 合同网协议和改进型合同网协议 AUML 顺序图形式

图表示形式,改进型合同网协议如图 5-13 所示。AUML 顺序图强调的是时间,清楚地表示了交互作用中的时间顺序;而 AUML 协作图强调的是空间,时间顺序必须从顺序号获得。

2. 状态转移图表示形式

1）有限状态自动机表示形式

有限状态自动机(Finite State Machine, FSM 或 Finite State Automata)是一种具有离散输入输出系统的数学模型,以一种"事件驱动"的方式工作,可通过事件驱动下系统状态间的转移来表达一个控制系统的控制流程。作战多 Agent

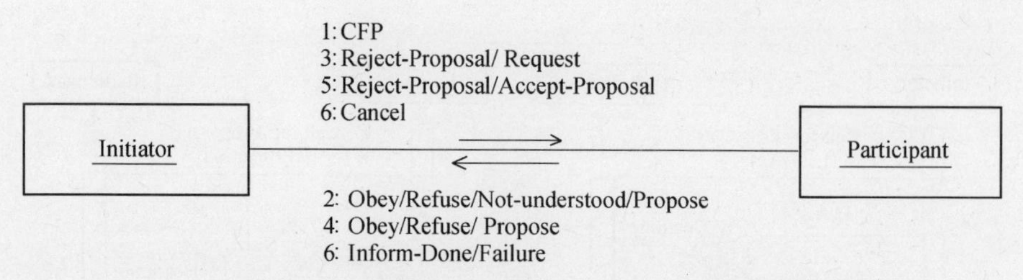

图 5-13　改进型合同网协议 AUML 协作图形式

系统中 Agent 的状态是有限的，在任意时刻 Agent 仅处于一个特定的状态，而且 Agent 能按照当前状态和接收到的内部或外部激励，实现状态的自动更新，完成自身任务，而这些激励构成 Agent 内部状态发生演化的行为规则。因此，可利用有限状态自动机方法建立 Agent 的行为模型。

事件驱动(Eventdriver)是 Agent 状态转移的根本动因。事件驱动可以定义为一个五元组

$$Eventdriver = \langle Sender, Receivers, Content, Performative, Time \rangle$$

其中:Sender 和 Receivers 分别表示消息发送者和接收者(一次可发送至多个接收者 Agent);Content 为消息内容;Performative 为消息动作元语;Time 为消息发送时间。

由于 Agent 通过消息队列和其他 Agent 通信，所以对于每一个收到消息行为，都会转变为一个事件驱动。

有限状态自动机是状态的有限集和状态之间的转移关系组成的状态转移系统，可对其形式化定义为一个五元组

$$FSM = \langle I, O, Q, \delta, \lambda \rangle$$

其中:

I 和 O 分别为系统的输入集与输出集;

Q 为系统有限状态的集合;

δ 为从 $Q \times I$ 到 Q 上的映射(即转移函数);

λ 为 Q 到 O 上的映射:$Q \rightarrow O$。

按照有限状态自动机的定义，可对改进型合同网协议多 Agent 协作进行表达。

图 5-14 中，Initiator 各状态含义如下:

S_1——初始状态，交互协作开始时 Initiator 的状态;

S_2——等候状态，Initiator 发出 Call for Proposals (CFP)消息后自动进入该状态;

S_3——提议评估状态，Initiator 收到 Participant 合同应聘申请消息后审核并

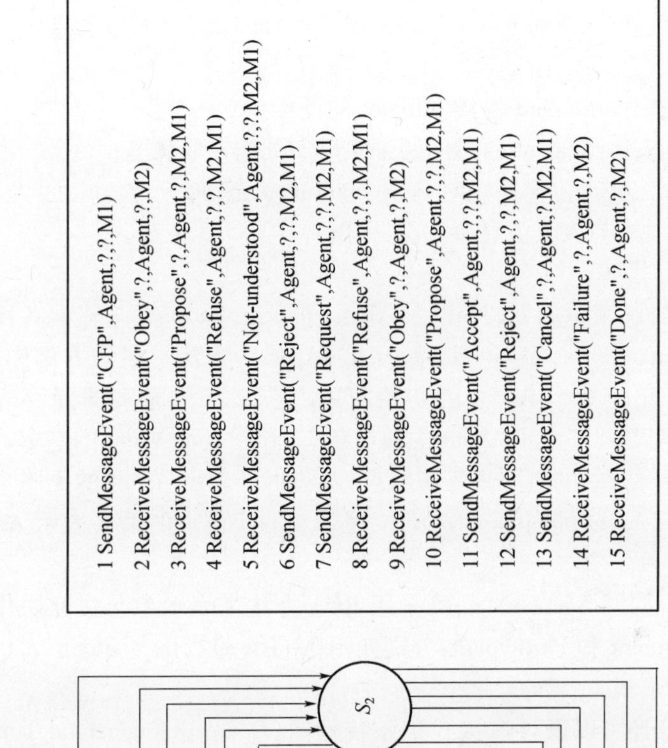

(a) (b)

图 5-14 Initiator 的改进型合同网协议 FSM 形式及其事件驱动

确定合同者；

S_4——终止状态，交互协作终止时 Initiator 的状态。

图 5 - 15 中，Participant 各状态含义如下：

S_1——初始状态，交互协作开始时 Participant 的状态；

S_2——提议评估状态，Participant 收到 Call for Proposals（CFP）消息后自动进入该状态；

S_3——候职状态，Participant 等候 Initiator 的证实；

S_4——在职状态，Participant 通过问题证实后所处的在职状态；

S_5——终止状态，交互协作终止时 Participant 的状态。

状态转移中的发送与接收消息事件，具体解释详见 5.3.2 节。

2）RCA 表示形式

就 Agent 交互协议表示问题，Farid Mokhati、Mourad Badri 等一些学者还提出了 RCA（Representation des Comportements d' sAgents）方法。在该方法中，实心圆点表示参与交互的某个 Agent 的初始状态，空心、环体充实的圆环表示 Agent的最终状态，阴影圆环表示 Agent 的通信状态，圆圈表示 Agent 的基本行为状态，三角形环表示 Agent 的有限集等待状态，八边形环表示 Agent 的无限集等待状态，实箭头表示 Agent 的内部转移，而箭尾带实心小圆点的箭头表示 Agent 的外部转移。

因此，改进型合同网 Agent 协议，可采用 RCA 方法来表示参与交互协作的两类作战 Agent：Initiator 和 Participant，分别如图 5 - 16（a）、（b）所示。

3）CATN 表示形式

Agent 交互协议还可以通过连接式扩张转移网（Coupled Augmented Transition Network，CATN）的形式来表达。有的文献上将 CATN 简称为扩张转移网（Augmented Transition Network，ATN）。它的本质是一种状态转移机（States - Transitions Machine），这里的 CATN 网及其子网都是各组件通过“交互转移”连接而形成的。改进型合同网 Initiator Agent 和 Participant Agent 交互协议的 CATN 形式与图 5 - 14 和图 5 - 15 完全一致。

4）Büchi 自动机表示形式

Agent 交互消息的状态转换过程通过定义基本规则来表示，根据每个规则可生成对应的带标签的 Büchi 自动机（Büchi Machine 或 Büchi Automata）。对于每条规则，都是由规则交换的条件（Condition）和转移规则（Transition Rules）组成。基本自动机或组合自动机之间根据 Agent 交互关系可组合应用一定的规则形成一个新的组合自动机。由此，可建立改进型合同网 Agent 交互协议的 Büchi 自动机形式，其形状与图 5 - 14 和图 5 - 15 基本相似。

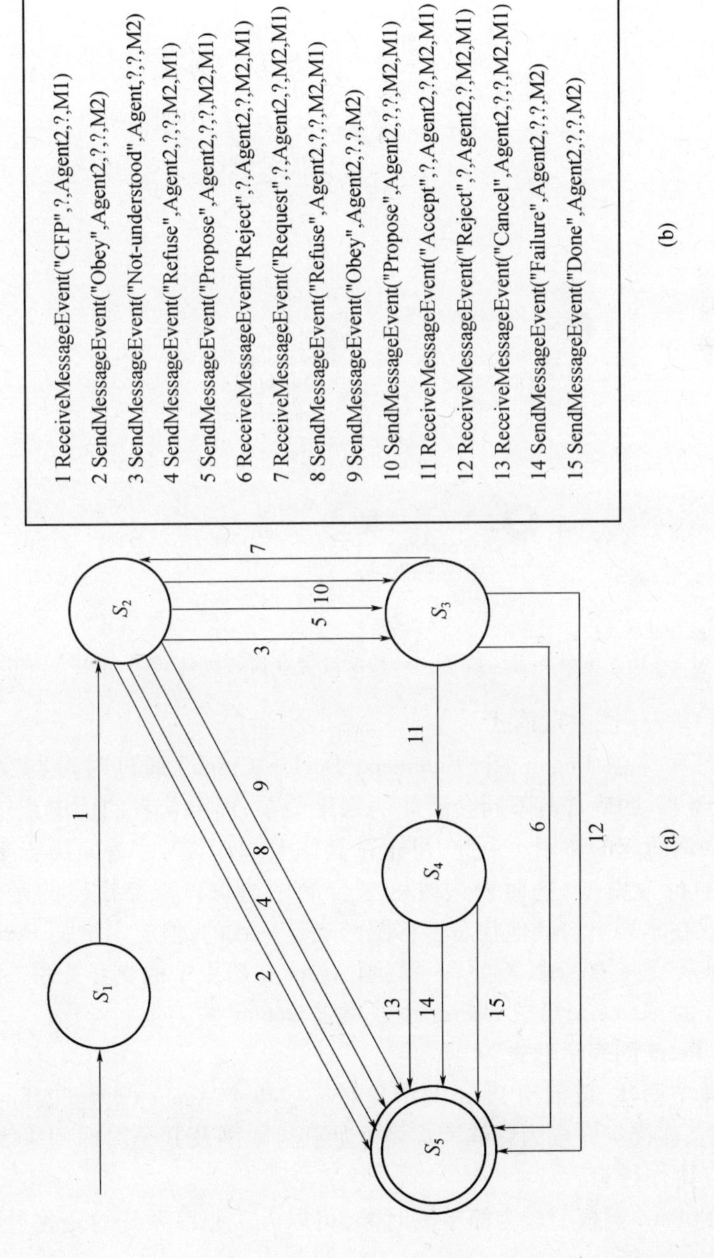

图 5-15 Participant 的改进型合同网协议 FSM 形式及其事件驱动

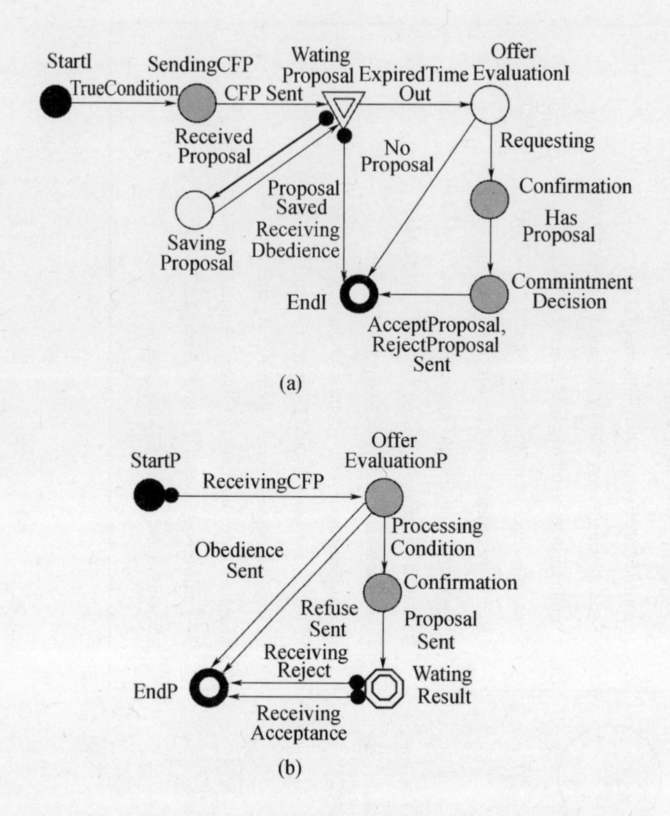

图 5－16 Initiator 和 Participant 的改进型合同网协议 RCA 形式

5）增强 Dooley 图表示形式

Dooley 图和增强 Dooley 图（Enhanced Dooley Graph）通过对参与交互的Agent历史的考察，明确规范不同会话间的因果关系，而参与者的历史记录了每个 Agent 对会话所起的作用。由此，可跟踪具体 Dooley 图中 Agent 历史来产生个体 Agent 的行为模型，进而表达改进型合同网协议。需要指出的是，增强 Dooley 图形式在本质上与其他状态转移图形式是一致的，但应用增强 Dooley 图方法表达 Agent 交互协议时，需要一一刻画 Agent 在历史中的交互关系，才可生成相应 Agent 的 skeleton，形成 Dooley 图或增强 Dooley 图。

3. 有色 Petri 网表示形式

如 4.1.4 节所述，可采用 Petri 网定义和描述单个 Agent 行为。实际上，可将 Petri 网相互连接扩充成为总体网（原网为子网），网及其子网即用来表示多个 Agent 交互协作行为。

当构造的 Petri 网模型较为简单的时候，可以人工跟踪系统的变化过程，此时，这些令牌的轨迹不容易发生混淆。但是，当Petri网结构复杂时，则对Agent交互协作行为的表示十分困难。此时利用它所建立的模型将非常庞大，系统结构缺乏柔性，从而给模型的构造和分析带来很大的困难。为了区别Petri网系统中个体的属性，可以将经典Petri网的令牌赋予一定的颜色以代表不同的事物，形成有色Petri网（Colored Petri Net, CPN），采用有色Petri网的方法来表示合同网Agent交互协议。

在作战多Agent系统中，用于刻画作战实体Agent交互协作行为的一个有色Petri网是一个九元组

$$\text{CPN} = \langle \sum, P, T, A, N, C, G, E, I \rangle$$

其中：

Σ为非空的类的有限集合，即颜色集合（Color Sets）；

P为库所（Places）的集合；

T为变迁（Transitions）的有限集；

A为弧（Arcs）的有限集合，其中$P \cap T = P \cap A = T \cap A = \varnothing$；

N为节点函数（Node Function），是定义A到$P \times T \cup T \times P$的函数；

C为颜色函数（Color Function），是定义P到Σ的函数；

G为守卫函数（Guard Function），是定义在T上的表达式：

$\forall t \in T$：$[\text{Type}(G(t)) = \text{Boolean} \wedge \text{Type}(\text{Var}(G(t)) \subseteq \Sigma]$；

E为弧表达式（Arc Expression Function），是定义在A上的表达式：

$$\forall a \in A: [\text{Type}(E(a)) = C(p(a))_{MS} \wedge \text{Type}(\text{Var}(E(a))) \subseteq \sum]$$

式中：$p(a)$为$N(a)$的库所。

I为初始化函数（Initialization Function），是定义在P上的表达式：

$$\forall p \in P: [\text{Type}(I(p)) = C(p)_{MS}]$$

按照上面的定义，带约束和证实功能的改进型合同网交互协议采用有色Petri网形式表示如图5-17所示。

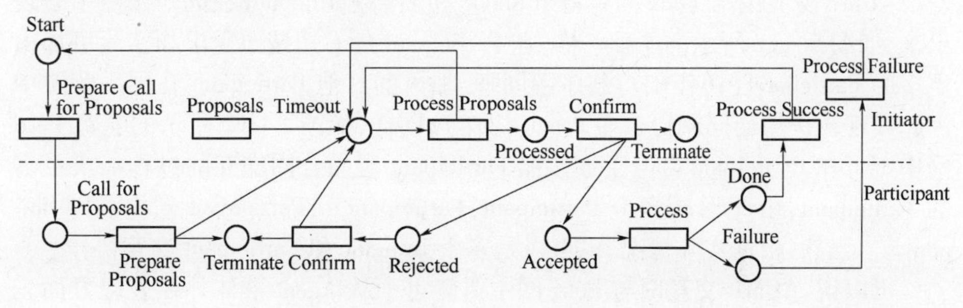

图5-17　改进型合同网协议有色Petri网形式

通过对原来的 Petri 系统中每个元素(库所和变迁)赋予一定的颜色属性,形成信息更为全面的有色 Petri 网系统。采用有色 Petri 网的改进型合同网协议多 Agent 协作表示方法,令牌色完整地描述了每一个个体的踪迹,更有利于人们对所仿真问题的理解。

需要指出的是,还可采用由 Petri 网衍生出的其他 Petri 网方法,例如面向对象 Petri 网(Object - Oriented Petri Net)方法来表达改进型合同网 Agent 协议。面向对象 Petri 网在基本 Petri 网的基础上,添加了 4 类成员,即输入端口、输出端口、开关、对象。每个对象实际上是一个封闭的 Petri 网,通过输入端口、输出端口与上层模型进行信息交互,至于内部信息如何处理外部并不知道。开关是一类特殊的转移,由建模人员设置令牌的输出流向。就改进型合同网 Agent 交互协议表示而言,其原理上与有色 Petri 网是基本一致的。由于 Petri 网可以形象地描述多 Agent 系统的初始化结构及动态行为,因此运用 Petri 网及其衍生的有色 Petri 网及面向对象 Petri 网等方法,可以直观、形象地表示 Agent 交互协议。

4. 各种表示形式的比较

1) 总体比较

着重于外在描述群体 Agent 之间交互协作的宏观的社会化的建模视角,与着重于通过内在描述个体 Agent 智能行为以反映个体 Agent 之间交互协作的微观的建模视角,本质上是一致的。因此,就 Agent 交互协议表示而言,AUML 交互图、状态转移图、Petri 网 3 种方法在本质上是一致的,都能够直观地表达 Agent交互协作过程,只是侧重点不一样。

AUML 实际上是对用于描述 Agent 交互的 UML 语言的拓展,其特点是 AUML 交互图能形象地显示 Agent 交互次序;而 CATN 通过 Agent 状态及状态转移形象地描述 Agent 个体参与交互协作的行为。AUML 交互图还可以转化为 AUML 状态图(Statechart Diagram),用来直观地表达个体 Agent 的推理行为,而状态图本身是一种从有限状态机的思想引申出来的建模工具。

AUML 交互图与 Petri 网可将 Initiator 和多个 Participant 在同一张图中表现出来,如图 5 - 11 所示的原理一样,在 Participant 的右边按照需求和实际可加入更多的 Participant(协作图与顺序图同理,加入的其他 Participant 在同一张图中一起表现改进型合同网协议多 Agent 协作);同样,如图 5 - 17 所示的着色 Petri 网中则可在 Participant 部分下面按照 Participant 参与合同交互的过程加入更多的 Participant,由此形成多个 Participant:Participant 1、Participant 2,…, Participant n。当然,根据实际情况,也可以是多个 Initiator 和 Participant 交互协作。

可以说,AUML 交互图与 Petri 网主要侧重于从 Agent 群体外在表现方面表达 Agent 交互协议;而状态机方法和由此引申出来的 AUML 状态图及其他状态转移图主要侧重于从 Agent 个体自身状态及通过内部推理行为影响的状态转移方面表达 Agent 交互协议。它们都图形化地反映了 Agent 之间以交互协作为中心的动态关系。其他方法,如逻辑(包括时序逻辑和多模逻辑)方法缺乏明确的交互协作结构,描述 Agent 间交互协作非常复杂;进程代数(π 演算和 CSP)方法不能反映系统的物理结构信息,不便于多 Agent 系统结构设计和处理。与这里重点研究和分析的 3 种方法相比,其他的这些方法不具有直观、形象的优势。

2)基于 Maude 语言表示的通用模块

我们重点研究和分析的这 3 种方法本质上的一致性,还可通过图 5－18 进一步说明。图 5－18 中,应用 Maude 语言表示的改进型合同网协议多 Agent 协作模块里,作为 Initiator 和 Participant 角色的 Agent 之间交互协作活动依次序列

```
(omod PACKAGE-IMPROVED-CONTRACT-NET-PROTOCOL is
extending TEMPLATE- IMPROVED-CONTRACT-NET-PROTOCOL .
…
class Agent | PlayRole : Role, AcqList : AcquaintanceList, State : AgentState .   *** [1]
msg ComingMsg : Sender Receiver Act -> Msg .                                      *** [2]
vars I P : Aoid .                                                                 *** [3]
…
crl [IsendmsgP]: < I : Agent | PlayRole : Initiator, AcqList : ACL, State : StartI >  ***[4]
=> ComingMsg(I, HeadA(ACL), call-for-proposal)
< I : Agent | PlayRole : Initiator, AcqList : TailA(ACL), State : StartI >
if ACL =/= EmptyacquaintanceList .
rl [PreceivingmsgI]: ComingMsg(I, P, call-for-proposal)                           ***[5]
< P : Agent | PlayRole : Participant, AcqList : I, State : StartP >
=> Execute(P, DecisionProcess)
< P : Agent | PlayRole : Participant, AcqList : I, State : OfferEvaluationP > .
crl [Pdecision1]: Execute(P, DecisionProcess) Event(P, Cond)                     ***[6]
< P : Agent | PlayRole : Participant, AcqList : I, State : OfferEvaluationP >
=> ComingMsg(P, I, refuse)
< P : Agent | PlayRole : Participant, AcqList : I, State : EndP >
if Cond = IsRefused .
crl [Pdecision2]: Execute(P, DecisionProcess) Event(P, Cond)                     ***[7]
< P : Agent | PlayRole : Participant, AcqList : I, State : OfferEvaluationP >
=> ComingMsg(P, I, notunderstood)
< P : Agent | PlayRole : Participant, AcqList : I, State : WaitP >
if Cond = NotClear .
crl [Pdecision3]: Execute(P, DecisionProcess) Event(P, Cond)                     ***[8]
< P : Agent | PlayRole : Participant, AcqList : I, State : OfferEvaluationP >
```

（续）

```
=> ComingMsg(P, I, propose)
< P : Agent | PlayRole : Participant, AcqList : I, State : WaitP >
if Cond = IsAccepted .
rl [IreceivingmsgP]: ComingMsg(P, I, propose)                                    ***[9]
< I : Agent | PlayRole : Initiator, AcqList : P, State : StartI >
=> Execute(I, DecisionProcess)
< I : Agent | PlayRole : Initiator, AcqList : P, State : OfferEvaluationI > .
crl [Idecision1]: Execute(I, DecisionProcess) Event(I, Cond)                    ***[10]
< I : Agent | PlayRole : Initiator, AcqList : P, State : OfferEvaluationI >
=> ComingMsg(I, P, reject-proposal)
< I : Agent | PlayRole : Participant, AcqList : I, State : WaiI >
if Cond = IsRejected .
crl [Idecision2]: Execute(I, DecisionProcess) Event(I, Cond)                    ***[11]
< I : Agent | PlayRole : Initiator, AcqList : P, State : OfferEvaluationI >
=> ComingMsg(I, P, request)
< I : Agent | PlayRole : Participant, AcqList : I, State : WaiI >
if Cond = IsAccepted .
…
rl [PreceivingmsgI]: ComingMsg(I, P, accept-proposal)                           ***[12]
< P : Agent | PlayRole : Participant, AcqList : I, State : WaitP >
=> Execute(P, DecisionProcess)
< P : Agent | PlayRole : Participant, AcqList : I, State : WorkP > .
crl [Pdecision1]: Execute(P, DecisionProcess) Event(P, Cond)                    ***[13]
< P : Agent | PlayRole : Participant, AcqList : I, State : WorkP >
=> ComingMsg(P, I, failure)
< P : Agent | PlayRole : Participant, AcqList : I, State : EndP >
if Cond = Isfailed .
crl [Pdecision2]: Execute(P, DecisionProcess) Event(P, Cond)                    ***[14]
< P : Agent | PlayRole : Participant, AcqList : I, State : WorkP >
=> ComingMsg(P, I, done)
< P : Agent | PlayRole : Participant, AcqList : I, State : EndP >
if Cond = Isnotfailed .
endom)
```

图 5－18　基于 Maude 语言表示的通用模块

描述,而通过通信行为,Agent 的状态转移情况也得到清晰地描述。

在[1]处,PlayRole : Role 表示 Agent 充当的角色(是 Initiator 还是 Participant),AcqList : AcquaintanceList 表示与该 Agent 存在信任关系的熟人 Agent(即与该 Agent 交互合同的潜在对象)列表,State : AgentState 表示该 Agent 的状态。

[2] 处定义消息的 3 个参数:发送者(Sender)、接收者(Receiver)和通信行为(Act)。

[3] 处表示 Agent I 和 P 属于 Aoid 类。

[4] 处表示充当 Initiator 角色的 Agent I 向所有熟人 Agent(即与 I 自身有信任关系,能够充当 Participant 角色的 Agent)发送消息 call - for - proposal,并反复进行,直到都发送为止(从列表中第一个熟人 Agent HeadA(ACL)直到最后一个熟人 Agent TailA(ACL))。若有 n 个 Participant 参与交互合同,则本次合同网协议交互协作中,AcqList : ACL 实际上是 n 个 Participant 的列表:("P_1","P_2",…,"P_n")。

[5] 处表示充当 Participant 角色的 Agent P 收到 Agent I 的 call - for - proposal 消息,自身状态由初始状态转移到提议评估状态。

[6]、[7]、[8]处分别表示 Agent P 的 3 种决策(crl 表示选其中之一,若满足各自的条件 Cond 则选对应的策略):拒绝、不清楚、提议,在向 Agent I 发送相应的消息 refuse、not - understood、propose 后,Agent P 自身状态由提议评估状态分别转移到终止状态、候职状态、候职状态。

同理,[9]、[10]、[11]处表示 Agent I 针对不同情况在提议评估后分别作出拒绝提议和请求的决策,在向 Agent P 发送相应的消息 reject - proposal、request 后,Agent I 自身状态由提议评估状态转移到等候状态。

[12] 处表示 Agent P 在收到 Agent I 的 accept - proposal 消息后,进行决策,自身状态由候职状态转移到在职状态。

[13]、[14]是 Agent P 的两种决策行为,依据在职情况(未能完成、已完成)向 Agent I 分别发送消息 failure、done,而后转移到终止状态。

5.3 多 Agent 作战通信模型

5.3.1 多 Agent 作战通信机制

5.3.1.1 多 Agent 作战通信行为概述

在作战多 Agent 系统中,各作战实体 Agent 通过一定的协议与外界 Agent 交互。两个作战实体 Agent 交互过程(如 Agent a 启动交互会话,Agent b 作出回应),可用 Petri 网表示如图 5 - 19 所示。也可以认为是协议(a)发起交互会话,而协议(b)实现消息回复。由此,作战多 Agent 系统内 Agent 间实现动态交互通信。

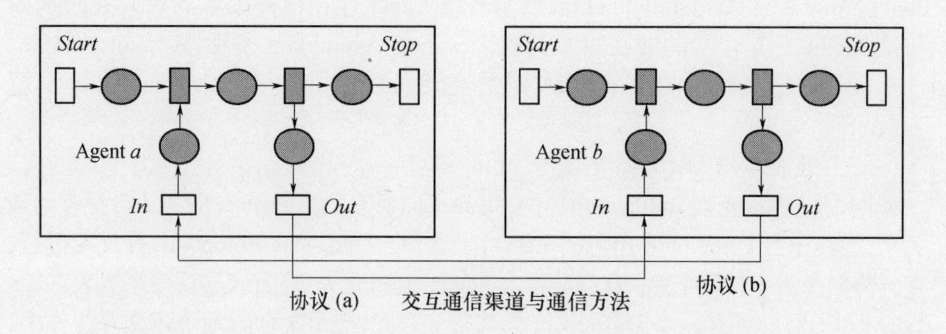

图 5-19 采用 Petri 网方法表示的两个 Agent 交互通信过程示例

通信策略或会话策略(Conversation Policy, CP)是指在 Agent 之间交换能改变该 Agent 状态的信息时必须遵守的一组通信规则的集合,是 Agent 通信执行过程的基本原则。作战多 Agent 系统中的 Agent 采取某种通信策略,依靠相互间的通信行为(Communicative Acts, CA)完成交互。由此,多 Agent 作战通信行为,实质上即不同作战实体 Agent 的交互通信行为,如图 5-20 所示。需要指出的是,这里的交互通信不限于同方作战实体的交互协作,可把不同方 Agent(红方、蓝方各自 Agent)之间的"对抗"也视为这种交互通信行为机制。

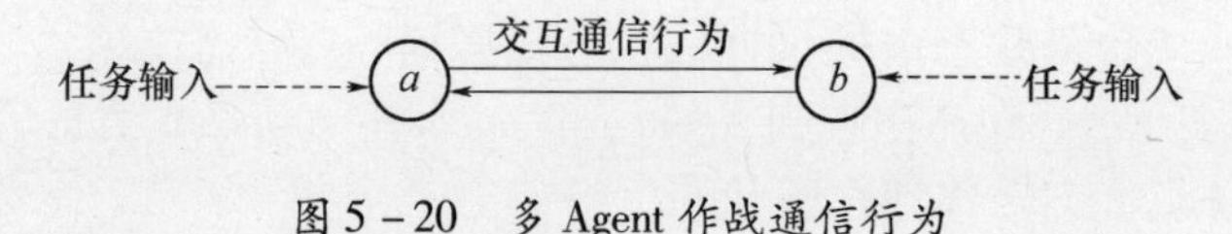

图 5-20 多 Agent 作战通信行为

Agent 通信是在一定的活动区域(环境)中为完成自身的任务和达到目标,在遵守一定的通信策略的约束下,通过交互信息、传递命令等方式来实现与其他 Agent 协作、认识环境的过程。各 Agent 之间的信息交流主要是立足于任务间的信息,上层 Agent 的任务输出信息作为下层 Agent 的任务输入信息及进行推理的主要依据。例如,对于用于战场情报侦察建模的作战多 Agent 系统中,主要包括各通用侦察平台 Agent 之间、通用侦察平台 Agent 与信息处理平台 Agent 之间匹配协作、信息沟通等各任务及其子任务间的信息交换。Agent 交互行为与通信行为关系如图 5-21 所示。

5.3.1.2 多 Agent 作战通信机制的层次划分

通信是 Agent 实现知识共享、心智沟通、行为协调的主要手段,是实现社会

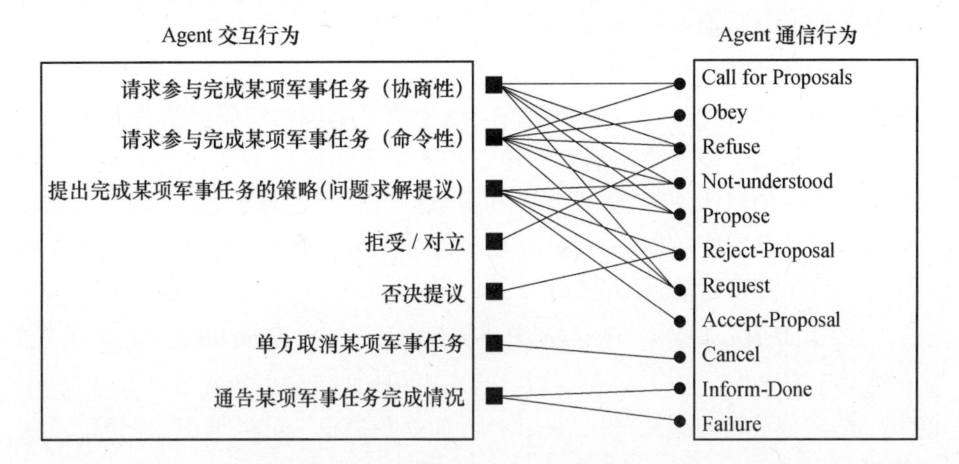

图 5－21　Agent 交互行为与通信行为关系

智能的关键。Agent 通信语言则是实现 Agent 社会智能(如军事作战)的基本工具。历来,Agent 通信一直是多 Agent 系统研究的一项重要内容。

与一般的多 Agent 系统一样,在作战多 Agent 系统中,多 Agent 作战通信机制可以分为 3 个层次,即物理层、语言层和会话层。

物理层是 Agent 之间通信的媒介和链接。Agent 作为一种特殊的计算系统,它的通信能力体现在它的通信行为能够独立于物理通信环境和网络协议,如 TCP/IP、IPC、LAN 等。其通信链接的形式也具有多样性,如点对点、广播等。

语言层是 Agent 之间通信所使用的语言。这种语言区别于物理层的通信协议,它是 Agent 通过通信表达信息内容和通信目的的基础。它通常包括语素、语法结构和语义模型。语言的表达能力决定了通信的质量和难易程度。目前,国际上比较流行的 Agent 通信语言是知识查询与操作语言 KQML(Knowledge Query and Manipulation Language)。它是美国国防部高级研究计划署(Defense Advanced Research Projects Agency, DARPA)于 20 世纪 90 年代初提出的知识共享计划(Knowledge Sharing Effort, KSE)的一部分。它提供了一套标准的 Agent 通信原语,使用这种语言的 Agent 可以进行交流、共享知识。与 KQML 类似的另一个 Agent 通信语言标准是 ACL(Agent Communication Language),它是由 FIPA 机构于 1995 年提出的一套与 KQML 相竞争的标准。ACL 只包含了大约 20 种基本的通信类型,它也是基于言语行为(Speech Acts)理论,但与 KQML 不同的是,它是使用了由 David Sadek 于 1992 年提出的一套严格的语义规则直接建立起来的。

会话层指 Agent 如何运用通信语言进行交互和交流的层次。这涉及 Agent 通信的目的、过程和结构以及通信过程中的相关行为。从应用角度讲,需要解决的核心问题是如何在会话层次表达 Agent 之间的通信关系和通信行为。

任何形式的通信都是建立在 Shannon 和 Weaver 的通信学基本原理之上的，即通信是由发送者、接收者、消息、媒介、用于消息编码和解码的语言几大要素构成的。通信的主要形式是消息的传送。无论采用何种语言，Agent 之间的通信都必须包含消息的发送者、接收者和消息内容。对于异步通信来说，考虑到可能会造成消息次序的混乱，还需包括消息的序号。因此，对一个消息的描述可以采用以下独立于语言的消息格式：

$$Message = < MessageID, Sender, Receiver, Content >$$

其中消息的“*Receiver*”部分可以包含名称、地址甚至表达式或函数；消息中的“*Content*”部分可以包含任何语法结构，如通信原语、函数、常量、变量以及谓词逻辑等。

一个通信过程从开始到结束通常涉及通信双方多条消息的往来，以及相应的动作，这一过程称为会话。建立 Agent 的会话模型，是定义 Agent 行为和交互的重要手段。在多数情况下，Agent 之间的交互都表现为会话过程。

5.3.2 多 Agent 作战通信语言

5.3.2.1 KQML 通信原语及其扩充(MBKQML)

KQML 是一种用于交换信息和知识的语言以及协议，支持分布式异构环境下知识和信息的共享，是 Agent 领域中常用的一种通信语言。

KSE 计划提出 KQML 的目的，在于开发出一种用于构造大规模、可共享、可重用知识库的技术和方法论，通过应用程序与智能系统之间、两个或更多的智能系统之间的知识共享，实现合作问题求解。

KQML 作为软件 Agent 的通信语言，在分布式系统的信息交换与知识处理方面具有很大作用，为表达和处理消息提供了标准的格式，具有可读性好、方便程序分析（特别是对许多知识库程序）、可以在许多内部应用消息调用机制的平台之间传递等优点，目前已成为多 Agent 任务间信息交换的事实标准。

KQML 是一种基于 Speech Acts 的语言，其关键在于一系列可扩展的行为原语集(Performatives)，这些行为原语独立于内容格式(Content Language)，定义了当某个 Agent 想要获取其他 Agent 的知识和目标时可能的操作，支持开发 Agent 之间交互的上层模型（如合同网），即 Performative 是一条 KQML 消息，定义了 Agent 间对彼此知识库的可能并且是允许的操作，为开发高一级的如合同网和协商、Agent 交互模型奠定了基础。KQML 的行为原语 Performative 格式如图

5 -22所示。其中,:sender,:receiver,…,:content 为行为原语 Performative 的参数名,< word >与< expression >为参数类型,右边注释文字为该参数的含义。

```
(Performatives
        :sender             <word>          // 消息发送方
        :receiver           <word>          // 消息接收方
        :reply-with         <word>          // 消息的 ID
        :in-reply-to        <word>          // 所回应消息的 ID
        :from               <word>          // 消息的最初发送方
        :to                 <word>          // 消息的最终接收方
        :ontology           <word>          // 本体特性
        :language           <word>          // 内容语言
        :content            <expression>)   // 消息内容
```

图 5 -22　KQML 的行为原语格式

KQML 的一般形式为 Performative + MessageContent(Performative 表示言语行为,MessageContent 表示要传递的知识和信息的内容)。接收到 KQML 消息的 Agent 根据消息的类型产生不同的行动。

在 KQML 中,关于知识操作的原语较丰富,如 ask - if, ask - one, ask - all, tell, untell, insert, uninsert, delete - one, delete - all, achieve, unachieve 等。表 5 -3 所列为它们在基于 Agent 作战建模中的描述。

表 5 -3　KQML 知识操作原语描述

名字	含　义
ask - if	发送者想知道接收者军事命令集的内容
ask - one	发送者想知道一个接收者的能力
ask - all	发送者想知道接收者全部能力
tell	发送者知识与命令库中的语句
untell	不在发送者知识与命令库中的语句
insert	发送者要求接收者增加知识与命令库的内容
uninsert	发送者要求接收者前一条相反作战行动
delete - one	发送者要求接收者从知识与命令库中删除一条匹配的语句
delete - all	发送者要求接收者从知识与命令库中删除所有匹配的语句
achieve	发送者要求接收者物理环境中做某些作战行动
unachieve	发送者要求接收者做与前面 Achieve 相反作战行动

（续）

名字	含　义
stream - all	ask - all 的多重响应版本
eos	多重响应 stream - all 结束流标志
deny	发送者知识与命令库中的否定语句
advertise	发送者想让接收者知道发送者能处理当前作战行动
unadvertise	发送者想让接收者知道发送者不能处理作战行动
subscribe	发送者想修改接收者对 <performative> 的修改
error	发送者考虑接收者以前消息的错误格式
sorry	发送者理解接收者的消息，但是不能提供更多的信息
standby	发送者想让接收者宣布它准备对消息提供响应
ready	发送者正准备对接收者前面的消息响应
next	发送者想让接收者响应发送者发送的下一个信息
rest	发送者想让接收者保持对前面发送信息的响应
discard	发送者不要接收者继续响应
broker - one	发送者要求接收者找到对 <performative> 的一个响应
broker - all	发送者要求接收者找到对 <performative> 的全部响应
recommend - one	发送者想知道能对 <performative> 的响应的作战实体 Agent
recommend - all	发送者想知道能对 <performative> 的响应的全部作战实体 Agent
recuit - one	发送者要求接收者找到一个合适的作战实体 Agent 能对 <performative> 响应
recuit - all	发送者要求接收者找到全部合适的作战实体 Agent 能对 <performative> 响应

应当看到，KQML 的产生最初是为了共享和重用知识，因而关于知识操作的原语丰富，但关于任务交互的原语缺乏，不利于 Agent 之间的通信，而且由于 Agent 所应用的环境不同，它的语言表述的范围也会根据环境的不同而有许多变化，而 KQML 语言规范中并没有对每一种语义表述都进行了严格的定义，因此这种语言规范仍需要不断地扩充。

着眼于面向作战任务过程、体现军事命令特色，在作战多 Agent 系统中，作战实体 Agent 任务间信息交换语言采用扩充的 KQML 交互式通信原语，这里可以称为基于军事问题的 KQML 原语（Military - issues Based KQML，MBKQML）。为满足多个作战实体 Agent 任务间多层次、多回合、交互式通信的要求，下面以战场情报侦察建模为例，对 KQML 的交互式通信原语扩充如下，由此形成 MBKQML：

（1）TaskAssign(X,Y,T)：Agent X 通过点对点的方式将任务指派给 Agent Y

（如情报处理车 Agent 指派某高地敌情侦察任务给光学侦察车 Agent）；作为应答，TaskAccept（Y,X,T）表示 Y 接受 X 的指派，TaskRefuse（Y,X,T）表示 Y 拒绝 X 的指派（如光学侦察车 Agent 无法观测到某高地时）。

（2） TaskBroad（X,T）：Agent X 通过广播方式向多 Agent 声明任务 T（如情报处理车 Agent 向各通用侦察平台 Agent 告示侦察任务，电子侦察车 Agent 向其他通用侦察平台 Agent 告示某高地敌情）。

（3） TaskRequest（X,Y,T）：Agent X 通过点对点方式向 Agent Y 请求任务 T，以响应 TaskBroad；作为应答，TaskAgree（Y,X,T）表示 Y 同意 X 的对任务 T 的请求，TaskReject（Y,X,T）表示 Y 否决 X 执行任务 T。这种情况在协同侦察中经常发生，如武装侦察车 Agent 向情报处理车 Agent 请求遂行搜索前进任务、电子侦察车 Agent 向情报处理车 Agent 请求遂行电子侦察任务。

（4） TaskTerminate（X,Y,T）：Agent X 通知 Agent Y 终止任务 T（如情报处理车 Agent 通知光学侦察车 Agent 终止某高地敌情侦察任务的执行）。

（5） StateReturn（X,Y,T）：Agent X 通知 Agent Y 返回任务 T 的当前状态。它有一组状态作为响应值，分别为完成（Complete）、运行（Running）、挂起（Suspend）、终止（Terminate）等（如情报处理车 Agent 对各侦察车 Agent 行动的控制）。

（6） Collaborate（X,Y,I）：Agent X 就情报 I 与 Agent Y 进行协作。它有召唤（Call）、重复（Replay）、无法协作的声明（Sorry）、传送（Send）和接受（Accept）等响应值。这种情况在协同侦察中也经常发生，如武装侦察车 Agent 就某地标距离的判定与光学侦察车 Agent 之间展开协作。

下面，以（1）和（2）为例，说明扩充原语 MBKQML 的格式：

```
(TaskAssign
    :sender        X
    :receiver      Y
    :reply-with    T-to-Y1
    :content       "Task T to be assigned by X('reconnaissance tar-
                   get', 'reconnaissance zone', 'reconnaissance
                   occasion')")
(TaskAccept
    :sender        Y
    :receiver      X
    :reply-with    Y-accept1
    :in-reply-to X-assign1
    :content       "Task T accepted by Y('reconnaissance target',
```

```
                 'reconnaissance zone', 'reconnaissance occa-
                 sion')")
(TaskRefuse
    :sender        Y
    :receiver      X
    :reply-with    Y-refuse2
    :in-reply-to   X-assign2
    :content       "Task T refused by Y('reconnaissance target',
                   'reconnaissance zone', 'reconnaissance occa-
                   sion'), refuse reason")
(TaskBroad
    :sender        X
    :receiver      all
    :reply-with    X-broad1
    :content       "Task T broadcasted by X('reconnaissance tar-
                   get', 'reconnaissance zone', 'reconnaissance
                   occasion')")
```

5.3.2.2 MBKQML 的 Agent 交互消息元动作与消息结构

通过前面对事件的定义可看出，消息在交互事件中起着十分重要的作用，作战 Agent 通过发送与接收消息实现彼此之间的交互。一条消息本身包括发送者(Sender)、接收者(Receivers)(一次可发送至多个接收者 Agent)及内容(Content)三部分。例如，某条消息结构表述为 *msg*(*sid*, *add*(*rid*, *nil*), *icnt*(*not* - *understood*))：其中，*sid* 为发送者，*rid* 为接收者，消息内容是 *not* - *understood*。操作(*Operation*)(即消息的元动作) *icnt* 可封装所有可能的信息的数量与种类，如 *icnt*(*request*)和 *icnt*(*inform* - *done*, *result*)。

发送行为 *Send* 可定义为 *Send* !*msg* 的通用形式，其中!*msg* 表示消息的种类；而接收行为 *Recv* 的通用形式可表述为 *Recv* !*id* ?*msg*:*Message*。

操作(即消息的元动作)将作战 Agent 的通信状态与消息类型的接收和发送关联起来，体现了消息动作方式，确定了 Agent 的语言行为，其本质是一种映射或状态转移函数。

设 *State* 表示状态集合；*Mesg* 表示作战 Agent 交互过程中可能发送和接收的消息；*Recv* 表示作为接收者 Agent 在收到 *Mesg* 后将跃迁到的状态；*Send* 表示作为发送者 Agent 在发送 Mesg 后将跃迁到的协商状态；*Num* 表示作战 Agent 交互所应发送或所应接收的消息的数量。由此，Agent 交互消息的元动作可表示如下：

Operation 1: $State \times Count(Mesg) = = Num \rightarrow Send$

Operation 2: $State \rightarrow Count(Mesg) = = Num\ Recv$

Operation 3: $State \times Mesg \rightarrow Send$

Operation 4: $State \rightarrow Mesg \times Recv$

其中,Operation 1,Operation 2 分别为 Initiator 作为发送者和接收者的元动作;Operation 3,Operation 4 分别是 Participant 作为发送者和接收者的元动作。体现改进型合同网协议的作战 Agent 交互消息元动作序列表如表 5-4、表 5-5 所列,其反映的事件驱动下 Agent 状态转移机制与有限状态自动机的表达(图 5-14 图 5-15)完全一致。

表 5-4 Initiator 作为发送者、接收者的元动作序列

Initiator 作为发送者的元动作序列

当前状态	发送的消息	下一状态
初始状态	CFP	等候状态
提议评估状态	Reject	等候状态
提议评估状态	Request	等候状态
提议评估状态	Accept	等候状态
提议评估状态	Reject	等候状态
等候状态	Cancel	终止状态

Initiator 作为接收者的元动作序列

当前状态	收到的消息	下一状态
等候状态	Obey	终止状态
等候状态	Propose	提议评估状态
等候状态	Refuse	提议评估状态
等候状态	Not - understood	提议评估状态
等候状态	Refuse	终止状态
等候状态	Obey	终止状态
等候状态	Propose	提议评估状态
等候状态	Failure	终止状态
等候状态	Done	终止状态

表 5-5 Participant 作为发送者、接收者的元动作序列

Participant 作为发送者的元动作序列

当前状态	发送的消息	下一状态
提议评估状态	Obey	终止状态
提议评估状态	Not - understood	候职状态
提议评估状态	Refuse	终止状态
提议评估状态	Propose	候职状态
提议评估状态	Refuse	终止状态
提议评估状态	Obey	终止状态
提议评估状态	Propose	候职状态
在职状态	Failure	终止状态
在职状态	Done	终止状态

Participant 作为接收者的元动作序列

当前状态	收到的消息	下一状态
初始状态	CFP	提议评估状态
候职状态	Reject	终止状态
候职状态	Request	提议评估状态
候职状态	Accept	在职状态
候职状态	Reject	终止状态
在职状态	Cancel	终止状态

消息结构是对作战 Agent 交互消息的说明和规范，在分析研究作战 Agent 交互消息元动作的基础上，构建适应作战运用特点的消息结构。以战场情报侦察建模为例，作战 Agent 交互消息内容如图 5－23 所示。充当 Initiator 与 Participant 角色的各作战 Agent 可能输出的交互消息分别如图 5－24（a）、图 5－24（b）所示，Participant 收到 CFP 和 Accept－Proposal 的消息规则示例分别如图 5－25（a）、图 5－25（b）所示。

```
WarfareEntityAgentInteractionMessageContent
→
TYPE WarfareEntityAgentInteractionMessageContent is GenericMessageContent
content:
    MsgType, Item, ReconnaissanceTaskCost, WarfareEntityAgent
     (* a proposal *)
     → MsgContent
  content:
  MsgType, WarfareEntityAgent, Item, WarfareEntityAgent,
  ReconnaissanceTaskCost, ReconnaissanceTaskCost
    (* call for proposal *)
  → MsgContent
ENDTYPE
```

图 5－23 作战 Agent 交互消息内容

```
process Initiator :=
 Send !msg(id, add(p, nil), icnt(CFP)) ;
 []Send !msg(id, add(p, nil), icnt(request)) ;
 []Send !msg(id, add(p, nil), icnt(reject-proposal));
 []Send !msg(id, add(p, nil), icnt(accept-proposal));
 []Send !msg(id, add(p, nil), icnt(cancel)) ;
endproc
```

(a)

```
process Responder :=
  Send !msg(id, add(ir, nil), icnt(obey));
  []Send !msg(id, add(ir, nil), icnt(refuse));
  []Send !msg(id, add(ir, nil), icnt(not-understood));
  []Send !msg(id, add(ir, nil), icnt(propose));
  []Send !msg(id, add(ir, nil), icnt(inform-done));
  []Send !msg(id, add(ir, nil), icnt(failure));
endproc
```

(b)

图 5－24 作战 Agent Initiator 与 Participant 可能输出的交互消息

```
Rule in the CFP protocol

[messageType eq CFP] → (
  Send !msg(...obey...);
  []Send !msg(...refuse...);
  []Send !msg(...not-understood...);
  []Send !msg(...propose...);
)
```

(a)

```
Rule in the Accept-Proposal protocol

[messageType eq Accept-Proposal] → (
   Send !msg(...inform-done...);
   []Send !msg(...failure...);
)
```

(b)

图 5－25 作战 Agent Participant 收到 CFP 与 Accept－Proposal 后的消息规则示例

5.4 作战 Agent 与战场环境交互关系模型

5.4.1 战场环境的相关概念及量化描述

5.4.1.1 战场环境的相关概念

一般而言,战场环境是指作战空间中除人员与武器装备以外的客观环境。从战争所涉及的客观因素来分析,战场环境应该包含战场地理环境、气象环境、电磁环境和核化环境,如图 5-26 所示。随着网络信息战的形成,战场网络环境也将成为战场环境的一个重要的组成部分。

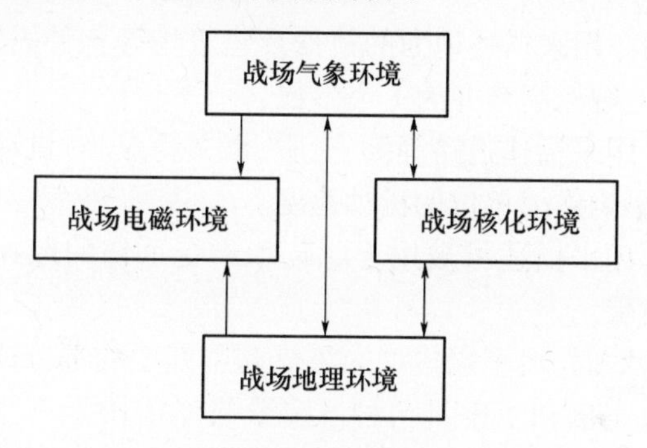

图 5-26 战场环境诸要素间的关系

战场环境具有多维性、互动性的特点。多维性的含义是:战场环境是由多个具有自身变化规律的客观环境构成的,上述 4 个环境分属于不同的学科领域;这些客观环境的空间形态是随作战过程而演变的。互动性的含义是:上述环境之间互有影响,其中,地形环境是其他环境的物理依托,是可以进行空间定位和加载各种作战信息的基础。战场环境中,气象环境与地理环境互有影响,气象环境具有地缘特点,如不同的地理位置具有热带、亚热带等气象特征,而气象环境会影响地理环境,如流水侵蚀地貌、冰川地貌的形成,雨天和晴天对地面土质有影响,进而影响行军速度;地理环境和气象环境都对电磁环境的形成有重大影响,不仅规定了电子设施的分布,还决定着电磁波的传递范围和受气象干扰的程度。战场核化环境的形成,与核设施的地理位置及其周围的环境有关,核污染的区域的形成和发展与地理环境和气象环境密切相关。

需要指出的是,就基于 Agent 的陆军部队作战建模而言,尤其要重视地理环境的分析。而地理环境中,地形是影响陆军部队作战行动的最核心因素。由此,需要重点研究地形的描述及量化,为作战 Agent 与地形环境交互关系建模奠定基础。

5.4.1.2 地形的描述参数

由于地形情况极其复杂,地形是对作战特别是陆军作战活动影响最大的战场环境要素,因此,在基于 Agent 的作战建模中,要完全详尽地描述地形变化和结构特点几乎是不可能的。目前所能做到的,只是在模型中对地形作近似的描述,抽象出其对作战 Agent 行动影响最大的几方面要素,如地形的起伏和植被、土质和水文等,用参数的形式定量描述。描述地形特点的主要参数如下:

(1) 地貌标高。用来描述地面的起伏,主要影响作战单位的机动速度和通视性。

(2) 地物标高。用来描述地面的植被及建筑物等各种固定物体,主要影响通视性,有时可与地貌标高合并为 1 个参数。

(3) 通行性。用来描述道路等级、土质、水文特点,对机动产生影响的地貌类型和植被,主要影响作战单位的机动速度。

(4) 隐蔽性。用来描述可被用于隐蔽和不受杀伤的地物、地貌,主要影响搜索发现和杀伤效果。

在使用这些参数时,可根据模型的需要选用其中的部分或全部。描述上面几种参数的方式有定量和半定量两种。定量描述适用于一些实现方便的可测参数,如地貌标高和地物标高。半定量的分级描述适用于一些难以用物理方法测出具体数值的参数,如通行性和隐蔽性等。

5.4.1.3 地形的量化方法

地形量化指的是地形起伏状态的量化。由于模型的规模和用途不同,采用的数学方法也各不相同,因此,对地形量化的精度要求也不一样。地形量化的方法大致可分为两大类,即标高法和分类法。

标高法是量化地形的精细微观定量描述方法。其原理是给出战场区域各点的标高,以此来确定地形的起伏。在标高法中,通常使用三维笛卡儿坐标系 XYZ,其中 X、Y 轴在水平面上,Z 轴垂直该平面,指向地心相反方向。坐标 z 可用来表示点(x, y)处的海拔,如果 z 能够表示成(x, y)的函数,则曲面 $z=Z(x, y)$可用来表示地面起伏。由于地形的复杂性,准确地确定曲面 $Z(x, y)$的解析表达式几乎是不可能的,多数情况下只能给出某些离散点处的标高,以近似地确定地形起伏。为此,在基于 Agent 的作战建模中,模型设计者们主要采用网格法、参量法来解决该问题。

分类法是量化地形的粗略宏观半定量描述方法。其过程一般分为3步:先对地形分类,再对描述参数定级,最后划分作战地域。地形的分类是根据地形因素的一些共同特点及其对作战行动的不同影响,重点提出几类具有代表性的地形。在一般的作战模型中,当用分类法描述地形时,通常仅考虑平坦地、丘陵地、低山地和中山地等4种类型的地形,特殊情况下考虑不可通行山地、沼泽地等。地形描述参数的定级,就是给出相应于地形类的参数值大小,如不可测参数中的通行性和隐蔽性等,可测参数中的地形标高和植被高等。作战地域的划分,就是把整个作战地域分为若干个小的区域,使每个小区域内的地形与地形分类标准中的某一类地形基本一致,以利于用相应的参数值进行描述。划分主要方法有网格法、不规则多边形法和随机矩形法。

实际的基于Agent作战建模实践中,运用地形的量化方法,必须综合考虑精度要求、模型特点、计算机内存容量及运行速度等因素。通常,在师、团级别的多Agent模型中,主要依据地形的类别,采用分类法反映地形的影响,或在整体上采用分类法描述,而对发生战斗对抗的地区进行精细量化;而在营以下的分队战术多Agent模型中,多采用网格法或参量法对地形进行精细描述。

若采用网格法精细描述地形,其网格尺寸的大小,通常由多Agent模型的分辨率决定。例如:若分辨率为单人单炮Agent,则方格边长一般为10m~25m;若分辨率为1个班,则方格尺寸为50m~100m;若分辨率为1个排Agent,则方格尺寸为250m~500m。常用的网格尺寸及其与作战单位大小、作战规模、活动范围之间的关系,可参考表5-6。

表5-6 作战单位与网格尺寸关系

网格尺寸/m	作战单位的近似大小				规模最大的部分		最小活动范围	
	步兵	机械化步兵	炮兵	飞机	步兵	机械化步兵	正面/m	纵深/m
10	1人	不适用	1门	不适用	2个排	不适用	600	630
25	2人	1辆车	2门	1架	1个连	1个连	1500	1575
50	1/2班	2辆车	4门	1架	1个营	1个营	3000	3150
100	1个班	3辆车	6门	2架	2个营	2个营	6000	6300
250	1个排	7辆车	12门	4架	4个营	4个营	15000	15750

5.4.2 作战Agent与战场环境交互关系描述

由于战场环境在军事应用中主要是与交互空间的各类实体相互影响的,所以战场环境建模是和整个仿真系统联系在一起的。要明确识别仿真中的环境影响和环境效果，经常使用的方法就是建立一系列的交互类别。按照这些交互类别，剧情需要的军事行动的范围就会被分开。这样，环境和任务空间实体的交互就便于分析和研究。在基于 Agent 的作战建模中，上述这种交互实际上即作战 Agent 与战场环境交互关系。

通过对战场环境进行深入研究，我们给出作战 Agent 与战场环境交互关系描述框架，如图 5 – 27 所示。这一框架，为在基于 Agent 的作战建模中讨论环境描述、分析实体行为提供了一个通用的基础。

需要指出的是，为了便于描述作战 Agent 与战场环境交互关系，在图 5 – 27 中，基于 Agent 的作战建模仿真系统只考虑了作战实体（含红方、蓝方对抗兵力）及其所依托的战场空间，而没有纳入起仿真管理（仿真控制）功能的白方。

在给出作战 Agent 与战场环境交互关系描述框架的基础上，围绕其中的几个关键因素，我们进一步提出二者交互关系的定量描述方法。

由于地形环境是影响陆军部队作战建模特别是战术层次建模的核心地理环境因素，这里以地形环境为例，来说明作战 Agent 与战场环境交互关系。

在基于 Agent 的作战建模中，作战 Agent 与作为外部环境的地形环境的交互，主要是通行、通视的判断。其中，通行主要涉及 Agent 对坡度、坡向及限重、限宽等因素的自主判断。

当前，对坡度的计算方法可归纳为 5 种，即四块法、空间矢量分析法、拟合平面法、拟合曲面法、直接法。前 3 种方法是为求地面平均坡度而设计的，后 2 种方法是为求解地面最大坡度而设计的。

拟合曲面法一般采用二次曲面，即 3 × 3 的窗口，如图 5 – 28 所示。每个窗口中心 P 为一个高程点。

设 $Gradient$ 为坡度，$SlopeAspect$ 为坡向，按照图 5 – 28 所示的战场地形网格，可由以下两式分别计算 $Gradient_x$ 和 $Gradient_y$。其中，$Gradient_x$ 为 x 方向上的坡度，$Gradient_y$ 为 y 方向上的坡度，$Grid$ 为战场地形网格的格网间距。

$$Gradient_x = \frac{(P_7 + 2P_3 + P_6) - (P_8 + 2P_1 + P_5)}{8 \times Grid}$$

$$Gradient_y = \frac{(P_6 + 2P_2 + P_5) - (P_7 + 2P_4 + P_8)}{8 \times Grid}$$

高程点 P 的坡度和坡向的计算公式如下：

$$Gradient = \sqrt{Gradient_x^2 + Gradient_y^2}$$

$$SlopeAspect = Gradient_y / Gradient_x$$

由此，可计算出任一高程点的坡度和坡向，结果分别存入战场环境数据

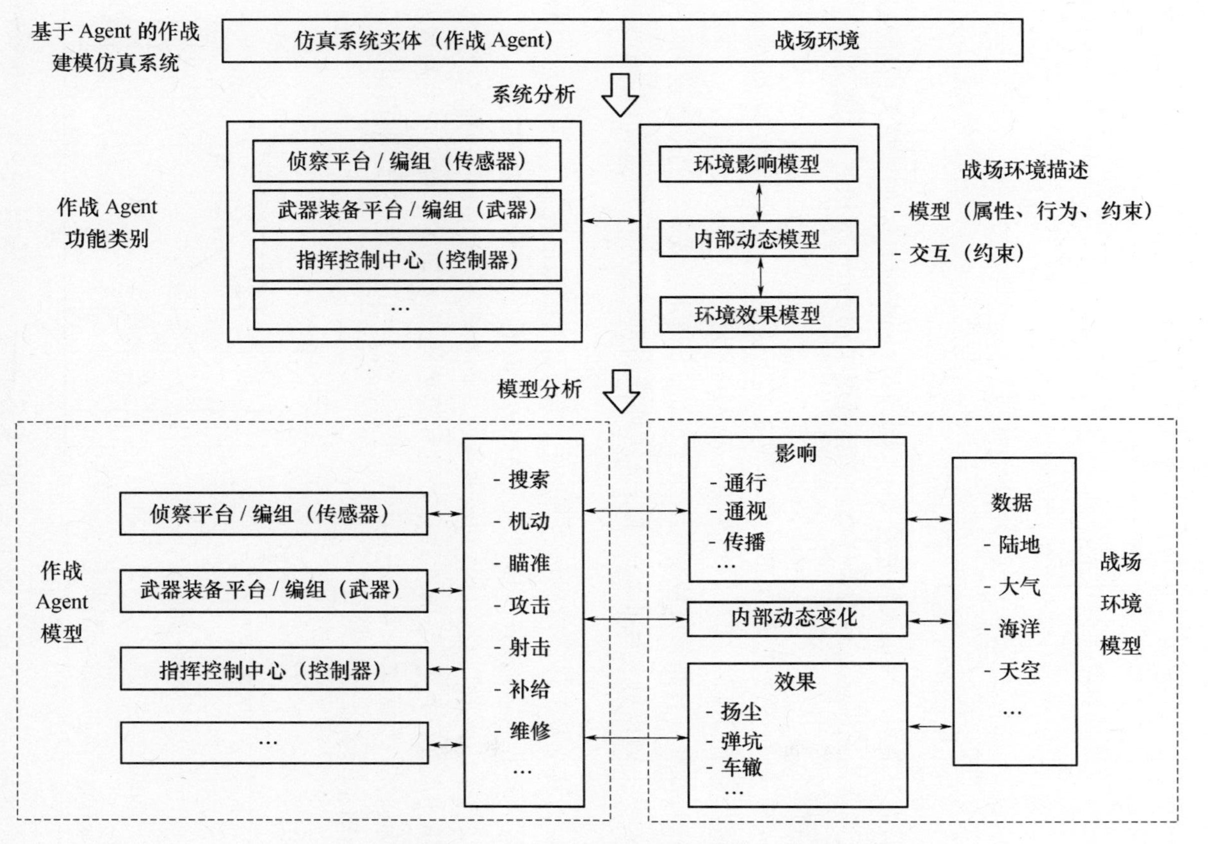

图 5-27 作战 Agent 与战场环境交互关系描述框架

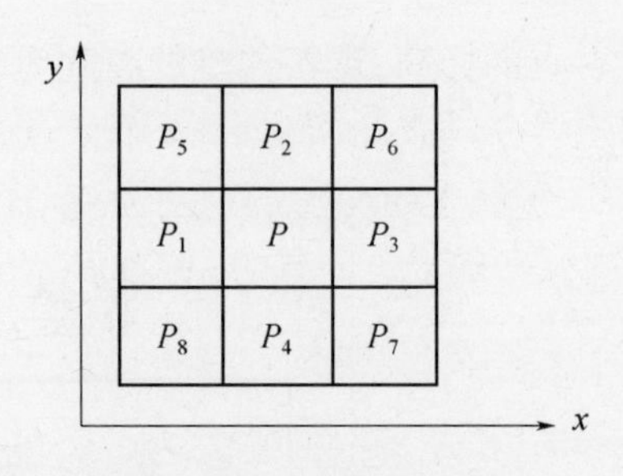

图 5－28　战场地形网格

库中。

设某型装甲车辆最大爬坡角为 η_1，则满足 $Gradient \leqslant \eta_1$ 的地域为可通行地域，否则认为该网格就地貌条件而言该型装甲车辆 Agent 无法通行，遇到该地域必须绕行。

同理，针对下坡情况，某型装甲车辆最大下坡角为 η_2，则满足 $Gradient \leqslant \eta_2$ 的地域为可通行地域，否则该型装甲车辆 Agent 无法通行，必须绕行。

针对沙地等自然条件或桥梁等人工条件，支撑重量或载重的限额设为 T，则某型装甲车辆重量 t 满足 $t \leqslant T$ 时，该实体映射的 Agent 可以通行；否则，无法通行。

针对桥梁及雷场等障碍物中开辟的通路，宽度的限额设为 L，则某型装甲车辆宽度 l 满足 $l \leqslant L$ 时，该实体映射的 Agent 可以通行；否则，无法通行。

通过采用离散判定法计算判定通视性。即在观察者 Agent 与目标连线上取等间隔的点进行判定，如果这些点处的标高值均低于连线上相应点的高度，则判定为通视。如果至少有一点的标高高于连线上相应点的高度，则判定为不通视，如图 5－29 所示。

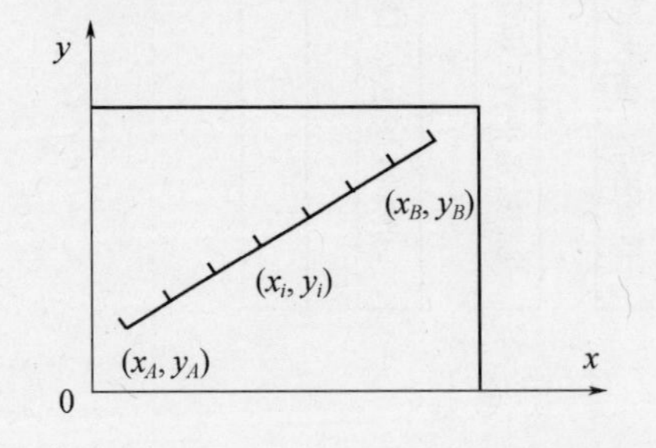

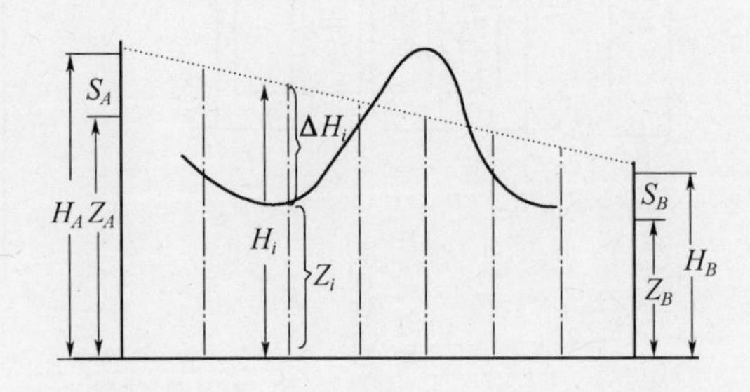

图 5－29　离散判定法

设观察者 Agent 的位置在 $A(x_A, y_A, z_A)$ 点，目标的位置在 $B(x_B, y_B, z_B)$

点,其中 z_A、z_B 分别为 A、B 点的标高,观察器材的高度为 S_A,目标的高度为 S_B。

首先将 A、B 两点的连线分成 N 个等份,第 i 个分点在坐标平面上的投影坐标为(x_i, y_i),其标高为 Z_i,连线上对应点的高度为 H_i,于是 Z_i 的值可利用量化地形标高法中给定的相应公式确定。如果对所有的 i 均有 $H_i > Z_i$,则判定 A、B 间为通视,否则为不通视。

第 6 章

基于 Agent 的作战建模 VV&A

6.1　基于 Agent 的作战建模 VV&A 概述

6.1.1　VV&A 概念

6.1.1.1　VV&A 提出的背景

国际上,对于校核、验证与确认(Verification, Validation and Accreditation, VV&A)的研究,最早可以追溯到 20 世纪 50 年代末至 60 年代初。当时,Conway 等人率先开始对仿真模型的评估问题进行了研究。但直到 1967 年,美国兰德公司的 Fishman 和 Kiviat 明确指出仿真模型可信度研究可划分为模型校核和模型验证两个部分之后,仿真模型可信度研究的概念和内容才逐渐变得清晰起来。美国学者 Balci 和 Sargent 曾先后两次进行了仿真可信度评估和 VV&A 方面的文献的收集工作。20 世纪 70 年代到 80 年代的研究集中于建立与模型可信性相关的概念、术语和规范,美国计算机仿真学会于 20 世纪 70 年代中期成立了"模型可信性技术委员会(Technical Committee on Model Credibility, TC-MC)",这是一个重要的里程碑。进入 20 世纪 90 年代后,许多政府、民间部门和学术机构都成立了相应的组织,以制定各自的建模与仿真(Modeling & Simulation, M&S)及其 VV&A 规范和标准。其中美国国防部(Department of Defense, DoD)1996 年完成的 VV&A 建议规范则掀起了制定 VV&A 标准的热潮。2002 年 10 月,在美国召开了"21 世纪建模与仿真校核与验证的基础"的国际会议,对 VV&A 问题进行了总结与展望。另外,在大量建模仿真期刊以及建模仿真会议中,都有许多 VV&A 方面的研究专题和文章。

VV&A 是针对可信性研究而实施的一项活动,贯穿于作战仿真系统建设的全生命周期。目前,VV&A 已成为用户基本要求。随着仿真系统规模和应用的日益扩大,迫切需要 VV&A 成为仿真系统的开发过程中必需的工作。因此,宏观上需要制定指导仿真系统 VV&A 政策,这将有利于作好以下工作:

(1) 提高对 VV&A 的重视程度,使之成为项目管理的重要要求。

(2) 使 VV&A 开支能够计入成本,使预算有合理依据。

(3) 使 VV&A 信息互通,有利于仿真资源共享和重用。

(4) 有利于各项 VV&A 支撑系统建设,提高 VV&A 的信息化水平。

目前,VV&A 技术已成为系统 M&S 技术中的一个重要部分,受到军事部门的高度重视,正从局部的、分散的研究向实用化、自动化、规范化与集成化的方向发展。

6.1.1.2 VV&A 的定义

在 VV&A 中,模型校核(Verification)指的是模型在从一种形式转换到另一种形式时,具有足够的精度。模型校核要解决的问题是,在模型的转换过程中,要保证转换的精度。在把求解的问题转化成模型描述,或把流程图形式的模型转化成可执行的计算机程序过程中,其精度的评估就是模型的校核问题。校核关心的是"是否正确地建立了仿真系统"的问题,即设计人员是否按照仿真系统应用目标和功能需求的要求正确地设计出仿真系统的模型,仿真软件开发人员是否按照设计人员提供的仿真模型正确地实现了模型。校核的目的和任务是证实模型从一种形式转换成另一种形式的过程具有足够的精度。

模型验证(Validation),指的是在适用的范围内,针对建模与仿真的对象,模型具有令人满意的精度。模型验证,要解决的问题是建立与对象相对应的正确模型。验证关心的是"是否建立了正确的仿真系统",即仿真系统在具体的应用中多大程度地反映了真实世界的情况。验证是要证实在模型的应用范围中,它的行为与仿真对象的行为在满意的精度下一致。通常采用仿真对象的输入去运行模型,再比较模型的输出与仿真对象相应输出的一致程度。对于无法验证的数学模型(如太阳系统模型)或无需验证的数学模型(如白箱模型),验证可以转化为检查是否满足下述指标:

(1) 理论依据充分。

(2) 模型假设和简化合理。

(3) 结构和逻辑关系正确。

(4) 数学公式正确。

(5) 模型参数设置合理,参数取值正确。

(6) 随机变量设置合理,随机变量分布函数正确。

(7) I/O 变量选取合理,I/O 影响关系正确。

(8) 模型的行为特征合理。

确认(Accreditation),指的是针对特定的目的,官方对模型或仿真是否可被接受使用进行认证。确认关心的是“仿真系统是否可以接受”,其实质是在校核和验证的基础上,官方地对仿真系统的可接受性和有效性作出正式的确认。

6.1.1.3 VV&A 与相关概念的关系

与 VV&A 紧密相关的概念除了上面提到的可信度外,还有逼真度、精度、测试、测试与评估等。下面,逐一进行阐述。

(1) 在 M&S 中,一个值得关注的问题就是仿真可信度问题,没有可信度的仿真是没有意义的。仿真系统的可信度(Credibility),是仿真系统的使用者对应用仿真系统在一定环境、一定条件下仿真试验的结果、解决所定义问题正确性的相信程度。评估仿真系统可信度的过程称为仿真系统的可信度评估。在 M&S 过程中,人们开始考虑一些问题,例如:仿真模型是否真正地代表了真实世界,仿真模型产生的输出数据是否和真实世界一样,仿真模型是否有高可靠性等。因此,M&S 本身的可信度评估便成为了一个不可回避的问题。可信度评估与 VV&A 之间的关系非常密切,二者既有区别又有联系。美国国防部在 VV&A RPG 中指出“建模与仿真的可信度可以通过校核和验证来测量,最后由确认证明其满足特定的应用目的”。仿真系统的可信度评估是检验仿真模型对实际系统模拟程度的必要手段,是模型确认和验证工作的最终目的,是系统仿真的重要组成部分。它将仿真系统生命周期中的 VV&A 工作、测试与评估工作、软件测试工作有效地统一到一个框架中,其工作的基础,在于进行系统 VV&A。建模与仿真的 VV&A 是分析系统模型可信性和提高仿真结果可信度的重要方法和有效途径,VV&A 工作目的是评价对 M&S 的可信度。可以说,VV&A 的核心问题,即仿真系统的可信度评估,如图 6-1 所示。事实上,目前国内外关于 M&S 的可信度评估,主要是围绕 M&S 的 VV&A 进行的。

(2) 模型逼真度是在研究目的限定条件下,模型相对仿真对象的近似程度。验模可以给出模型逼真度。仿真实践中,建模和仿真实现之后都需要验模,不过两者含义不同:前者为验证,后者是校核。因此,数学模型逼真度可通过验证来得到,仿真模型逼真度由校核来解决。

(3) 精度评估可看作是基于要回答下述问题的校核或验证:在精度评估过程中,模型行为经过与相应系统行为的比较了吗?若已经过比较,则说模型得

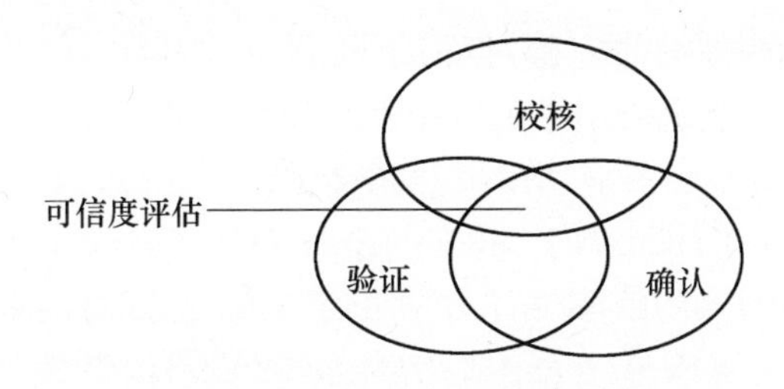

图 6-1　VV&A 与可信度评估的关系

到了验证,反之,则说转换精度得到了评估,即模型通过了校核。

(4) 模型测试(Testing),要解决的问题是模型是否存在不精确或误差。测试数据或测试条件下进行模型的测试,确定模型的功能是否正确。有些测试过程设计用于评估模型的输出精度,即验证;有些测试过程设计用于评估模型从一种形式到另一种形式的转换精度,即校核。有时,其全部过程被称为模型校核、验证与测试(Verification, Validation and Testing, VV&T)。

(5) 随着仿真理论和应用的不断发展,人们在研究可信度的同时还提出了仿真测试与评估(Test and Evaluation, T&E)。T&E 主要由两个阶段构成,即开发测试与评估(Development Test and Evaluation, DT&E)和操作测试与评估(Operation Test and Evaluation, OT&E)。DT&E 主要与工程设计目标相联系;而 OT&E 关心的是系统的操作有效性、恰当性和耐久性。VV&A 过程的校核是确保开发产品的正确性,与 T&E 过程的 OT&E 一致。

6.1.1.4　VV&A 的作用

可以说,VV&A 过程费时、费力但却不可缺少,不恰当的 VV&A 工作将给 M&S 过程带来巨大的灾难。尤其是对于作战建模仿真系统,更是如此。作战系统是一个复杂大系统,涉及对象庞杂,对其进行建模本身难度大,对模型的可信度和可用性要求高。作战模型是否可信、系统功能和性能能否满足模拟论证的军事应用需求、由此系统得出的论证结论是否可以作为科学决策的依据,这是作战模型和仿真系统的开发者、应用者和决策者最关心的重要问题之一。特别是基于 Agent 的作战建模,需要体现作战实体动态、智能交互行为机制,其中的作战模型如果不经过严格的校核与验证(Verification and Validation, V&V)就用于系统开发,或者研发的仿真系统没有经过严格的确认就投入使用,势必导致无法保证作战建模分析及仿真结果的可信度,影响系统的可用性。

作战模型 VV&A 旨在向开发人员、分析人员、管理人员和系统使用人员提供一个简便而逼真的框架,其目的是对作战建模全过程进行规范化的质量控制，形成建模过程各阶段的完整过程记录，保证作战模型在一定不确定度（假设）下的可信度和在特定应用中的可用性。只有保证了作战模型的正确性与可信度，仿真结果才有实际的应用价值和意义，仿真系统才具有可用性。

事实上，VV&A 工作贯穿于 M&S 的全过程。一旦军事人员认定作战建模是解决复杂作战系统问题的最好方法并决定采用之，那么 VV&A 活动就应该从概念模型开始，并且紧密地结合作战仿真系统的设计、开发、测试、应用的全过程。在仿真系统开发过程中，开展 VV&A 工作，可为作战模型应用于刻画复杂作战系统这一特定目的的可信度评估提供客观依据，从而增强军事人员应用仿真系统的信心。通过 VV&A 工作，还可尽早发现仿真系统设计开发中存在的问题和缺陷，帮助设计开发人员及时采取措施，修改模型设计和软件开发，尽可能减少作战建模的风险和损失。另外，VV&A 工作还可为仿真系统在未来应用中提供重要的数据资料和历史文档，增强作战模型的可用性。

6.1.2 VV&A 标准/规范

6.1.2.1 作战建模对 VV&A 标准/规范的需求

"不战而屈人之兵"，寻求最优战法是从武者永恒不变的话题。随着技术的发展，研究战争的手段越来越丰富。相比实战而言，作战仿真因其易操作性、可重复性和超前预见性备受各时代军事家的青睐。但由于作战系统是一个复杂巨系统，特别是当今时代的作战，更多高新技术武器装备运用于战场，战场复杂程度大大提高，作战仿真中构建的模型通常具有描述的多侧面性、模型的多层次多精度要求、模型的复杂性等特点。这些特点，决定了作战建模 VV&A 的重要性及难点。同时，由于作战建模主要用于刻画作战系统的复杂性行为，通过掌握作战系统运行规律而进行科学决策，因此，作战建模对 VV&A 的要求是很高的，而且与工程系统建模相比，作战建模 VV&A 研究难度相当大，对制定 VV&A 标准/规范的需求十分迫切。

首先，工程系统建模通常是对一个具体问题、具体应用环境的模型构建，往往具有明确的输入、条件和数据。而且，在对模型与仿真结果进行 VV&A 分析时，可以将被仿真系统的试验或测量数据与计算机仿真结果进行比较，获得初步的仿真可信性。并且，对同一类型的工程系统，其主要性能也都具有可比性。但在作战建模中，需要表达作战组织的复杂性层次及作战行为的随机性因素，需要描述各种智能实体间的相互影响。所以，作战过程是一个十分复杂的、不是仅能用确定型数学模型可以描述的过程。

其次，作战建模必须具有较高的可信性。为了能够刻画动态的、非线性的和自适应的复杂作战系统，对于作战建模，必须具有逼真的作战环境和逼真的作战过程，即通过 VV&A 确保可信性。特别是作为用于武器系统研究、评估，作为对作战方案的评估，尤其是作战后果的预测等，必须解决仿真可信性问题。尽管应用系统仿真技术，通过建立模型、校验模型、验证模型和确认模型等定量的研究方法可以实现具有一定的可信性的作战仿真，但目前，作战仿真的可信性还很低，必须研究提高作战仿真可信性的技术与方法。这客观上也对作战建模 VV&A 及其标准/规范提出了挑战。

尤其重要的是，现代条件下的作战建模，通常不仅涉及大量具有不同逼真度和不同类型的模型，而且作战模型的数据来源也是多渠道的，且人与环境间的交互存在一定的主观因素和不确定性。因而，作战仿真的可信性仅在少数情况下能对某些方面做出定量的表示和评估，大多数情况下可信性只能进行主观表示和评估。这就使得对作战仿真系统进行 VV&A 非常困难，必须建立规范的 VV&A 以限制人为的主观因素。

综上，针对作战系统特有的复杂性问题，为了提高作战仿真系统的可信度水平，应尽快建立一系列的 VV&A 标准/规范，以指导作战建模 VV&A 工作过程和方法。

6.1.2.2 几种典型的 VV&A 标准/规范

下面介绍的几种 VV&A 标准/规范，被国际上广泛认可，可用于基于 Agent 的作战建模中。随着 M&S 的新发展，VV&A 标准/规范本身也在不断修订完善之中。

1. DoD 系列规范

(1) DoD VV&A RPG。1996 年，美国国防部的国防建模与仿真办公室（Defense Modeling and Simulation Office, DMSO）专门成立了军用仿真 VV&A 工作技术支持小组（Technical Support Team, TST），负责起草国防部 VV&A 建议规范（Recommended Practice Guides, RPG），宏观指导美国各军种一级部门作战建模 VV&A 工作，同时也允许下属机构根据各自具体情况，作相应的调整和变动，例如，可以为特殊的需要定义特殊的 VV&A 相关角色。

(2) DoD 各军种 VV&A 规范。在 DoD VV&A RPG 这一基础框架的指导下，美国各军种还分别进一步制定了适合自己的规范，如陆军 AMSO（Army Model & Simulation Office）负责制定的 AR 5 - 11 和 DA Pam 5 - 11，空军 MSPD（Modeling and Simulation Policy Division）负责制定的 AFI 16 - 1001，海军的 SECNAVINST 5200.40 & VV&A Handbook 和导弹防御局 MDA（Missile Defense Agency）的 MDA Core Model VV&A 规范。这些文件的制定，为提高美军各军种

作战仿真系统的稳定性、可维护性、可重用性起到了重要的规范作用。

(3) 美国陆军建模仿真政策和指导章程。为了能更好地指导本军种部队作战仿真系统的开发及运行管理,美国陆军还开展了以 AR 5-11 和 DA Pam 5-11 为重点的建模仿真政策和指导章程拟制。1997 年制定的 AR 5-11,全称为陆军建模与仿真管理章程(Management of Army M&S),面向美国陆军所有 M&S 活动,对将 VV&A 纳入 M&S 配置管理作了明确规定。1999 年制定的 DA Pam 5-11,为美国陆军建模与仿真 VV&A 章程(VV&A of Army M&S),用于指导美国陆军开发、执行和归档等所有 VV&A 行为的进行,有效协调 VV&A、配置管理和文档管理之间的关系。

2. IEEE 系列标准

从 1995 年以来,国际电气电子工程师协会(Institute of Electrical and Electronics Engineers, IEEE)围绕分布式交互仿真(Distributed Interactive Simulation, DIS)、基于 HLA 的 M&S(High Level Architecture for Modeling and Simulation)和分布式仿真工程与执行过程(Distributed Simulation Engineering and Execution Process),分别制定了 IEEE 1278、IEEE 1516 和 IEEE 1730 标准簇。其中的 IEEE 1278.4 专门用于 DIS VV&A,给出了关于 DIS VV&A 的一个比较全面的指导。IEEE 1516.4 围绕 HLA 联邦开发与执行过程(High Level Architecture Federation Development and Execution Process),提供联邦 VV&A 的推荐指南。目前,IEEE 1278、IEEE 1516 和 IEEE 1730 标准簇还正由仿真互操作标准组织(Simulation Interoperability Standards Organization, SISO)进行维护管理。可以说,上述系列标准是国外目前关于大型复杂建模仿真系统及其 VV&A 最为系统和全面的工具书之一。

3. REVVA 规范

由丹麦、法国、意大利、荷兰和瑞典五国从 2003 年共同发起的 REVVA(即 THALES JP 11.20),强调在 M&S 和相关的 VV&A 项目的每一个阶段,组织(Organization)、产品(Products)和过程(Process)必须被统筹考虑,并根据具体问题和目的进行平衡,其框架如图 6-2 所示。REVVA 通用过程(REVVA Generic Process)框架中,还就 VV&A 规划(VV&A Planning)、开发可接受性目标(Develop Target of Acceptance)、获取 V&V 信息(Acquire V&V Information)、开发 V&V 目标(Develop Target of V&V)、指导 V&V(Conduct V&V)及评估证据(Assess Evidence)进行了规范。

由加拿大、丹麦、法国、荷兰、瑞典、英国六国承担的 REVVA2(即 Europa 111-104),是 REVVA 的后续项目,致力于对自身技术基础及先前研究结果的形式化说明。REVVA2 还就军事相关性(Military Relevance)、M&S 及技术需求

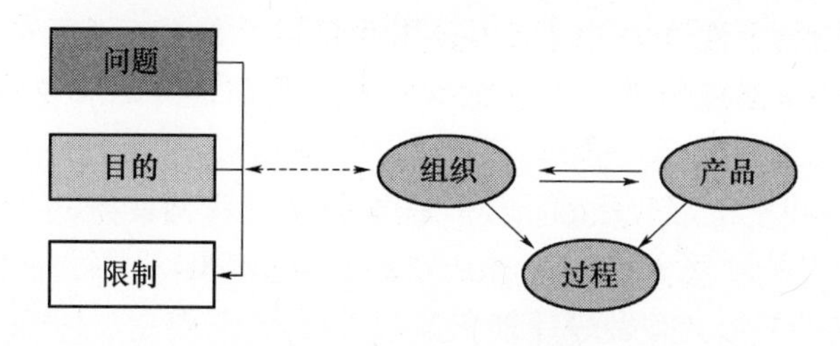

图 6-2　REVVA 框架

(M&S and Technological Needs)等问题进行了新规范。

4. 其他标准/规范

由加拿大、法国、德国、瑞典、英国、美国六国专家组成的任务工作组(Task Group),围绕联邦 VV&A 工作,从 2001 年起着手制定了北约 M&S VV&A 规范 NATO MSG 019 / TG 016。该规范不仅评估北约已有 VV&A 产品的实用性和潜力,还制定 VV&A 基线(Baseline)以便于进行联邦 VV&A。

由法国、德国、英国、美国、瑞典五国专家于 1998 年起合作制定了 ITOP on V&V 标准。该标准为 M&S VV&A 过程提供"国际测试操作程序"(International Test Operations Procedure, ITOP),规范描述了 V&V 用例(V&V Cases)、可接受性准则(Acceptability Criteria)、文档管理过程(Documentation Process)等多个方面问题。

6.1.3　基于 Agent 的作战建模 VV&A 方法论

6.1.3.1　基于 Agent 的作战建模 VV&A 的基本原则

原则是一种可接受或被承认的行为或规则。VV&A 原则作为 VV&A 概念体系基础,计划制定依据的活动安排指导,即 VV&A 实践应遵循的行为和工作的指导方针。当前,国内外关于 VV&A 的原则有很多种概括,这里,围绕基于 Agent 的作战建模实际,引入刘兴堂教授等提出的 14 条原则:

原则 1　完全的 VV&A 是不可能的。

原则 2　不存在绝对正确性模型。

原则 3　VV&A 应当贯穿于 M&S 的全生命周期。

原则 4　正确清楚阐述问题是 VV&A 的基础。

原则 5　仿真可信性是相对于仿真系统应用目标而言。

原则 6　仿真系统的验证并不能保证仿真系统对于预期应用的可接受性,还必须经过确认。

原则 7　应避免或减小 VV&A 中的 3 类错误(I、II、III 型错误)。

原则8 每一个系统的VV&A并不能保证整个仿真系统的可信性。

原则9 仿真系统的确认不是简单的肯定或否定的二值逻辑问题，而是复杂的科学论证过程。

原则10 VV&A是科学也是艺术，需要创造性和洞察力。

原则11 分析人员对VV&A的成功有着直接影响。

原则12 VV&A必须做好计划和记录工作。

原则13 VV&A需要某种程度的独立，以便将开发者影响减到最小。

原则14 成功的VV&A需要对所使用的数据进行可信度评估。

6.1.3.2 基于Agent的作战建模VV&A的基本方法

总体来看，常用的VV&A方法包括以下两组4大类。就基于Agent的作战建模领域而言，采用的是面向Agent的分析技术对作战系统构建模型，其VV&A本质上与其他领域建模VV&A在方法上是相通的，内容上主要更加侧重关注作战Agent模型及多Agent交互实现等方面的VV&A工作。

1. 非正式方法与正式方法

(1) 非正式方法(Informal Method)。非正式方法又称非正规方法、主观方法，是一种非常有效的VV&A方法，在M&S中得到广泛应用，但该方法对人的推理和主观判断有很强的依赖性，而这种推理往往是不严格的。非正式方法的技术包括：自检、表面检查、代码审查、复查、图灵测试等。

(2) 正式方法(Formal Method)。正式方法又称为正规方法、形式化方法，是基于严格的数学逻辑和推理，通过逻辑运算或推理来发现模型的问题，但该方法在复杂系统中的推理和逻辑运算量大，操作难度高。正式方法的技术包括：正确性证明、Lambda计算、谓词计算、谓词变换、归纳、推理、逻辑演绎等。

2. 静态分析方法与动态测试方法

(1) 静态分析方法(Static Analysis Method)。静态分析方法有时被简称为静态方法，用来评估静态的模型设计和源代码，不需要模型的机器运行就可评估，但需手工执行模型。该方法可检查内部数据和控制流的正确性等。静态方法的技术包括：语义分析、语法分析、数据分析、控制分析、结构分析、一致性检验和因果图分析等。

(2) 动态测试方法(Dynamic Testing Method)。动态测试方法有时被简称为动态方法，需要运行模型，大多数需要加入模型探测器，在模型中加入附加的代码，根据模型在运行时的行为，来收集运行时的行为信息。探测位置是在模型静态结构分析的基础上，手工或自动获得的。动态方法的技术包括：自上而下的测试、自下而上的测试、功能/黑箱测试、结构/白箱测试、重点测试、代码调试、执行追踪、执行监督、执行轨迹、符号调试、递归测试、图形比较等。

需要指出的是,各种方法不是完全对立的,有时在基于 Agent 的作战建模过程中的不同阶段,往往都可能会同时采用上述多种 VV&A 的基本方法,或在 VV&A 的不同环节中使用其中的多种技术。

6.1.3.3 基于 Agent 的作战建模 VV&A 的步骤流程

基于 Agent 的作战建模,其 VV&A 步骤流程(图 6-3)和 M&S 开发过程(图 6-4)是一致的。图 6-4 中,虚箭头就 M&S 开发而言,表示 VV&A 过程,就该仿真模型系统而言,代表了可信度评估。VV&A 紧紧围绕仿真建模工作,认可过程是在 V&V 的基础上进行的。在 M&S 过程中,V&V 一旦发现 M&S 的错误,就重新修改模型,再进行 V&V,直到 M&S 验收后才可应用。在实际应用中,基于分析的深度、用户需求或已经建立的可接受性标准的不同,应适当地选择应用这些活动和任务。

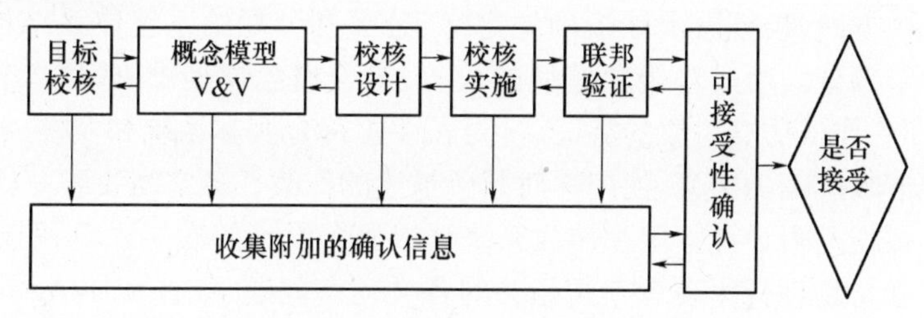

图 6-3 VV&A 步骤流程图

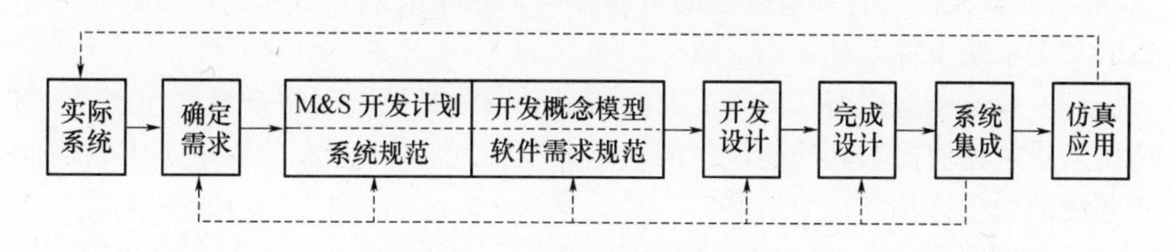

图 6-4 M&S 开发过程图

需要说明的有两点:①如前所述,为了满足复杂军事对抗分布仿真的需要,人们在构建基于 Agent 的作战建模仿真系统时,往往遵循 HLA 的技术框架,来支持复杂大系统仿真。因而,我们用"联邦"来指代这类仿真系统;②由于 Agent 是"一种处于一定环境下包装的计算机系统",因此,基于 Agent 的作战建模仿真模型 M&S 开发过程,即该类仿真系统从目标校核到联邦验证、可接受性确认的 VV&A 过程,与一般的仿真模型 M&S、一般的仿真系统 VV&A,在本质上是一致的。这一角度也证明了基于 Agent 的作战建模方法具有良好的通用性和推广前景。

下面,结合一般的战术级作战建模及其仿真实现问题,阐述上述基于 Agent 的作战建模 VV&A 的步骤流程。其中的有关核心内容详见 6.2 节、6.3 节。

1. 目标校核

针对基于 Agent 的作战建模仿真系统的设计目标,明确建模仿真的目标、背景和用途等,结合对建模仿真的信息来源(包括开发者、文档、数据等)的分析,对模型的应用范围、层次、内容等方面的信息作出明确说明,符合应用目标正确性、一致性、完整性和明确性的标准。

2. 概念模型 V&V

(1) 核对概念模型。根据作战条令条例和依据战斗教程编写的作战想定,按照设计的基于 Agent 的作战建模仿真系统结构和运行程序,确定作战仿真场景类别、仿真解析度、地形要求、坐标系,并定义部队及初始位置,结合作战行动域与实际组元逻辑关系分析和实际组元任务分解的研究内容,确定作战行动的时间/事件轴线。从时间离散化、兵力分解、兵力分类、装备分解与分类、作战行动分解几个方面,校核需求被正确地定义、分解和分配给系统体系结构和概念模型的各个部分。通过对概念模型的校核,符合概念模型准确、概念表达清晰的标准,即各作战仿真对象的特征、行为和性能符合实际系统和实体,各概念模型要素有清晰准确的定义,使用户对其所描述的作战任务空间要素一目了然。

(2) 评估逻辑设计。跟踪作战系统领域概念设计的底层逻辑,明确武器装备作战行动与物理行为表现方式相关的各类动态问题,如各实体 Agent 自身推理及 Agent 间交互行为等,结果符合逻辑表达正确的标准,即在描述行动过程的控制规则时,条件与行动有合理的对应关系,Agent 决策的结果和行为选择与相似的真实系统条件下基本相一致。

(3) 验证概念模型。VV&A 人员和军事领域专家一起检查概念模型,特别评价从作战建模需求到功能规范的功能分配情况,确保它充分规定了作战建模问题域的物理特性和行为机制。

3. 校核设计

通过检查基于 Agent 的作战建模仿真系统中红、蓝方联邦成员的任务、机动、状态、信息及逼真度等各项关键的技术特征,检查白方联邦管理和运行性能,评估仿真系统的体系设计是否符合多 Agent 交互的静态结构设计,校核概念需求是否正确分配给各个成员,并且在成员以及联邦中有效地表示,并校核数据的需求和来源,结果符合主体客体清楚、行动过程完整、规则约束合理、数据图表准确的标准,即在描述行动效果(交互)时,能清楚识别发出交互的实体及接收交互的实体;在概念模型粒度的框架内,对所涉及的行动过程能完整地描述其发生、结束及其内部的运行阶段和机制;考虑了多 Agent 交互过程控制的关键约束条件,并在由定性规则转化为定量规则时,条件值的确定基本合理;模型文档中的数据表格和流程图清晰醒目、简洁易读,数据的来源、结构、类型准确清楚,图表要素间的逻辑关系合理,易于识别。

4. 校核实施

针对基于Agent的作战建模仿真系统中各个实体Agent的校核,主要检查实体类结构与实际武器装备作战运用相符合。

针对基于Agent的作战建模仿真系统的校核,主要通过测试的方法来实现,包括功能测试和性能测试。仿真系统测试主要包括如下内容:

(1) 战场环境设置模块测试。

(2) Agent配置与情况设置模块测试。

(3) 仿真模块测试。

(4) 综合性能测试。

通过对基于Agent的作战建模仿真系统中各模块的功能进行全面的测试,并对系统的稳定性、运行速度等性能进行相应测试,判断其功能、性能是否能够满足作战建模仿真要求。

5. 联邦验证

通过检查和评估战场环境设置模块、Agent配置与情况设置模块、仿真模块及综合性能测试方案的完备性和恰当性,紧紧围绕实体Agent的仿真功能,校核硬件安装、操作、网络接口和集成输入数据,仿真结果符合军事行动合理、输出表达清楚的标准,即保证在相似条件下的同一行动,产生与实际系统基本一致的结果,如战损、侦察效果等;对输出数据的表现形式(如报告、军标、示意图等)、数据结构和类型有清晰的交代。

6. 可接受性确认

由建模仿真发起者、用户或者指定的权威人士来确定评审范围、可接受性标准,并标明风险,组织评审专家和确认人员重点就对基本作战实体、作战行动、战场环境、仿真管理和服务等4个方面,进行可接受性确认。对各部分的评审进行集成,得到确认评审概要和结论。

6.2 基于Agent作战模型校核与验证

6.2.1 概念模型的校核与验证

6.2.1.1 概念模型及其校核与验证的有关问题

在基于Agent作战建模仿真系统开发过程中,会涉及各种各样的模型。这些模型可分为概念领域的模型和仿真领域的模型。概念模型是对真实世界的抽象,因此,它可定义为M&S的问题空间的抽象或通用的视图。概念模型是仿真需求和规范的连接,它促进军事人员和仿真人员之间的理解。在整个联邦开发过程中会涉及多种概念模型,包括任务空间概念模型(CMMS)、用户空间概念模型(CMUS)、综合表示概念模型(CMSR)、仿真概念模型(SCM)和联邦概念模型(FCM)等。这里,重点阐述任务空间概念模型、仿真概念模型和联邦概念模型。

(1)任务空间概念模型。美国国防部DMSO在1995年公布的M&S主计划中,首次提出了任务空间概念模型(Conceptual Model of Mission Space, CMMS),国内部分学者又将其翻译成"使命空间概念模型"。上述M&S主计划还在概念模型定义里主要界定了任务空间概念模型的边界,即军事人员关于作战的视图以及仿真实现无关性,也指出了概念模型描述方法即EATI方法。EATI即Entity(实体)、Action(行动或动作)、Task(任务)和Interaction(交互)。当前,有关任务空间概念模型的研究,已经在国内外作战建模领域中得到广泛的开展。

(2)仿真概念模型。仿真概念模型(Simulation Conceptual Model, SCM)是为了满足仿真目标而对真实世界进行的首次抽象,它为领域专家、开发人员和VV&A人员提供了关于真实世界的一致规范的描述,它把具体的仿真需求转化成为详细的设计框架。仿真概念模型包括3部分内容,即仿真背景、任务空间和仿真空间。仿真背景规定仿真概念模型的边界;任务空间和仿真空间组成仿真概念,体现仿真系统开发人员对仿真对象的理解。

(3)联邦概念模型。建立联邦概念模型(Federation Conceptual Model, FCM),即完成从真实世界空间到联邦问题空间的正确描述。联邦开发者通过概念性描述的形式,表示联邦中应包括的实体及其在联邦中的活动,如实体的数量、必需的实体行为、特性和属性、实体之间的基本交互等,由此定义联邦概念模型。DMSO关于联邦概念模型的开发过程,主要分为情景开发、执行概念分析、联邦需求开发3个步骤。

概念模型有多种基本的描述形式,如专用方法、科学报告方法和设计融合方法等。

(1)专用方法。该方法针对具体情况进行,通常没有考虑模型未来的应用。当需要再次使用专用方法描述的模型时,往往难以获得概念模型充分的信息。

(2)科学报告方法。该方法使用科学报告的标准结构,并通过运用标准数学和技术惯例使得描述更清晰、假设更完备、规范约束更严格。这种描述形式中,最主要的内容是确定实体/过程可能的状态、任务/动作/行为、关系/交互、事件和参数/要素。

(3) 设计融合方法。该方法支持仿真设计,它使用 UML 结构、Rose 图表和相关的文本描述表示概念模型。通过各种视图及文本描述概念模型,不仅便于仿真系统开发,而且便于 VV&A 的开展,因而该方法得到广泛应用。

利用 M&S 技术分析研究实际系统日益受到人们的重视。如何正确地反映复杂事物的特征和本质,始终是 M&S 研究和实践的基本问题之一。基于 Agent 的大型复杂作战建模仿真系统的可重用性和互操作性将成为十分突出的问题。解决上述问题的关键是对实际系统进行权威、完整、可获得和可理解的规范化描述。概念模型可用于规范化描述。提高仿真模型的正确性、互操作性和重用性。

概念模型对真实世界特性描述的有效性通过验证得到认可;仿真模型对概念模型的正确实现通过校核过程也得到认可。概念模型验证是确保仿真可信度的基础。仿真测试和使用结果的验证能决定仿真对特定测试用例运行的好坏,但若没有仿真概念和算法的验证,将缺少判断仿真在任何别的条件下运行的好坏的基础。概念模型验证能提供仿真将在各种条件下运行的好坏的基础,确定仿真恰当应用的局限,这对基于 Agent 作战建模分布仿真和单平台仿真都是一样的。随着基于 Agent 作战建模分布仿真的进一步开展,概念模型的 V&V 问题显得日趋重要。

基于 Agent 的作战建模中,正确地建立概念模型及确保概念模型的正确性,是 Agent 模型及仿真系统质量的基本保障,唯有正确地建立正确的概念模型,才能真实地反映作战系统客观世界,才能实现可信度高的仿真。概念模型的可信度对提高基于 Agent 的大型复杂作战建模仿真系统的互操作性和可重用性都有着重要意义。

6.2.1.2 概念模型校核与验证过程

概念模型是用户需求的具体体现,也是作战模型构建和作战仿真系统开发的基础。因此,概念建模过程是从现实军事系统转化为作战仿真系统的关键过程。在基于 Agent 的作战建模中,在概念模型验证阶段,仿真系统开发者通过理解和分析用户需求、仿真目标和环境想定,把真实世界的情况用概念性描述表示,即定义概念模型。概念模型是描述仿真系统中应包括的实体及其活动。在这一阶段,V&V 工作组将对概念模型进行校核和验证,V&V 工作组评估概念模型的完整性、正确性和适宜性,确保仿真系统、操作需求和概念模型之间存在映射关系,并且从合理性、完整性和一定灵活性方面评估这一关系。需要强调的是,在概念模型的验证过程中,V&V 人员不应依赖仿真系统开发小组提供的数据、分析结论等。最后 VV&A 小组要在评估报告中记录全部 V&V 结论,分析可能存在的缺陷、约束和潜在风险。

从概念模型到数学/逻辑模型、程序模型的实现过程,是一个概念逐步细化、完善的过程,前一阶段的建模成果应成为后续阶段开发的重要依据。良好的概念模型能够为准确描述作战行动提供一个良好的基础,如果后续的数学建模和程序模型实现能够以概念模型作为依据,就能保证从概念模型向数学模型和程序模型转化过程中具有应有的精确度,作战模型的准确性和可信度将会得到很大的提高。因此,在基于 Agent 的作战建模中,需要围绕是否正确地建立了概念模型的问题开展概念模型校核。校核的主要目的是减少开发人员的失误,主要内容是校核从真实作战系统到概念模型的映射、校核从概念模型到真实作战系统的映射、校核从用户需求到概念模型的映射、校核从概念模型到用户需求的映射。校核通常由作为非开发人员的校核代理来执行,图 6-5 描述了概念模型校核过程的主要步骤及工作内容。

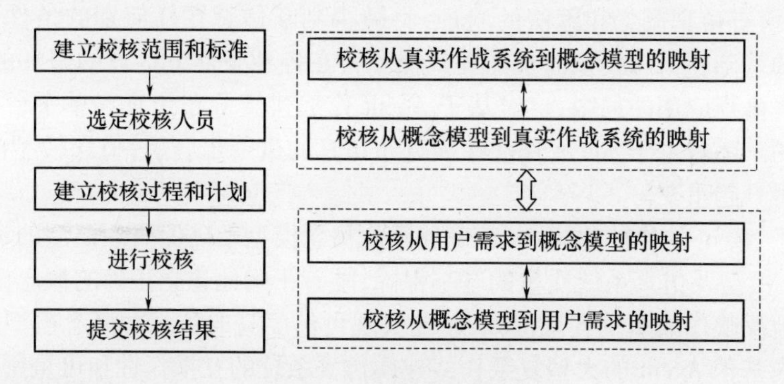

图 6-5 校核过程及内容

验证回答开发者在基于 Agent 的作战建模中,是否建立了正确的概念模型。这里所谓的"正确",是针对某一个参考对象而言的。在已经存在现实系统的情况下,概念模型的验证一般选择有权威性的系统来作为参考对象。而在更多的情况下,是不存在实际系统的,这时候需要组织系统领域相关的、有权威性的知识或者专家,形成一个概念上的参考对象。基于 Agent 的作战建模中,验证的主要目的是保证概念模型的逼真度,即尽量保证概念模型与参考对象的一致性,主要内容是围绕概念模型与真实作战系统、概念模型与用户需求之间的映射关系开展一系列验证工作。验证通常由作为非开发人员的验证代理来执行。当然,校核与验证的代理最好是同一家。图 6-6 描述了概念模型验证过程的主要步骤及工作内容。

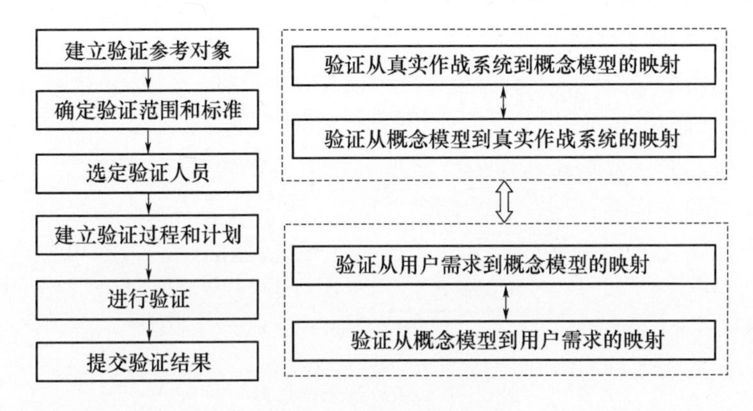

图 6-6　验证过程及内容

6.2.2　仿真模型的校核与验证

6.2.2.1　仿真模型及其校核与验证的有关问题

真实系统经抽象后,可建立概念模型;对概念模型的实现,即仿真模型。这里提到的“仿真模型”,特指在概念模型基础上进一步实现而形成的模型。

基于 Agent 作战建模仿真模型被广泛应用于各类智能作战问题解决和决策制定。这些仿真模型的用户往往要关心模型及其产生的结果是否“正确”。判断仿真模型正确性是通过仿真模型的 V&V 完成的。基于 Agent 作战建模仿真模型 V&V,研究的是仿真模型是否正确地建立、其输出行为能否满足仿真需求的问题。

所有的 V&V 方法可以被分为两大类:主观 V&V 和客观 V&V,选择适当的 V&V 方法对于 V&V 过程尤为重要。对于不同的数据可用情况,应该采取不同的 V&V 方法。

当然,由于各种原因,仿真模型的 V&V 是相当困难的。第一,缺乏仿真模型 V&V 领域专家,这些专家应该具有建模、各类 V&V 方法以及仿真对象的领域相关的各类知识;第二,当前各种大型复杂系统的 V&V 知识分布广泛,模型用户很难全面地获得;第三,V&V 过程一般很复杂。

为了有效应对基于 Agent 的大型复杂作战建模仿真系统对仿真模型验证工作带来的挑战,可构建仿真模型自动 V&V 系统。图 6-7 所示为该 V&V 系统的框架图,该系统包括仿真模型(SM)、V&V 知识库(VKB)、决策知识库(DKB)、V&V 技术库(VTB)和评估器(EI)等模块。

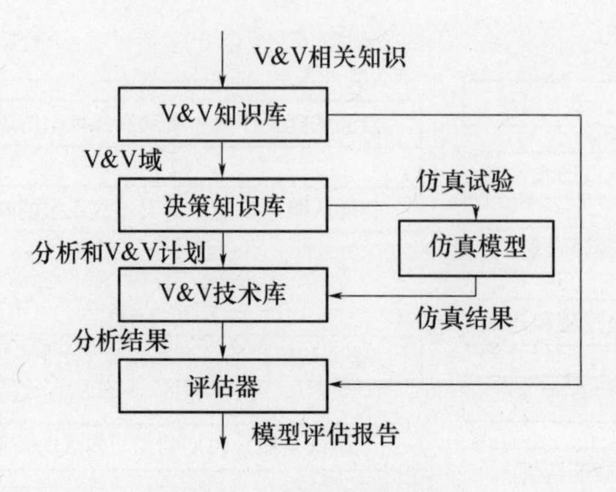

图 6-7　V&V 系统框架图

其中的仿真模型，以计算机程序的形式存在，在确定初始条件和模型输入后，该模块可以自动运行。V&V 知识库、决策知识库、V&V 技术库和评估器，是针对基于 Agent 的作战建模 V&V 工作实际而设计的管理模块，为检验作战 Agent 及其交互模型的功能、指标、动作行为以及仿真系统的精度和交互能力，提供更高效的技术手段。

在上述 V&V 系统框架中，V&V 知识库提供的 V&V 域及决策知识库提供的分析和 V&V 计划，用于仿真模型 V&V 工作的规则；结合 V&V 技术库及仿真模型，便于开展仿真模型设计过程的各项 V&V 工作；通过仿真试验，开展仿真模型执行过程 V&V 工作；以仿真结果为输入，以评估器为手段，实现仿真结果的检验。

6.2.2.2　仿真模型校核与验证过程

1. V&V 工作的规划

V&V 团队的责任是确保仿真系统的可信性以支持系统确认，而且确认标准为 V&V 团队的工作提供方向和重点，因而 V&V 的计划以确认计划为基础。V&V 计划应当基于确认团队规定的可接受性标准，评估仿真系统的正确性、完备性和系统各项特性的功能、行为、操作、逼真度是否满足要求。

当然，用户输入和用户评估对 V&V 的工作所作出的指导也是必要的。否则，重点只放在确认标准上的 V&V 工作会阻碍 V&V 团队进行质量控制和质量保证的工作，这样将难以提高基于 Agent 作战建模质量，影响用户对仿真系统的满意程度。

在 V&V 工作规划中，V&V 团体必须采取适宜和性价比高的方法、工具和技术来实现每个目标，将其转化为运行中的一系列任务和过程。同时，为了有效执行 VV&A 计划,V&V 团队还必须在整个仿真系统开发过程中进行检查、评估并向发起人报告。

2. 设计过程的 V&V

在概念模型验证工作完成后,开发者将就如何对概念模型的软件编码和硬件环境构造进行详细设计。在基于 Agent 作战建模中,这些工作本质上涉及仿真模型设计,主要包括基于概念模型基础上产生仿真行为的组件、元素和功能函数,并确定它们的特定表达形式。

针对基于 Agent 的作战仿真模型,设计过程的校核是指:为保证设计转化过程相对概念模型保持一致性和精确性,在 Agent 仿真软件代码编写或多 Agent 交互仿真系统硬件环境构造之前,对整个详细设计过程进行的审核。设计过程校核的主要工作是检查一些规范和功能上的设计方案。这些规范和方案定义了组成 M&S 的性能需求、软件、硬件环境。通过设计过程的校核,保证在概念模型中定义的所有特性、功能、行为、算法和交互作用都能被正确、完整、保持一致地反映在设计过程中。

基于 Agent 的作战仿真模型设计过程的验证,重点是检查构建的作战 Agent 模型及多 Agent 交互仿真模型是否能够得到合理简化,检验各类作战实体的智能行为特性的合理性和 I/O 影响关系的正确性。

3. 执行过程的 V&V

经过对整个设计过程进行详细的审核之后,概念模型及其相关设计被开发者转化成软件代码或硬件结构。执行过程验证的主要工作就是,通过经验证过的数据对软件代码、硬件结构及二者的集成体(Integration)进行测试,从而从功能角度保证系统的软件、硬件及其集成体能够精确地代表开发者需求、概念规范和设计的预期需求。

软件检查是基于 Agent 的作战仿真模型执行过程 V&V 的重点。作战 Agent 本身是被封装起来、用于代理智能作战实体的软件,因此,可借鉴软件工程中软件代码验证技术,通过程序员自查和软件代码测试等方式来实现软件检查。硬件核查,主要是将基于 Agent 的作战仿真系统各类设备的硬件结构与其设计相比较,记录差异和故障设备。针对一些嵌入式仿真单元,开展软、硬件集成体的验证测试,从预期应用的角度,测试基于 Agent 的作战仿真系统精确代表实际作战系统的程度。

4. 仿真结果的检验

基于 Agent 的作战仿真模型的运行,可得到一系列的仿真结果,如作战单元的智能交战行动过程、损耗情况等。开展仿真结果的检验,可验证结果满足应用目标需求的程度。相比概念模型检验,仿真结果检验工作相对可采取一些更为客观的检验方法。目前,常用的方法有置信度区间法和灵敏度分析法。

1）置信度区间法

置信度区间法是给出具有一定置信度真值的区间范围计算模型精度的一种有效方法。对于一个仿真模型而言,对于同一输入的输出响应往往不止一个,置信度区间法就是分析不同输出结果均值差的置信区间,由该区间比较模型可接受精度来判断模型是否有效。采用置信度区间法时,基本步骤如下:

(1) 确定用于置信度分析的输出变量。

(2) 获取数据。

(3) 选取合适的统计方法。

(4) 统计计算。

(5) 置信度判断。

2）灵敏度分析法

灵敏度分析的实施是通过在一些感兴趣的范围内系统地改变模型输入变量的值,观察对模型行为的影响程度;也可以改变输入值以引起错误,判断模型行为对该错误的灵敏度。灵敏度分析可以确定输入变量和参数对哪个模型行为很敏感;然后,分析保证哪些值具有足够的精确度可提高模型的有效性。采用灵敏度分析法时,基本步骤如下:

(1) 明确基于 Agent 的作战建模仿真中需要分析的因素。

(2) 找出考察上述因素的变量和参数。

(3) 改变模型输入值。

(4) 执行基于 Agent 的仿真,并记录新的仿真结果。

(5) 分析系统模型行为对改变变量和参数前后的变化程度。

6.3 基于 Agent 作战模型确认

6.3.1 确认框架

6.3.1.1 确认概述

VV&A 在 M&S 使用过程的最后阶段,要做出确认决定,主要有 4 种可能:全面确认、有限确认、需要修改以及不确认。美国国防部在 DoD 5000.61 中关于“确认”的定义是:确认是官方对一个模型、仿真或者一系列的模型和仿真及其相关数据可用于特定仿真目的的认证活动。

由于对 V&V 的结果进行确认以验收 M&S,所以关于“确认”(Accreditation)

这一术语,有时被译为“验收”。但“验收”与 DoD 5000.61 定义不相符合,与“确认”的原意还是有较明显的区别。例如,“不验收”,汉语的意思是没有进行验收工作,而英文原意是指确定使用模型/仿真的风险和花费太大,用户必须选择其他方法来解决问题;显而易见,“不确认”才符合原意。同样的道理,“完全验收”、“有限验收”也讲不通。

Sargent 针对 M&S 过程,综述了 19 种模型确认方法。可以结合采用一些统计学的方法来对模型进行确认,如假设检验法和置信区间检验法。由于确认工作需要对 V&V 结果和 M&S 开发文档进行分析和研究,关于 V&V 的各项技术,特别是非正式化的方法也是确认常用的技术方法,这些 VV&A 方法可用于系统子模型和整个模型。

6.3.1.2 确认框架及其说明

在基于 Agent 的作战建模中,确认是对作战 Agent 及其交互模型就其仿真特定目的的可用性进行正式校核的过程。提出确认框架的目的,在于为开展基于 Agent 作战模型确认工作提供参考。这里,通过细化图 6-3 中有关确认活动,进一步从一般过程步骤的角度来阐述基于 Agent 作战模型确认框架(图 6-8)。

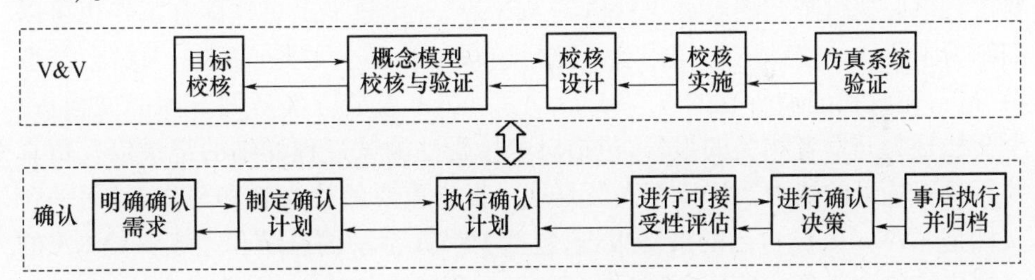

图 6-8 确认框架

围绕上述基于 Agent 作战模型确认框架,需要做出以下几点说明:

1. 关于确认框架的通用性

基于 Agent 的作战建模,需要刻画智能作战实体及其交互行为,相比其他的计算机仿真建模而言,更加关注如何描述复杂、动态、智能作战机制。但它采用的分析方法是面向 Agent 的分析,本质上仍然属于软件工程、计算机仿真建模范畴,因此,对基于 Agent 作战模型提出的确认框架,实际上既来源于一般的大型复杂工程系统模型确认框架,也可应用于其他领域建模的确认。

2. 关于确认评审与上述确认框架工作

在作战模型确认中,人们经常提到确认评审。确认评审的主要目的,是在仿真预期使用范围内确立仿真的适应性。按照确认评审的要求,确认的主要工作是制定确认计划、收集和评估确认信息、执行确认评审。从确认过程的角度看,确认评审涵盖了上述确认框架中的几部分内容。事实上,确认评审中大部分时序靠前的工作,可反映在上述确认框架中明确确认需求、制定确认计划、执行确认计划等环节内容;确认评审中部分时序靠后的工作,可反映在上述确认框架中的进行可接受性评估、进行确认决策及事后执行并归档等环节内容。因此,两者并不矛盾,只是从不同角度描述了确认的主体工作而已。

3. 关于各工作的关系及主要工作划分

VV&A 是一个整体的过程,贯穿于仿真系统全寿命周期,确认框架中的一些工作也是同步交叉进行或不断反复推进的。其中,明确确认需求、制定确认计划、执行确认计划可以归结为确认计划工作。确认计划、可接受性评估和确认决策,是确认最主要的工作。

4. 关于事后执行并归档

在基于 Agent 的作战建模中,确认的活动与 V&V 活动往往并行开展、层层反馈,直至仿真系统的可接受性得到最终确认。由此,在确认决策的基础上,还要进行事后执行并归档。从 VV&A 过程来看,一定意义上讲这部分工作也可以归结为主要属于确认的工作内容。这一阶段的活动主要是 VV&A 人员参与事后分析,完成和记录所有的 VV&A 活动。VV&A 人员应准备两方面的文档:一个文档是与开发者相关的报告,包括对可接受性测试过程详细的记录以及仿真执行每一场景的能力。VV&A 人员是这一报告重要的检查者和写作者;另一个文档是 VV&A 人员自己的最终报告,包括 VV&A 活动的总结和完成。VV&A 的文档应该包含充分的信息,以允许 VV&A 过程的重新建立,支持可重用性,或至少部分重用。

6.3.2 确认的主要工作

6.3.2.1 确认计划

1. 明确确认需求

在基于 Agent 作战建模中,确认需求的明确一般可与 V&V 活动中的目标校核一起进行,有时可把 V&V 需求作为确认需求的一部分。这样,确认需求既包括 V&V 需求,又包括仿真系统特征需求。针对基于 Agent 作战建模,确认需求要明确各类 Agent 模型和仿真系统的开发目标、对象特征和关键功能,并明确基于 Agent 作战建模仿真系统开发和使用历史、操作环境需求、配置管理状态、文档状态以及其他能力和局限。

2. 制定确认计划

确认计划一定意义上可以说是确认需求的进一步细化，一般而言，确认计划的制定可结合 V&V 计划进行，并把 V&V 计划纳入确认计划中作为子集。在基于 Agent 作战建模中，制定确认计划需要围绕作战 Agent 的形成、多 Agent 作战交互行为模型的构建及多 Agent 仿真系统实现等核心内容，提出一组待满足的需求、满足每个需求的方法、负责每个需求的人员、所需的全部资源和满足需求的时间表。

3. 执行确认计划

确认计划的执行，一般与基于 Agent 作战建模仿真系统的概念模型开发、设计、实现和执行阶段同时进行。在基于 Agent 作战建模中，执行确认计划的主要工作是收集上述活动中各类确认信息，主要包括：验证概念模型的信息、校核设计的信息、校核实施的信息、验证结果的信息。确认计划执行与概念模型校核与验证、校核设计、校核实施及仿真系统验证等 V&V 工作相辅相成，确保能够正确地构建并构建正确的作战实体 Agent、仿真管理 Agent 及其交互模型。

6.3.2.2 可接受性评估

可接受性评估，主要依托基于 Agent 作战仿真系统验证工作而开展，需要检查所有的确认信息，并给出仿真系统功能与可接受准则不匹配的表格，并对基于 Agent 作战模型的能力和缺点进行评估。在可接受性评估阶段，如果为了改正缺点，对基于 Agent 作战模型或数据库进行修改，那么修改的方法、使用的资源和时间要记下来；如果仿真系统的缺点通过限制系统的使用能够避免，那么这些限制要记录下来；如果由于缺少 V&V 而有潜在但未证实的缺点，那么需要附加 V&V 活动来决定缺点是否存在。

在基于 Agent 的大型复杂作战仿真系统 VV&A 中，可接受性评估的内容往往很多，需要选取合理的评估指标，形成一套科学、完备、详尽、可测的评估指标体系和评估方法，确保能够提供客观、细致的确认报告。考虑到在 VV&A 的各阶段需要统筹组织、产品和过程 3 方面问题，可建立如图 6 - 9 所示的可接受性评估指标集。

需要指出的是，必须充分考虑基层指标度量对整体评估的贡献。对基层指标和仿真行为元素的评估往往仅是基于 Agent 作战模型度量评估的初步工作，但它却给仿真系统后续评估产生了巨大的贡献：提供给后续评估的是全部归一化的数据（序列），这些数据携带了仿真系统全部的质量信息；对基于 Agent 作

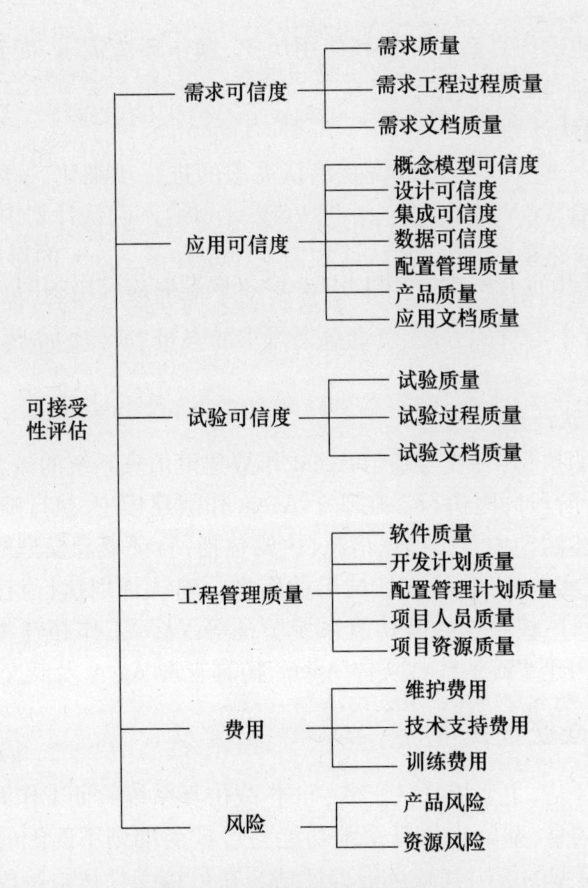

图 6-9　可接受性评估的指标

战模型的单元指标、阶段指标以及总体逼真度、置信度进行评估，可以直接利用这些归一化数据(序列)构造新的评估模型。

6.3.2.3　确认决策

在仿真系统验证及可接受性评估等直接相关工作的基础上，开展针对基于 Agent 作战模型的确认决策，判断设计开发的多 Agent 仿真系统是否能够得到认可。确认决策阶段的活动，主要是确认人员检查主要的产品并收集每一步的证据。当制定确认决策时，确认人员将询问 V&V 人员的意见。V&V 人员将所有相关的和反常的信息输入给确认人员。如果 V&V 人员的建议和确认人员的意见一样，那么将把全部证据进行总结，并呈交给确认权威考虑。否则，需要进行额外的调查。当数据缺乏时，如果出现不期望的结果，那么确认人员需要进行更详细的测试。

通常而言，确认决策不是简单的肯定或否定的二值逻辑问题。因为模型是对系统的抽象，具有内在的假设、限制和近似，所以当它和检验数据或其他数据相比较时，期望系统所有方面的完美表示是不合理的。根据对基于 Agent 作战建模结果的信任程度，可以用 0 ~ 100 来表示 V&V 的结果，在这里，0 代表绝对的不正确，100 代表绝对的正确。

一般而言，对基于 Agent 作战模型所做出的一系列确认决策，可包括信任模型、对模型的使用带有限制的信任模型、修改模型或进行附加的 V&V、不信任模型。因此，对应的确认决策的结果，一般有 4 种：

(1) 可信度高，质量与费用满足条件程度高，无风险或风险很小，完全接受该仿真系统，即模型可以十分可信地支持应用需求，在接受风险的前提下可以直接应用；

(2) 可信度较高，质量与费用满足条件程度较高，有一点风险，可有限制地使用该仿真系统，即需要在某些约束条件下才能满足应用需求；

(3) 可信度相对不高，质量与费用部分满足条件，有部分风险，使用前必须修改该仿真系统或进行附加的 V&V 活动；

(4) 可信度很低，质量与费用不满足条件，有很大风险，模型不能满足应用需要，不接受该仿真系统，必须进行重新开发。

第 7 章

基于 Agent 的作战建模平台

7.1 EINSTein

7.1.1 EINSTein 概述

7.1.1.1 EINSTein 简介

从1996年起,美国海军分析中心(Center for Naval Analysis, CNA)、海军研究局(Office of Naval Research, ONR)和海军陆战队作战发展司令部(Marine Corps Combat Development Command, MCCDC)资助一项研究成果,主要目的是运用复杂适应系统理论来开发用于理解战争基本过程的工具,改变原有自上而下的开发概念,采用自下面上的方法对作战过程进行建模。

1997年,CNA开发出了早期的基于Agent的小单位作战仿真工具——ISAAC(Irreducible Semi - Autonomous Adaptive Combat,不可约半自治适应性作战)。可以认为,ISAAC是最早使用基于Agent的建模技术实现地面作战仿真的研究项目之一。

在早期模型ISAAC的基础上,CNA于1999年开发了一款基于多Agent的作战仿真软件——EINSTein(Enhanced ISAAC Neural Simulation Toolkit,增强型不可约半自治适应性作战神经仿真工具包),由此建立了一个专门研究地面作战自组织涌现行为的仿真工具。2005年发布的EINSTein新版本version1.33,已获得美国军方认可,并参与到一些地面作战的建模仿真研究中。

EINSTein致力于运用基于Agent的建模方法,并引入非线性动力学、随机动力学、复杂性理论、人工生命、进化论和遗传算法、元胞自动机、神经网络等一系列理论方法,针对战争基本过程开展研究。

在 EINSTein 系统中,基于 Agent 的建模层次结构如图 7 - 1 所示。在图 7 - 1 中,顶层的最高指挥员代表软件的用户,用户负责给定作战场景,确定作战规模和特点,设定初始兵力部署,确定作战的初始边界条件等;全局指挥实体负责依据战场态势为所属局部指挥实体下达指令,并接收后者上报的战场信息;局部指挥实体领受上级的任务,并指挥其战斗分队完成既定军事任务;底层作战实体负责实现作战及机动等战术行为。基于顶层指挥实体、中间层指挥实体和底层作战实体间的指挥与协同关系,构建了指挥控制网模型。

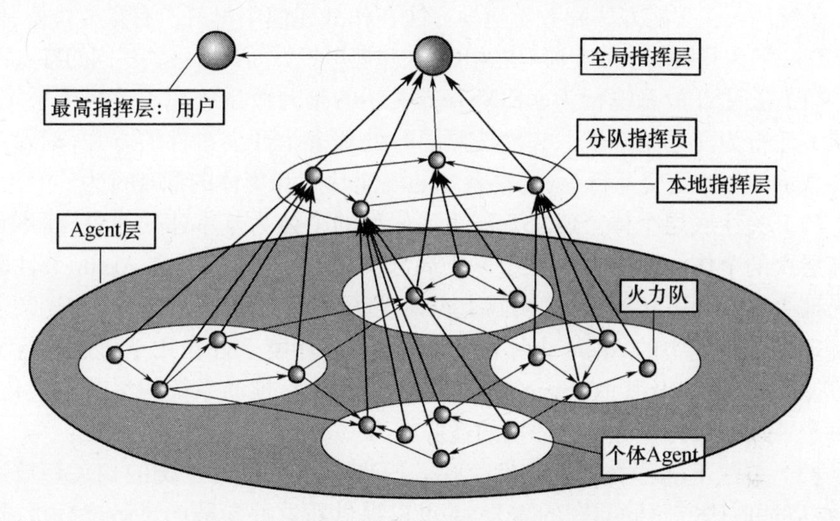

图 7 - 1　基于 Agent 的建模层次结构示意图

从概念上讲,EINSTein 基本上可以视为一个试验室,它提供了一些工具,用来研究基本的局部动作和全局行为之间的映射关系。基本的局部动作是为 Agent定义、由 Agent 执行,而全局行为则描述 Agent 兵力作为一个整体所展示出来的集体性活动模式。EINSTein 不仅有简单的局部规则库,还有一些具体的涌现行为如下:

(1) 形成攻击态势。

(2) 包围。

(3) 侧翼机动包抄。

(4) 向前推进。

(5) 正面进攻。

(6) 游击式袭击。

(7) 局部集结。

(8) 突破。

(9) 撤出战斗。

此外,还有一些全局意义上的涌现行为。尤其是针对某种特殊任务而通过遗传算法训练过其个性的那些兵力,这些行为并不是预先设计好的,而是自然和自发产生的,是一群分散但又高度相关的 Agent 通过交互形成的宏观层自组织涌现行为。

7.1.1.2 EINSTein 主要特点

传统的人工智能方法和数学建模方法在作战建模中早就占有重要位置,依托 EINSTein 平台开展的作战建模与之相比,在建模思想方面具有一些不同的特点:

(1) 关注开放系统行为。EINSTein 关注的是开放系统而不是封闭系统,更多地关注行为而不是知识。它能按照同时处理多个冲突事件的方式,刻画系统中各 Agent 个体的交互行为,观察系统的混沌状态和集体的涌现行为。

(2) 关注底层个体。EINSTein 以底层次的个体为基本建模对象,而不是面向高层次的个体。EINSTein 系统基于局部决策运行,即它是在 Agent 个性驱动的局部决策行为下运行的,这实际上也体现了该系统的理论基础——复杂适应系统理论。系统中的 Agent 个体按照其个性,在环境条件作用下形成其行为动机,进而与环境以及其他 Agent 个体发生交互行为,推动系统的运行与演化,而且每个 Agent 都具有对局部环境的适应能力。

(3) 关注不同种类的适应性个性。EINSTein 可以对系统的相关参数进行修改,以适应研究不同问题的需要,并可以提供对这些参数的灵敏度分析,这些 n 维参数空间包括 Agent 的感知范围、火力范围、运动范围、防御和攻击范围等。由此,用户可建立不同种类适应性个性的 Agent 模型。

(4) 关注参战单元之间的通信关系和指挥控制关系。在 EINSTein 中,系统提供参战 Agent 之间的通信功能,作为 Agent 的协调能力和指挥控制能力的基础。同时,按照图 7-1 所示的层次结构,EINSTein 系统提供全局和局部的指挥控制关系,用于观测局部和全局的信息反馈,描述实际作战组织体系结构。

(5) 关注地形因素的影响。传统的计算机作战建模方法,如兰彻斯特微分方程建模方法,地形因素在其中体现不明显。而在 EINSTein 1.0 及以前版本中,提供概念性地形描述。它提供可通行性和不可通行性两种简单的地形描述。不可通行地形显示为灰色。EINSTein 1.1 及以后版本作了改进,用户可用可通行性、可见度(二者由此决定了隐蔽性)定义地形元素。隐蔽性 =(1 - 可通行性) ×(1 - 可见度)。

7.1.1.3 EINSTein 分析

1. 结构与功能

EINSTein 系统主要由三部分组成,包括图形用户界面(GUI),数据采集、数据可视化功能函数,以及核心的作战引擎。作战引擎贯穿系统运行以及作战关联逻辑决策的始末,并且是时间序列数据采集、Agent 参数空间调整以及遗传算法搜索依据的基础。

1) 二维战场及战场上 Agent 的表示

在 EINSTein 系统中,对抗双方分为红方和蓝方,红、蓝双方进行战斗的虚拟战场是一个格子网,如图 7-2 所示,参战 Agent 可以在方格间自由移动并携带信息,每一个方格上最多只能放一个 Agent,代表一个战斗单元。每一个 Agent 有 3 种状态——生、死、伤,它们都拥有一组范围属性和一个个性属性,前者指 Agent 感知和吸收局部信息的范围,后者决定了它回应环境的一般方式。此外,Agent 还具有移动、战斗、通信、指挥与控制等行为。

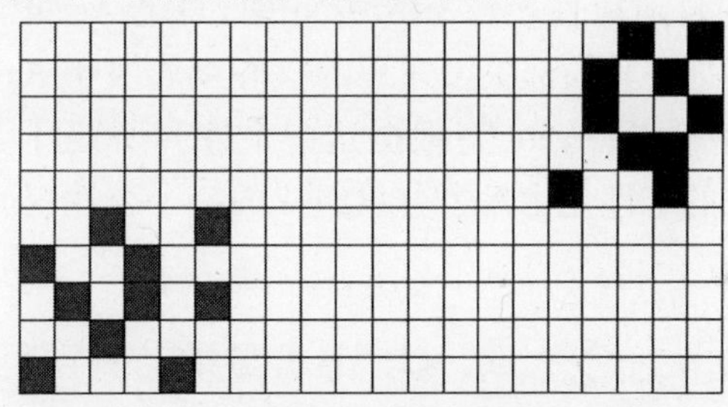

图 7-2 EINSTein 的二维格子网战场

2) Agent 的信息感知和交互范围表示

EINSTein 对作战实体 Agent 的信息感知和交互范围表示分为以下几种,如图 7-3 所示。

(1) 运动范围(r_M)。

(2) 关注范围(r_A)。

(3) 作战范围(r_T)。

(4) 火力范围(r_F)。

(5) 感知范围(r_S)。

(6) 通信范围(r_C)。

EINSTein 通过用户对上述范围的确定,即决定了红、蓝双方各作战 Agent 的各种能力,由此来确定 Agent 在交战过程中的行为和结果。

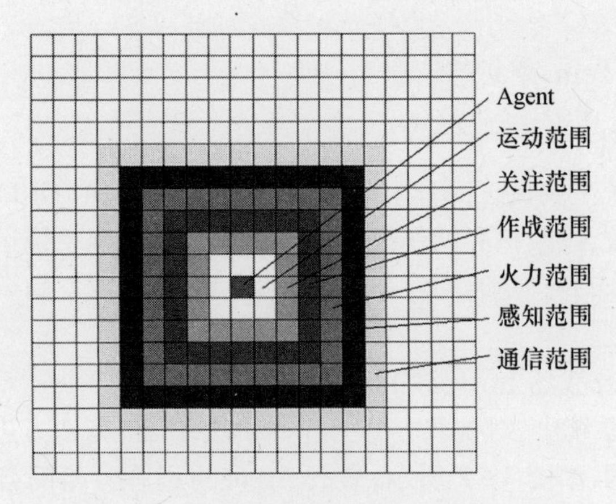

图 7 - 3　Agent 信息感知和交互范围示意图

3）Agent 的个性表示

EINSTein 还具有可动态调整 Agent 个性的功能。Agent 的个性，反映的是 Agent 对战场环境的自适应性。在 EINSTein 中，每个 Agent，不论是单兵、局部指挥员还是全局指挥员，其局部决策过程的核心都取决于 Agent 的个性。Agent 个性是一个内部数值系统，Agent 将根据这些个性和所处环境的相关特征决定其移动策略。Agent 的个性是由 6 个分量组成的一个个性权值向量：

$$\boldsymbol{\omega} = [\omega_1, \omega_2, \omega_3, \omega_4, \omega_5, \omega_6]$$

在这里，$-1 \leqslant \omega_i \leqslant 1$，$\sum |\omega_i| = 1$。各分量指定了个体 Agent 如何对感知范围中的局部信息作出反应。若分量为负值时，表示该 Agent 有撤离一个给定 Agent 而不是靠近该给定 Agent 的倾向。

默认的个性规则结构定义如下：

ω_1—靠近己方存活 Agent 的权重。

ω_2—靠近敌方存活 Agent 的权重。

ω_3—靠近己方受伤 Agent 的权重。

ω_4—靠近敌方受伤 Agent 的权重。

ω_5—靠近己方军旗的权重。

ω_6—靠近敌方军旗的权重。

4）Agent 动作选择、决策逻辑及元规则的表示

在 EINSTein 系统中，所有 Agent 都是自治实体，都能够单独行动；在合适的环境下，Agent 之间也可彼此共享信息以及部分动作选择逻辑。Agent 一般必须能在所有可能的环境特征空间中智能地辨别出所处的环境，并且根据内部的个

性数值系统,权衡在相关上下文环境中所有可能的动作,作出较为明智的判断。这里的上下文,是 EINSTein 核心设计中一个重要的基础组件,它表示一个以 Agent为中心的、对其所直接接触的环境作出的、经过筛选的视图。

尤其值得注意的是,EINSTein 还设置了许多惩罚函数,作为衡量的依据,来确定 Agent 下一步的行为。在仿真试验过程中,Agent 并不是依赖用户的指定来产生行为,而是靠惩罚函数自主地计算下一步哪一个行动对己最有利,一旦找到就会选择该行动。

用户在采用 EINSTein 进行基于 Agent 的作战建模时,还可通过其提供的元规则,以寻求高层的涌现性过程(如突破、翼侧运动、钳制)和低级原始活动(如机动、通信、对敌开火)间的基本关系。EINSTein 常用的通用作战元规则如表 7-1 所列。

表 7-1 常用的通用作战元规则

规 则	描 述
前进规则	当友军 Agent 的阈值数 N_{Advance} 大于给定的阈值范围 τ_T 时,Agent 朝敌方军旗前进
聚集规则	当友军 Agent 的阈值数目 N_{Cluster} 大于给定的阈值范围 τ_T 时,Agent 将不再向友军 Agent 运动
战斗规则	当给定 Agent 的作战范围内友方兵力数 $N_{\text{Friendly}}(r_T)$ 和在感知范围内敌方兵力数 $N_{\text{Enemy}}(r_S)$ 的差大于给定的阈值范围 $\Delta_{\text{Combat}}(r_T)$ 时,Agent 向敌方移动并交战
驻守阵地规则	当友军占领某位置时,Agent 驻守阵地
追击 I(放弃追击目标)规则	当邻近的敌方 Agent 数量少于阈值数时,暂时忽略那些 Agent
追击 II(锁定目标)规则	当邻近的敌方 Agent 数量少于阈值数时,暂时忽略所有其他个性驱动的动机
撤退规则	除非 Agent 周围有足够多的己方兵力,否则将撤退到己方军旗处
逃跑规则	尽快脱离敌方 Agent
支援 I(提供支援)规则	当邻近受伤己方 Agent 的数量大于给定的阈值数时,Agent 将只关注受伤己方 Agent(即提供支援)而忽略所有其他个性驱动的动机
支援 II(寻求支援)规则	当敌方 Agent 的数量大于给定的阈值数时,Agent 将临时忽略所有其他个性驱动的动机,而向邻近己方 Agent 运动以寻求支援
最接近(min-D)己方 Agent 规则	试图与己方 Agent 保持最小距离
最接近(min-D)己方军旗规则	试图与己方军旗保持最小距离
最接近(min-D)邻近地形规则	试图与邻近地保持最小距离
最接近(min-D)固定地域规则	试图与战场上某固定区域保持最小距离

5）基于遗传算法的兵力优化

在 EINSTein 系统里，遗传算法可被用于进行兵力的优化。实际上，这里的遗传算法是对由代和个体组成的矩阵进行运算和选择。即使是较小的代和个体的子集，它们所构成的矩阵也具有非常可观的选择空间。优化目标即优化的兵力方案所需完成的战斗目标或战斗需遵循的原则。

EINSTein 系统能为参战方根据对方的参战兵力个性情况，搜索本方兵力的最优化个性及作战方案。EINSTein 系统默认提供了以下几个优化目标：最短时间接敌、最小化己方伤亡、最大化敌方伤亡、敌我个体距离最大、友邻个体群中心与敌军旗距离最小、敌方个体群中心与己方军旗距离最大、距离敌方军旗为 D 的范围内友邻个体最多、距离己方军旗为 D 的范围内敌方个体最少、最小己方误伤、最大敌方误伤。

用户可以根据不同的战术目的选择不同的优化目标，也可以一次选择多个不同的目标，当然这需要在实战意义上互不冲突。可以赋予所选优化目标不同的优化权重，各权重之和为 1。

任务适应度是衡量优化结果好坏的数量化标准，它是 0 ~ 1 的一个数，任务适应度越大说明优化结果更适于达到确定的作战目的和作战原则。

6）仿真结果数据的汇总与分析

在仿真结束之后，用户可以收集到以下经 EINSTein 系统分析后的数据：双方的伤亡情况，Agent 的空间分布变化情况，Agent 之间的距离变化情况等。EINSTein 系统提供丰富的二维和三维在线数据收集和可视化分析功能。

2. 运行模式

EINSTein 有以下 3 种基本运行模式，这 3 种模式可以相互组合使用。

（1）交互模式。在这种模式下，作战引擎使用一组固定的规则交互运行。用户可以随时改变运行参数，这种模式非常适合运行一些简单的“what...if...”（“如果…则会…”）类型的想定，这种模式使寻求所感兴趣的涌现行为变得容易。

（2）数据采集模式。在这种模式下，用户可以进行以下操作：①生成描述战斗逐步推进的各种数量变化的时间序列；②在战斗结论中跟踪任务目标度量值的完成情况；③在 Agent 的 n 维相位空间中抽取二维片段作为行动的侧面反映。

（3）遗传算法“训练”模式。在这种模式下，遗传算法用来生成 Agent 兵力，并可在固定敌方任务参数的情况下生成最优化方案。这种模式可以把基于 Agent 的建模作为演练实际战术和决策的手段。

3. 仿真试验步骤

依托 EINSTein 开展基于 Agent 的作战建模仿真试验,通常包括以下几个基本步骤:

(1) 初始化战场和 Agent 分布参数。

(2) 初始化时间步长(Time – step)推进器。

(3) 评判。

(4) 更新战场的图形显示。

(5) 查找红、蓝双方 Agent 与上下文相关的个性权值向量。

(6) 为红、蓝双方 Agent 从当前位置作出的所有可能的移动计算局部惩罚值(Penalty)。

(7) 把 Agent 移动到新选中的位置。

(8) 更新图形显示,循环调整/计算惩罚值/移动的过程。

其中,最重要的是第(5)、(6)、(7)步,是每一个 Agent 选择下一步移动所必须进行的评判、个性权值调整和决策制定过程。

7.1.2 EINSTein 应用

影响一次作战的因素多种多样,可以笼统地划分为敌情、我情和战场 3 类。其中,战场主要包括作战地域的位置、大小以及地形、水文、气象等自然条件;敌情和我情都包括武器装备情况、作战人员素质情况、作战指挥体系状况以及双方各自的战役战术策略等。这些因素,有些是容易量化的,如人员数量、火炮射程以及通信距离;有些则是难以用数字表明,如指挥员的经验、战士的士气或者部队的协同能力。在作战建模中,这两种因素都是不可回避的,否则模型可信度就值得怀疑。

EINSTein 本质上是一个“概念演示试验系统”,重点研究不同底层(单个的战斗作战人员和分队作战单元)交互规则所诱发的高层涌现行为。CNA 研制 EINSTein 系统的根本目的,是尝试应用复杂适应系统理论来解决目前作战建模所遇到的诸多困难。依托 EINSTein 平台,可以在一定程度上处理上述难以量化的因素。例如,可以通过个性权重向量来体现作战兵力的勇敢程度和协同能力,通过遗传算法来体现作战兵力的经验和学习性。当然,那些容易量化的因素在 EINSTein 中可以通过诸如范围属性以及惩罚函数得到体现。

具体来讲,EINSTein 在作战建模领域中的应用,可以归结为以下 3 种类型:①证明用基于 Agent 的模型来替代兰彻斯特战斗模型的有效性;②开发一个通用的基于人工生命的军事应用原型系统,用来研究战争复杂性问题中的自组织涌现行为；③为军事运筹界提供一个易用的、直观的基于复杂系统的作战模拟试验室。

这里以陆军作战为例，围绕非对称作战样式的仿真试验，研究 EINSTein 在基于 Agent 的作战建模中的应用。

7.1.2.1 仿真试验设置及运行

海湾战争中，伊拉克军队伤亡约 10 万人（其中 2 万人死亡），损失了绝大多数的坦克、装甲车和飞机，而相应美军仅仅阵亡 148 人（战斗死亡仅 10 人），458 人因战斗因素受伤，其盟国阵亡 192 人。从结果看，美军大获全胜，甚至接近"零伤亡"。这一现象用传统的作战损耗定量分析理论方法是难以解释的。从作战样式层面看，美军采用的是非对称作战。

自海湾战争以后，非对称作战的概念逐渐为军事人员所认同。非对称作战，是指交战双方在不对等条件下，尤其是指交战双方使用不同类型作战力量（包括不同类型的军事组织和装备体系）或不同类型战法（包括不同类型的作战理论和作战方式）进行的作战。一般认为，遂行非对称作战，在作战全过程或某一阶段，为谋求有利于己方的作战态势，充分运用一方作战力量和选择优势的谋略、时空、手段及方法的作战基本要素，并通过对上述要素的优化组合，使之相对于对方的相应要素形成明显的非对称性的作战。不难看出，非对称作战的实质，是形成对己方有利的作战力量、手段和战法等方面的优势，并利用这些优势达成超常的作战效果。

下面，以红、蓝双方陆战部队对抗来看非对称作战样式的仿真试验。在建模过程中，我们主要考虑以下作战因素：

(1) 战场大小。

(2) 战场地形，包括地形的可通行度与可通视度。

(3) 红、蓝双方的参战兵力、兵力编组及初始兵力部署。

(4) 作战单元的机动能力。

(5) 作战单元的感知能力。

(6) 作战单元的火力范围。

(7) 作战单元的通信能力。

(8) 红、蓝双方的作战任务趋向。

(9) 作战单元的战斗意志。

(10) 作战单元的聚集原则。

(11) 作战单元的射击命中率。

(12) 红、蓝双方武器性能及编配情况。

我们这里为了强调更多的客观因素，主要从装备体系角度来理解非对称作战样式。着眼于更好地反映双方非对称作战效果，我们除了将蓝方感知能力、通信能力设置得远高于红方外，其余参数设置基本一致。其中，按照 EINSTein 系统为双方配置武器的界面如图 7－4(a)所示。

在虚拟战场上，红方、蓝方初始兵力各自为 250 个实体 Agent，双方初始队形和部署如图 7－4(b)所示，红方、蓝方分别位于战场西南方向和东北方向，战斗发起后分别向对方地域冲击。每个时间步长代表实际作战中的 1min。

试验一：双方初始配备均为 250 件拉栓式步枪(Bolt－action Rifles)。作战时间 $t=30\text{min}$、$t=60\text{min}$、$t=90\text{min}$ 时，战场态势图分别如图 7－5(a)、图 7－5(b)、图 7－5(c)所示。

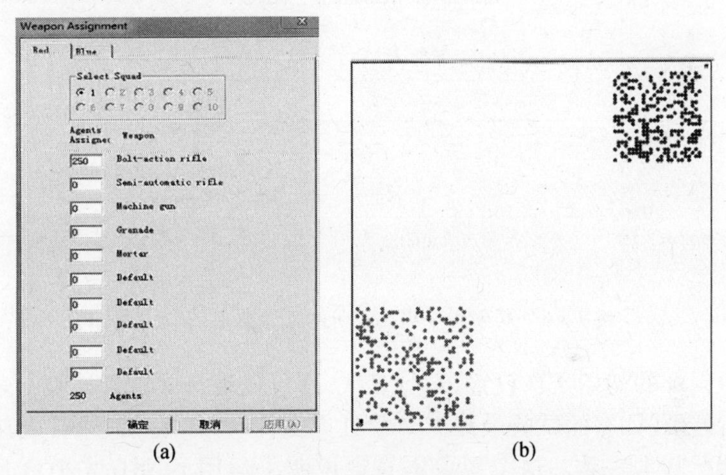

(a) (b)

图 7－4　双方武器装备配置(a)及作战初始态势图(b)

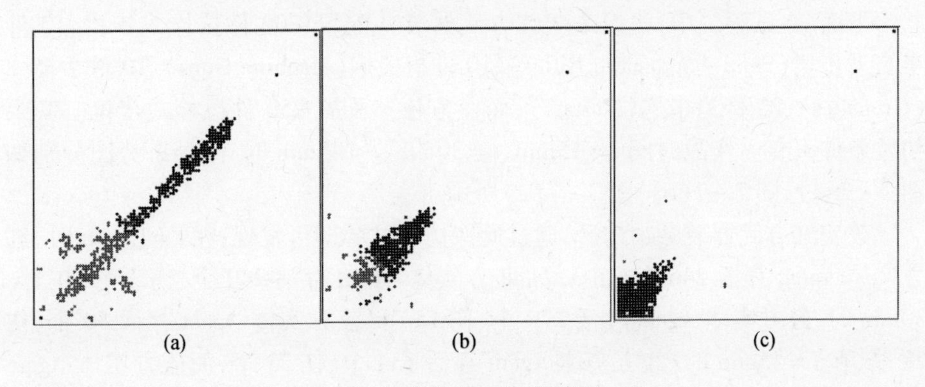

(a) (b) (c)

图 7－5　作战过程态势图(试验一)

在本次仿真试验中，作战时间 $t=30\text{min}$ 时，红方实体 Agent 存活 235 个、伤 5 个，蓝方实体 Agent 存活 248 个、伤 2 个；作战时间 $t=60\text{min}$ 时，红方实体 Agent 存活 74 个、伤 7 个，蓝方实体 Agent 存活 185 个、伤 57 个；作战时间 $t=90\text{min}$ 时，红方实体 Agent 存活 5 个、伤 0 个，蓝方实体 Agent 存活 164 个、伤 62 个。事实上，到作战时间 $t=90\text{min}$ 时作战已经结束，红方几乎被消灭殆尽。为了统计最终结果，仿真运行至 $t=500$ 时，可知红方仍有存活的 3 个实体 Agent 逃出。运用 EINSTein 系统自带的可视化统计分析功能模块，可得此次仿真试验双方实时战损情况，如图 7－6 所示。

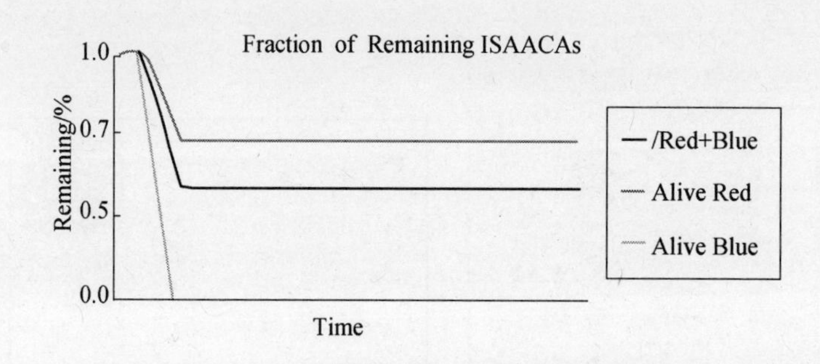

图 7－6　双方战斗损耗分析结果二维图（试验一）

按照同样的初始条件设置，运行多次，即可发现每次仿真试验的过程和结果都有所差别（如有的试验最终有 2 个红方实体 Agent 存活下来，成功逃出），但大体情况基本一致。这个现象本身也说明了运用 EINSTein 平台开展基于 Agent的作战建模所展示出的系统宏观涌现性。

下面，在试验二中，我们改变红方武器装备配置：200 件拉栓式步枪、10 件半自动步枪（Semi－automatic Rifles）、10 件机关炮（Machine Guns）、10 件手榴弹（Grenades）、20 件迫击炮（Mortars）；而蓝方依然配置 250 件拉栓式步枪。其余初始条件不变。作战时间 $t=15\text{min}$、$t=30\text{min}$、$t=45\text{min}$ 时，战场态势图分别如图 7－7（a）、图 7－7（b）、图 7－7（c）所示。

改变红方武器装备结构后，通过此次仿真试验即可发现：在 $t=15\text{min}$ 时，红方实体 Agent 存活 246 个、伤 3 个，蓝方实体 Agent 存活 240 个、伤 3 个，在 $t=30\text{min}$ 时，红方实体 Agent 存活 179 个、伤 15 个，蓝方实体 Agent 存活 80 个、伤 28 个，在 $t=45\text{min}$ 时，红方实体 Agent 存活 134 个、伤 23 个，而蓝方实体 Agent 全部被消灭。此次仿真试验双方实时战损情况如图 7－8 所示。多次仿真试验的结果大同小异。

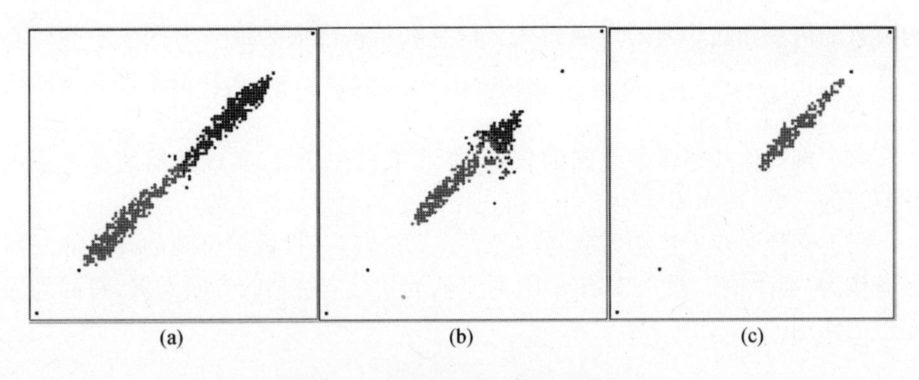

图 7-7　作战过程态势图(试验二)

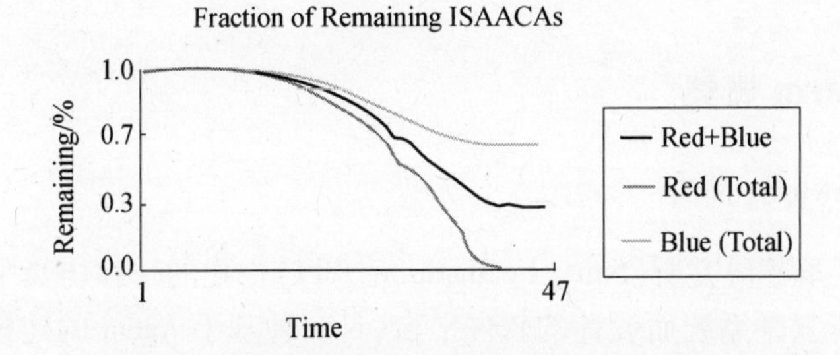

图 7-8　双方战斗损耗分析结果二维图(试验二)

7.1.2.2　仿真试验结果分析

从上述两个试验即可看出,武器装备性能及编配在作战中发挥了决定性的作用。试验一中,红方因为作战实体 Agent 感知范围、通信范围远低于蓝方,结果几乎被全歼;而试验二中,红方因为得到半自动步枪、机关炮、手榴弹、迫击炮等高效能的杀伤武器而且装备体系结构更趋优化,结果红方战斗力急速提升,取得作战的绝对优势,在很短的时间内即全歼蓝方,从而实现胜负关系的大逆转。

需要指出的是,由于 EINSTein 系统只能设置上述武器装备种类,无法为双方选择其他武器装备如某型坦克、直升机、侦察车、指挥车等,但我们可以根据实际建模需要,将系统中规定的武器装备参数进行合理设置,以代理所要选择的武器装备。而且,作战实体 Agent 可被用来仿真任何作战单元,如侦察排、坦克连等。

通过本应用案例,可以得到一些关于非对称作战的启示:

(1) 信息技术的迅猛发展及其在军事领域的广泛应用,深刻地改变着战斗力要素的内涵和战斗力的生成模式。信息和结构已成为战斗力构成中的核心要素。当一方军队一旦与对方武器系统形成“信息差”时,在其他条件一致的情况下,必然遭遇失败。

(2) 现代作战是体系之间的较量,参战军兵种众多,实现武器装备体系优化配置的一方,在同等其他条件下将在作战中体现明显的优势。

(3) 在敌对双方势均力敌的情况下,一方若将一批数量可观的高效能武器装备作为“撒手锏”,投入战场使用,对于战局朝己方胜利的方向发展,将起到决定性的作用。

7.2 Swarm

7.2.1 Swarm 概述

7.2.1.1 Swarm 简介

Swarm 是圣菲研究所(Santa Fe Institute, SFI)构建的一款仿真平台,是为了建立模型分析复杂系统而设计的软件平台,是一种基于 Agent 的建模工具,其基本体系结构是并发的交互式 Agent 集合。Swarm 的开发初衷在于为科学工作者提供程序语言和工具包,从而可以把更多的精力集中于专业模型的建立。Swarm 的建模思想可概括为:提供随机、序贯、并发的事件触发模式,自下而上建模,模型与观察分离。

Swarm 提供了丰富的类库支撑复杂系统建模,用户可以直接实例化对象或者通过继承派生新的可用类。Java 形式的类库中共包括 10 类软件包:Activity、Analysis、Defobj、Collections、Gui、Objectbase、Random、Simtools、Simtoolsgui 和 Space。各包中包含了对应的类和接口,支持多 Agent 模型的构建和仿真结果的输出。同时,Swarm 接受了开发的专用库,不断地丰富 Swarm 的内容,遗传算法包、BP-CT 算法包都是这方面工作的体现。

Swarm 本身的开发语言为 Objective C 语言,主要是因为需要用面向对象的观点来表述现实世界,建立系统仿真;而在当时,Objective C 语言具有这样的特征;另外,在 Objective C 中动作的运行是基于消息(Message)的。现在,它可以支持 C、C++、Java 等多种面向对象的编程语言。

7.2.1.2 Swarm 主要特点

(1) 面向对象的设计思想。Swarm 是一个多 Agent 建模仿真框架,多 Agent

建模与面向对象的分析和设计思想有一定的相似之处。在面向对象的分析和设计中,定义了各种类,这些类在程序运行时创建若干个类的实例,称为对象。每个对象包括描述对象自身状态的实例变量,称为属性(Attribute),以及由类定义的描述对象行为的方法(Method)。

(2) 离散时间仿真。Swarm 仿真模型实质上是离散时间的仿真模型:仿真时钟以离散的方式推进,模型中的 Agent 通过在离散的时刻发生的事件来改变自身的状态并与模型中的其他 Agent 进行交互。由于模型中的每个 Agent 都有若干个事件,Agent 之间通过离散事件进行交互,所以这些事件之间有一定的引发(一个事件的发生引起另一个事件的发生)和时序关系(事件之间在时间上的关系)。

(3) 探测器技术与图形化用户界面。在系统仿真中,观察模型的运行状态对运行结果的分析非常重要。Swarm 使用"探测器"(Probe)技术从运行的模型中提取数据,并提供了图形化的用户界面来显示运行结果。探测器实际上是 Swarm 类库中事先定义好的一系列类。Swarm 为用户提供了一个非常直观的图形输出界面。

(4) 层次化的仿真系统结构。Swarm 的仿真程序具有层次化结构(见 7.2.1.3 节),一个 Swarm 是一组对象和一个对象活动的时间表,一个 Swarm 能将多个底层 Swarm 计划在高层 Swarm 中,简单的模型可能在 ObserverSwarm 中有一个底层 ModelSwarm。

7.2.1.3 Swarm 分析

1. 仿真程序结构

Swarm 是一种通用软件平台,可用于生物、经济、管理、军事、政治、社会等方面。Swarm 的建模思想是让一系列 Agent 通过独立事件进行交互,帮助人们研究复杂系统行为机制。Swarm 的核心是一个面向对象的框架,用以定义在仿真中互相作用的 Agent 和其他对象的行为。在 Swarm 系统中,每个 Swarm 代表一个实现内存分配和事件计划的对象,一个基本的 Swarm 仿真程序一般都包括模型 Swarm(ModelSwarm)和观察者 Swarm(Observe Swarm)。

(1) ModelSwarm:是仿真程序中的必要模块,封装了要仿真的模型,对应于真实世界中的对象。在 ModelSwarm 中建立环境模型、各种所需的 Agent 模型等,定义其属性与方法。ModelSwarm 与系统完整的多 Agent 模型相对应,主要由一系列对象和对象的行为时序表(Actions)组成。

(2) ObserverSwarm:与试验者、统计人员相对应,是用于观察和测量的试验仪器。ObserverSwarm 实际上是用于观测及设置仿真中 MedelSwarm 各项属性值和方法参数的模块。在 ObserverSwarm 中,最重要的对象就是待研究的 ModelSwarm,其他的 Observer 对象可以读取 ModelSwarm 的数据。有两种方式来进行观察与设置:直接读/写 ModelSwarm 的数据、从用户界面的面板工具中读取输入数据。ObserverSwarm 还可以将数据生成各类图表以供直观分析。

2. 仿真试验过程

在 Swarm 仿真系统环境中,总体试验过程分为以下几步:

(1) 建立人工环境,包括空间、时间,以及可以在环境的整个空间时间结构中定位到特定点的对象,并允许这些对象根据自身规则及内部状态(与世界状态采样一致),决定自身行为。

(2) 建立一定数量的对象,它们可以观察,记录和分析在步骤(1)中实现的人工环境中由其他对象的行为产生的数据。

(3) 推动仿真及对象在一定的明确的并行模式下运行该人工环境。

(4) 通过对象产生的数据来与试验进行交互,执行一系列受控的仿真系统试验。

(5) 根据从步骤(4)观察到的结果,修改仿真试验参数设置,回到步骤(3)。

(6) 验证仿真试验结果,并进行试验说明,使其他人可以重复该试验。

7.2.2 Swarm 应用

由于 Swarm 没有对模型和模型要素之间的交互作任何约束,理论上 Swarm 可以模拟任何物理系统或社会系统。事实上,在包括生物学、经济学、物理学等在内的广泛研究领域中都有人在用 Swarm 建立模型。Swarm 的创始者圣菲研究所积极推广 Swarm 的应用,每年举办一届学术研讨会“SwarmFest”。Swarm 在国内的应用起步相对较晚,近年来,有关 Swarm 的研究发展速度很快,逐渐成为经济学、系统仿真、环境生态等多领域的研究热点。当然,鉴于 Swarm 的功能和特点,完全可以在军事领域中得到应用。这里,通过引用罗批、刘娜及雍丽英发表的文献,分别从特定民意建模、库存系统建模、战损建模等 3 个方面说明 Swarm 在基于 Agent 作战建模中的应用。

7.2.2.1 特定民意建模

建立民意模型旨在通过仿真,分析各种因素对特定民意的影响,并在此基础上,预测民意走势,为现实军事斗争提供决策支持。民意模型核心思想是“政治倾向性(特定民意走势)”进化,由两部分组成:环境和个体。环境是该地区民众生活的虚拟社会;个体是模拟该地区民众的 Agent,其生活在这个虚拟的世界——环境中。

个体在环境中相互作用并接受环境的刺激，在这些微观行为的作用下涌现出宏观行为——特定民意走势，进而达到预测分析的目的。个体的微观行为是通过游动、选择、交叉、变异、聚合、分裂等算子来实现的。这些算子可借鉴遗传算法思想进行设计。

根据 Swarm 编程的基本层次结构，并结合民意模型，可构建主程序（启动函数）、环境、个体 Agent、民意系统模型、算子、用户界面和时钟管理等模块，其相互关系如图 7-9 所示。

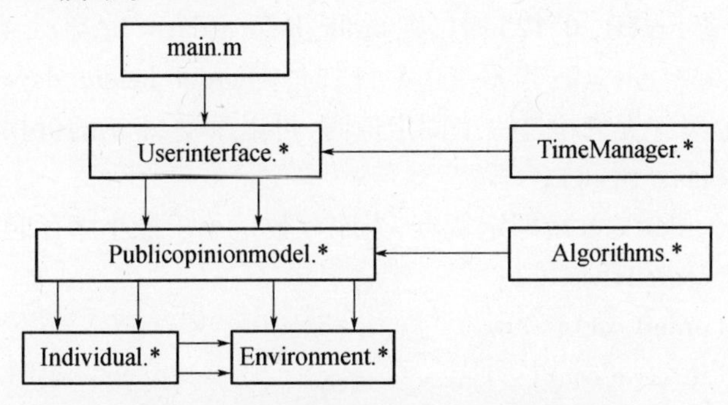

图 7-9　民意模型各模块之间相互关系

民意模型的启动函数为 main. m，其主要功能是初始化 Swarm 平台，创建一个顶层 Swarm，并将其激活使之运行，而 Userinterface. * 则是 ObserverSwarm，它提供一系列的交互界面（设定某些参数、分析显示运行过程和结果），初始化并激活 ModelSwarm——Publicopinionmodel. *，在 Publicopinionmodel. * 中，激活民意模型中两个重要子模型——Individual 和 Environment，并调用相应算子实现民意模型的功能。Individual. *（Individual Agent）和 Environment. * 各自实现自己的功能，前者提供环境信息并施加刺激，后者除包含个体 Agent 的属性、运行流程外，还具有规则库以及规则生成系统等。Algorithms. * 提供算子服务。TimeManager. * 提供仿真时钟支持。

个体根据外界刺激和内部状态，调整自身政治倾向和浓度。随着时间步长的推移，通过相关的统计显示工具，就可以得到该地区特定民意的走向趋势。

7.2.2.2　军民通用物资库存系统建模

一般的军民通用物资库存系统，主要包括库存状态、补充和需求。库存状态是指存货随着时间的推移而发生的盘点数量的变化，存货数量随着需求过程而减少，又随补充过程而增加。不同的需求与补充就决定系统的库存状态，它是一个随时间变化的动态过程。军民通用物资库存系统的研究,就是为了求解系统的动态库存状态,并根据库存状态变化所引起的成本进行科学的管理和决策。这里模拟的是多周期提前订货有折扣的军民通用物资库存系统。

1. 模型设计

在本库存仿真系统中,仅一类个体——库存。仿真模型的参数设计(以下列出主要参数):

需求量 D 为离散随机变量;

订货提前期 order_before_day 为离散随机变量,在系统中随机产生(0, 1]之间的随机数 r,若 $r \in (0, 0.125]$ 时,则 order_before_day = 1;若 $r \in (0.125, 0.5]$ 时,则 order_before_day = 2;若 $r \in (0.5, 1]$ 时,则 order_before_day = 3;

折扣率,每次订货量超过一个固定值时,可以享受25%的折扣;

最大库存(max_stock);

最小库存(orderPoint),即定货点,当库存数量小于最小库存时,开始订货;

缺货损失(scarcityLosses);

订货费用(orderCost);

保管费用(reserveCost);

折扣率(discount_rate);

缺货数量(scarcity_num);

到货的天数(goods_arrive_day);

当期的总费用(periodActualCost)。

主体的主要行为包括:订货行为,当库存不够时,发出订货单;需求行为,根据产生的随机变量,决定需要的货物个数,并计算当前库存量和缺货量;到货行为,主要完成参数状态的修改,计算库存量;结算本期费用,即计算相关费用,如保存费用、存储费用、缺失损失等。

2. 实现过程

(1) 在 ModelSwarm 对象中,首先,定义主体——库存,以及主体的数量,通过 buildObjects 方法来创建对象。其次,通过 buildActions 方法为 ActionGroup 的实例对象赋值来规定主体行为的执行顺序和触发条件,然后在 Schedule 对象中定义 ActionGroup 第一次执行的时间和各次执行的时间间隔。此外,ModelSwarm 还包括一系列输入和输出参数,如主体个数的初始值、库存的最大值等。

(2) ObserverSwarm 在仿真过程中,检测模型的运行过程并记录模型的输出结果。ObserverSwarm 通过探测器接口观察 ModelSwarm 对象中各个个体状态的变化,并以图形的方式输出。

7.2.2.3 坦克动态战损建模

坦克动态战损模型的Swarm仿真程序包括5类对象:ObserverSwarm、ModelSwarm、Agent、Space、Shuffler。其中,在Agent对象中,根据不同的标识划分为红方坦克和蓝方坦克。Space对象是坦克Agent的作战行动空间。Shuffler对象的主要功能是对管理坦克Agent的列表进行重新排列其顺序。仿真程序结构如图7-10所示。

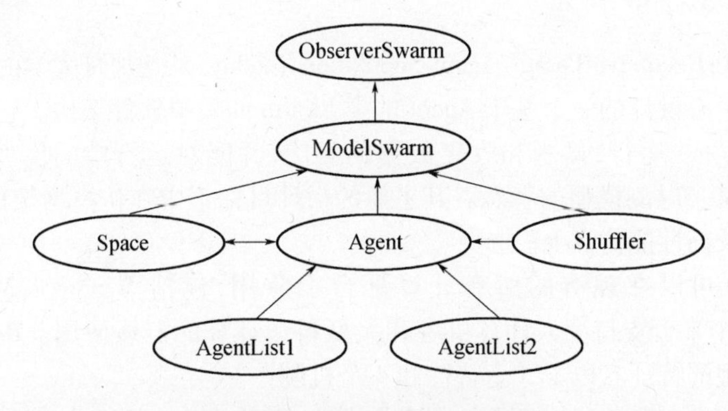

图7-10 Swarm仿真程序结构

ModelSwarm对象首先创建了3类对象:Agent、Space、Shuffler。在创建Agent对象时,对于给定了的Agent个数,将对每个Agent个体赋于相同属性的不同特性值。然后创建Agent的行为调度表,通过产生一系列具有特定顺序的行为体现Agent之间以及Agent与Space之间的交互。

ModelSwarm对象通过buildaction方法创建的Agent行为调度表,是仿真程序的核心。其行为调度流程是:当仿真试验开始时,AgentListl、AgentList2接收各自的战术,若坦克Agent具有作战能力,则依次按照行进规则、打击规则、损伤规则执行,直至仿真结束或坦克Agent丧失作战能力而结束。

对于不同所属方的坦克Agent,通过AgentListl及AgentList2接收各自指挥员的作战目标,并且将此作战目标作为自己的行进目标,同时,每个坦克Agent按照预先设定的行进规则、开火规则和损伤规则在战场环境中活动着。

ObserverSwarm通过Probe观测ModelSwarm的I/O参数,并以界面形式显示ModelSwarm的输入参数,包括坦克Agent的个数、双方坦克的抗打击系数、坦克的射程、机动作战标识、作战目标区域等;以图形的形式输出ModelSwarm的输出参数,包括双方坦克在战场上的移动图、双方具有和不具有作战能力坦克的数量柱状图、双方坦克各区域(部件)损伤曲线图。由此,可以通过改变和调整仿真参数,观察不同的坦克性能、地形环境及战术对战损规律的影响。

7.3 Repast

7.3.1 Repast 概述

7.3.1.1 Repast 简介

Repast(Recursive Porous Agent Simulation Toolkit)是芝加哥大学的社会科学计算研究中心设计的一个基于 Agent 的类 Swarm 的模拟软件架构。它提供了一系列用以生成、运行、显示和收集数据的类库,并能对运行中的模型进行“快照”,记录某一时刻模型的状态。其主要的设计目标集中在仿真框架的抽象、可扩展性以及高性能仿真上。

Repast 可以在现有的所有计算平台上应用,包括 Windows、Mac OS 和 Linux。这个平台支持个人计算机者和大型科学计算的群体使用。Repast 所支持实现模型的特征有以下 3 个特性和 4 个机制:

(1) Repast 在 Agent 建模中支持非线性,即使 Agent 的行为完全被用户设计。Repast 的系统动态性、遗传算法、神经网络、随机数生成和社会网络库,使得其程序变得相对简单。

(2) Repast 支持多样性,即通过给用户完全的控制权来定义代理和初始化。另外,Repast 库简明地介绍了多样性。

(3) Repast 允许用户指定和保持 Agent 组的集体特征。

(4) Repast 支持了特征的流动机制,例如它的系统动态工具和社会网络库。

(5) Repast 支持标签机制为 Agent 显示任意的标记。

(6) Repast 通过 Agent 的灵活定义和更多的行为库使得内在模型机制可用。

(7) Repast 支持基于目标的多态性的模块机制。

7.3.1.2 Repast 设计目标

Repast 的设计目标已不仅仅局限于使用的方便性、较短的学习周期和仿真的健壮性,其更主要的设计目标集中在仿真框架的抽象、可扩展性以及高性能仿真上。

(1) 抽象。Repast 抽象出基于 Agent 建模中的大部分重要元素并将之描述为一些 Java 类。这些类通过协作形成一个框架来完成基于 Agent 的建模。在这些类的协作中,大部分可以应用设计模式进行设计,从而可以部分实现仿真的简洁性和透明性。Repast 还提供了一些类实现基于 Agent 建模的通用框架的抽象,各种各样的通用部件用来构造有代表性的仿真元素。

(2) 可扩展性。建模人员不仅可将抽象作为模型的基础,而且可利用 Repast 从 Swarm 继承来的一个久经考验的设计模式以实现其扩展性。此外,通过 Java 这一面向对象语言所具有的继承与组合功能,Repast 可以很容易地建立起自己的可扩展框架。

(3) 高性能仿真。Repast 不仅关注创建对象最小化及运行速度,而且随着版本的提升,其性能逐步得到改进,以更好地实现对复杂系统行为的高性能仿真。

7.3.1.3 Repast 分析

1. 结构与功能

Repast 本身由一系列的 Java 包及一些第三方类库构成。与多 Agent 仿真密切相关的包是 uchicogo. src. sim,在这个包中又根据功能的不同分成多个子包,其中的核心功能包及其功能说明如表 7-2 所列。

表 7-2 Repast 核心功能包及其功能说明

子包名	功能说明
engine	是 Repast 的仿真引擎,负责仿真的建立、操控并驱动仿真的运行。包含仿真调度器、仿真模型接口等最重要的类与接口。该包还为仿真运行与运行控制提供图形用户接口。Repast 仿真调度器功能很强大,支持离散时间与离散事件两种调度方式
analysis	主要包含两大类功能:①用于收集并记录仿真过程中产生的数据;②用于仿真数据的可视化显示,可以生成多种图表,如序列图、柱状图等,且图表可以实时更新
network	用于网络仿真。在一些模型中 Agent 之间具有复杂的网状结构关系,该包能记录并存放网络拓扑结构信息。该包还提供特定格式的文件读写功能,用于保存或读取网络拓扑结构信息
space	用于描述 Agent 的空间关系。此包还与下面的 gui 包一起用于空间以及空间中所含 Agent 的可视化显示。在 Repast 中,空间实际上是二维的。例如,Multi2DGrid 是一种栅格空间,在每个小格子里能容纳一个或多个 Agent
gui	Repast 的图形用户接口包

2. 仿真模型的结构

Repast 不仅为多 Agent 仿真提供了大量的基础性功能,还为仿真模型的实现提供了一个编程框架。Repast 大量采用了模板方法、抽象工厂等软件设计模式来提高编程框架的通用性,软件设计模式的采用也提高了仿真模型的模块化程度。由于采用了面向对象的设计与编程方法,基于 Repast 的仿真程序的构成类如表 7-3 所列。

表 7-3　Repast 仿真程序的构成模块

<table>
<tr><td rowspan="7">仿真程序</td><td rowspan="4">核心部分</td><td>Agent 类</td></tr>
<tr><td>模型类</td></tr>
<tr><td>行为类</td></tr>
<tr><td>数据源类</td></tr>
<tr><td rowspan="3">可选部分</td><td>空间类</td></tr>
<tr><td>仿真数据可视化类</td></tr>
<tr><td>其他辅助功能类</td></tr>
</table>

Agent 类:定义 Agent 的属性与行为。一个仿真程序内可能出现多种类型的 Agent 类,例如 GisAgent、OpenMapAgent 等,或者是由 Agent 派生的各种 Agent 类。

模型类:作为 Repast 仿真程序的核心,为仿真模型的建立提供一系列标准的方法,以结构化的形式定义模型的执行过程。该类的主要方法及每个方法的作用如表 7-4 所列。

表 7-4　模型类的关键方法

方法	功能说明
main	运行模型类
setup	初始化模型类
begin	仿真开始运行时自动调用 buildModel、buildSchedule、buildDisplay
buildModel	构建 Agent 类
buildSchedule	建立模型的调度关系,具体实现在 step 方法内定义
buildDisplay	可视化显示仿真对象,并绑定显示对象与数据源的关系
step	定义每次调度时 Agent 所发生的行为及其相互间的影响

行为类:用于实现 Agent 动作行为的仿真,主要描述 Agent 类的行为及行为所造成的影响,由调度器负责仿真时钟的推进、行为的安排与调度。对于它所包含的两个比较典型的内部机制——时间序列机制和显示机制,将在下面进行进一步阐述。

数据源类：在仿真程序运行时，记录、收集 Agent 对象所产生的数据并提供给分析、显示对象使用。即数据源类在仿真程序的分析、显示类与 Agent 类之间起解耦作用。

可选部分的类不是必须的，可以根据仿真模型的需要来决定是否创建这些类。例如，就空间类而言，Repast 主要提供了两种空间对象：网格空间（Grid Space）和网络空间（Network Space）。当研究多个 Agent 在一定空间内的活动时可使用网格空间，网格空间被划分成许多元胞（Cell），其中每个元胞可以同时容纳一个或多个 Agent，按照一定规则，网格的状态不断发生改变。

仿真数据可视化类和其他辅助功能类，反映的是输入、输出功能。对于仿真程序的输出，Repast 提供了一些类来记录仿真中的 Agent 的属性数据，同时还可以将仿真结果保存在数据文件中，也可以生成相应的图表。同时，对于系统的动态演化过程，可以用动画的形式表现出来。

3. 时间序列机制和显示机制

Repast 的时间序列机制采用了组合设计模式进行设计，主要由两个类来实现：BasicAction 类和 Schedule 类。BasicAction 类是时间序列机制中的基本元素，时间序列表由一组动作组成，每一个动作都会在某一时刻被安排执行，而这一过程是通过继承 BasicAction 类来完成的。BasicAction 类中含有一个虚函数 execute，所有真正的仿真行为都在该方法中执行。Schedule 类是一个容器，主要用于存储基本元素——BasicAction 对象以及这些对象何时执行的信息。

时间序列机制负责 Repast 仿真中所有状态的转换，主要用来安排在每一个仿真时钟单位"tick"内要执行的事件。仿真开始后，Repast 将按照"tick"向前推进，每一个"tick"时间内，仿真模型将会循环动作执行队列以调用行为类中事先定义好的 Agent 动作，从而改变仿真的状态。

显示机制主要负责运行仿真的实时可视化。这种机制主要由一些空间类、与这些空间类相应的显示类、简单图形类和各种绘图接口等组成，以图形化的方式提供 Agent 仿真过程的观察和数据的采集。

4. 建模步骤

利用 Repast 平台实施基于 Agent 的建模步骤如图 7－11 所示。

根据该建模流程，用户可以按照以下步骤来利用 Repast 进行基于 Agent 的仿真试验：

（1）抽象出所研究系统中的 Agent 并分析 Agent 之间的关系。

（2）利用 Repast 平台选择合适的仿真程序调度类来控制程序的总体执行。

（3）在 Repast 平台中实现系统包含的 Agent，定义其属性及行为。

（4）在 Repast 平台中，选择合适的空间类来描述 Agent 之间的关系。

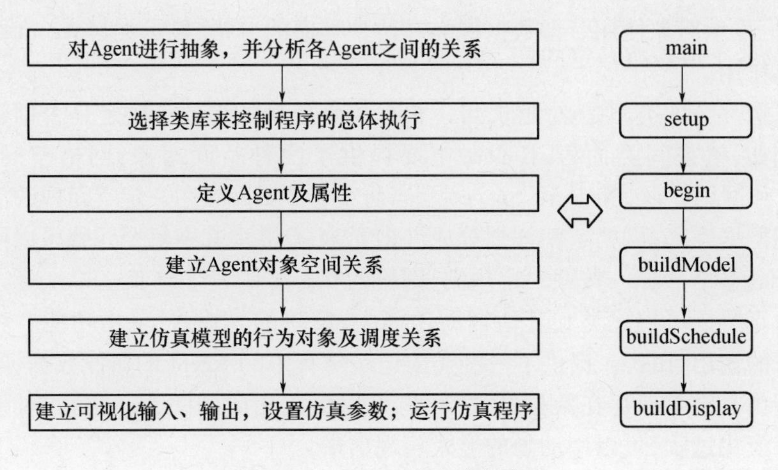

图 7-11 Repast 平台建模步骤

(5) 在 Repast 平台中选择合适的 I/O 类,来设置仿真程序的参数以及收集数据;

(6) 运行仿真程序,根据仿真结果分析所研究系统的特征。

7.3.2 Repast 应用

Repast 自发布以来,已经有很多的应用实例,这些应用大致可以分成理论研究、社会系统建模、经济系统建模、综合应用 4 类。作战系统是一种面向军事问题的特殊的社会活动组织系统。因此,Repast 完全可以应用于作战建模领域。这里,通过引用周德超、孙永强发表的文献,分别从无线传感器网络建模、岛屿空降作战建模两个角度来说明 Repast 在基于 Agent 作战建模中的应用。

7.3.2.1 战场二进制无线传感器网络建模

二进制无线传感器网络(Binary Wireless Sensor Network, BWSN),是指由只能提供目标存在或不存在于其探测区内的单比特信息的无线传感器组成的网络。由于该类传感器造价低廉,可以大量使用,已逐步应用于战场侦察领域。由于无线传感器网络是一种分布式网络,适合于基于 Agent 的仿真模型实现。这里,在 Repast 仿真框架中实现对二进制无线传感器网络的仿真。

按照二进制无线传感器网络的结构特点,基于 Agent 的建模方法,借助于 RepastJ(Repast 的 Java 版)仿真框架,在 JBuilder 开发环境中建立二进制无线传感器网络的模型,对其目标定位跟踪算法进行仿真分析。

在建立模型之前,作如下假设:二进制无线传感器网络被布设在一个二维平面内,各个节点按一定的密度随机分布在这个二维平面内;各个节点的通信半径已知;对目标的探测半径已知为固定值;被探测目标做匀速直线运动,从这个网络中通过。

这里,分别建立仿真管理、传感器节点、目标、汇聚节点的 Agent 仿真模型,具体如下:

(1) 仿真管理 Agent(BWSNModel)。为 SimpleModel 的子类。负责管理整个 Repast 运行环境和仿真过程。在该类中进行仿真变量的初始化、仿真进程的调度、Agent 运行调度、用户界面显示控制、结果显示与存储等、其核心功能由其重载的父类 begin 函数,通过调用对应的功能函数 buildModel、buildDisplay、buildSchedule 来实现。该类是核心类,负责整个传感器网络的生成与运行管理,利用 step 函数按照仿真"tick"推进各个 Agent 的运行。利用 Object2DGrid 创建一个空间成员作为网络节点的布设空间。在该空间内、利用了常用工具库的 random 类生成传感器节点的位置,并生成传感器节点的 Agent序列。

(2) 传感器节点 Agent(BWSNSensor)。为 DefaultDrawableNode 的子类。在该 Agent 中模拟传感器节点的动作,判断目标进入和离开其探测区域,并发布相应的二进制信息。

(3) 目标 Agent(BWSNTarget)。为 DefaultDrawableNode 的子类。在该 Agent中,根据指定的速度和斜率,按照等速直线运动,更新目标的位置。

(4) 汇聚节点 Agent(BWSNGatheringNode)。在该节点接收来自各个传感器节点发布的信息,按照有关目标定位跟踪算法计算目标的运动参数。

Agent 的运行控制按照由 buildSchedule 函数所制定的时间表进行,每个 tick 推进 BWSNTarget、BWSNSensor、BWSNGatheringNode 的运行,并收集数据、更新界面显示。

7.3.2.2 岛屿空降作战建模

岛屿空降作战,是一种特殊条件下的作战,面临的作战环境和自然地理条件往往很复杂,组织实施难度大。因此,在适当进行相关因素简化处理的基础上,开展基于 Agent 的建模研究,具有重要意义。

岛屿空降作战中,由于空降中的特种兵单兵设备配给不如一般的步兵种类齐全,而且作战环境复杂不定,所以各个 Agent 只能比较有限地影响周围 Environment:①当遇到荆棘、湿地等 Environment 时不具有快速的行动能力;②由于敌方火力配置的隐蔽性，所有的行为不是从降着点到目标点的完全直线运动，具有很强的随机特性；③当遇到敌反空降兵的时候，因不能得到必要的火力支援而失去生命状态；④有后续的人员补充。

在整个模型的设计过程中，主要按照原有 SimpleModel 中提供的类加以调用，编辑所需要的 MyrequiredModel，其中包括有 buildModel( )、buildDisplay( )、buildSchedule( )共 3 个模型结构方法，对应所需模型的底层结构、表层结构和调度所有空降兵 Agent 的时间表。

模型启动时就进入了编成模型，在其内部定义了代表 Agent 所属有的战场适应度、火力配备支援情况等必要参数后，在列表 arrayList 中演化行为加以执行。重要的是根据所定义的可调节系数执行火力支援：根据选取的随机方法 staticNextIntFromTo，在 X 和 Y 轴两个方向分别做前进、后退、不动中的一种选择，加以合成构成行为。

由于 Repast 将观测器和控制条分离，沿袭了 Swarm 的设计思想。为了展示 world 空间，将 arrayList 和表示表层的 dsurf( )加入到定义为可视可探测的界面 AgentDisplay。另外，对于显示屏具体而言，还可利用 gui 和 spaces 两个类库，使得程序可以让用户通过设定参数控制有关行为，在程序中利用到 Repast 显示机制中的可探测接口 Probeable，指定有关屏幕坐标的 X 和 Y 轴上坐标定位，并转为拓扑结构返回坐标所在的对象列表，根据所被告知的 pass - in SimGraphics 对象进行自我绘制描述，再反复调用列表传给屏幕，允许动态通过时间序列确定。

综上所述，基于 Repast 软件的岛屿空降仿真模型系统主要侧重在如下方面：

(1) 研究空降作战 Agent 的自组织性、自适应性。

(2) 根据随机分布图，提供接近实际的辅助决策方法。

(3) 定义成规模 Agent，仿真强随机性的涌现行为。

(4) 通过动态调整参数，分别观测不同输出结果。

通过使用 Repast 软件完成的岛屿空降仿真模型，是以一种比较便捷的方式从特定角度理解作战指挥控制策略的尝试，是对作战建模技术某种意义上的补充。

7.4 其他主要建模平台

从目前国内外基于 Agent 的作战建模研究领域来看，在诸多的多 Agent 系统工具中，被广泛使用的建模平台除了本章前面 3 节重点介绍的 EINSTein、

Swarm、Repast 外，还有 Starlogo、Netlogo、AnyLogic、MASON、TNG Lab、Ascape、MANA 等。从建模机制、建模语言、集成开发环境等方面看，这些建模平台虽然各有差异，但就其本质而言，都是面向复杂适应系统建模而设计，在模型表现能力、仿真结果观测方面基本相似，只要合理设置建模条件、适当简化战场因素和作战行为规则，则都能够应用于军事领域，可满足基于 Agent 作战建模的基本功能需求。

7.4.1 StarLogo

7.4.1.1 StarLogo 概述

StarLogo 是由美国麻省理工学院（MIT）多媒体试验室（Multi - media Lab）开发的一个免费的可编程软件平台，可用于基于 Agent 的建模。它实际上是一组用 Java 编写的类库，采用的是面向对象的编程方法，用户可以利用这些可重用的类库来构建模拟复杂系统。与此同时，StarLogo 还为用户提供了良好的操作界面，如图表、按钮和窗口等，用户可以通过界面来进行仿真分析、控制和结果的显示。在编程语言上，StarLogo 提供的是一种类似于 Logo 的并行语言，可以通过向仿真主体 Agent 发命令来生成图片和动画，非常形象直观，容易理解。StarLogo 的目的就是通过提供一种简单、直观，构思巧妙的建模仿真工具，从一种新的视角帮助人们分析和理解复杂适应系统。

对比这两个建模工具，StarLogo 最大特点是简单、便捷，更易于掌握和使用。StarLogo 最新版本的核心是用 Java 编写的，可以不加修改地运行在任何平台上。它拥有良好的用户界面，用户可以非常容易地写出系统的仿真程序，从而分析和验证复杂系统的运行机制，加深对复杂系统的理解。

StarLogo 平台定义了 3 种“角色”：海龟（Turtles）、块（Patches）和观察者（Observers）。用户通过建立这些角色来构建复杂系统。

（1）海龟。海龟是 StarLogo 中由建模人员创建的主体，用于模拟现实世界里的活动对象。StarLogo 给每一个海龟赋予了一些固有的属性：位置、方向、颜色和一支画笔，用于描述对象 Agent 的状态。同时，还可以根据具体仿真对象 Agent 的特殊性质，给海龟添加一些新的属性。例如，可给用于模拟坦克的海龟添加机动力、火力、防护力等方面属性。StarLogo 还允许对海龟进行分类（Breeds），用于描述不同种类的对象。例如，在作战建模中，可以将军事实体分类为指挥单元、战斗单元和保障单元，用以模拟不同类型的作战 Agent 的行为。此外，在 StarLogo 中，还可根据实际需要，重新设置海龟的类别。

（2）块。块是海龟存在的环境，所有块构成的一块大背景“画板”（Canvas),就是海龟活动的范围。在 StarLogo 中,块并不是一个消极的对象,它同海龟类似,也是一个具有自主性的主体,拥有行为、属性、类别等基本特性,可以执行 StarLogo 的命令。块的主要固有属性是颜色和位置,同样,也可以视仿真需要给它们定义一些新的属性。

(3) 观察者。观察者相当于一个监控员,它以第三者的眼光来“俯视(Look Down)”StarLogo 世界中的海龟和块。观察者能够创建新的海龟,并能监控现有的海龟和块的行为。StarLogo 通过对海龟和块进行编程,使得海龟和海龟所处的环境都具有了自己的变化方式。海龟和块之间的交互作用体现了 Agent 与环境的关系,海龟与海龟之间的相互影响则体现了 Agent 与 Agent 之间的关系。在程序运行时,所有的海龟和块都以系统规定的时间步进,按照各自的行动规则并行运转,系统呈现整体行为。

7.4.1.2 StarLogo 应用

StarLogo 以软件的方式描述了 Agent 以及 Agent 与环境、Agent 与 Agent 之间的交互过程,从而可以研究由多个 Agent 组成的复杂适应系统的运行机制,如生物免疫系统、交通运输以及市场经济等。

作为一个可编程的建模环境,StarLogo 用来研究分散系统的运行机制。分散系统是指没有组织者而有组织、没有协调者而有协调的系统。因此,在使用 StarLogo 平台来开展基于 Agent 的作战建模时,要充分考虑针对军事实际情况,对作战组织行为进行一定条件的约定和假设。

利用 StarLogo 进行建模时,要对现实军事世界进行抽象,剔除与主题无关的次要因素,抓住主要因素,提炼规则,用计算机来模拟作战实体在现实世界中依据一定规则运动的情况,观察结果,总结规律。

基于 Agent 的作战建模过程中,StarLogo 为每个模型建立了速度滑块(以控制系统的时间步进)和输出窗口(程序中 print 语句的输出窗口)。在 Canvas 上块的宽度为单位长度的距离。模拟的时间步进是可调整的。每隔一个时间长,观察者和海龟并行执行当前要求执行的命令。也可用 timer 以秒为单位确定标准时间。

作战模型的运行结果,一般有 3 种不同的情况:

(1) 建模之前已经确切地知道会有怎样的结果,建模的目的只是让结果更加形象化地表现出来。

(2) 建模之前对于结果的大致方向有一定的把握,建模后验证了自己的判断并了解了更多的细节。

(3) 建模之前对于结果没有什么判断或者有错误的判断,建模后出现了完全在意料之外的现象。对于作战指挥员而言,这往往是最有价值的建模。

7.4.2 NetLogo

7.4.2.1 NetLogo 概述

NetLogo 是由 Uri Wilensky 于 1999 年首次提出,后由美国西北大学(Northwestern University)网络学习与计算机建模中心(Center for Connected Learning and Computer - Based Modeling)持续开发的一款基于多 Agent 的可编程建模平台。该中心是一个致力于有创造性地使用技术来深化学习的研究机构,NetLogo 是该中心免费提供的一个基于计算机建模和仿真的软件包。

NetLogo 是用来对自然和社会现象进行仿真的可编程建模环境,特别适合对随时间演化的复杂系统进行建模。这就使得探究微观层面上的个体行为与宏观模式之间的联系成为可能,这些宏观模式是由许多个体之间的交互涌现出来的。它的此种特性非常适合于复杂系统模型的建立和实际系统中的仿真。

Netlogo 更新频繁,自发布起已先后推出多个版本。NetLogo 清晰体现了一款教育工具的特征,其初衷是提供一款高层次的建模平台,同时保证对平台的学习有一个低的要求。它采用 Logo 程序语言包括的许多高层结构,可有效节约在程序编制上的花费,但 NetLogo 语言不像标准程序语言包含所有的控制和结构。NetLogo 满足特定类型的模型:移动的 Agent 在网格空间并行地活动,存在局部交互。这种类型的模型在 NetLogo 平台执行更为容易,平台对此类模型没有任何限制。NetLogo 自身带有模型库,用户可以改变多种条件的设置,体验多 Agent 仿真建模的思想,进行探索性研究。

NetLogo 是下一代的多 Agent 建模语言,它起源于 StarLogo,但增加了许多新的特性,语言和用户界面也重新进行了设计。它功能强大,简单易用,便于开发。NetLogo 的特性如表 7 - 5 所列。

表 7 - 5 NetLogo 特性

操作系统	跨平台,可在 Mac OS、Windows、Linux 等操作系统上运行
编程语言	完全可编程; 编程语言结构简单; 是 Logo 语言的扩展,支持 Agent 和网络结构; 可以定义无限个 Agent 变量; 多种内置命令使用帮助; 支持整型和双精度型浮点数计算; 跨平台、可复用的应用

（续）

开发环境	二维或三维的仿真视图； 可缩放和旋转的矢量图形； 可标记的 Agent； 提供按钮、滑动条、开关、下拉选择、监视器、文本框等编译接口； 速度滑动控制； 功能强大灵活的绘图工具； 模型注释信息区； Hubnet：使用网络设备进行共享的仿真； 用于观察和控制 Agent 的监视器； 导入/导出功能（数据导出、保存和恢复模型状态等）； 从一个模型的多次运行中采集数据的行为空间工具； 系统动力学建模
网页支持	单个模型能保存为内嵌到网页中的小程序，但不包括小程序不支持的功能，如三维视图

与 StarLogo 一样，在 NetLogo 中，"角色"分为 3 类：海龟、块和观察者。前两类 Agent 构成了整个仿真世界，观察员可以观察和控制仿真世界的运行。海龟可以代替现实世界中的任何一种有活动特性的物体，如一台军用车辆、一个单兵；而块则代表了海龟所生存的环境，若干个块构成整个背景"画板"（Canvas），如一条通道、一片战场。通过对海龟和块进行编程，即为之设定各种属性和运行规则，可以并行地控制成千上万的海龟和块，使其具有自己的变化方式并进行彼此交互作用。这里的交互作用包括海龟和块的交互及海龟和海龟的交互，前者体现了 Agent 与环境的关系，后者则体现了 Agent 之间的关系，在微观军事交通仿真中，可表现为军用车辆与道路的相互作用及军用车辆之间的相互作用。

NetLogo 提供的 HubNet 版，不仅可以实现在网络上共享一个仿真模型，还能让人参与到仿真过程中来。它突破了仿真模型只能按照指定规则运行的传统，使仿真模型里的 Agent 不仅可以遵从指定的规则运行，还能直接受控于参与仿真的人。利用 NetLogo 的 HubNet 版，学生可以在教室里通过网络或者手持设备来控制仿真环境中的主体。

7.4.2.2 NetLogo 应用

NetLogo 能对自然系统和社会系统进行仿真，尤其适合于随时间演变的复杂系统的建模。由于使用简单，倍受各个领域研究者的推崇。建模者可以让几百甚至几千个独立的 Agent 接收指令同时运作。这使得研究微观层面的个体行为与由于这些个体之间的相互作用而涌现出来的宏观现象之间的联系成为一种可能。NetLogo 包含有完备的帮助文档和教程,还提供了许多可直接使用和修改的模型库,特别适合于初学者学习。提供的模型库涉及了生物、医药、物理、化学、数学、计算机科学以及经济和社会哲学等多个自然科学和社会科学领域。

一般来说,由于复杂作战系统中作战运用实体规模很大,而且战场条块布局中的作战单元具有动态性和自主性。因此,通过简化设置战场并设计作战行动规则,可采用多 Agent 建模仿真软件 NetLogo 来模拟作战运用过程。

由于在 NetLogo 中可以定义不同类型的 Agent,而且不同类型的 Agent 可以具有不同类型的数据及不同的动作策略,于是可利用 NetLogo 来模拟作战运用系统中各种 Agent。又因为 NetLogo 中的 Agent 之间可以很方便地进行交互,还可模拟作战运用中作战实体之间的交互过程。

就作战 Agent 的通信模块设计而言,主要包括消息发送方、消息接收方、消息类型、消息内容等四大基本内容。在 NetLogo 平台的实现过程中,可调用平台所提供的 communication. nls 库,简化、减少程序的开发量。

就作战 Agent 的感知模块和执行模块而言,为了有效实现 Agent 模型结构和减少程序的开发量,这两个模块中均可调用 NetLogo 平台所提供较为成熟和稳定的 bdi. nls 库。

在感知模块中,根据组织中不同层级、不同权限的 Agent,提供不同的视图,视图范围通过赋予 Agent 不同的属性变量加以实现。其中,指挥层级拥有全局视图,可根据整个战场(或仿真系统边界内)的决策需求,通盘统筹考虑资源的调拨和协调;队长层级拥有区域视图,能够及时了解某一个战斗片区中队员的行动情况,根据实际的作战情况,作出指挥和部署。在缺乏所需要的作战资源时,向上级部门请求调拨;队员层级拥有视域视图,受视力范围所限,只能感知到周围环境的变化,并在队长的指挥和队友的通信交互过程中,协作完成战斗任务。

执行模块则调用 bdi. nls 库中的 intention 子过程,实现 intention 模块中的执行程序动态添加、更新和删除,确保 Agent 能够快速应对环境和任务的变化,准确执行筛选器中选出的最优行为,提高 Agent 的个体效率,使整个多 Agent 系统达到全局最优。

7.4.3 AnyLogic

7.4.3.1 AnyLogic 概述

AnyLogic 是俄罗斯 XJ Technologies 公司研发的复杂系统仿真软件,由基础仿真平台和企业库等组成,现行版本是 version6.5。AnyLogic 是一种创新的建模工具,用户可以采用 UML - RT、Java 语言和微分方程来构建模型,即可以通过它提供模板式的结构和不同领域的专业库,通过拖拉的方式将其拖拉到工作空间快速构建仿真模型,也可采用 Java 语言完成代码块,实现灵活的仿真功能,而且良好的可视化界面使得建模过程变得更加直观快捷。

AnyLogic 是一款新兴的强调分析功能的仿真软件,具有专业的虚拟原型环境,用于设计包括离散、连续和混合行为的复杂系统。它以最新的复杂系统设计方法论为基础,是第一个将 UML 引入模型仿真领域的工具,也是唯一支持混合状态机这种能有效描述离散和连续行为的语言的商业化软件。AnyLogic 还提供多种建模方法,包括基于 UML 的面向对象的建模方法、基于方图的流程图建模方法、状态图、微分和代数方程。人们利用 AnyLogic 平台,能够对离散事件、连续事件及混合事件进行仿真,从而实现对宏观、中观、微观事件的仿真。

7.4.3.2 AnyLogic 应用

AnyLogic 的应用领域十分广泛,涵盖控制系统、计算机系统、动态系统、交通、制造业、供给线、后勤部门、电信、网络、机械、化工、污水处理、教育等。当然,也可应用于军事领域,特别是用于基于 Agent 的作战建模领域。这里,通过引入桂寿平、吴钰飞发表的文献,分别从供应链建模、装备体系效能评估两个角度,举两个例子进行简单的说明。

1. 装备维修器材供应链建模

军事装备维修器材数量品种繁多,各种器材用途和属性特征不同,有的在装备维修中的作用不可替代,有的供应期长、不易获取,有的价值大周转慢,占用大量库存资金。如何建立军事装备维修器材供应链模型,确保能够更好地分析和预测各类器材需求,实现供应诸环节的优化运作,是装备器材保障建模领域一项重要课题。

AnyLogic 仿真工具利用活动对象类来对现实世界的不同事物进行模拟。设计 AnyLogic 模型,实际上就是设计活动对象的类,并定义它们之间的关系。AnyLogic 的活动对象类属于 Java 中的类。活动对象可以用参数、变量来表示事物的属性,还可以通过编写函数、设置状态图、定时器来设定活动对象的行为。活动对象类适合于仿真现实世界中的固定资源,如装备维修车间、保障物资仓库等。AnyLogic 的活动对象类可以通过端口进行交互,利用端口进行消息的传递。消息是用户编写的 Java 类,可以模拟现实世界中的流动实体,例如,装备维修保障转运物资、运输车辆等;另外,也可以模拟固定资源之间传递的信号。

(1) 装备维修器材供应商的仿真逻辑。在 AnyLogic 中,每一个装备维修器材供应商用一个活动对象类进行建模，在活动对象内部利用参数、变量、属性对供应商行为和属性进行建模。在此以维修器材生产商的实现为例，讨论在AnyLogic软件中实现的逻辑。维修器材生产商在接受到来自分销商的订单时，即调用订单管理功能，将订单存入数据存储中；随后调出订单，判断订单是否为有效订单；之后判断现有的产成品库存是否能够满足订单的需求。当装备维修器材库存不足以满足全部需求时，调用生产模块组织生产。

(2) 装备维修器材供应链的实现。Main 函数是 AnyLogic 仿真程序的入口。在设定好活动对象之后，将活动对象类拖动到 Main 类里面，就能简单快速地在 Main 类里创建装备维修器材供应商类的实例，这些实例拥有活动对象的属性与行为。Main 类可设定实际参数，为实例形式参数赋值。Main 类还负责进行仿真分析设置，通过设置 Data Set 来对数据进行收集。Data Set 是 AnyLogic 的 Analysis 提供的数据收集工具，制定收集的变量的值及收集的样本数。之后，可以再通过时间图(TimePlot)来进行动态的显示。

2. 应急空间装备体系效能评估

应急空间装备体系主要包括应急空间飞行器、应急空间运载器、应急发射系统、运控系统与快速应用系统等。应急空间装备体系效能评估是其顶层设计的重要内容。运用基于 Agent 建模仿真的思想，将应急空间装备体系的系统组成映射为相应的 Agent，通过 Agent 间的交互模型反映系统组成间的交互关系，并可运用 AnyLogic 软件实现基于 Agent 的建模仿真、效能指标计算与结果分析。

在 AnyLogic 中每一个 Agent 类用一个活动对象类进行建模，在活动对象内部利用参数、变量对 Agent 类的属性进行建模，利用状态图、函数对 Agent 类的行为进行建模。Agent 间的通信通过环境传递消息的方式实现。

在建立好 Agent 类之后，将 Agent 类拖动到 Main 类中，即在 Main 类中创建了各 Agent 类的实例，并设定实际参数为实例形式参数赋值。同时，通过设置 DataSet 来收集数据，并利用 Chart 和 Timeplot 进行显示。

假设应急空间飞行器由通用化平台和模块化载荷集成，可对以下仿真试验参数进行设置：从接到任务、选择合适的有效载荷到完成集成测试的时间，平时存储可靠性，发射时可靠性，在轨检测时间，运载器测试时间，平时存储可靠性，发射时可靠性，运载器与应急空间飞行器集成时间，发射准备时间，应用系统信息处理时间，信息传输时间，需探测目标的运动速度等。

在假定输入条件下对所建立的模型进行足够多次的仿真运行，计算总响应时间平均值、发射响应时间平均值、数据延迟时间平均值、信息成功获取概率。经统计计算，即可得到效能指标值。

AnyLogic Professional 还提供了强大的结果分析工具,包括灵敏度分析、蒙特卡罗分析等。利用 AnyLogic Professional 的灵敏度分析工具,可选取应急空间运载器存储条件下可靠性、应急空间运载器测试时间、平台与有效载荷集成时间、运载器与应急空间飞行器集成时间、发射系统准备时间、应用系统任务分派时间、运载器可靠性、应急空间飞行器可靠性等参数,进行灵敏度分析,由此可得到一系列灵敏度分析图。这样,通过采用 AnyLogic 仿真软件,对所建模型进行仿真、效能指标计算与结果分析,即可找出效能指标值的关键影响因素。

可以看出,AnyLogic 是一款功能强大的软件,在基于 Agent 的作战建模中的应用前景广阔。使用 AnyLogic 可很好地搭建基于 Agent 的作战建模仿真系统运行控制试验平台,不但可以减少人员开发时间和工作量,而且有利于试验平台的进一步扩展。

7.4.4 有关建模平台

7.4.4.1 MASON

MASON(Multi - Agent Simulator of Neighborhoods)是在 Swarm 基础上改进得到的一个仿真模拟器。它是 George Mason 大学用 Java 开发的离散事件多 Agent 仿真核心库,试图提供一个既可用于社会科学也可用于其他基于 Agent 建模领域的核心基础设施。MASON 是一个通用的、单进程的离散事件仿真模拟器,并支持跨社会领域以及不同科学领域的不同多 Agent 系统。

MASON 平台的设计体现了软件更小且运行速度更快的需求,它聚焦于对计算有严格要求模型的支持,模型可以包含大量 Agent 且多次反复。MASON 的特点如下:

(1) 平台独立的。

(2) 基于 Java 的而不是基于解析语言的,因此速度比较快。

(3) 通用的,而不是针对特定应用领域的,研究人员可以进行灵活扩展来应用到不同的应用领域。

(4) 具有良好的可视化 GUI。

(5) 易于嵌入到其他的类库中,从而和其他的类库进行集成。

MASON 的设计目的在于最大化执行速度,保证不同平台仿真结果的完全重现。MASON 提供的脱开绑定图形化接口、停止仿真和在不同计算机间移动,对于一个长时间的仿真也是非常重要的选项。MASON 本身支持轻量级的模拟需求,自含模型可以嵌入到其他 Java 应用当中,还可以选择二维和三维图形显示。MASON 的体系结构如图 7 - 12 所示。

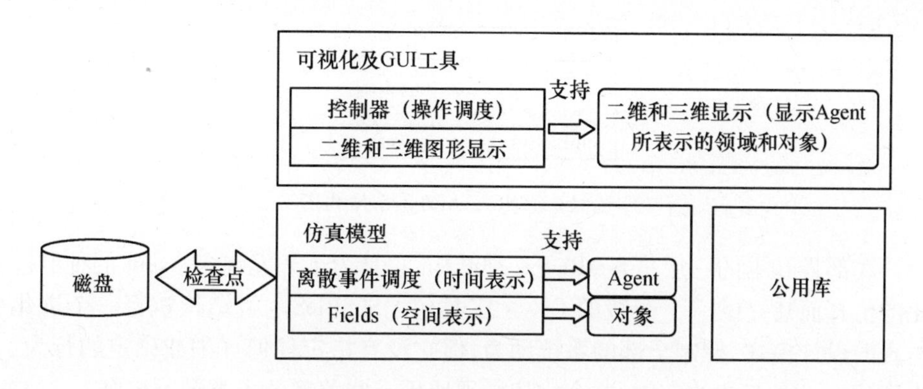

图 7-12　MASON 体系结构

MASON 包括两个层次：模型层与可视化层，并且模型层完全独立于其可视化层。在 MASON 中，Agent 定义为一个能被调度执行某个操作，并对环境进行操作的实体。而对象则是整个仿真系统中可以表示的任何事物，主要是仿真系统在空间上的表示。

MASON 模型的创建一般包括两个阶段。首先，开发人员开发 SmState 的一个比较简单的子类，该子类完成基于命令行的多 Agent 仿真，包括启动仿真，逐步调度等。然后，开发人员创建一个 GUIState 以封装 SimState，从而绑定描绘和显示。此外，MASON 还可以很好地与已有的一些类库集成。

从上面分析可知，由于 MASON 在时间表示上，采用离散事件调度方式来支持 Agent 行为模式表达；在空间表示上，采用 Fields（多领域）来支持对象行为模式表达。而且，基于 MASON 的可视化及 GUI 工具，可采用二维、三维图形显示 Agent 所表示的领域和对象。这样，针对作战系统而言，在将作战实体映射为相应的 Agent 的基础上，采用 MASON 作为多 Agent 系统的仿真模拟器，能够实现基于 MASON 建立作战 Agent 系统模型，并输出模拟结果。

7.4.4.2　TNG Lab

TNG Lab（Trade Network Game Lab）是为了研究在一个多样化的市场环境下的商业网络构成而设计的一个特殊的可计算试验室，由美国俄亥俄州（OHIO）大学的 David McFadzean、Deron Stewart 和 Leigh Tesfatsion 等人于 2001 年开发。TNG 体系在 SimBioSys（一个进行一般进化仿真的 C++类结构）的支持下，用 C++实现。TNG/SimBioSys 已经进一步合成为一个有标准组件的可扩展计算的试验室，也就是 TNG Lab，它是在 Windows 下运行的。TNG Lab 由四层结构构造而成，其体系结构如图 7-13 所示。

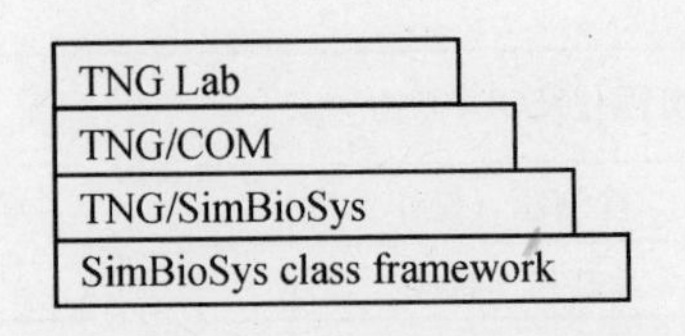

图 7-13　TNG Lab 的体系结构图

底部最基本的一层是 SimBioSys 类结构,它是为了开发包含 Agent 的种群进化的仿真而建立的一个一般的 C++ 工具包。SimBioSys 类结构执行一个进化仿真的设计模式,控制全部的系统动力,但它没有指定任何详细或确定的行为。为了建立一个有效的应用,这个构架必须使用一些关键的子类进行扩充。

第二层 TNG/SimBioSys 提供了实现 TNG Lab 市场协议和行为准则的扩展类。这一层形成了足够产生有趣的研究结果的全部应用,但它缺乏一个友好的界面。配置数据由一个输入文件读入,而仿真结果由一个输出文件记录。

第三层 TNG/COM 包含了在微软组件界面的仿真功能,这个界面使它允许被调用并能被外部程序控制,还包括一个能够交互应用的事件模型。

第四层 TNG Lab 实现了仿真的可视用户界面。可以在一个窗体屏幕中输入仿真参数,这些参数也可以被存储和由一个输入文件读入。一个活动屏和一个物理屏允许研究者看到仿真进化时的动力学变化,并可以手动调整这个应用的可视界面。结果屏所显示的仿真输出是用一个表的形式,而一个图表屏用图形化的方式显示同样的数据结果,且二者都是实时的。

针对 TNG Lab 主要是用于面向市场环境开展社会复杂系统中主体建模的这一特点,可以运用它来解决基于市场结构的作战多 Agent 系统建模问题。基于市场结构的多 Agent 系统执行过程如图 7-14 所示。

在上述依托 TNG Lab 平台构建基于市场结构的作战多 Agent 系统模型中,首先必须界定实际作战系统组织行为,重点是需要设定一定的提前条件,即扁平化的组织协调模式,从而使市场机制能够适用,例如,同种武器平台按照市场机制参与目标打击任务;其次,将这种扁平化组织中的作战实体映射为各参与市场机制的 Agent,并设定管理 Agent 来进行触发;在进一步定义 Agent 的基础上,采用 TNG Lab 通过输入仿真参数来实现仿真试验。

7.4.4.3　Ascape

Ascape 是布鲁金斯研究所(The Brookings Institute)开发的基于 Agent 的建模平台,用来设计和分析基于 Agent 的复杂社会经济系统模型。它完全用 Java 编写,可以提供很大的参数配置选择,并且可利用 Java 中强大的类型定义和

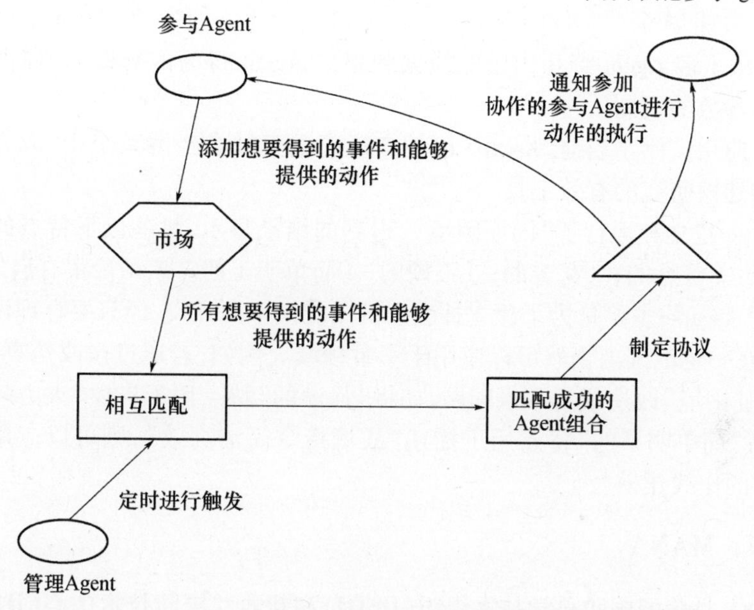

图 7-14 基于市场结构的多 Agent 系统执行过程

习语。

Ascape 和许多基于 Agent 的建模研究所使用的其他建模工具有很多相似点。Ascape 设计目标主要包括以下几点:

(1) 可以用尽可能少的描述来定义一个完整的模型。

(2) 可以用多种方式表达同样的基础建模思想,然后用不同的环境和配置来测试这些思想。

(3) 拥有尽可能常用的特征:图表、模型视图、参数控制工具等,以及大量的常用结构和行为的类库。

(4) 可以为高水平用户提供导向型工具,使其不用编程就可实现模型交互,也能对复杂的系统建模编程。

(5) 可以封装建模思想和方法论,能够不影响其他方面而在模型的某一方面进行重大的改动,例如改变维数、拓扑结构、规则以及规则的执行命令。

(6) 可以促进探索和试验,允许模型的设计和工具的简单混合与匹配。

Ascape 的特点主要体现在以下几个方面:

(1) 简单适用。Ascape 容易理解,容易利用,不需要现有模型的经验、改变模型的技巧及较强的扩展技巧,而且在模型中有 20 多个演示程序,便于人们掌握 Ascape。

(2) 功能健全。Agent 存在于 scapes 中，软件本身是各 Agent 的集成。scapes 提供了多 Agent 交互作用的线索和指导 Agent 行为的规则，并提供了控制和修改参数的机制。

(3) 应用广泛。当前，Ascape 已被广泛应用于社会经济系统中，成为复杂系统行为建模研究的有效工具。

Ascape 建立和运行了"囚徒困境"，得到的结果显示，具备以下特点的人总会是赢家：①善意的；②宽容的；③强硬的；④简单明了的。该结论很有启发性。

尽管 Ascape 主要是为了建立社会经济系统模型而开发，但只要合理设定仿真条件，在一定范围内仍然可以应用于军事领域。例如，若通过修改仿真参数，可将"囚徒困境"改造成为军事问题，如将"强硬的"特点用于描述"火力打击效果好"、将"简单明了的"特点用于描述"战场指令简洁高效"，则可以应用于基于 Agent 的作战建模。

7.4.4.4 MANA

MANA 是美国国防科学技术组织(DSTO)和新西兰国防技术中心(DTA)所使用的一款多 Agent 系统开发工具。它为用户提供了仿真中个体所遵循的一系列参数及其状态。这些参数允许改变对个体的控制程度，允许使用无脚本的想定。MANA 允许通过许多简单的规则来定义个体特征与个性，这些特征不一定是线性的或者是可预见的。它还提供了可快速生成想定的工具。最后，想定输入文件易于编辑的特点，使得生成想定可以有很多方法，这对于研究是非常有用的。

与 EINSTein 相比，MANA 虽然在外在形式和功能上有所区别，但都是基于复杂适应系统理论，并采用了自下而上的建模方法。因此，可以用于刻画和描述作战 Agent 的智能动态行为。

第 8 章

基于 Agent 的作战建模案例

8.1 联合作战指挥决策建模

8.1.1 联合作战指挥决策概述

联合作战是未来信息化战争的主要作战样式,进行信息化联合作战建模仿真,对于战法以及信息化作战部队的编制体制、指挥方式等的研究均有着重要的参考价值。将人工智能运用到作战建模中是军事仿真研究领域发展方向。特别是在将 Agent 技术应用于指挥决策建模方面,外军尤其是英军和美军做了大量的工作,取得了一些成果。Agent 具有的自主性、反应性、主动性、社交性和智能性的特征,可灵活地表达联合作战指挥控制系统中具有指挥决策功能的指挥所(员)的军事活动。

在联合作战建模中,指挥控制体系具有实时性强、动态不确定性、分布式及群体性特点。通过构建多 Agent 体系结构来描述指挥决策的过程,在多 Agent 系统环境下,利用 Agent 的自治性、协作性和自适应性,通过多个指挥决策 Agent 之间的复杂交互,即可有效地实现联合作战仿真应用的目标。

要对联合作战指挥决策进行描述,建立 Agent 模型,首先应当对联合作战指挥决策的信息流程及联合作战指挥决策过程进行系统分析,在此基础上分析联合作战指挥决策建模特点。

8.1.1.1 联合作战指挥决策信息流程

一般说来,联合作战指挥决策信息流程包括情报信息的获取及处理、方案信息的优化及选择、指令信息的生成及传输、交战信息的反馈及处置4个环节。在实际的作战过程中，某几个环节其实是融合到一起难以区分的，而研究上的区分实际上正是为了更好地指导实战的统一。联合作战指挥决策信息的基本流程如图8-1所示。

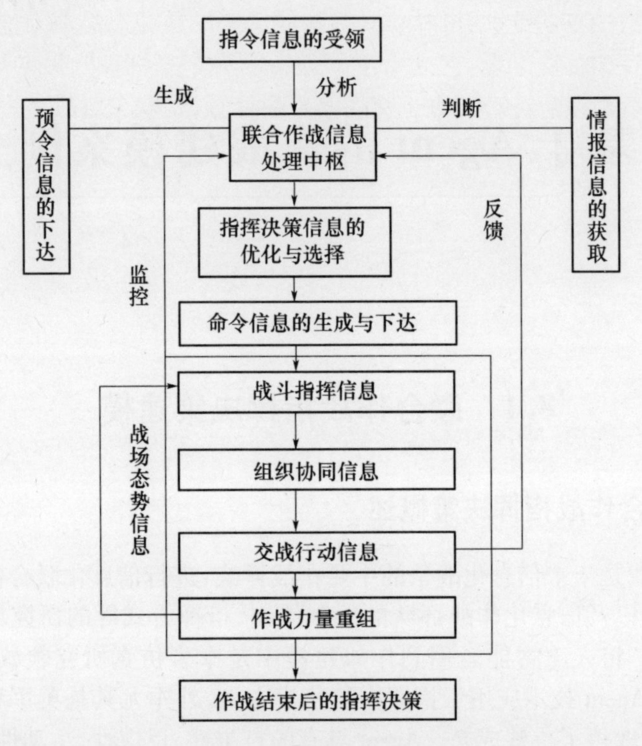

图8-1　联合作战指挥决策信息的基本流程

(1) 情报信息的获取及处理是联合作战指挥决策信息流程的源头和起点。在现代战场上，由于信息的地位上升，情报信息的获取和处理成为制约联合作战指挥决策整体效能的瓶颈。从这个意义上说，情报信息的获取与处理也是指挥决策流程的难点。

(2) 作战方案信息就是联合作战活动中的参考预备信息和既定指导信息，它是作战指挥决策的内容体现。作战指挥决策是作战活动的核心，因此作战方案信息的优化及选择也是联合作战指挥决策信息流程的核心。

(3) 作战方案确立以后，必须要转化成指令信息的形式下达给作战部队。指令意即作为名词的命令，是军队首长或组织对部属下达法定性任务或决定的军用文书。在联合作战中，命令显然已不能局限于军用文书的形式，它更多的将是网络上的电子信息和电子指令，因此我们认为把联合作战中的命令称为指令信息更为恰当一些。指令信息生成以后，必须要进行不同接受终端的传输，这样指令信息的生成和传输就成为确定作战方案之后，指挥机关需要进行的主要工作。

（4）交战信息是指联合作战开始后，战场上的敌我态势演变情况。从作战指挥决策周期的角度来看，交战信息即是在第一个指挥控制周期结束后，输入指挥控制系统的信息综合。对于交战信息的处置，是联合作战指挥决策的中心职能之一。

8.1.1.2 联合作战指挥决策过程

联合作战指挥决策，是遵循联合作战指挥决策信息流程，按照事件顺序开展一系列筹划、组织、实施的过程。其一般步骤可描述如下：

（1）任务分析。主要是明确上级意图、本级任务、友邻的任务及完成任务的时间。

（2）判断情况。主要是判断敌我双方情况，进行地形分析以及作战地区的天气等环境情况分析。

（3）计划生成。综合指挥所所有参谋人员意见，形成初步决心，如战斗发起时间、战法、兵力部署、任务区分及协同事项等。

（4）发送计划。即将计划上传下达。

（5）计划融合。根据上级的批复以及下级的计划，形成最终战斗命令。

（6）计划执行。想方设法完成计划，同时严密监视执行情况和效果。

（7）重新决策。根据战场反馈信息进行重新决策。

8.1.1.3 联合作战指挥决策建模要求

联合作战是以作战总目的为牵引，在信息主导下，以各种作战力量单元高度融合的作战体系为主体，充分发挥整体作战效能及各力量单元的主观能动性，在多维作战空间实施的实时、精确、高效的作战行动。信息化战争时代，实施一体化联合作战的基础是作战力量的一体化，核心是作战行动的一体化，关键是信息力在作战力量构成与运用中主导地位的确立。根据作战问题的基本特征，开展联合作战指挥决策建模要求做到以下几点：

（1）要体现作战要素的不确定性，即模型并非针对某种特定的想定来构建，而是针对一个想定空间展开的探索性计算，求算在更广泛背景下的解。联合作战问题具有较强的复杂性和不确定性，由此，联合作战指挥决策问题还必须考虑那些不确定性因素。不确定性因素对于战局的发展会产生不同程度的影响，使得军事人员的决策难度增加，所以在建立联合作战指挥决策模型时，充分考虑不确定性是非常必要的。

(2) 要体现联合作战过程的动态性，因为双方交战是各种作战单元、各类作战要素之间动态交织的过程，具有随时间演变的特性，所以联合作战指挥决策模型需要体现这一过程。

(3) 要体现联合作战指挥决策的阶段性，尽管作战指挥决策是一个连续的过程，但是在建模分析过程中，需要把它们离散化处理，形成多阶段指挥决策分析模型。

(4) 要进行层次化描述。对于复杂的、规模较大的联合作战指挥决策问题，模型需要在不同层次上展开描述，是一种多分辨率综合模型。不同粒度的作战模型，反映了不同层次的指挥决策问题。

8.1.2 联合作战指挥决策多 Agent 系统结构设计

8.1.2.1 联合作战指挥决策多 Agent 系统框架

在联合作战指挥决策建模中，需要描述的实体种类繁多。每类 Agent 都具有感知、通信和信息处理能力，能通过协调、合作去求解联合作战复杂问题。为了更好地描述 Agent 行为特征，可按照不同实体、不同仿真对象在联合作战指挥决策多 Agent 系统中担负的职责，将这些 Agent 区分为职能主体层、通信层、决策资源层。职能主体层主要实现联合作战指挥决策基本活动，其中的联指Agent 和军种 Agent 作为作战实体类 Agent，是典型的作战决策 Agent；职能主体层的其他 Agent 及通信层和决策资源层的 Agent 作为管理类 Agent，管理并应用联合作战指挥决策多 Agent 系统。联合作战指挥决策多 Agent 系统框架结构如图 8 - 2 所示。

在联合作战指挥决策多 Agent 系统框架中，各 Agent 具体功能描述如下：

(1) 界面 Agent。负责提供界面友好的人机交互系统。

(2) 任务 Agent。负责将战略使命分解为战役任务，并对战役任务进行联合作战层次的分配。

(3) 联指 Agent。负责整个联合作战行动的指挥，即在综合考虑当前敌我态势和整体战役目标的基础上，确定当前所采用的联合作战部署，明确己方部队在总体作战计划中担当的角色，指挥并协调控制各军种 Agent 完成联合作战全局任务。

(4) 军种 Agent。负责根据联指 Agent 分发的命令和当前局部的对抗态势

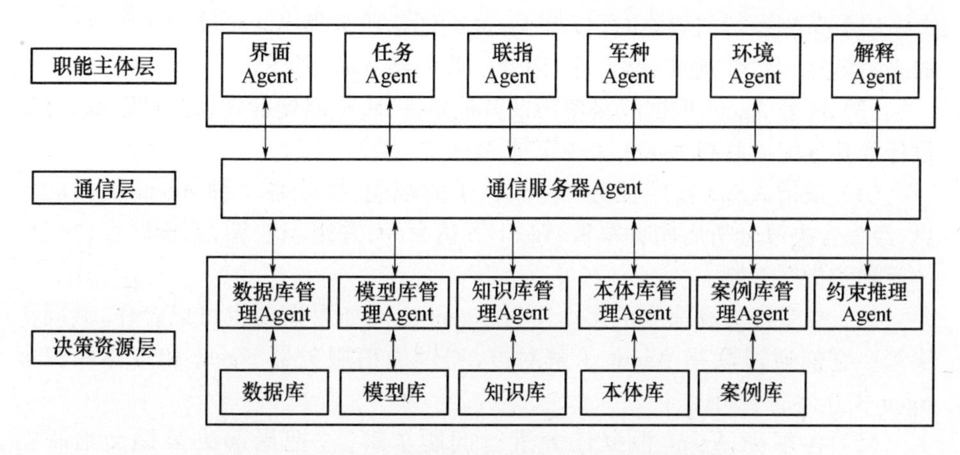

图8-2　联合作战指挥决策多Agent系统框架结构

制定本军种参战力量作战计划,并组织协调军种内部协同行动。

(5) 环境Agent。负责为作战实体类Agent提供地理位置、联合作战区域、天气、地形、交通网络等各种环境数据信息。

(6) 解释Agent。负责对决策结果进行解释,把结果反馈给界面Agent。

(7) 通信服务器Agent。负责将各种Agent按照一定的通信机制连通起来,实现联合作战指挥决策建模中多Agent交互通信。

(8) 数据库管理Agent。负责联合作战指挥决策数据库的查询、录入、修改、数据抽取等功能。

(9) 模型库管理Agent。负责联合作战指挥决策模型库的管理维护、模型组合、模型运行。

(10) 知识库管理Agent。负责完成联合作战指挥决策知识库的维护和运行工作。

(11) 本体库管理Agent。负责为不同类型的Agent间进行通信时提供本体库管理,确保Agent能提取保持通信内容一致的本体库。

(12) 案例库管理Agent。负责案例库的检索、匹配、修改、复用等工作。

(13) 约束推理Agent。负责解决联合作战指挥决策调度、规划等领域通用约束条件方面的问题。

8.1.2.2 联合作战指挥决策多Agent系统工作流程

联合作战指挥决策多Agent系统反映的是基于Agent的联合作战指挥决策模型的构建形式,其一般的工作流程如下:

(1) 系统运行初始化时,各类 Agent 向通信服务器 Agent 进行注册,将自己的有关信息(名字、地址、能力等)向通信服务器 Agent 登记。

(2) 任务 Agent 根据战略使命及其他条件,将战略使命转换、分解成联合战役任务并分配给联指 Agent 和各军种 Agent。

(3) 联指 Agent 按照任务 Agent 赋予的职能,接收各军种 Agent 上报的信息,经综合决策分析后向各军种 Agent 下达命令,并组织协调,实现联合作战整体筹划和指挥控制。

(4) 接受任务和命令的多个军种 Agent 之间如果需要也可以合作,共同作决策。它们通过联指 Agent 了解对方,通过通信服务器 Agent 和本体库管理 Agent相互协商、协作。

(5) 各军种 Agent 根据任务进行问题求解,并把局部决策提交给联指 Agent, 同时将决策过程和依据提交给解释 Agent,解释 Agent 也可以主动收集军种 Agent 的决策过程和依据。

(6) 联指 Agent 把各军种 Agent 产生的局部决策进行集成,并可根据需要进行各军种 Agent 之间任务的重新协调,并把决策集成结果提交给解释 Agent。

(7) 解释 Agent 在收集联指 Agent 和各军种 Agent 的决策过程信息之后,对整个决策结果进行清晰的解释,根据建模人员需要发送给界面 Agent 并呈现出来。

8.1.3 联合作战指挥决策 Agent 结构设计

8.1.3.1 联合作战指挥决策 Agent 框架

根据联合作战指挥决策建模的功能需求,可以确定用于指挥决策的通用型智能实体 Agent 的结构框图,如图 8 - 3 所示。

该框架反映的是联合作战指挥决策多 Agent 系统框架中,类似联指 Agent、军种 Agent 等典型作战决策 Agent 的模型结构设计。几个重点的问题描述如下:

(1) 知识库的建立。联合作战指挥决策 Agent 进行决策推理时需要调用其内部知识库。知识库设计包括知识获取和知识表示两方面内容。知识获取,即获取在作战过程中有效地进行指挥决策所需的知识;知识表示,即将所获取的知识合理地组织成知识库,以便于 Agent 识别和访问。知识库主要用来存储规则和事实。针对联合作战指挥决策 Agent 模型,知识库中的规则,主要是联合作战指导思想和作战条令;知识库中的事实,既包括军事专家的战场经验,也包括来自于信息化条件下发生的历次局部战争经典作战案例。知识库的内容设计

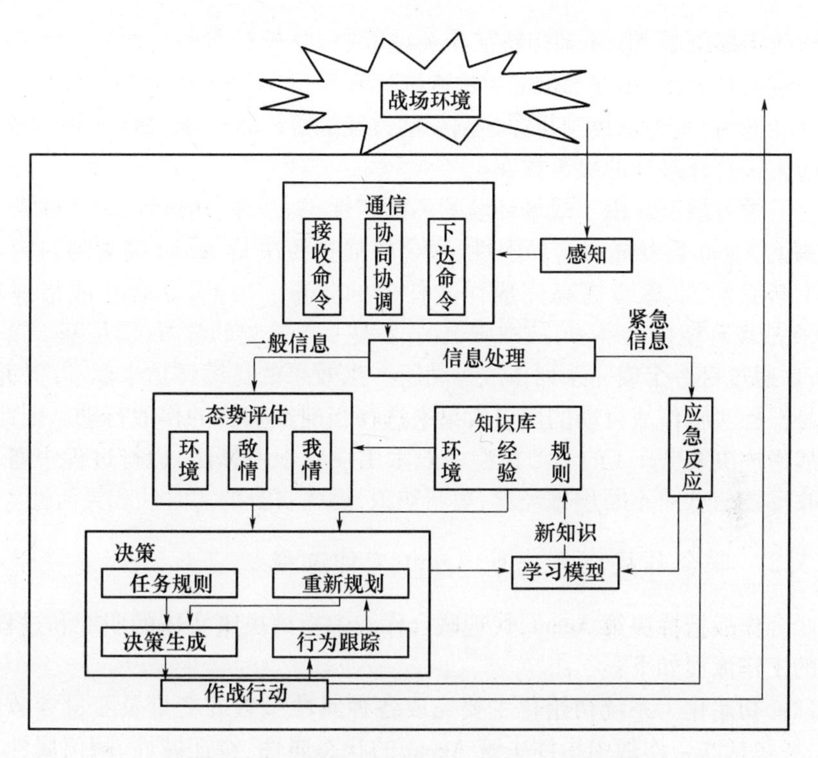

图 8-3 联合作战指挥决策 Agent 的结构框图

得越好,联合作战指挥决策 Agent 的智能性就能体现得越好,作战行动也越符合军事规则,符合战场的实际情况。

(2) 态势评估。态势评估主要采用基于案例推理技术,通过联合作战指挥决策 Agent 借助情报系统,对敌我作战部署、交战状态、各类武器装备系统的数质量和战场环境进行感知,综合判断后,形成 Agent 做出决策的依据。一般而言,态势可分为 3 个层面:第一层是全局态势,即联合作战整体情况,反映部队的最终目标;第二层是子态势,对于全局态势的任一状态,相应的子态势组成了全局状态,如主攻、佯攻、支援、掩护等构成了进攻态势;第三层是作战行动态势,如部队集结、机动,武器装备系统的技术状态等。在实际运行中,联合作战指挥决策 Agent 从其内部知识库中调用数据,并采用数字方式描述居民地、道路、水系、土质、植被、地貌及边界等地图要素,分析和评估主要作战地域内的自然环境、敌方行动、己方行动对部队作战在机动、观察、射击、防护等方面的影响,由此为提出行动初步预案提供依据。

(3) 决策。在对战场实时态势进行评估后,联合作战指挥决策 Agent 根据评估结果,在作战原则的指导下进行规划分析,形成决策方案。在实际运行中,联合作战指挥决策 Agent 利用特征相关度算法,分析新案例与源案例库中案例特征向量的相关性,实现案例的首次匹配;而后,运用神经网络算法并根据训练好的神经网络,实现新案例与源案例策略方案的进一步匹配;最后,通过概略预评估的方式选择最佳的决策方案。

(4) 学习模型。由于战场环境的不确定性、复杂性、动态性,加之联合作战指挥决策 Agent 自身能力的局限性,联合作战指挥决策 Agent 需要通过自身知识的不断积累,来逐步提高完成作战任务的质量。因此,联合作战指挥决策 Agent在战场环境中的学习,从本质上讲,不是基于知觉的学习,而是基于效果的学习,是通过对一个或一系列作战行动所产生效果的持续评估来驱动的,并且,最终是根据实施作战行动的历史效果来选择当前欲实施的作战行动。因此,联合作战指挥决策 Agent 的学习模型一般采用强化学习算法,运行过程中通过不断接收反馈信息而不断积累经验、更新知识,提高自身的实时性和灵活性。

8.1.3.2 联合作战指挥决策 Agent 工作流程

联合作战指挥决策 Agent,代理联合作战中指挥决策实体的职能和过程,其一般的工作流程如下:

(1) 初始化。系统初始化主要完成各种属性参数的变量及变量参数的确定,一般包括联合作战中指挥决策 Agent 的状态属性、特征属性、阈值属性及战斗属性,同时对它们的标识和状态进行注册管理。

(2) 态势感知及评估。感知模块主要是获取感应距离范围内其他 Agent 的相关信息。其运行方式是以自身坐标为中心,在感应距离范围内搜索其他Agent的标识、位置、状态等信息,并经过信息处理模块发送到态势评估模块。在态势评估模块中,分析和评估敌情、我情及自然环境基本情况。

(3) 通信。通信模块是一般依据"IF(命题 A)THEN(命题 B)"的条件通信规则和方法,完成 Agent 间的信息传输。如果两者之间的距离小于它们的通信范围之和,即可进行通信交互;否则,不能实现通信。在通信模块,除了完成接收命令、下达命令的功能外,还要实现协调、协同功能,用于确保联合作战中各所属部队行动的一致性。当收到紧急信息时,作出应急反应。

(4) 决策/学习。决策模块主要依据从感知器、态势等获得信息和行为规则推演出行为方案,由此产生智能行为。主要围绕任务规划、重新规划、决策生成、行为跟踪 4 个活动来实现。决策的同时,往往实现新知识的学习,新知识可转化为作战经验、规则等存入知识库。

(5) 行动。依据行为规则控制相应的动作,按照"IF(命题 A)THEN(命题 B)"的条件行为规则,选择执行决策模块的方案计划,Agent 根据满足的条件,作出如机动、攻击、协同等相应的行动。

需要指出的是，上述对联合作战指挥决策 Agent 模型的设计，是联合作战指挥决策多 Agent 系统建模的一项核心工作。事实上，联合作战指挥决策多 Agent 系统中，一些其他的 Agent 模型的设计，部分功能结构可参照上述实体 Agent 模型结构。也就是说，可以实现部分功能的重用。

8.2 陆战场多传感平台系统建模

8.2.1 情报侦察任务分析

提高武器装备信息化作战和保障能力，必须大力解决信息采集和信息融合问题，突破以往只注重发展武器（作战平台）而忽视传感器（传感平台）研究、只注重分析单传感器而忽视多传感器的研究模式，将震动传感器、声响传感器、磁性传感器、红外传感器、压力传感器等各种地面传感器和火力搜索雷达、无人侦察机、侦察车、信息处理车等传感平台综合集成为多传感平台系统（多传感器系统）。研究分析多传感平台系统建模问题，可为其作战运用仿真演示奠定基础。

由于多传感平台涉及协同组织背景，各传感平台成员处于不同等级、不同层次、不同位置，对其仿真建模，要求描述“活”的系统，反映微观现象与宏观现象之间的内在联系。而一般的仿真建模方法难以充分适应这种需求。目前，Agent、多 Agent 系统、基于 Agent 的建模技术是分布式人工智能和计算机仿真领域研究的热点。基于多 Agent 的建模，侧重于解决如何建立复杂智能系统的形式化模型，建立一种抽象的表示方法以获得对客观世界和自然现象的深刻认识。采用基于多 Agent 的建模方法，通过对多传感平台系统中的基本元素及其之间交互的建模，将多传感平台系统的微观行动与宏观“涌现”现象有机结合在一起，是一种有效的建模方式。

建立基于 Agent 的战场情报侦察模型，要求对战场情报侦察任务进行分析。实际上，基于 Agent 的战场情报侦察仿真系统联邦，本质上是利用计算机网络将各 Agent 联系起来，通过信息共享及协调机制，实现各 Agent 的有效交互，完成战场情报侦察任务。

8.2.1.1 任务描述

从模型开发的角度看，作战任务是作战实体为达到某种目标而要执行的一系列作战行动的集合，简称任务。在作战中，上级给所属参战力量规定任务，并明确其作战类型、作战样式、任务地位和作用、任务范围、任务方向和作战对象。各参战力量为完成任务,其指挥员必须根据敌情、地形、任务以及本单位的特点,组织实施作战行动。

从上面分析可知,作战任务分析在本质上是与仿真实现无关的,它只依赖于真实世界中的作战规律和特点。需要描述什么,不必描述什么,这些都是由军事人员决定的,而且描述的方式也应符合军事人员的习惯。然而,在作战建模中,特别是军事概念建模阶段,人们往往需要对作战任务的基本要素进行概念抽象和描述。通过这种任务描述,为后续建模工作奠定基础。

在现代陆战场多传感平台建模中,作战任务的执行状态可分为4种:①未执行状态,即上级已给本传感平台实体下达任务,但传感平台实体还没有开始执行;②正在执行状态,即上级下达给本传感平台实体的任务正在执行;③执行成功状态,即任务已经成功完成;④执行失败状态,即任务执行失败。

各传感平台实体的任务状态可用枚举类型形式(用计算机伪代码表示)描述如下:

```
enum TaskState{
    NOTYET =1;//未执行状态
    GOING =2;//正在执行状态
    SUCCESSED =3;//执行成功状态
    FAILED =4;//执行失败状态
}
```

各传感平台实体任务的结构形式可表示为

```
struct Task{
    char * TaskName;//任务名
    TaskState PerfState;//执行状态
    ParamList * TaskParamhist;//参数列表
    Bool Precondition;//开始条件
    Bool SucTermCondition;//成功结束条件
    Bool FailTermCondition;//失败结束条件
    MethodList MethodListName;//方法列表
}
```

8.2.1.2 任务分解

在基于 Agent 的作战建模中,各作战实体 Agent 交互协议所接受的基本策略是先分解任务再分配任务,以减少任务的复杂性。对于多传感平台系统联邦任务的分解,具体任务的分解过程:①确定任务层次结构,即确定战场侦察任务可以被分解成通用侦察平台协同侦察、信息处理平台融合处理、对通用侦察平台的控制等3个子任务，各子任务再分解成更低层次任务，如通用侦察平台协同侦察分解为搜索前进、警戒侦察、协同指示目标与通告情报、向信息处理平台报告、待命等5个子任务；②确定执行一项任务所需要输入的信息，并确定执行一项任务的结果，作为输出信息；③确定任务之间的协调关系，如协同侦察与融合处理之间各种协调关系。陆战场多传感平台任务分解过程如图8－4所示，其对应的任务树 *and－or－tree*(*T*)如图8－5所示。

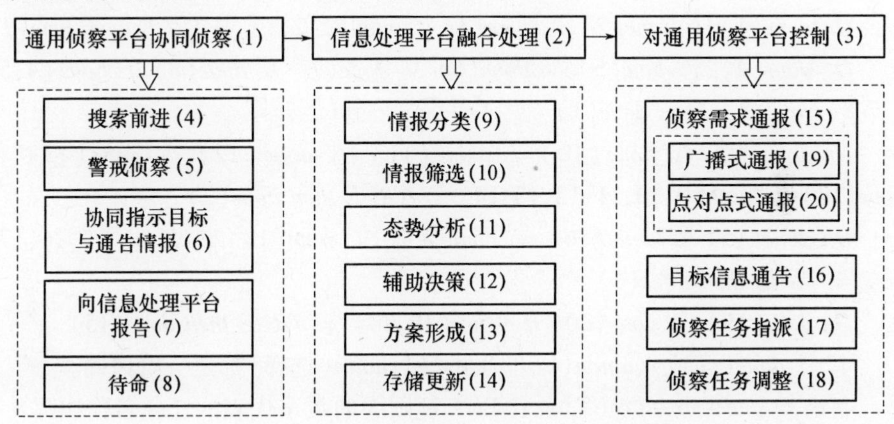

图8－4　陆战场多传感平台任务分解过程

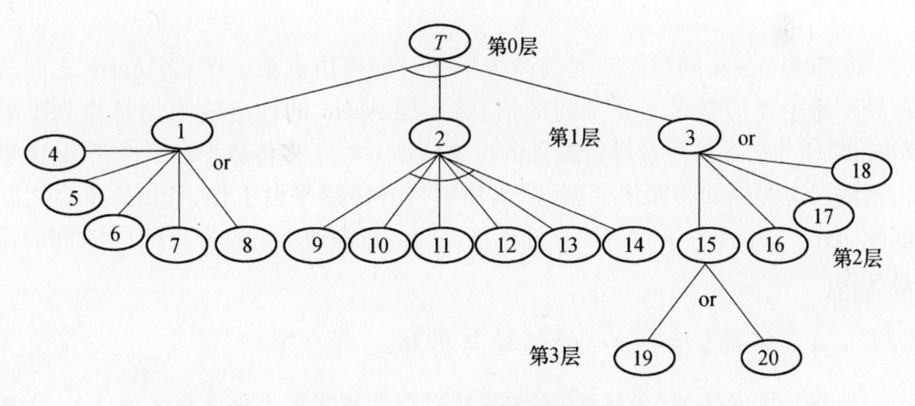

图8－5　陆战场多传感平台任务树 *and－or－tree*(*T*)

任务树还可等价地用一组 Event－Condition－Action(ECA)规则表示。ECA规则(ECA Rule)通过对事件—条件—行为关系的规范表述，形式化描述任务树。ECA规则的形式如下：

WHEN Events

IF Conditions THEN

Action

ENDIF

ENDWHEN

这样,陆战场多传感平台系统任务树 *and - or - tree*(*T*)对应的 ECA 规则可以表示为

On done(1) ∧ *done*(2) ∧ *done*(3) *if union*(1,2,3) = *TRUE then done*(*T*)

On done(4) ∨ *done*(5) ∨ *done*(6) ∨ *done*(7) ∨ *done*(8) *if choice*(4,5,6,7,8) = *TRUE then done*(1)

On done(9) ∧ *done*(10) ∧ *done*(11) ∧ *done*(12) ∧ *done*(13) ∧ *done*(14) *if union*(9,10,11,12,13,14) = *TRUE then done*(2)

On done(15) ∨ *done*(16) ∨ *done*(17) ∨ *done*(18) *if choice*(15,16,17,18) = *TRUE then done*(3)

On done(19) ∨ *done*(20) *if choice*(19,20) = *TRUE then done*(15)

其中,*done*(完成)、*union*(同步合并)和 *choice*(选择)都是一阶谓词。

任务树 *and - or - tree*(*T*)及其 ECA 规则中的数字代表的任务名称如图 8 - 4 所示。

8.2.1.3 任务(子任务)间的信息交换

基于多 Agent 的现代陆战场多传感平台建模仿真系统中,各 Agent 之间的信息交流主要是立足于任务间的信息,上层 Agent 的任务输出信息作为下层 Agent的任务输入信息及进行推理的主要依据。对于多传感平台系统联邦,主要包括战场态势感知与派出侦察、派出侦察与各传感平台工作、各传感平台之间匹配协作、通用传感平台与信息处理车之间信息沟通等各任务(子任务)间的信息交换。

8.2.1.4 任务(子任务)的选择与排序

选择与排序任务(子任务)是多传感平台系统联邦安排自身各项任务,实现系统建模意图的重要步骤,主要是确定各任务(子任务)应在何时及怎样激发执行,并确定各任务(子任务)的目标。任务(子任务)的选择与排序,关键在于把握以下 3 种关系:

(1) 优先关系 *PRE*(*t*, *pc*)。表示任务(子任务)*t* 以任务序列 *pc* 中的任务

全部完成作为开始的前提，如各通用传感平台遂行侦察任务优先于信息处理车接收战场态势信息的任务。

(2) 并发关系 $CONCUR(t_i, t_j)$。表示任务(子任务)t_i 和 t_j 可以同时进行，该关系具有自反、对称、传递性的特点，如电子侦察车遂行电子侦察任务、红外传感器遂行红外侦察任务。

(3) 互斥关系 $/NOT(t_i, t_j)$。表示由于资源或其他原因，任务(子任务)t_i 和 t_j 不能同时进行，如各类传感平台均处于待机状态时，不能进行效能评估。

8.2.1.5 任务(子任务)分配

任务(子任务)分配，是确定各项任务(子任务)应由哪个 Agent 来执行。当前，有基于合同网、基于经验、基于竞价拍卖规则、基于联盟等多种任务(子任务)分配方法。陆战场多传感平台系统联邦中，我们采用常见的基于合同网的任务(子任务)分配方法。在合同网模型中，每个 Agent 具有某一特定领域的知识，静态知识在系统初始时加载，知识也能动态分配。知识的动态分配有以下 3 种方式：

(1) Agent 可以直接要求传送所需的知识，如某管理 Agent 要求传送各职能 Agent 的状态信息，信息处理车 Agent 要求各通用传感平台 Agent 传送目标信息。

(2) Agent 可以广播一个告示，告示上的任务就是要求传送所需的知识，如某管理 Agent 对各职能 Agent 广播告示，信息处理车 Agent 为获得战场情报而广播告示。

(3) Agent 可以在其投标中附加一个任务，该附加任务是申请特定的知识以执行目前的任务，例如，某管理 Agent 附加传送各职能 Agent(传感平台实体 Agent)故障信息的任务，信息处理车 Agent 附加传送 1 号目标毁伤状况信息的任务。

知识的动态分配，可以保证多传感平台系统联邦计算机资源的有效使用，并使各 Agent 参与计算时能非常方便地获得所需的附加过程和数据。

8.2.2 传感平台 Agent 研究

8.2.2.1 传感平台 Agent 结构分析

1. 传感平台 Agent 定义

Agent 可表示为三元组 $<a, S, R>$。其中，a 是 Agent 在系统内唯一的名称；S 是 Agent 提供的服务的集合，描述 Agent 所具有的潜在能力；R 是基于 Agent的服务触发规则的集合，说明 Agent 在活动时应遵循的行为规则。

Agent 可以定义为从感知序列到 Agent 动作的映射。设 O 为 Agent 随时能注意到的感知集合，A 是 Agent 在外部世界能完成的可能动作集合，则 Agent 函数可定义为 $\psi: O \rightarrow A$。

现代陆战场上，各种地面传感器、侦察车、无人侦察机等通用传感平台可接受信息处理车指令并对指令作出搜索前进、警戒侦察、待命等各种动作反应，信息处理车也可接收通用传感平台信息，执行信息融合处理、决策等行动。各通用传感平台也可相互指示目标，通报战场态势情报。因此，信息化战场各传感平台与 Agent 的概念十分吻合。在建立传感平台 Agent 模型时，可把域世界（信息化战场多传感平台系统作战运用这一客观世界系统）中各参与信息采集、信息融合过程的各成员直接映射为各 Agent，如声响传感器→声响传感器 Agent，电子侦察车→电子侦察车 Agent，照相侦察车→照相侦察车 Agent 等。

通过将多传感平台系统内部组元直接映射成相应职能的 Agent，把这些组元所具有的资源、知识、目标、能力等作为 Agent 自身属性加以封装，使其成为系统中边界明确、可被独立引用的行为实体，从而使各 Agent 拥有自己的资源、知识与协作求解问题的交互能力，达到通过智能推理模拟或代理实际组元从而仿真信息化战场多传感平台作战行为的目的。

映射成的各传感平台 Agent，是仿真系统中不可再分的基本单位。依据关于 Agent 三元组的表示方法，可对陆战场各传感平台 Agent 进行如下定义：

Federate_Agent（*Attributes*, *Interface*, *Methods*）

其中，*Federate_Agent* 表示联邦成员，是一个唯一的符号名称；*Attributes* 是属性集合，包括传感平台名称、类型、所在编组及自身状态等；*Interface* 表示与外界环境或与其他 Agent 之间的通信接口，包括信息发送者、信息接收者、信息内容、信息解释器；*Methods* 表示方法集合，即行为集合，包括行为主体、对象、原因、内容和结果等。

2. 战场情报侦察平台 Agent 内部状态库和知识库的设计

内部状态库和知识库是各 Agent 具有自主性功能得以映射实际传感平台的关键。在建立从传感平台组元到 Agent 的映射后，我们着重探讨传感平台 Agent 内部状态库和知识库的设计。

1）传感平台 Agent 内部状态库的设计

通过不同类型状态的定义，可以表示反映传感平台 Agent 的不同状态特征，包括信念、愿望、意图、承诺等。内部状态库包括该 Agent 内部状态的各种信息：*Status_Name*，*Status_Type*，*Status_Value*，*Status_Time*。

其中，*Status_Name* 是状态名称，唯一表示该 Agent 的一个状态，*Status_Type* 表示状态种类，用于区分该 Agent 状态的不同侧面，*Status_Value* 表示状态值，反映该 Agent 状态的当前水平，*Status_Time* 表示状态时标，记录状态的设定时间，反映该 Agent 状态变迁的时序特征。

例如，侦察车自身状态有 4 种：良好，机械故障或车体损伤，电子设备故障或损伤，机械、电子全部故障或被击毁，即侦察车 Agent 内部有 4 种形式：良好（*Well*），机械故障或车体损伤（*Mechanical Failure*），电子设备故障或损伤（*Electrical Failure*），机械、电子全部故障或被击毁（*Destroyed*）。*ReconnaissanceVehicleAgent* 的内部状态集 $State_{internal} = \{i_0, i_1, i_2, i_3\}$。

若在作战过程中，不考虑维修保障因素，则侦察车 Agent 的内部状态转移过程如图 8-6 所示。需要指出的是，由良好状态到车体损伤、电子设备损伤及被击毁，传感平台 Agent 需要与外部交互（外界其他 Agent 施加交互作用后果），而由良好状态到机械故障、电子设备故障，则自发地随相应事件的完成而瞬间转移，不受外部指令的控制，但这种随机故障数服从一定的分布。

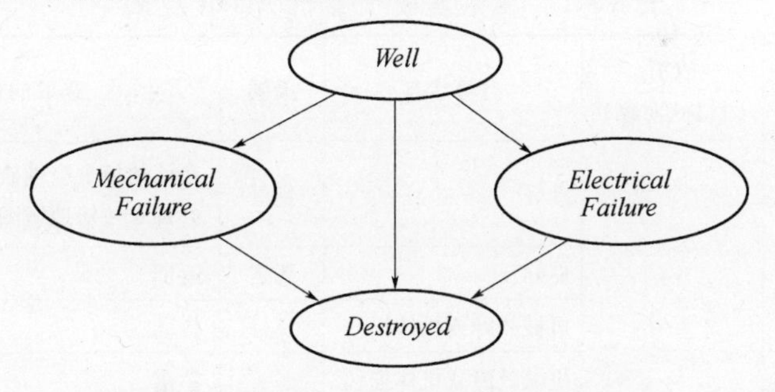

图 8-6　侦察车 Agent 内部状态转移过程

2）传感平台 Agent 知识库的设计

知识库既是指导传感平台 Agent 与其他传感平台 Agent 协同工作的核心，也是该 Agent 进行智能活动行为的依据，是其向外界承诺的基础。鉴于武器装备作战行为具有高度的不确定性、不可重复性的特点而难以采用案例式推理形式，这里采用已被广泛应用于工程技术实践的产生式规则的形式表达知识。

传感平台 Agent 的知识库内部包括3层知识：

（1）战场态势感知专业领域知识。这部分知识主要包括关于任务结构描述方面的知识。可邀请军事专家和军事概念模型研究人员共同参与研究，对作战系统专业领域知识进行描述。例如，描述任务"一种情报侦察方案"由"侦察目标"、"侦察地域"、"侦察时机"等几个子任务构成这个专业领域知识：

subtask ('a scout scheme', 'a scout scheme')

subtask ('scout target', 'scout zone', 'scout occasion')

（2）推理知识。这部分知识由一系列推理规则构成，用于对传感平台Agent的通信、协作、决策、任务管理等进行推理。表现形式为：

IF subtask ('task', 'subtask') and status ('subtask', started)

THEN status ('task', started)

结合作战系统建模实际需求，可对 Agent 规则进行如下程序化描述：

IF 任务，敌情（目标、对象），我情（自身状态），地形（天候）

THEN 采取的行动

例如，无人驾驶侦察机、地面传感器、侦察车/骑兵车、情报处理车/信息处理车 Agent 规则分别如表 8－1～表 8－4 所列。

表 8－1　无人驾驶侦察机 Agent 规则

规则序号	任务	敌情（目标、对象）	自身状态	天候	采取的行动
1	搜索前进	复杂、可疑地域	良好	良好	在该地域上空搜查，向情报/信息处理车传输地域图
2			良好	恶劣	返回
3			机械故障或机体损伤	良好	抖动
4			机械故障或机体损伤	恶劣	坠落
5			电子设备故障或损伤	良好	返回
6			电子设备故障或损伤	恶劣	抖动
7			机械、电子全部故障或被击毁	良好	坠落
8			机械、电子全部故障或被击毁	恶劣	坠落
…	战术目标定向侦察	对方各种目标	…	…	…

表 8-2 地面传感器 Agent 规则

规则序号	任务	敌情(目标、对象)	自身状态	天候(地形)	采取的行动
1	战术目标定向侦察	对方各种目标	良好	良好	向情报/信息处理车发送目标信息
2			良好	恶劣	向情报/信息处理车发送目标信息
3			故障或损坏	良好	停止活动
4			故障或损坏	恶劣	停止活动

表 8-3 侦察车/骑兵车 Agent 规则

规则序号	任务	敌情(目标、对象)	自身状态	天候(地形)	采取的行动
1	警戒侦察	复杂、可疑地域	良好	良好	登记、标绘,向情报/信息处理车报告
2			良好	恶劣	机动至有利地形,待命
3			机械故障或车体损伤	良好	登记、标绘,向情报/信息处理车报告
4			机械故障或车体损伤	恶劣	待命
5			电子设备故障或损伤	良好	机动至有利地形,隐蔽
6			电子设备故障或损伤	恶劣	机动至有利地形,隐蔽
7			机械、电子全部故障或被击毁	良好	停止活动
8			机械、电子全部故障或被击毁	恶劣	停止活动
…		对方各种目标	…	…	…
…	搜索前进	复杂、可疑地域	…	…	…
…	战术目标定向侦察	对方各种目标	…	…	…

(3)控制知识。这部分知识是联系专业领域知识与推理知识的桥梁,用于将传感平台 Agent 获得的信息通过逻辑推理转换而得到专业领域知识。表现形式如下:

IF *scheme* (*conditions*, *conclusion*) *and all_true* (*conditions*)

THEN *add* (*conclusions*)

表 8-4 情报处理车/信息处理车 Agent 规则

规则序号	任务	敌情（目标、对象）	自身状态	天候（地形）	采取的行动
1	侦察需求通报	复杂、可疑地域	良好	良好	向各侦察平台发布任务需求，规定时限、范围
2			良好	恶劣	向各侦察平台发布任务需求，规定时限、范围
3			机械故障或车体损伤	良好	向各侦察平台发布任务需求，规定时限、范围
4			机械故障或车体损伤	恶劣	向各侦察平台发布任务需求，规定时限、范围
5			电子设备故障或损伤	良好	机动至有利地形，隐蔽
6			电子设备故障或损伤	恶劣	机动至有利地形，隐蔽
7			机械、电子全部故障或被击毁	良好	停止活动
8			机械、电子全部故障或被击毁	恶劣	停止活动
…		对方各种目标	…	…	…
…	目标信息通告	对方各种目标	良好	良好	向各侦察平台通告目标状态、目标企图
…			…	…	…
…	侦察任务指派	对方各种目标	良好	良好	提出并优化指派方案，向各侦察平台下达方案
…			…	…	…
…	侦察任务调整	对方各种目标	良好	良好	确定调整内容，向各侦察平台下达新指示
…			…	…	…

8.2.2.2 传感平台 Agent 工作原理及过程描述

1. 传感平台 Agent 工作原理

各传感平台 Agent 代理其原始客观主体，发挥自身的主动性、反应性等特性，完成战场信息收集、融合处理等任务。传感平台 Agent 具体的工作原理是：

通过自身的感知系统，了解战场态势与自身任务（感知模块），请求本身的知识库、内部状态库，经过初步的解释后，传递到决策模块。决策模块相当于人的大脑，它调用分析推理模块，分析判断所感应到的信息，作出相应的决策，然后改变自身的内部状态，与其他 Agent 交互作用（通信模块），执行某些动作行为（执行模块）。

传感平台 Agent 的伪代码执行算法如下：

```
Federate_Agent(){
    Listen(); //感知外部事件
    While(true){
        Accept(); //接受事件
        Interpret(); //解释事件
        Make_Decision(); //判断决策
        Modify_State(); //改变自身状态
        Send_Information (); //向其他 Agent 发送信息
        Take_Action(); //执行相应动作行为
        }
    Exit();
    }
    Make_Decision(){
    if (bRulBase = =true) { //选择产生式系统
        PreProcess(); //预处理,设定初始条件、终止条件
        Reason(); //推理
        return result; //返回结果
    else if (bANN = =true) { //神经网络方法
        PreProcess(); //预处理,将输入数据转化为神经网络可识别的数字形式
        Run_ANN(); //将处理完的数据输入训练好的神经网络,执行
        return result; //返回结果
    }
}
```

2. 传感平台 Agent 工作过程

各传感平台 Agent 具有侦察、搜索战场情报与目标信息或融合战场数据的知识（知识库）、资源（内部状态库等）、目标（进行信息收集、融合处理）和能力（完成信息化战场以传感平台信息驱动作战的任务）。传感平台 Agent 从此数据结构中提取相关信息，根据本身机制确定行动；反过来，通过反馈修正其推理规则，增强自身的适应性。其具体工作过程可描述如下：

(1) 信念生成（FaithProduce）。信念是 Agent 对客观世界的认识。这里定

义由客观世界到 Agent 主观认识的映射函数为 $\psi:[(x\in E)\times A\times t]\to x'$,映射的主要内容包括:任务的最大质量 q、持续时间 d、截止时间及协调关系等。设某传感平台 Agent 的信念库为 Γ,Γ^t 表示该 Agent 在时刻 t 的信念集,$B^t(x)$表示该 Agent 在时刻 t 相信 x。一个 Agent 对当前客观世界的信念可以由其对任务结构的认识构成,包括各种协调关系。

(2) 自身行为调度(Schedule)。自身行为调度,是按照某种规则,并基于其信念、目标、能力与知识,对传感平台 Agent 自身所有可能的行为进行选择和排序,生成意图结构。生成的调度由一系列的方法及开始时间组成,即 $S=\{<M_1, t_1>, <M_2, t_2>, \cdots, <M_n, t_n>\}$。

(3) 按调度执行相应动作(Action)。生成意图结构后,传感平台 Agent 通过广播发出承诺(Commitment),通知其他相关 Agent。承诺方式:$C[Do(T, q)]$——表示将执行任务 T,当满足 $Q(T, t)>q$ 时结束;$C[DL(T, q, t_{dl})]$——表示将执行任务 T,当满足$[Q(T, t)>q]\wedge[t\leqslant t_{dl}]$时结束。抽象地说,一个传感平台 *Agent* 存在 3 种行为:执行方法、与其他 Agent 通信和收集信息。这 3 种行为相应构成 I、C、M 3 个子集,分别表示有关执行任务的信念、有关与其他 Agent通信的信念和有关收集信息的信念。

(4) 信念更新(FaithRenew)。在传感平台 Agent 执行相应动作之后或过程中,都可能引起自身及环境状态的变化,需要各传感平台 Agent 更新各自的信念库,重新调度自身行为。当 Agent 通过信息收集获取到新的信息后,信念库就可能需要更新,以 Agent A 为例,信念更新表示为:$\Gamma_A\leftarrow:\Gamma_A\cup\psi(x, A, t)\mid(x\in E)\wedge[\psi(x, A, t)\notin\Gamma_A]$。

(5) 规则更新(RuleRenew)。根据应用结果修改相应规则的强度或适应度,利用遗传算法中的交换 $O_c:I\times I\to I\times I$、突变 $O_M:I\times I$ 机制进一步创造出新的规则。

(6) 返回第(1)步。

8.2.3 多传感平台 Agent 仿真演示

8.2.3.1 仿真系统结构

针对陆战场多传感平台仿真系统,围绕传感平台组织体系结构,区分不同作战实体层次,即形成完整的对象类图。使用 UML 建立的多传感平台对象类的类图如图 8-7 所示。

上述类图描述了系统的静态结构,说明了系统的类别组成及其关系。这

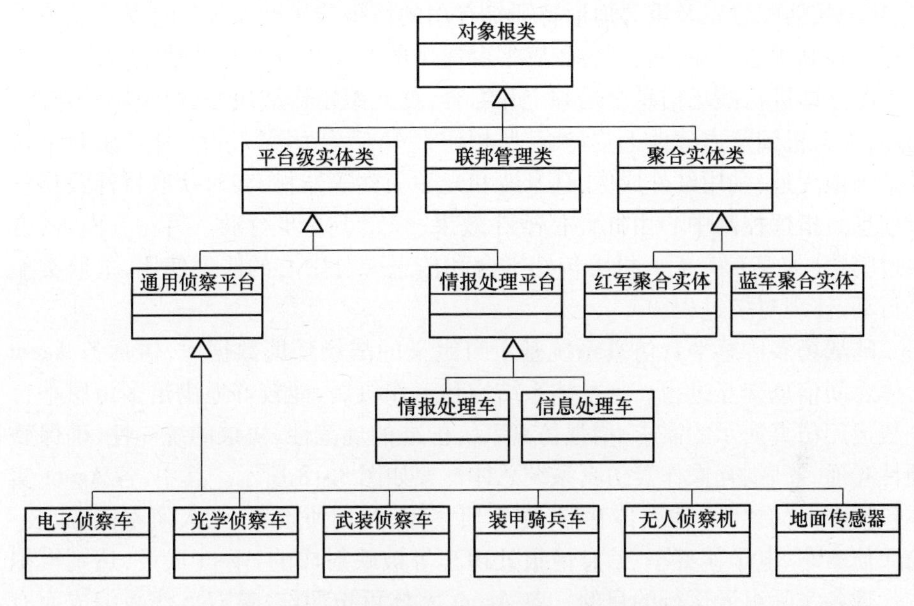

图 8-7　多传感平台作战仿真系统对象类图

里,进一步明确系统中的传感平台实体 Agent 及其数量,陆战场多传感平台作战多 Agent 系统红、蓝方联邦构成如表 8-5 所列。由于该系统主要用来仿真情报侦察问题,故将指挥员不必重点关注的红、蓝方战斗部队分别聚合成红、蓝方聚合级实体。

表 8-5　多传感平台作战仿真系统红、蓝双方联邦成员及其数量

红　方	蓝　方
无人侦察机 Agent　2 电子侦察车 Agent　1 光学侦察车 Agent　1 武装侦察车 Agent　1 地面传感器 Agent　2 情报处理车 Agent　1 红方战斗部队(聚合级实体 Agent)　1	电子侦察车 Agent　1 装甲骑兵车 Agent　1 信息处理车 Agent　1 蓝方战斗部队(聚合级实体 Agent)　1

陆战场多传感平台仿真的战术背景是装甲团对坚固阵地防御之敌进攻战斗,具体想定场景是:作战行动发起前,红方战术部队根据实际情况,在合适的时机、地点,派出无人机、地面侦察车,布设各种传感器,使用火力搜索雷达和各种电子侦察设备,对整个部队的关心地域进行严密侦察,把蓝方的主要目标数

据、兵力兵器配置以及重要地形特征等有用的情报传送到作为信息融合总节点的指挥控制中心。在接收到各传感平台提供的有关战场态势的情报后,指挥控制中心立即进行战场信息全局判定和综合,据此拟定作战决心,组织协同作战。随后,无人机到蓝方阵地上空盘旋,照相侦察车、武装侦察车和其他传感装备机动到阵地附近,利用红外成像、毫米波和光学侦察等器材,实时获取目标毁伤状况信息。指挥控制中心由此评估战斗效果,确定下一步行动。另一方面,蓝方通过骑兵(侦察)车、无人机等传感平台和信息融合中心的匹配使用,采取类似的行动,体现对抗过程。

陆战场多传感平台仿真系统基于自定义的战场环境数据库,仿真各 Agent 实体之间信息交互过程。这种体系结构和工作机制,能较好地满足多传感平台作战运用仿真演示的需求,增强仿真系统标准的规范性、协议的统一性,确保软硬件互通、互联、互操作。仿真系统总体框架如图 8 -8 所示。其中,各 Agent 实体包括多个(台、架)地面传感器、光学侦察车、照相侦察车、无人侦察机、武装/骑兵侦察车、电子侦察车、信息情报处理车等被映射成的 Agent 成员,达到模拟或代理各实际组元运行的目的。各 Agent 实体可按照红、蓝双方作战编成而有所调整。

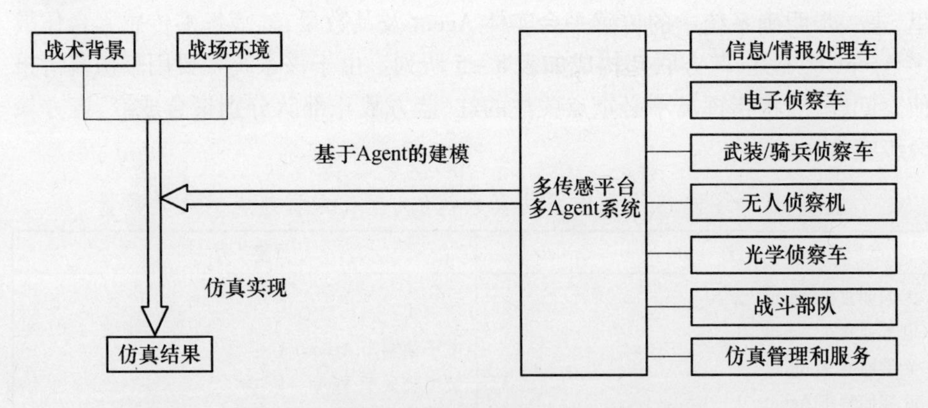

图 8 -8 陆战场多传感平台仿真系统总体框架

其中,“战术背景”通过拟制作战运用想定来确定。“战场环境”子系统主要是对仿真场地的二维可视化仿真,并对其战场数据进行处理与整合,进行仿真地域的地形分析,并提供便捷的二维观察器,实现对仿真场地和仿真过程任意点位、任意角度、任意距离的观察。对于已经有数字地图的仿真地域,设计过程中将在系统中留下接口,可以从数字地图直接读取地形的高程数据。在仿真地域没有数字地图的情况下,通过扫描纸质大比例尺军用地图,通过软件的手工转换功能,把等高线地图矢量化。

系统除反映战术部队装备作战过程的基本要求外,还具备以下功能:多个二维地形图选择、Agent 设计、Agent 随时可加入(改变作战任务和装备体系编成)、战术图标动态表示等。

仿真系统描述如下:

```
class simulation_multi - Agent
{
    private:
    int iCombat_Result;/* the results of combat, which can be obtained
from military simulation * /
    Sensor_Agent * Target;/* the enemy entity Agent, i.e., the target of
this sensor * /
    ...
    int iState;/* the state of this sensor * /
    public:
    VgObject tankmodel;/* The two - dimension geometrical model of this
sensor * /
    VgFx * fx;/* environment vision * /
    Awtactics * tacticsfx;/* tactics designed * /
    ...
    public:
    Sensor _ Agent ( );/* the constructive functions for this sensor
entity * /
    ...
    Void Message();/* the functions of messages bulletin * /
    Void Superior();/* the functions of superior Agent * /
    Void Action();/* the functions of action simulation of this sensor
Agent * /
    int State_Transition();/* the functions of state transition of this
sensor Agent, which presents a dynamic model * /
    private:
    ...
}
```

8.2.3.2 仿真运行

自行研发的基于 Agent 的信息化战场多传感器仿真系统,其"战场设置"的主界面如图 8-9 所示。通过设置战场情况,不但加载地形图位图信息,而且加载相应的位图高程信息和红蓝双方初始兵力配置信息。以选择某仿真地域为例,加载后界面如8－10所示。

图8－9 战场设置

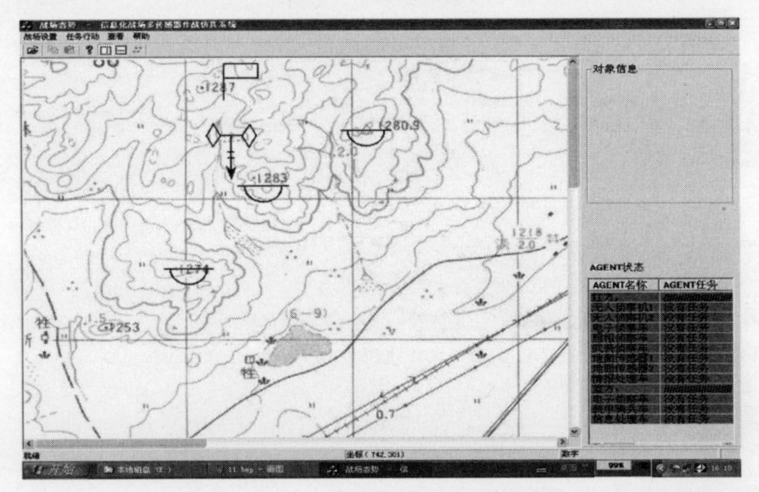

图8－10 加载某仿真地域后的界面

由于不同气象条件对Meta－Agent实体行为影响不同,考虑到战术层次战场情报侦察活动延续时间短的特点,可通过“战场气象”栏选择“良好”和“恶劣”两种天气,从而实现战场环境气象条件的录入功能,如图8－11所示。

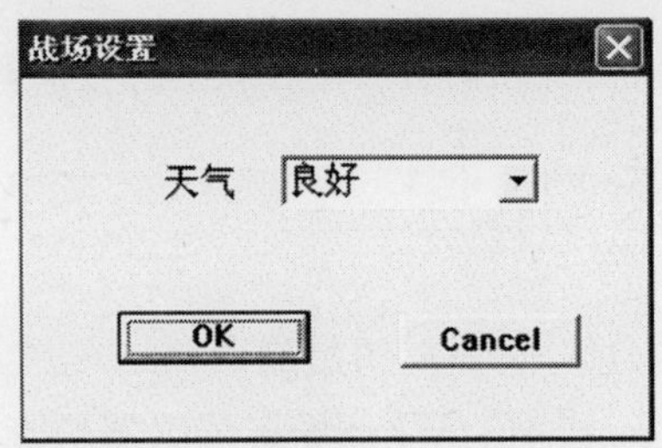

图8－11 战场气象设置对话框

通过战场环境的加载,系统已经显示了战场环境和红、蓝双方静态兵力部署。如何选择参加战场情报侦察仿真的 Agent 实体类型,通过“选择 AGENT”栏来实现。根据仿真需要,任意选择红、蓝双方联邦成员,程序为用户加载 Agent 实体对象到战场环境中,如图 8－12 所示。

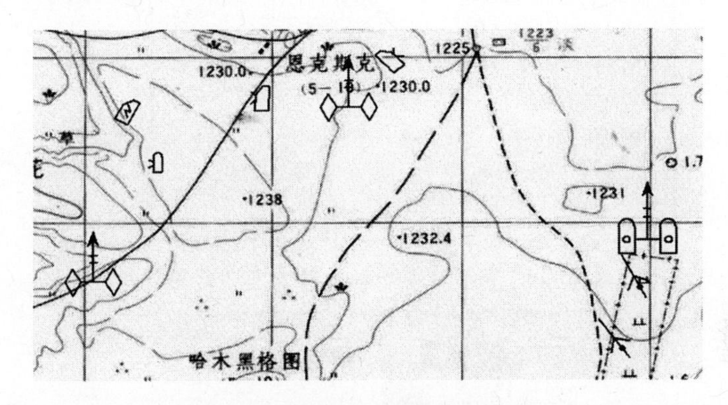

图 8－12　部分被选择加入的 Agent

Agent 部署模块主要实现对加载的 Agent 实体对象进行初始属性设置。针对被选中的实体对象,在右边信息栏显示该 Agent 实体的基本信息,如图 8－13 所示。也可按照仿真试验人员要求更改实体对象的初始设置,系统调用实体属性对话框,如图 8－14 所示,通过改变军标的位置、放大倍数、线宽、角度、颜色等参数,重新调整 Agent 的初始位置、配置面积、运动方向等属性。

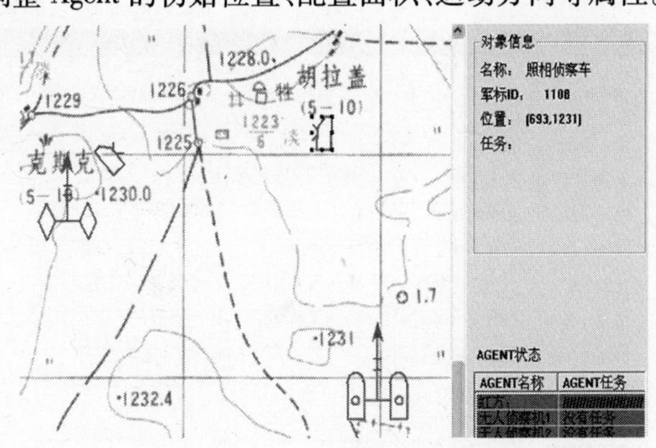

图 8－13　红方某传感平台 Agent 的基本信息图

在确定哪些 Agent 参与仿真及其初始属性是什么的基础上,通过“任务行动”中的“选择情况”栏(如图 8－15),为各 Agent 赋予初始任务,如图 8－16 所示。

AGENT军标属性设置
AGENT ID：3
AGENT名称：11745836
军标ID：1108
AGENT 任务：1598868244
AGENT 位置：
X
1111
Y
1157
军标倍数：
X
0.3
Y
0.3
军标线宽：
2
军标角度：
87.0134
军标颜色：
R
255
G
0
B
0
位置单位为：像素；角度单位：度
OK
Cancel

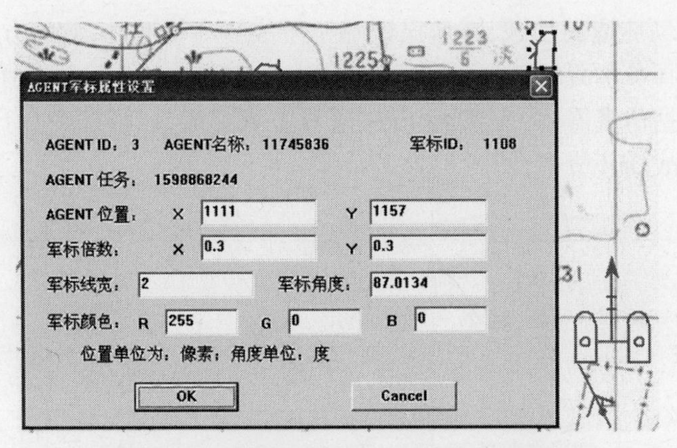

图 8－14　红方某传感平台 Agent 的实体属性图

战场态势 － 信息化战场多传感器作战仿真系统
战场设置
任务行动
查看
帮助
选择情况
开始仿真

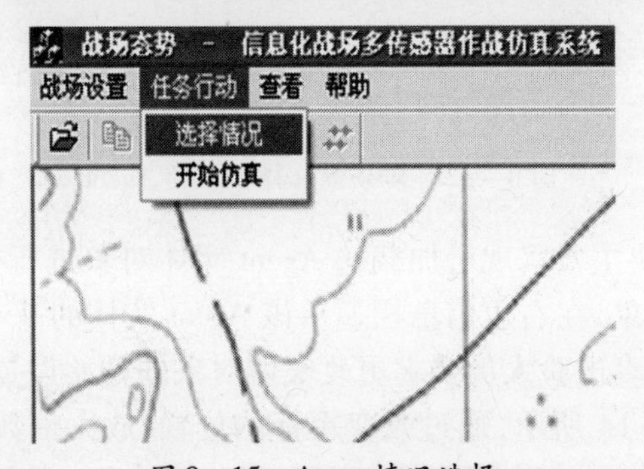

图 8－15　Agent 情况选择

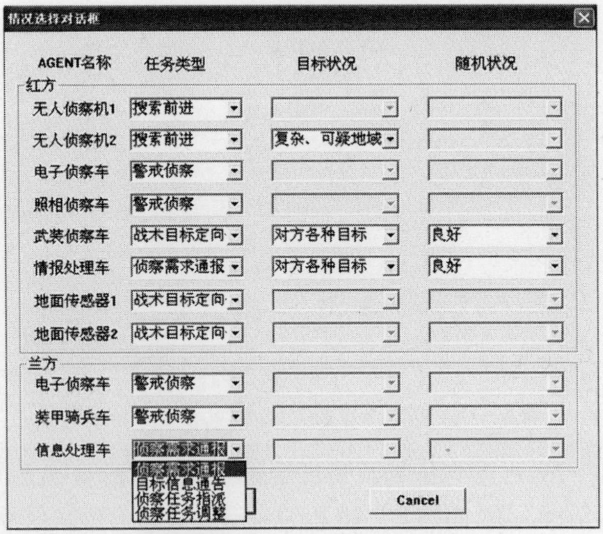

情况选择对话框
AGENT名称
任务类型
目标状况
随机状况
红方
无人侦察机1
搜索前进
无人侦察机2
搜索前进
复杂、可疑地域
电子侦察车
警戒侦察
照相侦察车
警戒侦察
武装侦察车
战术目标定向
对方各种目标
良好
情报处理车
侦察需求通报
对方各种目标
良好
地面传感器1
战术目标定向
地面传感器2
战术目标定向
兰方
电子侦察车
警戒侦察
装甲骑兵车
警戒侦察
信息处理车
侦察需求通报
侦察需求通报
目标信息通告
侦察任务指派
侦察任务调整
Cancel

图 8－16　Agent 初始情况设置

在所有的情况都设置完毕后,系统可以进入仿真阶段。单击“任务行动”中的“开始仿真”栏,仿真开始。

因为 Agent 实体都是智能的,其运动和消息交互都是自动触发,不需要人工参与。在程序结束后,分析人员根据仿真结果,分析 Agent 部署与运用情况是否合理。整个仿真的过程还可以按照不同时间比例重放。作为仿真过程截图的仿真初始态势图、多传感平台第一阶段侦察态势图、多传感平台第二阶段侦察态势图分别如图 8 - 17 ~ 图 8 - 19 所示。

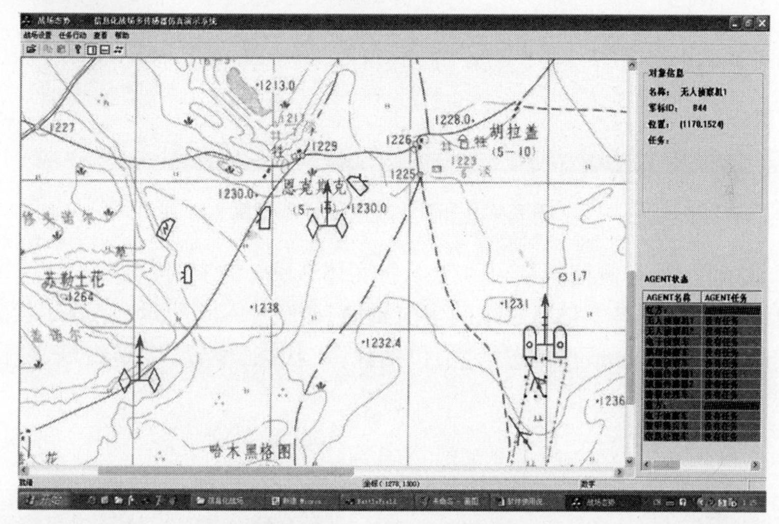

图 8 - 17　仿真初始态势图

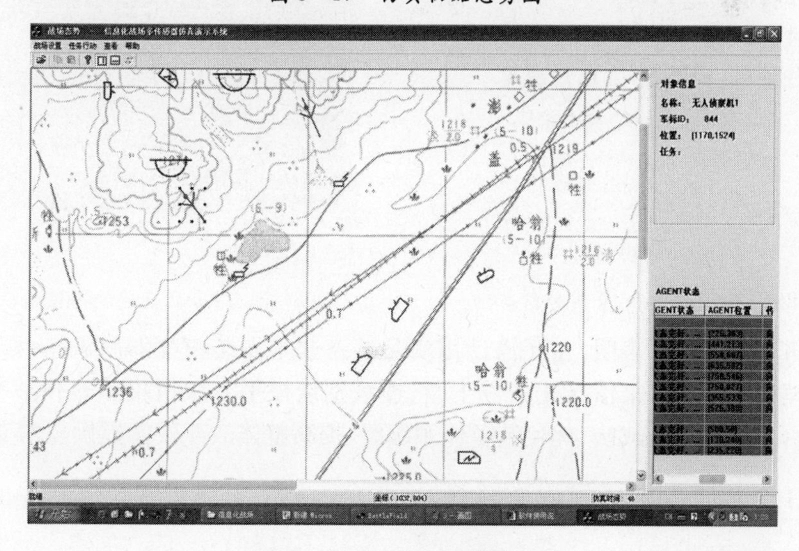

图 8 - 18　第一阶段侦察态势图

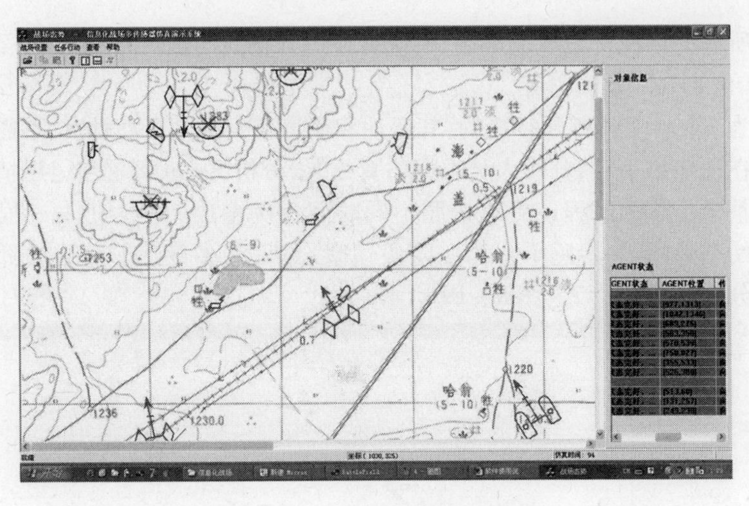

图 8-19　第二阶段侦察态势图

仿真过程中，右侧信息栏可以显示各实体 Agent 的实时信息。其中，对象信息栏可以显示战场各实体 Agent 的当前属性，如图 8-20 所示。Agent 状态显示栏会实时更新各 Agent 的状态信息，包括任务、状态、位置、接受指令、传回信息和备注，如图 8-21 所示。

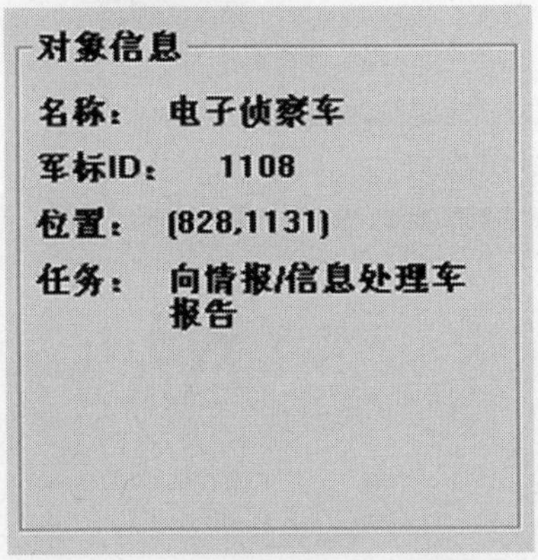

对象信息

名称：　电子侦察车

军标ID：　1108

位置：　(828,1131)

任务：　向情报/信息处理车报告

图 8-20　Agent 对象实时信息栏

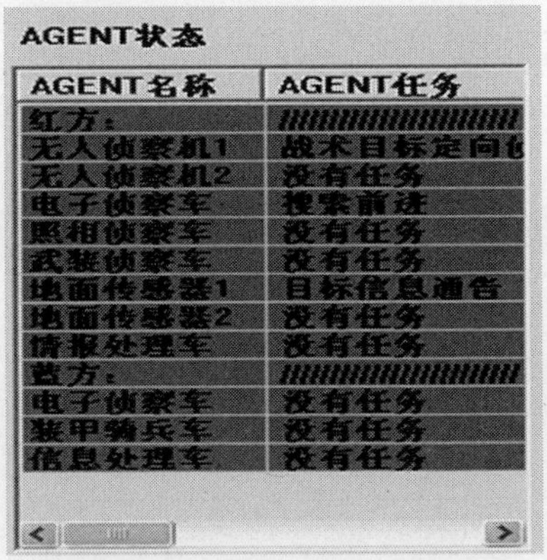

AGENT状态

AGENT名称	AGENT任务
红方：	////////////////////
无人侦察机1	战术目标定向侦
无人侦察机2	没有任务
电子侦察车	搜索前进
照相侦察车	没有任务
武装侦察车	没有任务
地面传感器1	目标信息通告
地面传感器2	没有任务
情报处理车	没有任务
蓝方：	////////////////////
电子侦察车	没有任务
装甲骑兵车	没有任务
信息处理车	没有任务

图 8-21　Agent 当前状态信息栏

仿真演示结果表明，在无需动用实际装备或半实装模拟器材的条件下，该系统模型能演示未来信息化条件下营、连级别规模平台级情报侦察作战行为，为演示新概念与新战法、优化装备体系编组、提高整体战斗效能提供技术支撑。

8.2.3.3　仿真系统测试及确认

战场环境设置模块、Agent 配置与情况设置模块、仿真模块的功能测试方案与测试结果及综合性能测试方案与测试结果分别如表8-6~表8-9所列。

表8-6 战场环境设置模块功能测试方案与测试结果

测试内容		测试方法	测试结果	参与人员
战场环境设置模块	地图加载	单击打开地图栏	正常	军事领域专家、校核人员
	二维地图矢量化	运行相应功能	正常	
	地图更改	单击打开地图栏	正常	
	天气情况设置	单击天气设置栏	正常	
	地形分析	后台数据库运行	正常	

表8-7 Agent配置与情况设置模块功能测试方案与测试结果

测试内容		测试方法	测试结果	参与人员
Agent配置与情况设置模块	Agent选择	打开“选择AGENT”对话框,选择Agent	正常	军事领域专家、校核人员
	选中Agent显示	查看二维态势图	正常	
	Agent位置配置	单击“AGENT部署”和“目标区域”栏,更改军标位置	正常	
	Agent属性配置	双击选中Agent,弹出属性对话框	正常	
	Agent运动配置	修改frontpiont文件	正常	
	查看Agent信息	单击选中,右侧信息栏显示	正常	
	情况设置	单击“选择情况”栏,弹出情况设置对话框,修改内容	正常	

表8-8 仿真模块功能测试方案与测试结果

测试内容		测试方法	测试结果	参与人员
仿真模块	仿真开始	单击“开始仿真”栏	正常	军事领域专家、校核人员
	第一阶段侦察	各Agent根据任务出动侦察	正常	
	第一阶段战斗	战斗实体出动,并交互	正常	
	第二阶段侦察	经第一阶段战斗,消灭敌前沿火力点,各Agent进入敌纵深侦察	正常	
	防反冲击战斗	敌二梯队加入战斗	正常	
	Agent状态实时变化查看	右侧Agent状态栏查看	正常	
	实体信息	右侧对象信息栏查看	正常	
	仿真结果	各状态信息文本输出	正常	
	态势图观察	仿真过程以态势图形式在客户区显示	正常	

表 8－9　综合性能测试方案与测试结果

测试内容		测试方法	测试结果	参与人员
综合性能	稳定性	运行程序	正常	军事领域专家、校核人员
	运行速度	运行程序	正常	

部分确认结果如表 8－10 所列。最终确认结果：基于 Agent 的信息化战场多传感器仿真系统，虽然在模型数据完整性、作战模型逼真度上有欠缺，但基本体现了陆战场上多传感平台作战运用的主要过程，一定程度上综合反映了多传感平台系统中的实体微观行为与系统宏观行为，具有一定的可信度，可被接受。

表 8－10　部分确认结果

可接受性确认	是否达到可接受准则	是否存在风险	参与人员
基本作战实体	基本达到	有一点风险	评审专家、确认人员
作战行动	基本达到	有一点风险	
战场环境	基本达到	有一点风险	
仿真管理和服务	达到	无风险	

8.3　装甲合成营战斗建模

8.3.1　作战行动描述

战场仿真系统中的实体是对作战系统中各组成部分的抽象表达，是描述作战系统的核心要素。根据其行为的自主性程度，实体分为智能实体和非智能实体。智能实体可定义为具有一定自主行为能力的实体，在外部条件的刺激下具有自主决策行为的能力。例如，装甲合成营某坦克连在发现敌高价值目标时，采取集火射击的形式对敌进行重点摧毁。从战术角度来看，坦克连发现目标、集火射击就是典型的作战行动。

在作战过程中，由于有关参战力量、各种武器装备系统不仅有着自身的建制，上级和下级之间有着指挥关系，每一个成建制的部队都有自己的指挥控制机构，而且不同作战单位之间还有要交互的命令、报告和通知等信息，各类作战组元往往需要组织协同，因而，建立智能实体作战行动模型时，必须考虑这些因素，刻画其复杂交互行为机制。

8.3.1.1 创建用例模型

用例模型是以用户观点来描述系统功能的一种视图，是系统和参与者之间的对话，它表现系统提供的功能，即系统给参与者提供什么样的使用操作。在一般的战术对抗过程中，首先由负责情报、侦察和监视的侦察监视系统接受上级指令，获取战斗分队所关心的目标及战场相关信息，作为一切行动的依据；而后，由指挥及通信装备作出判断、决策，生成行动指令，最后由相应的武器系统（战斗系统）进行行动，完成相应的任务。

装甲合成营可编配若干坦克连和侦察、通信、炮兵、防空兵等兵种（专业）力量，具备较强的战场信息快速获取、传输及处理能力。装甲合成营战斗，往往包含多种作战要素，涵盖高度综合的作战样式，近距离交战与非接触作战互为补充，火力战与机动战相互交织，体系整体对抗与节点精确打击相互衔接，装备运用与战术运用紧密结合。通过上述分析，可以建立装甲合成营作战行动用例模型，如图 8 - 22 所示。

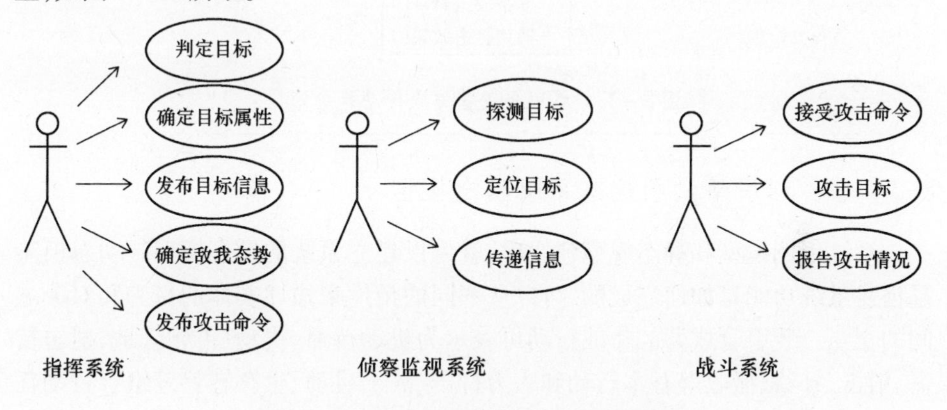

图 8 - 22 装甲合成营作战行动用例模型

8.3.1.2 利用类图建立系统静态模型

静态模型是指对系统的静态结构进行分析，从静态的观点来描述系统的一种视图。类图技术是面向对象建模技术的核心。类图描述类和类之间的静态关系。它不仅表示了信息的结构，同时还描述了系统的行为。它是定义其他图的基础，为建立动态模型提供了实质性的框架。

装甲合成营作为战场上初级合成单元，可建立融入联合作战体系的战场信息感知网络，利用其高技术侦察监视系统和指挥系统，从战场快速获取情报信息，及时判明目标性质，定下作战决心，并将指挥员的作战意图准确地下达给战斗系统各战斗平台，以信息引导火力对敌目标实施精确打击。装甲合成营作战行动静态模型如图 8－23 所示。

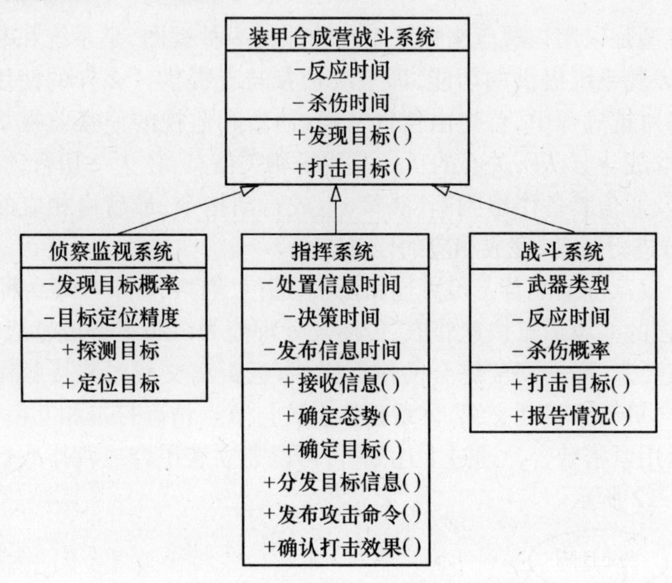

图 8－23　装甲合成营作战行动静态模型

8.3.1.3　利用活动图建立系统动态模型

系统用例模型和静态模型建立后，就可以建立系统的动态模型。动态模型是描述系统功能是如何完成的，可以从不同的角度来描述实体的行为和对象之间的交互。装甲合成营的作战行动可表示为机动待命、机动、占领阵地、射击待命、射击、补给、撤收等基本行动和火力打击、战术机动、生存转移等组合行动任务。装甲合成营作战行动动态模型如图 8－24 所示。

8.3.2　从实际组元到 Agent 的映射

8.3.2.1　从实际组元到 Agent 映射的基本过程

由于装甲合成营战斗系统的复杂性，往往涉及多种陆战武器装备、多种战术行动、多种战斗任务，要建立该作战多 Agent 系统仿真模型，必须充分运用软件层次化设计的思想，构建层次化结构框架，通过分布对象（或组件）技术实现每一层的功能。综合运用第 3 章介绍的多 Agent 系统开发方法，可得到装甲合成营战斗系统的多 Agent 系统层次化结构框架，如图 8－25 所示。

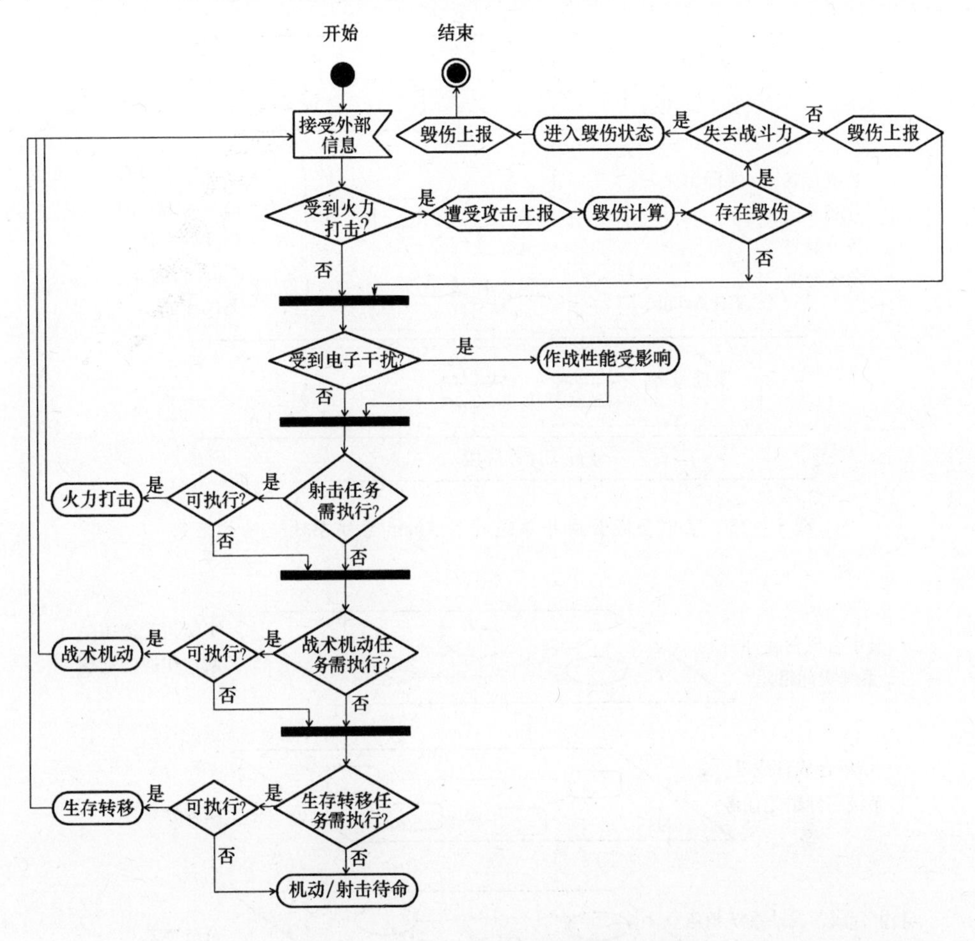

图 8-24 装甲合成营作战行动动态模型

按照上述多 Agent 系统的层次结构框架，从装甲合成营战斗系统实际组元到 Agent 映射的过程模型，如图 8-26 所示。其中，实际组元、实际组元逻辑关系等相关概念见第 1 章；角色、角色关系等相关概念见第 3 章。

通过这种从装甲合成营战斗系统实际组元到 Agent 映射关系的建立（图 8-27），可将装甲合成营战斗系统最终映射成为一个多 Agent 系统。一般方法如下：

（1）通过分析装甲合成营战斗系统组织体系结构，基于任务分解和角色关系，将系统内部组元（装甲合成营各武器装备平台或兵种/专业编组）映射成相应的作战实体 Agent，将这些实际组元本身各自的知识、目标、能力等作为 Agent 属性封装起来，使仿真过程中 Agent 能代理相应的侦察、指挥、战斗平台或编组

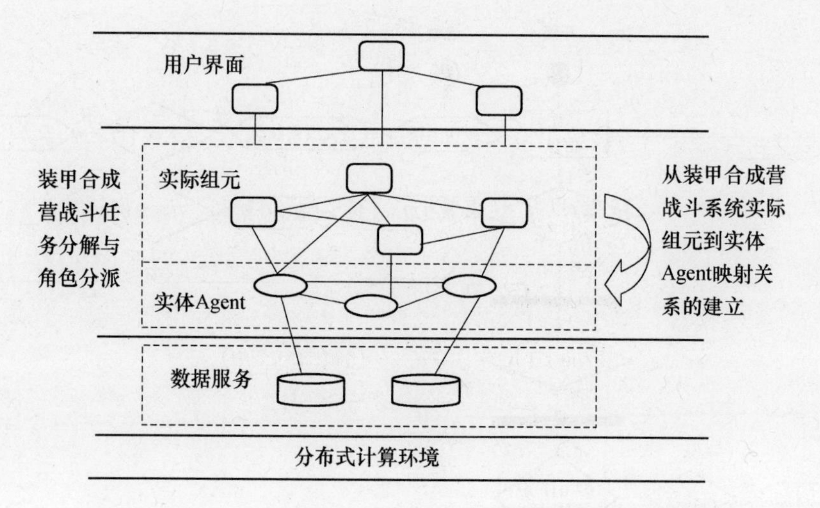

图 8-25　装甲合成营战斗系统的多 Agent 系统层次化结构框架

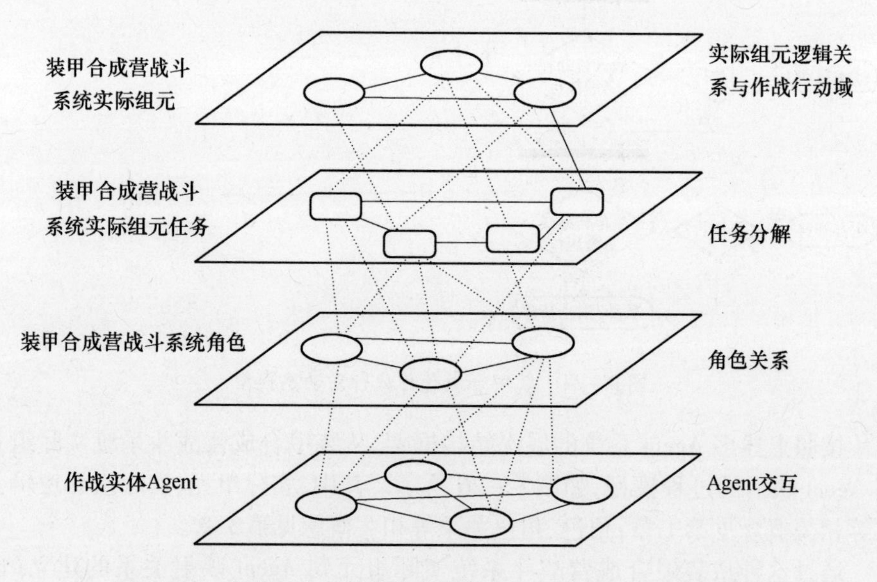

图 8-26　由装甲合成营战斗系统实际组元到 Agent 的映射过程

等实体。

(2) 利用计算机网络将各 Agent 联系起来,通过信息共享与交互机制实现各 Agent 的有效交互,建立基于 Agent 的装甲合成营战斗建模仿真系统,用于支撑装甲合成营战斗建模仿真。

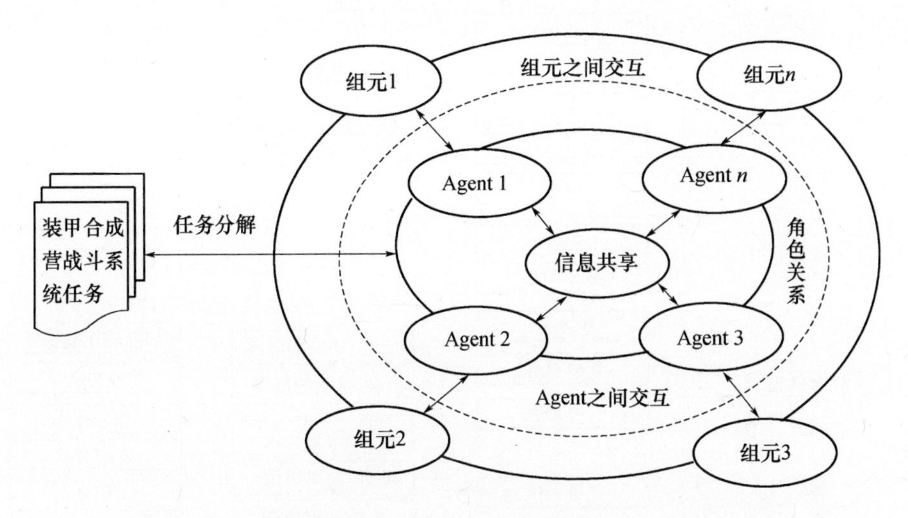

图 8-27　由装甲合成营战斗系统实际组元到 Agent 的映射关系

关于如何建立由装甲合成营战斗系统实际组元到 Agent 映射关系的原理和机制,从 Agent 自身角度看,即 Agent 形成的机理方法。

8.3.2.2　从实际组元到 Agent 映射的重点内容分析

1. 作战任务分析

装甲合成营战斗建模中,针对营战斗系统的任务分析,以作战行动的描述为基础,按照第 4 章提出的作战 Agent 形成过程与方法,逐层分解作战任务并对作战任务基本要素概念进行抽象,实现构建实体 Agent 的目的。基于这个考虑,结合装甲合成营战斗系统实际,可建立其作战任务分析基本框架,如图 8-28 所示。

在上述框架中,任务(战斗)样式的划分、战斗活动分类及其属性描述是围绕作战实体 Agent 而展开的,而任务基本属性、任务体系以及作战任务的分解是围绕作战实体 Agent 的某一任务(战斗)样式而展开的。

2. 角色映射机制

根据前面提出的从实际组元到 Agent 映射的基本过程,在分析作战任务之后,为了构建符合装甲合成营战斗实际的实体 Agent,需要进行针对装甲合成营战斗系统实际组元的任务分配。

在目前的多 Agent 协作中,大部分是将目标活动中的每个子活动以紧耦合的方式直接分派给不同的 Agent,如图 8-29 所示。如 Agent A_1 由于意外情况,无能力执行 T_1,即使 Agent A_4 可以执行 T_1,但由于系统是紧耦合,A_4 也无法替

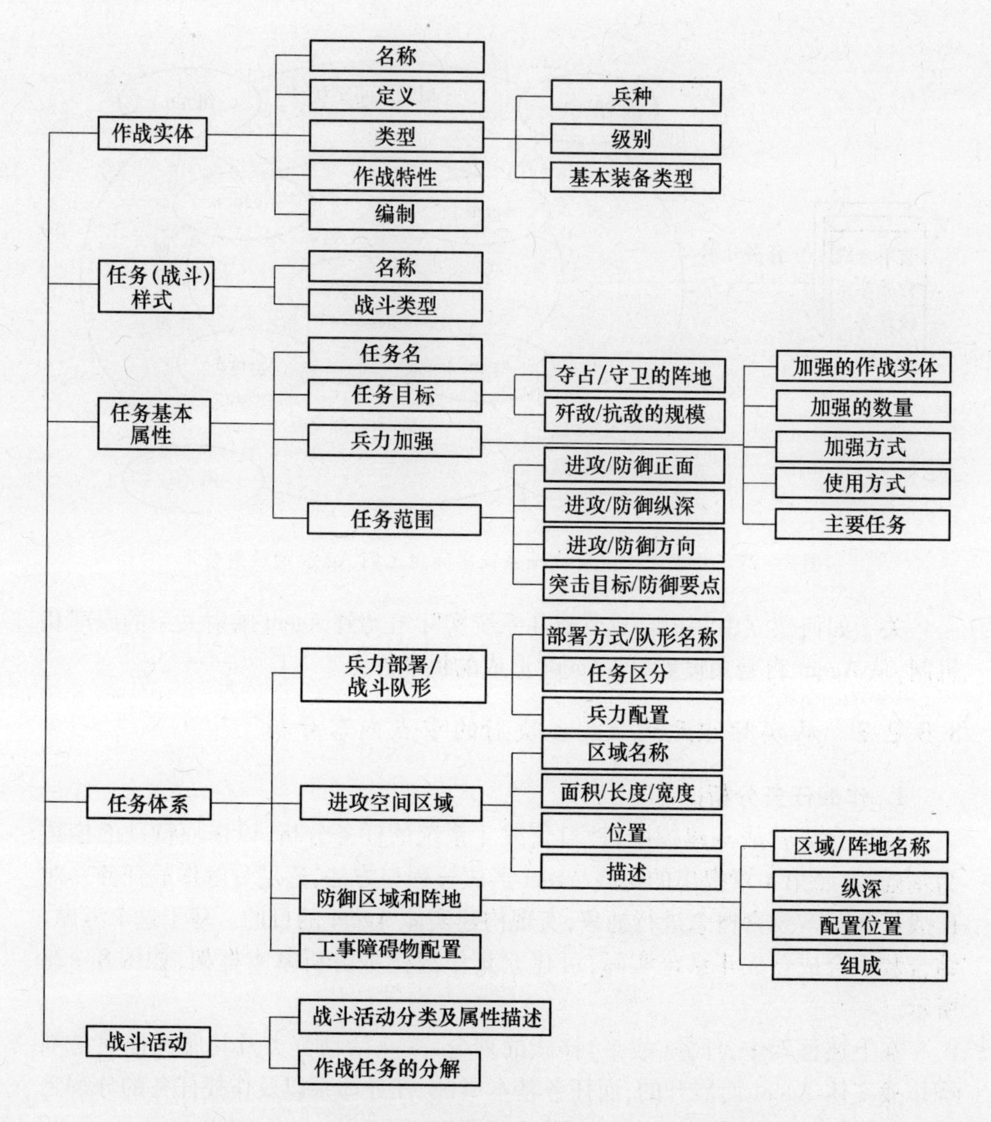

图 8-28　装甲合成营战斗系统作战任务分析基本框架

代 A_1。因此,系统缺乏敏捷性。以这种紧耦合方式运行的多 Agent 协作系统仍然缺乏灵活性,导致 Agent 的重用性不高。

为了更好地满足装甲合成营战斗任务分配的灵活性和鲁棒性要求,在任务层与实体层之间增加一个角色层,将任务与角色联系起来,利用角色映射机制实现任务的分派,如图 8-30 所示。这样,装甲合成营战斗任务的执行是由角色来承担,而每个角色又是由一定的 Agent 来扮演,即群体中的每个 Agent 都通

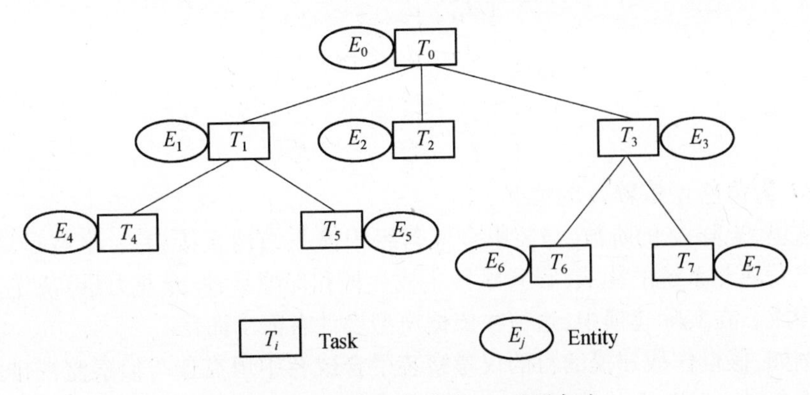

图 8-29 任务—实体 Agent 的紧耦合

过担当一定的角色来实现群体的协作。当 A_1 不能执行 T_1 时,由于 T_1 是由角色 r_1 承担的,如果系统中 A_1 和 A_4 都能扮演 r_1 的角色执行活动 T_1,则 A_1 就可以由 A_4 替换来执行 T_1。例如,装甲合成营中某坦克连长车 Agent 因被蓝方反装甲火力摧毁而无法遂行指挥任务时,指挥本连的任务由同样扮演指挥者角色的坦克 1 排长车 Agent 接替完成。这样,系统的健壮性和敏捷性都得到了提高,而且符合装甲合成营战斗的实际情况。

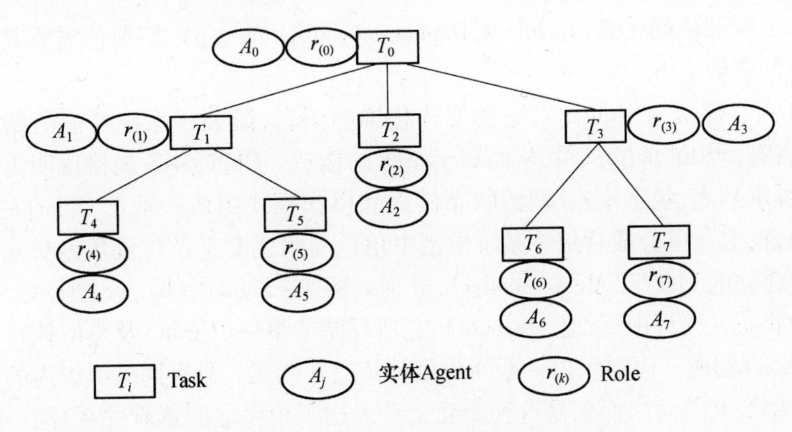

图 8-30 利用角色映射机制的任务分派

3. 角色—Agent 映射函数

在装甲合成营战斗系统的多 Agent 系统中,由于战斗活动之间存在着各种逻辑关系,与战斗活动相对应的角色之间就存在着相互依赖的关系。设有 k 个角色 $r_1,r_2,\cdots,r_k$,则可建立角色依赖关系矩阵 $\boldsymbol{D}$,即

$$
\boldsymbol{D} = \begin{bmatrix} d_{11} & d_{12} & \cdots & d_{1k} \\ d_{21} & d_{22} & \cdots & d_{2k} \\ \vdots & \vdots & & \vdots \\ d_{k1} & d_{k2} & \cdots & d_{kk} \end{bmatrix}
$$

式中:d_{ij}为角色 r_i 依赖 r_j 的情况。

这里,矩阵 $\boldsymbol{D}$ 的阶数,与装甲合成营组织体系结构直接相关,也就是说,装甲合成营战斗系统的构成(设置哪些主战兵种和保障兵种/专业力量)决定矩阵 $\boldsymbol{D}$ 的构成。在实际建模中,这往往依据模型设计者需求而定。

例如,假设作战建模的目的仅考察装甲合成营中坦克连与侦察监视排的交互影响行为,不涉及其他兵种(专业)力量,则这时的角色即指挥者(营长车 Agent、坦克连长车 Agent、坦克排长车 Agent、侦察监视排长车 Agent)、战斗者(各坦克 Agent)和侦察监视者(各侦察监视平台 Agent)。

我们可进一步将系统中的各角色之间关系归结为 3 种类型:

(1) 目标依赖关系(Goal Dependency Relationship),即角色所指的某目标的完成依赖于其他角色目标的完成。

(2) 任务依赖关系(Task Dependency Relationship),即角色对应的任务的完成依赖于其他角色任务的完成。

(3) 资源依赖关系(Resource Dependency Relationship),即角色需要其他角色提供的资源。

Object - Z 是一种面向对象的形式化说明语言,既利于系统功能的精确定义,又具有类和继承的机制,从而利于系统的构造。Object - Z 规格说明由可见列表、继承列表、状态模式、初始状态模式和操作模式组成。基于 Object - Z 的模型语言,对装甲合成营战斗系统模型中角色与角色交互及包含角色交互关系的组织建立的元模型(Meta - model),分别如图 8 - 31(a)、(b)、(c)所示。角色的行为状态元模型由属性(Attribute)、它所反映的事件(Event)及它所执行的动作(Action)构成。而组织由一系列角色及其交互构成。只有同一组织内的角色才能发生交互关系。而正是这种交互关系表达了角色之间依赖关系:同一组织中,角色 r_i 依赖 r_j,则充当交互发起者 initiator 的角色 r_i 是依赖者 depender,充当交互参与者 participant 的角色 r_j 是被依赖者 dependee。若某项主题的交互同时有多个参与者完成,则交互参与者 participant 的角色 $r_{j1}, r_{j2}, \cdots$分别是被依赖者 dependee_1, dependee_2, …。

由此,在确立装甲合成营战斗系统角色之间依赖关系并建立角色与角色交互及组织的元模型的基础上,可建立由角色模型到 Agent 模型的映射。该映射

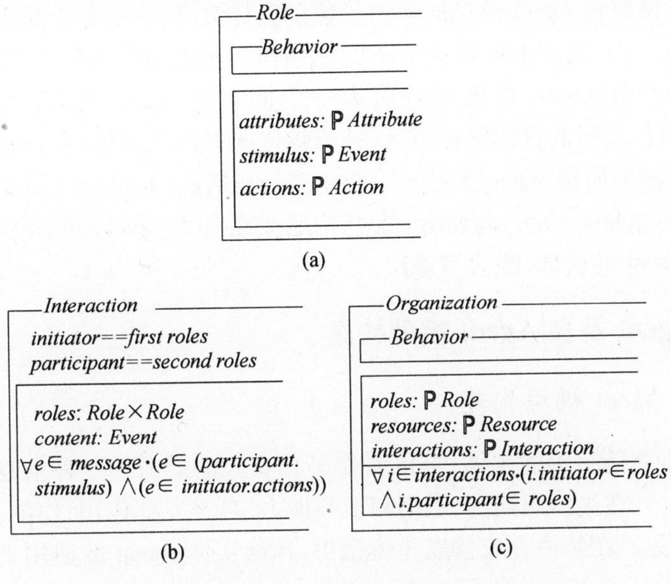

图 8－31 角色元模型、角色交互元模型及组织元模型

函数模式 *mapRoleToAgentClass* 如图 8－32 所示。

mapRoleToAgentClass:Role→ℙ AgentClass

∀om:dependency•d.dependum∈ {Goal,Task}∧d.depedee=r⇒MapRoleTo
AgentClass(r)=
{
ac:AgentClass|r.name=ac.name ∧ac.stereotype=《Agent》∧
∃gd:r.dependency.gd.dependum=Goal•gd.dependee=r⇒
(∃attr:ac.attributes•attr=convAttribute(gd.dependum)•
attr visibility=public •attr.type=Boolean• att.stereotype=《goal》)∧
∃td:r.dependency.td.dependum=Task•td.dependee=r⇒
(∃op:ac.operations•op=convOperation(td.dependum)•
op.visibility=public•op.stereotype=《qualification》)∧
∃sd:r.dependency.rd.dependum=Resource•sd.depender=r⇒
(∃op:ac.operations •op=convOperation(rd.dependum)•
op.visibility=public• op.stereotype=《qualification》)
}

图 8－32 由角色模型到 Agent 模型的映射函数

由角色模型到 Agent 模型的映射函数的具体含义:在装甲合成营战斗系统中,若角色 r_i 与 r_j 之间的依赖关系 d_{ij} 的依赖体表示的角色意图为目标、任务或资源依赖,则 dependee 角色可映射为一个同名的 Agent 类,其构造类型为《Agent》;角色之间的目标依赖体、任务依赖体或资源依赖体可分别映射为 dependee 角色映射所得 Agent 类的一个布尔型公有属性(Boolean · att. stereotype)和公有操作(public · op. stereotype),其构造类型各为《goal》和《qualification》,分别表示 Agent 的目标、能力与条件。

8.3.3 Agent 及多 Agent 模型构建

8.3.3.1 Agent 模型构建

Agent 即智能行为的主体,可以看作是具有人的能力的一种信息实体。它有生命周期,并在生命周期内,运用知识和能力,自主发挥作用,扮演各种角色,完成多种任务。在装甲合成营战斗模型中,作战实体 Agent 的通用工作过程如图 8-33 所示。

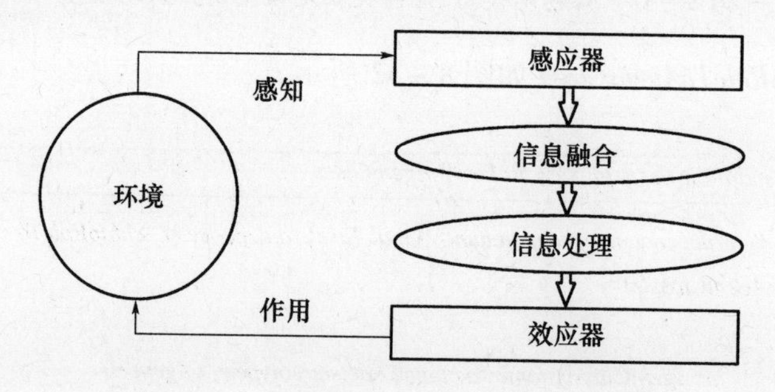

图 8-33 作战实体 Agent 的通用工作过程

它具有的性能体现在通过感应器从环境获取新知识、新能力,然后在自己内部进行融合、处理,再通过效应器向外界环境进行作用,循环往复,体现其智能性和社会能力。

装甲合成营作战,本身就存在人为的指挥和被指挥。对作战方案的确定和作战的实施,各作战实体成员起着至关重要的作用,属于含有人因素的战斗系统。基于 Agent 的装甲合成营战斗建模,即将实际装甲合成营战斗系统中的实体映射成 Agent,通过描述 Agent 个体自主、智能行为及多 Agent 群体组织行为,描述原系统行为特性。

坦克是装甲合成营中最典型的装备之一。下面以坦克为例来说明个体作战实体 Agent 模型。坦克连中的各坦克是该整体中能独立工作的实体,具体感知环境并作用于环境，从而实现陆战场机动、打击等行为，是战斗的直接参与者和最外层环境接触者。同时，在这些坦克中具有的能力有所不同，有指挥类型的坦克（连长车和排长车）和非指挥类型的坦克（普通车）之分。下面对个体坦克基于 Agent 构建实体模型，如图 8－34 所示。

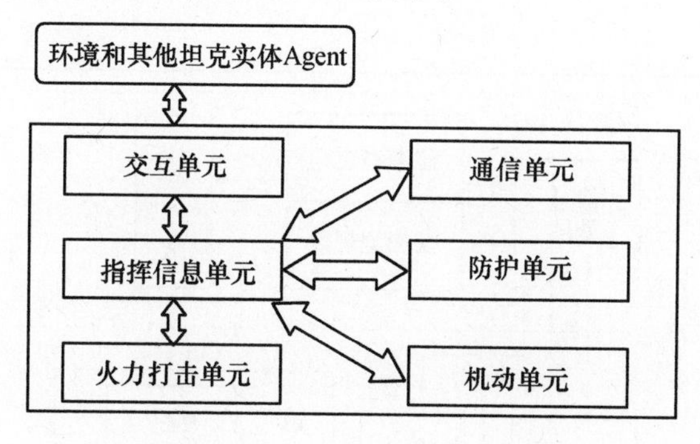

图 8－34　个体坦克实体 Agent

其中，交互单元包括感应器和效应器，从环境和其他的实体 Agent 接受信息和命令，传递给指挥信息单元，并把指挥信息单元的信息传递给环境和其他实体 Agent。无论是指挥类型还是非指挥类型的坦克 Agent 均有图 8－34 所示的功能单元，只是通信协议有所不同。指挥类型的坦克 Agent 具有对下命令和对上报告的能力，而非指挥类型的坦克 Agent 一般只有接受上级命令和对上相应报告的能力。

在实际装甲合成营战斗建模中，还可进一步设计个体 Agent 的内部行为结构模型。在基于 Agent 的行为描述中，该模型是由实体 Agent 通过对外部环境进行感知、规划和效应来实现的。实体 Agent 的行为模型通常可分为两个基本的组成部分，即物理行为模型和认知行为模型。

典型的物理行为包括射击、通信、机动、侦察与防护等。物理行为模型是对实体 Agent 直接作用于其所处环境，并且改变环境状态等行为和能力的表示。物理行为模型组件一方面与战场自然环境和其他实体 Agent 交互，另一方面按照认知行为模型发布的行为控制指令而执行相应的行动。物理行为模型可以采取组合的方式来实现，即首先提取出战场角色的基本行为，再根据相关的时序与资源约束关系将基本行为组合为复合行为。

典型的认知行为包括战场信息综合分析处理、态势评估、作战规划和指挥决策等。认知行为模型主要是对实体 Agent 指挥控制行为和能力的表示。装甲合成营战斗建模中，实体 Agent 认知行为模型作用对象是物理行为模型，它驱动物理行为执行，实现作战目标。同一仿真想定中，级别较高的指挥实体 Agent 具有更为复杂的认知行为,不但要对自身行为进行决策与控制,还要根据作战任务和战场态势进行整体任务的分解,而处于最底层的普通作战实体(如普通坦克)Agent,只需根据当前任务进行自身行为的控制,其认知行为相对简单。

按照上述设计思路,可构建装甲合成营个体 Agent 的内部行为结构模型,如图 8-35 所示。

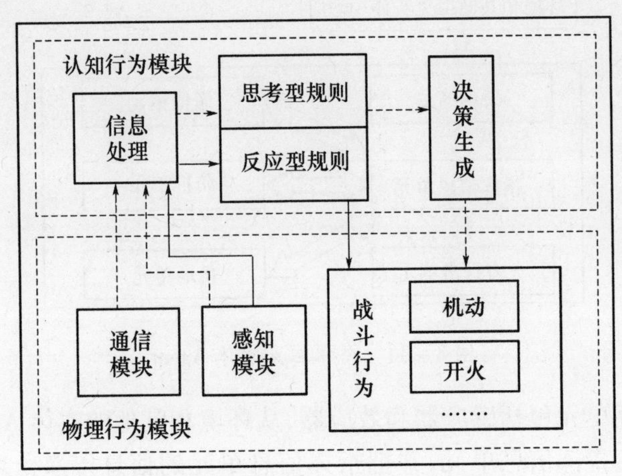

图 8-35　Agent 内部行为结构模型

根据 Agent 的内部结构模型,在每个行为周期内,Agent 行为过程如下:

(1) 首先在物理行为模块内通过感知模块探测目标信息,通过通信模块接收己方 Agent 实体传送的目标和命令信息。

(2) 然后在认知行为模块内对信息进行处理,若感知到的情况为紧急情况则直接应用相应的反应型行为规则执行相应的作战行为,若是一般情况,则对信息进行处理后调用思考型行为规则。

(3) 认知行为模块内的决策生成模块根据信息调用思考行为规则进行决策,产生决策命令。

(4) 最后在物理行为模块中执行相关决策命令,如移动、武器发射、命令传送等。

8.3.3.2　多 Agent 模型构建

一般而言,装甲合成营虽编有侦察、通信、炮兵、防空兵等兵种(专业)力量,但其主体仍然是坦克连。坦克连是坦克兵的基本作战单位,通常在营的编成内执行作战任务。下设有坦克排,是坦克兵的基本战术分队,在连的编成内作战。坦克单车组成了坦克排,是坦克兵的基本战斗单位。

一个坦克连，有若干辆坦克车。连长车即为连队指挥车，指挥全连各排，各排对它负责，向它报告。下设多个坦克排，每个排均有排长车和多辆普通车，排长车指挥排内的普通车，接收它们的报告，并向上级报告，是排指挥车。各辆普通车不具有指挥权，只负责执行上级命令和报告自己的情况。同时，每辆坦克车都能和外界环境进行沟通交互，作用与反作用。下面，以坦克连为载体，应用基于 Agent 的建模方法，构建坦克连战斗模型。坦克连整体交互关系，如图 8－36 所示。

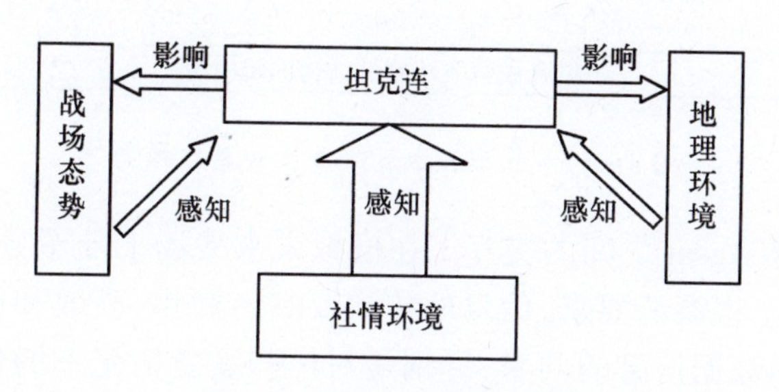

图 8－36　坦克连整体交互图

坦克连外框表示坦克连中的各辆车均接触外界，即坦克连结构中每辆坦克均能感知环境，并可能对战场态势和地理环境带来影响，进而营造对自己有利的环境。其中，感知和影响是所有坦克自身均具有的能力。

事实上，上述个体坦克实体 Agent 建模及坦克连整体交互关系分析具有通用性，侦察、通信、炮兵、防空兵等兵种（专业）力量建模原理和坦克连相似。

基于 Agent 的装甲合成营战斗建模，就是用 Agent 的观点来分析装甲合成营战斗系统，将相对较为复杂的作战组织体系中各个实体划分为与之相应的 Agent，对每一个 Agent 构建模型，通过对 Agent 个体及其之间（包括与环境）的行为进行交互，描述装甲合成营战斗系统的宏观行为。

建立装甲合成营战斗系统整体模型，①对装甲合成营作战行动进行抽象和分解，确定分解装甲合成营战斗系统中的单元实体；②分析各单元实体的结构、功能、行为等；③对装甲合成营战斗系统的各单元实体进行规划，进而进行实体建模；④按照一定的战术原则将各实体 Agent 联结成整体装甲合成营战斗交互模型，如图 8－37 所示。各实体间的交互可通过不同层次作战实体（坦克连及其余相关兵种专业编组、排、单车）的任务需求来体现。这些实体的任务需求即为多个实体间对自己的任务和所需资源间的关系处理问题，即成本效益分析。

Agent 间及 Agent 与系统间的有效通信是实现基于 Agent 作战建模的基础。在装甲合成营战斗建模中，实体 Agent 感知环境和行为结果作用于别的实体

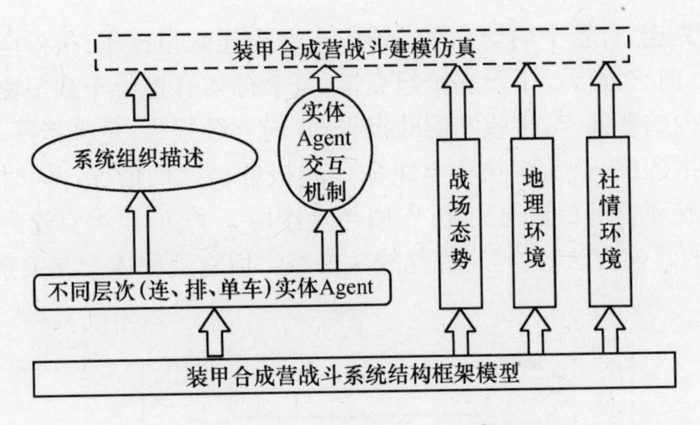

图 8-37　装甲合成营战斗系统整体模型

Agent,就是实体 Agent 之间的交互。在模拟未来战场上陆军分队作战的背景下,对通信提出了很高的要求,信息的传递要具有简单、高效和可靠的特点,同时要实现成员间数据信息的共享,特别是对一些紧急情况下的任务,信息的传递需要保证实时性和同步性。

装甲合成营战斗建模中,平台级作战实体 Agent 之间的通信主要是一对一同步通信或一对一的异步通信。使用的主要时机:较低层次的作战指挥如连以下级别之间的通信;特殊情况下指挥员对下级实施越级指挥时的通信;下级在战场上发现新情况或通知同类 Agent 和向上级 Agent 请求支援等时机的通信。聚合级作战实体 Agent 之间的通信除了一对一的同步通信和一对一的异步通信之外,在很多时机要使用一对多的通信机制,使用时机主要有:作战中指挥员给下级下达作战任务时;简要介绍敌情、上级的意图、本级的任务、所属部分队的作战任务和配属部队的情况时。一对多通信与一对一通信的实现类似。

针对装甲合成营战斗特点,就各 Agent 之间的交互通信语言方面,采用第 5 章提出的 MBKQML。例如,当红方普通坦克 Agent(3 号坦克)发现了需要集火的敌方目标后,应向坦克连长车 Agent 发送报告,其 MBKQML 原语如下:

```
(report: find-enemy (category? Enemy_force)
    :sender        normal_tank3
    :receiver      commander_tank
    :content       "Find enemy force and need focus fire")
```

对于集火目标的选择,坦克连长车 Agent 对在世界模型中计算所有满足集火条件目标的威胁值,选择其中威胁值最大的目标(蓝方指挥中心),然后向所属的各普通坦克 Agent 下达命令,其 MBKQML 原语如下:

```
(command: shoot (category? Enemy_commandcenter)
```

```
:sender             commander_tank
:receiver           all
:content            "Focus fire on enemy command center")
```

按照基于 Agent 建模方法设计的装甲合成营战斗建模仿真系统,如图 8 - 38 所示。

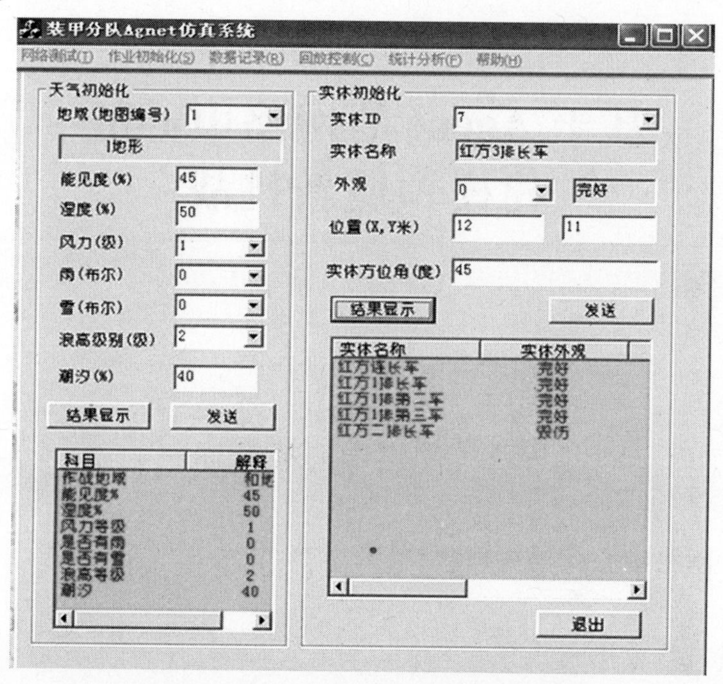

图 8 - 38　装甲合成营战斗建模仿真系统界面

第 9 章

基于 Agent 的网络中心战建模领域新挑战

9.1　网络中心战概述

9.1.1　网络中心战相关概念

9.1.1.1　网络中心战的定义

1. 网络中心战的提出

以往作战行动主要是围绕武器平台(如坦克、军舰、飞机等)进行的,在行动过程中,各平台自行获取战场信息,然后指挥火力系统进行作战任务,平台自身的机动性有助于实施灵活的独立作战,但同时也限制了平台间信息的交流与共享,从而影响整体作战效能。正是由于计算机网络的出现,使平台与平台之间的信息交流与共享成为可能,从而使战场传感器、指挥中心与火力打击单元构成一个有机整体,实现真正意义上的联合作战,所以这种以网络为核心和纽带的"网络中心战"又可称为基于网络的战争。

"网络中心战"(Network - Centric Warfare, NCW)这一概念,最早由美国海军作战部长杰伊·约翰逊上将于 1997 年 4 月在美国海军学会第 123 届年会上首次提出。他认为:"从以平台为中心的战争向以网络为中心的战争的一种根本性的转移,它将证明这是 200 年来最重大的军事革命。"

随后几年,美国国防部对网络中心战的概念和原则进行了不断地发展和延伸。对网络中心战的研究也在全世界范围内广泛地展开。目前,对网络中心战较为公认的定义为:它是一种能够获得信息优势的作战概念,即通过将传感器、决策者和发射装置联网,实现感知共享,进而提高指挥速度,加快行动节奏,增大杀伤威力,提高生存能力,获得一定程度的自同步性,从而提高作战能力。

一般而言,网络中心战可以理解为:以安全可靠的高速网络为通信平台,连接军事行动相关的部门和单位,使整个战场,各种部队、各个武器平台形成有机的整体;以科学合理的体系结构实现信息共享,实现信息从传感器到射手的近实时传递,先敌打击,遂行作战任务。

根据美军网络中心战的报告,网络中心战的宗旨可以归纳为:信息共享、态势感知、自觉协同、提高效能。为达到利用信息共享的网络技术来合成诸兵种装备的战斗力,作战要求由过去的"以平台为中心"的模式逐步转变到"以网络为中心"的模式,依赖网络化的通信手段,促使决策循环过程加快,使部队能以更快的速度实施战斗转换,从而提高作战节奏,取得作战优势,掌握战场主动权。

2. 网络中心战的多作用域描述

美军采用信息域、认知域与社会域以及物理域的多域定义来描述网络中心战。也可以这样理解,网络中心战主要在这几个域中活动。网络中心战的作用域如图 9-1 所示。

信息域:产生、处理和共享信息
认知域:观念、意识、信条和价值,产生感知、决策
社会域:军事实体间及其内部的交互
物理域:打击、防护、机动

图 9-1 网络中心战的作用域

(1) 信息域(Information Domain)。包括组网和信息系统的搭建,是产生、处理并共享信息的领域,是传达指挥员作战意图、作战人员交流信息的领域。它可以认为是军事行动中的"数字空间",这个空间充满了各类传感器和进行共享和获取传感器数据的处理器。在信息域,人们建立起作战部队之间的信息通信,通过它,部队的指挥与控制信息得以传送,各级指挥员的作战意图得以表达。因此,在信息作战中,信息域必须具有很好的防护,使其在军事冲突中能够很好地产生作战能力;信息域还要确保向下一层认知与社会域提供增强的和改进的各种所需功能。

(2) 认知域与社会域(Cognitive & Social Domain)。是指作战人员的意识领

域,包括感知、理解、判断、意图、决策等,涉及作战协同、指挥控制、战术运用等。可以说,认知域与社会域对战争的胜负起着至关重要的作用。认知域包括了所有参与军事活动人员的感知、意识、理解、决策、信念和价值观,它处于军事人员的脑海里。一般来说,道德观、团队核心价值、作战意图、指挥艺术、作战原则、训练水平、作战经验、作战方法等,都是认知域中的重要元素。社会域是美军网络中心战理论的新近发现。在社会域中,部队实体不是孤立的个体,他们之间相互交联、传递信息、互相感知与理解,并做出协同决策;个体的认知行为直接地受到交互这种社会本质活动的影响,从而实现共享感知。

(3) 物理域(Physical Domain)。是指部队在多维空间遂行作战使命的领域,是我们所熟悉的海、陆、空、天等传统作战领域。在这里,各种军事力量可以进行火力打击、防护和机动,同时也伴随着武器平台和连接它们的通信网络。它是网络中心战概念中的最后一层,在信息域、认知域与社会域的支持下,在该域中,部队和各作战实体将具备更高的灵活性,最终实现遂行使命的高效率和作战能力的整体提升。

9.1.1.2 网络中心战的基本特征

网络中心战既是一种作战思想,也是一种作战方式,同时也涉及到作战技术和手段。网络中心战的核心目标是军队如何利用"网络化"的能力提高其战斗力。这其中涉及以下几个关系:

(1) 提高网络化的能力与增加信息共享的关系。

(2) 增加信息共享与增加共享态势评估的关系。

(3) 增加共享态势评估与提高合作和协同的关系。

(4) 增加任务效能与一个或多个上述因素存在的关系。

只有协调解决上述几个关系,才能充分发挥网络中心战的作用,达到理想的作战效能。一般认为,完全成熟的网络中心战应当具有以下特征:

(1) 信息处理网络化程度提高,部队各个组成部分可以实现安全、无缝的连接以及操作。

(2) 信息共享程度提高,认知和信息质量得到改良。

(3) 共享态势评估能力增强,指挥决策的速度加快、准确程度提高。

(4) 部队协同(或者同步)作战能力提升。

(5) 作战体系整体效能提升。

9.1.1.3 网络中心战的基本原则

作为全新的作战理论,网络中心战具有如下基本原则:

(1) 按各个作战单元建立起基础网络。各作战单元网络打破建制上的区分限制,自成体系,实现相互间信息的无缝沟通与传递,以完善和加强各种作战职能。

(2) 以指挥控制系统为核心建立起协调控制各种作战力量、各个作战单元的统一指挥信息网络。一方面,利用指挥控制系统强大的计算分析和信息处理功能,迅速分析处理各个基础网络提供的数据信息,实时准确地协调各阶段的作战行动;另一方面,可以根据各个作战单元或武器平台的需要,快速提供各种数据信息,及时分发情报资料。

(3) 按作战中的实际需要建立起各作战单元相互间连接的信息网络。网络中心战是军事系统基于信息作战的术语。系统近实时互联,在快速领会指挥员意图和利用精确打击压制敌人方面有大幅度的改进。各作战单元之间相互交换信息,可以组织更加密切的协同动作。

(4) 组建"网络中心部队"。网络中心战是传统战场的三维扩展,其中最重要的就是通过通用作战态势图,确保传感器、平台和操作者都可互联共享信息,由此,最终形成"网络中心部队"。"网络中心部队"可以使用"Reach Back",从位于本土的情报数据库获取信息,各参战单元可以"自我调整",以快速适应的能力,来应对新出现的作战态势。

9.1.2 网络中心战概念模型

9.1.2.1 不同层级的信息需求

概括地说,网络中心战是建立在先进的通信、情报、监视、侦察技术手段上的作战观念的变革,全球信息网格(Global Information Grid, GIG)是它的技术基石,通过信息优势取得决策优势,并最终转化成对战场态势的全方位控制是其目的。图 9-2 所示为网络中心战的基础设施和上层建筑。

由图 9-2 可看出,网络中心战的上层建筑,包含的信息优势、决策优势和全方位控制,正是反映了网络中心战的本质和核心要求。从本质上讲,网络中心战就是通过将战场空间中的知识实体(或称为有识实元)(Knowledgeable Entities)有效地联系到一起,从而将信息优势转化为战斗力,使得广泛配置的武器平台网络构成体系,决策者借助更为准确和及时的信息流引导物质流的流向,从而实现在合适的时间和地点运用最为适合的兵力打击最有价值的敌方目标。

信息基础设施是网络中心战的重要环节,这些设施为作战行动的所有单元提供高质量的信息服务。如图 9-3 所示,对高质量信息的需求随着每一个单元任务的要求不同而不同。在联合战役层次,部队协同信息可以精确到 min,而

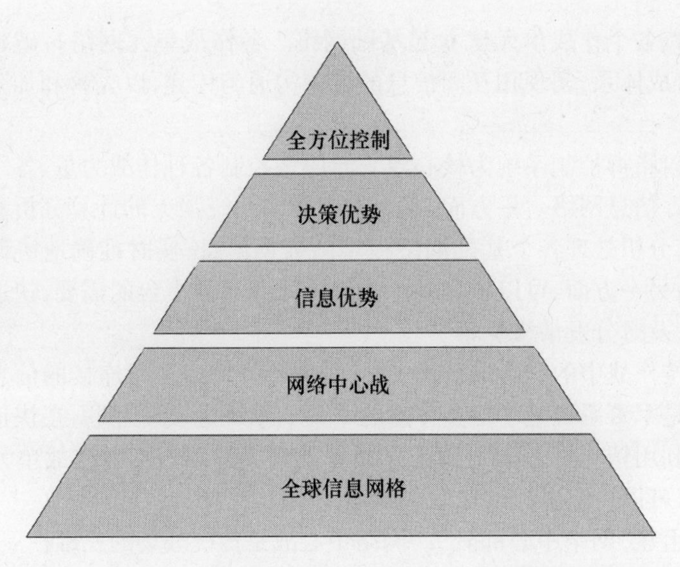

图 9-2　网络中心战的基础设施和上层建筑

战术层次的部队控制信息、武器装备平台(系统)层次的武器控制信息,则需要精确到 s 甚至 s 以下。

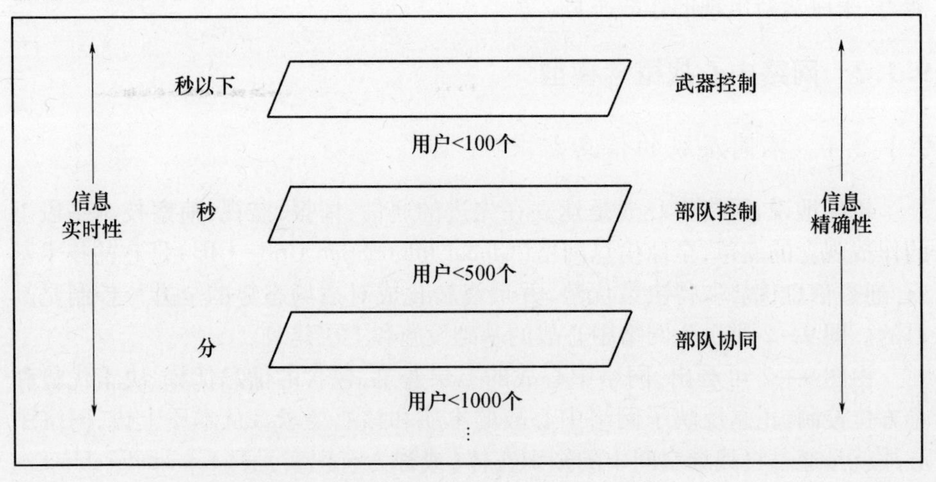

图 9-3　作战单位之间不同层次的服务

9.1.2.2　“四网”概念模型

网络中心战以 GIG 为基础,通过将传感器网络、指挥控制网络、交战网络和信息网络联为一体,实现全域作战空间态势共享、联合交互计划、自同步作战及精确远程打击。上述“四网”是网络中心战的物理组成部分，其概念模型如图9－4所示。

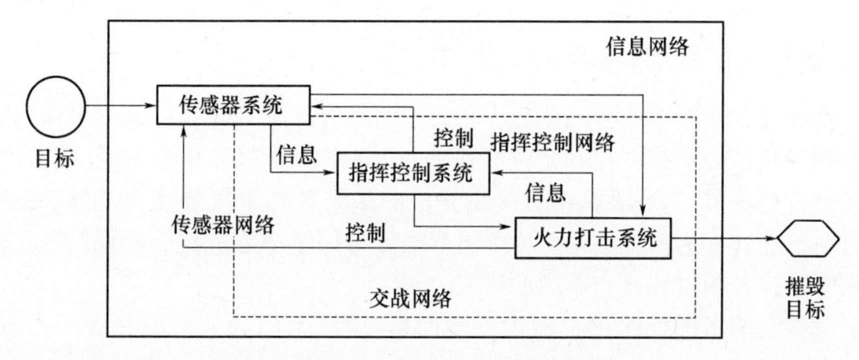

图9－4 网络中心战“四网”概念模型

1. 传感器网络

传感器网络，又称感知网络，是由部署在多维战场空间的传感器通过有线或无线通信协议连接而成的测控系统，其节点包括卫星、雷达、飞机、潜艇的声纳、计算机终端以及探测化学和生物战剂的传感器等。抽象地说，传感器可以看作是安装在基础网络上的“传感器外围设备”和“传感器应用软件”的集合。

2. 指挥控制网络

指挥控制网络，简称指控网络，是将指挥控制系统网络化，包括分布于多维战场的各类指挥控制中心、辅助决策系统和具有即插即用功能的信息基础设施。未来指挥控制网络发展的目标是实现整个指挥控制网络内的分布式系统的同步与互操作性，实现向传感器网络和火力网络实时传达指挥员意图，浏览并理解来自于传感器网络的通用战场态势图，向火力网络发布行动指派命令。

3. 交战网络

交战网络，也称火力网络、射手网络或执行网络，它将主战武器平台网络化，通过接收战场态势信息和指挥控制信息，控制分散在战场中的各种武器平台，甚至战区外的远程打击武器，迅速选择最有效的火力攻击手段。交战网络是进行精确打击、战损评估，获取作战优势的关键，它通过减少地理分散的精确火力和目标的匹配时间，可以增加高端精确打击行动的战斗力。

4. 信息网络

信息网络，又称基础网络、通信网络，它使用光缆设备、地面、机载和基于卫星的无线业务等，提供强大的资源共享环境，为传感器网络、指挥控制网络和交战网络提供支撑。信息网络使用多种介质、操作系统和应用软件，支持分布异构的系统和战场实体之间的通信，由此将战场感知、指挥控制、精确打击等作战单元集成为一体化的协同作战系统，从而极大地提高部队整体作战能力。

9.1.2.3 指挥控制过程概念模型

指挥控制是军事斗争的核心。在上述网络中心战“四网”概念模型中，指挥控制网络是核心。指挥控制是进行高效、协同指挥控制和任务指派、获取决策优势的首要环节，为各级指挥员提供先进的战场管理手段和能力，把战场感知与理解迅速转变为作战决策。为了更好地分析网络中心战建模问题，这里进一步展开指挥控制过程概念模型的研究。

就传统的指挥控制过程概念模型而言，国际上广为流行的是美军飞行员 Boyd 于 1986 年提出的 OODA(Observe, Orient, Decide and Act)概念模型。Boyd 将指挥控制过程总结为 4 个步骤，即观察(Observe)、判断(Orient)、决策(Decide)和行动(Act)，如图 9－5 所示。该过程形成环状，因此又常称为 OODA 环。

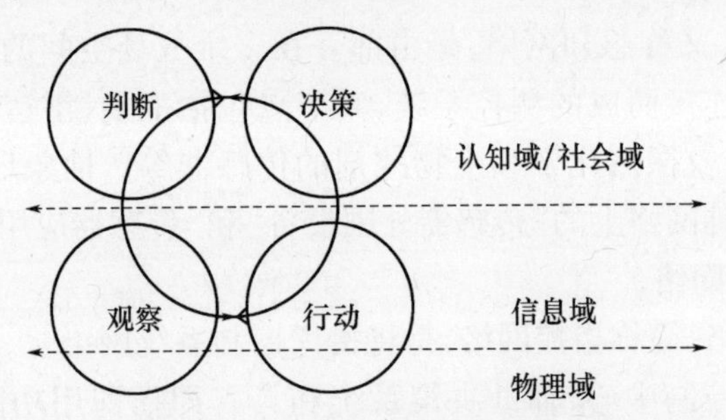

图 9－5 指挥控制 OODA 环

整个作战过程可以看作是 4 个分离却不独立的阶段的循环。作战优势在本质上就是要在延长对方 OODA 循环时间的同时，加快己方 OODA 循环的速度，这种优势将使得己方的部队在作战中能有效地控制战场，从而获取最终的胜利。各个环节实现的功能如下：

(1) 观察。采取一切可能的方式获取战场空间中的信息，利用各种技术手段、人员及装备，从战场环境中收集信息。

(2) 判断。结合以往的知识和经验，综合分析收集到的信息，并判断应当观测哪些信息以及如何利用这些信息，形成态势感知。

(3) 决策。根据任务目标和作战原则，决定并评估各种行动方案并最终确定一个行动过程(Course of Action, COA)。

(4) 行动。执行形成的 COA，实施具体行动。当行动执行之后，其对于当前态势的影响又为观察阶段输入更多的信息，如此循环往复。

OODA 环在作战指挥控制建模中发挥着重要作用,但随着信息化时代的到来,仍然存在一些问题:①该模型是基于以人为中心(Human Centric)而非网络为中心(Network Centric)的原则构建的。它描述的仅仅是个体作战中的指挥控制过程,其判断和决策都是单个组织中的指挥者作出的,协作和交互体现不足。②该模型没有区分指挥和控制,也没有提出感知,最重要的是没有对信息流进行描述。在信息化作战条件下如果没有信息的共享和分发,就难以作出正确的指挥和控制。

网络中心战的实质是以作战网络为中心,超越诸兵种条块分割的传统指挥模式,实现一体化联合作战。最终目标是力图实现从传感器到射手的自动化控制,从传感器发现目标到使用武器打击目标,完全是系统自动实时控制,指挥员的聪明才智将表现在战略谋划、目标选择、规划计划、任务区分和作战协调上。网络中心战指挥控制过程概念模型如图 9-6 所示。

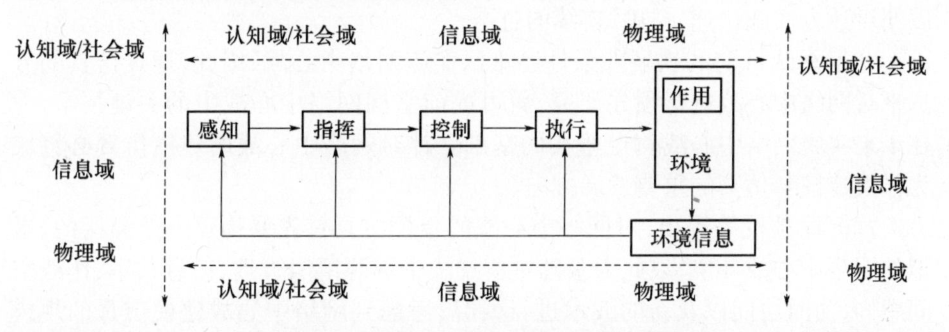

图 9-6 网络中心战指挥控制过程概念模型

在网络中心战指挥控制过程概念模型中,感知由认知域和社会域中的活动组成,开始于信息域的边缘,以对各个域产生作用而结束。感知包括信息获取、理解和交互(信息融合)这几个活动。与传统的指挥控制过程概念模型相比,该模型中的感知包含 4 种能力,即共享的态势感知能力、适时的理解认识能力、有效的决策能力、保持清晰一致的指挥意图的能力。

此指挥模型与传统的指挥模型的区别就在于,按照网络中心战思想中对域的划分,指挥的输出包括 4 个域,即社会域(协同动作和人员部署);认知域(对战斗指令和任务区分的理解);信息域(信息的共享和分发);物理域(各种武器装备和保障物资的部署)。

控制的输入即为指挥建立的初始条件,包括协同动作、任务区分、作战企图等,其输出按照网络中心战的思想也分别对应着社会域、认知域、信息域、物理域这 4 个方面。控制的输出是对指挥建立的企图进行描述和表达,形成对督导协调和调整部署的具体约束。

执行的输入包括作战企图、任务及作战部署等，输出的是作战行动及对环境的作用影响。执行的机制是各作战单元，其控制除了上级任务外还有感知输出的共享信息，而且影响着执行的质量。

9.1.2.4 网格技术及基于 Agent 的作战建模应用

1. 网络中心战建模概述

网络中心战的本质，是利用计算机信息网络对地理上分散的部队实施一体化的指挥和控制。利用网络把各种探测器、武器系统、指挥控制系统联系在一起，实现信息共享，实时掌握战场态势，缩短决策时间，提高指挥速度和协同作战能力；各级指挥员可利用网络交换大量的图文信息，掌握整个战场态势，并通过网络和电视电话会议及时、迅速地交换意图，制定作战计划，解决各种问题，以便对敌方实施快速、精确、连续的打击。

鉴于军队目前的软硬件条件还难以实施网络中心战，因此，通过仿真的方法来对网络中心战进行预先研究，就可提前掌握网络中心战中的关键技术，为在未来实施网络中心战奠定坚实的基础。针对网络中心战的建模仿真必将成为作战建模与仿真的重要发展方向。

黄柯棣教授等提出，对网络中心战的建模仿真首先要构建一个异构的、虚拟的网络中心战环境，以此为基础对新战法中资源组织管理、信息共享、作战空间感知、实时协同以及新的战术进行研究；考虑到网络中心战建模仿真的规模和粒度，网格技术将是实现未来网络中心战建模仿真的关键技术。

网格技术是在网络技术的基础上，将高速网络、高性能计算机、大型数据库、传感器、远程设备等融为一体，提供更多的资源、功能和交互性。网格是试图实现网络上所有资源的全面连通，实现计算资源、存储资源、数据资源、通信资源、软件资源、信息资源、知识资源的全面共享。网格技术是目前国内外研究的热点，被称为下一代互联网，它为解决大型复杂科学计算、数据服务和网络信息服务提供虚拟平台，能让人们透明地使用计算、存储等功能，实现各种资源的全面共享和按需分配，消除信息孤岛和资源孤岛。

实际上，针对网络中心战的作战体系，其体系结构由基础网格、传感器网格、指挥控制网格和火力网格耦合构成。利用网格技术在应用中的巨大潜力，可将网格技术应用到未来网络中心战的建模仿真中，实现仿真过程中的信息融合，将仿真中分布在广阔区域内的各种传感器、指挥中心和各种武器模拟平台合成为一个统一高效的大系统，实现虚拟的网络中心战。

基于网格的仿真，即李伯虎院士等提出的仿真网格，是一种新型的分布建模与仿真系统,它以应用领域仿真的需求为背景,综合应用复杂系统模型技术、先进分布仿真技术/VR 技术、Web/Web Service 技术、网格技术、普适计算技术、人工智能技术、管理技术、系统工程技术及其应用领域有关的专业技术,实现网格/联邦中各类资源(包括仿真系统/项目参与单位有关的模型资源、计算资源、存储资源、网络资源、数据资源、信息资源、知识资源、软件资源,与应用相关的物理效应设备及仿真器等)安全地动态共享与重用、协同互操作/求解、动态优化调度运行,进而支持仿真系统工程,支持对工程与非工程领域内已有或设想的复杂系统/项目进行论证、研究、分析、设计、加工生产、试验、运行、评估、维护和报废(全寿命周期)等活动。

基于网格的仿真,是一种构建在网格(软硬件)基础上,并且利用网格服务来支持仿真过程中的建模、想定制作、运行时集成、试验设计、试验分析等系列活动的新型建模仿真方法。由于网格不仅能增强计算能力,而且能增强资源整合能力,具有从根本上改变传统计算机使用方法的潜力,因此,基于网格的仿真,具有对网络中心战领域建模仿真的独特优势。

2. 网络中心战建模仿真框架

虽然说网格很可能是下一代分布式仿真的基本物理平台,但由于目前对网格的研究还不深入,仿真网格在网络中心战建模仿真中的应用更是鲜见,所以当前技术条件下,可把网格作为仿真的一种服务支持技术,弥补现有的网络化建模与仿真技术(如 HLA)中的不足。依据网络中心战建模仿真的需求和目标,基于网格的仿真体系结构如图 9 - 7 所示。

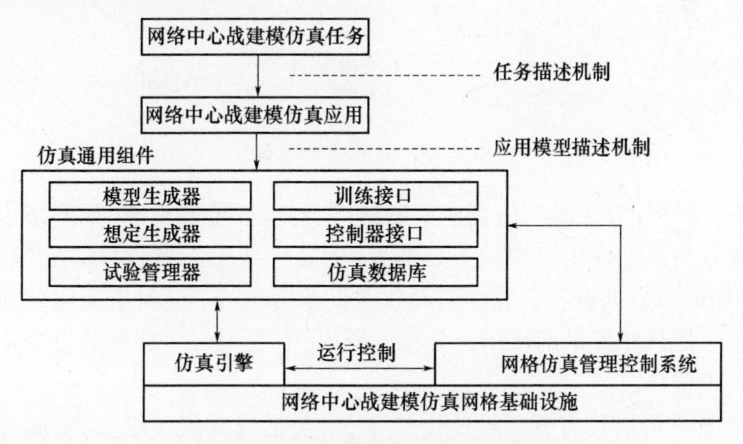

图 9 - 7　基于网格的仿真体系结构

基于网格的网络中心战仿真运行环境由四部分组成,即仿真通用组件、仿真引擎、网格仿真管理控制系统、网格基础设施。其中,网格仿真管理控制系统和网格基础设施是不同于传统仿真的地方。网格仿真管理控制系统为网络中心战建模仿真提供资源管理和运行控制服务；网格基础设施是一个部署了网格中间件的网络系统，一般包括高性能并行计算机、图形工作站等。

利用网格的数据传输工具，可容易地将仿真数据、模型等传输到网格中的各个节点，然后对节点进行初始化并远程启动仿真应用；网格提供了弹性的计算和通信环境，当网格节点或通信出现故障时，网格会自动寻找新的计算或通信资源，然后自动启动新的仿真应用；网格对每个节点的仿真运行进行实时监控，实时向仿真应用反馈运行结果；仿真结束后，可以自动搜集运行结果。基于网格的网络中心战仿真管理的资源包括仿真模型和计算资源（CPU、存储资源等）。基于网格的网络中心战建模仿真框架如图 9-8 所示。

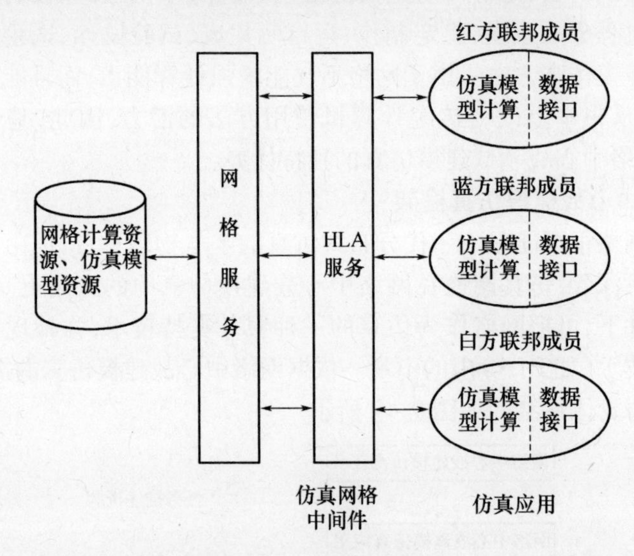

图 9-8　建模仿真框架

其中，网格计算资源和仿真模型资源，主要包括模型资源（如网络中心战建模中各种分辨率的异构模型）、工具资源（如各种建模工具、可视化工具等）、数据资源（如地形数据链等）、存储资源以及设备资源等。各种资源需要通过网络提供的服务接口才能供网格用户共享。所以，需要为每一种资源量身定做合适的资源管理接口。

网格服务是指具有普适性的网格服务，包括资源索引服务、资源分配管理服务、协同调度服务、信息服务、安全服务等。网格通用中间件负责网络中心战分布式交互仿真中各节点的资源发现和动态分配，以解决传统 HLA 中资源静态分配的局限。网格通用中间件的实现可以借鉴现有的成熟技术。

仿真网格中间件主要是 RTI,它将继续提供传统 HLA 中的联邦管理、声明管理、对象管理、所有权管理、时间管理以及数据分发管理等服务。在仿真网格中实现网络中心战协同建模与协同仿真一体化设计,建模资源与仿真资源的一体化管理与共享,实现仿真网格组件的组装与运行,实现网络中心战不同粒度模型、不同实时性仿真的需求。

仿真应用主要是各种联邦成员的实现。具体的联邦成员设计主要依据网络中心战建模仿真需求而定。一般而言,可以构建含红、蓝双方对抗演习推演的实体联邦成员;白方联邦成员用于管理,与 RTI 关联,并与其他仿真应用共同完成整个仿真任务。

3. Agent 模型应用

网络中心战意味着每一个平台都要对总体的可用信息作出贡献,包括它在内的所有平台,如舰艇、飞机、坦克和指挥控制中心等都可以获得这些信息。Agent很适合网络中心战这样的协同环境。

在基于网格的网络中心战建模仿真中,针对红方、蓝方联邦成员,均可采用实体 Agent 建模技术。通过把网络中心战中这些作战组元所具有的资源、知识、目标、能力等,封装成为各自 Agent 属性,由此构建能够反映网络中心战实际特点和行为机制的实体 Agent 模型。一个面向网络中心战的通用型实体 Agent 模型如图 9-9 所示。

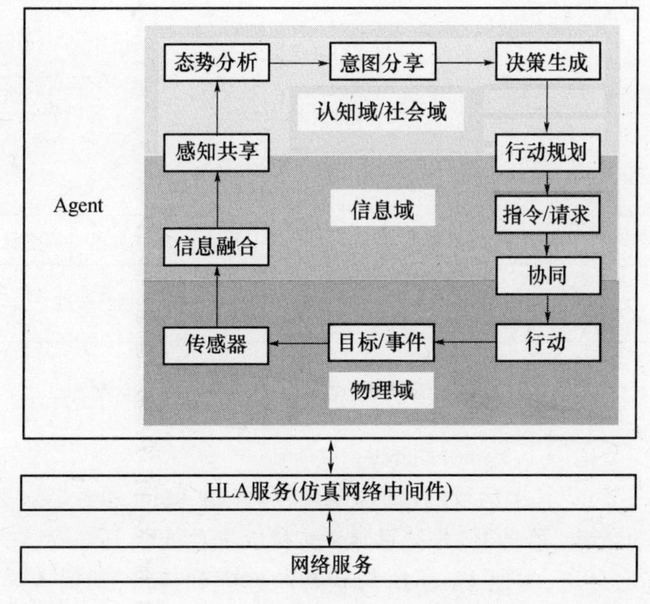

图 9-9　仿真网格中通用型网络中心战实体 Agent 模型

依据上述通用型实体 Agent 模型,按照未来网络中心战可能的运作模式,可进一步设计不同类型的实体 Agent。例如,可建立网络化的全局指挥控制中心 Agent、各个局部指挥控制中心 Agent、各类作战武器(平台)系统 Agent、传感器(平台/装备)Agent 模型。传感器(平台/装备)Agent 负责战场态势实时感知;全局指挥控制中心 Agent 负责动态组建局部指挥控制中心 Agent,调度作战资源 Agent 完成网络中心战任务,具有较高层次的战术决策能力;局部指挥控制中心 Agent 负责调度其传感器(平台/装备)和武器系统等作战资源 Agent,发挥最大能力执行全局指挥控制中心 Agent 下达的命令要求,具有较低层次的战斗指挥能力;各类作战武器(平台)系统 Agent 协同完成赋予的网络中心战目标打击任务。

在基于网格的网络中心战建模仿真框架中,白方联邦成员可通过移动Agent 技术实现。移动 Agent 也可以用来提高网络中心战中网络和信息系统的利用效率。在网络中心战中,随着各个作战单元不断地提供信息,总体的可用信息的数量会持续的增加。移动 Agent 能提供一种智能的方式来处理已有的和不断涌现的信息,发掘隐藏信息。当移动 Agent 转移到新的环境中时,它可以主动地改变自己的执行环境,管理远程资源(如在远方的坦克或指挥控制中心的资源),并向最初用户返回发现的信息或任务执行的综合报告。

网络中心战仿真网格中,一个基于移动 Agent 的仿真服务迁移系统模型具有图 9-10 所示的结构。

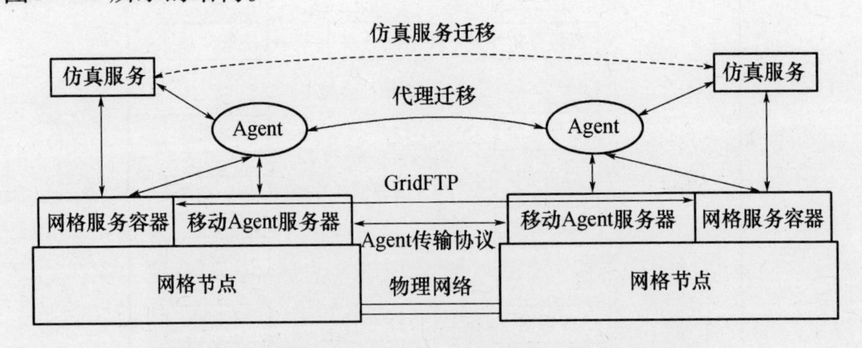

图 9-10　基于移动 Agent 的仿真服务迁移系统模型

该系统模型由以下 5 部分组成:

(1) 网格节点:其上运行网格服务容器和移动 Agent 服务器。

(2) 移动 Agent 服务器:是移动 Agent 赖以生存的服务环境,它为每个移动 Agent 建立运行环境,实现 Agent 执行状态的建立和运行,利用 Agent 传输协议实现了 Agent 在网络中的移动,向 Agent 提供了基本服务接口,如事件服务、事务服务和域名服务等。

(3) 网格服务容器:为部署在网格节点的各种网络中心战仿真服务提供一个运行环境,并提供相关的网格核心服务和基本服务。

(4) 仿真服务移动代理:主要作用是完成用户指定或自发的仿真服务迁移任务,它在移动 Agent 服务器所提供的运行环境中执行,并且可以从一个 Agent 服务器移动到另一个 Agent 服务器,同时将仿真服务资源连同其运行状态迁移到目的网格节点,并恢复服务的运行。

(5) 仿真服务:指网格节点上已有的各种仿真资源,这些仿真资源可以通过网格服务封装后以标准的服务方式提供给外部的资源请求者使用。

需要指出的是,移动 Agent 如果能得到高效使用,还可以将网络中心战转化成信息中心战(或知识中心战)(Knowledge - Centric Warfare),而后者正是未来作战部队所需要的。将不同的军事信息系统联网并提供给各级部队统一的、集成的战场信息显示,这只是知识中心战的第一步要求。而真正具有革命意义的一步,则是通过开发、使用移动 Agent 来构筑和维护知识库(Knowledge Bases)。

9.2 自同步建模

9.2.1 自同步概念

9.2.1.1 自同步的定义

自同步(Self - synchronization),指作战单元之间通过互相沟通协调,自觉地同步于上级作战意图的能力。自同步可以理解为两个或两个以上实体之间,不需要指挥控制系统的作用,或在指挥控制系统干预前就能对外部情况进行协调的一种交互反应模式。自同步取决于部队对自身、作战环境、友邻部队和敌方情况的熟知程度,是开放性系统的一种高级功能和形式,能对瞬息万变的战场情况作出自主的反应。战斗的发展及结果将取决于基层部队的现场发挥和创造能力,作战单元的自协同能力有助于其战斗力的充分发挥。

自同步体现了"梅特卡夫定律"的实质内涵。梅特卡夫定律是根据以太网协议技术的发明者、3Com 公司的创始人罗伯特·梅特卡夫的名字来命名的,是美军提出网络中心战这一新的作战理念的基础支撑理论,为人们理解互联网、电话网、人际关系网等复杂网络系统提供了一种新的工具。梅特卡夫定律认为,网络的潜在价值随着接入网络的节点数量的平方函数增加。就自同步而言,该定律认为:"这些自同步部队的优势主要来源于网络化效能,精明的指挥员能够根据不断演变的条件,选择和使用这些效能。”不难看出,梅特卡夫定律对于作战空间内各种实体组成的网络同样有效,有效地互联互通和共享态势感知将有效提高特定时间内的作战效能。

自同步还反映了基于自组织状态的协同。虽然形成组织和自组织都需要系统中大量子系统间的协同,但两者却有明显的差别:组织中子系统的关联和协同是“死”的,系统中各个子系统应如何运作和协调是靠外部指令操纵的,系统的状态由外部指令所决定,只要知道了外部指令,其子系统的运作和它们之间的协调方式也就一目了然;而自组织中的关联引起的协同行为是“活”的,在自组织系统中,系统转变为什么样的结构不存在外部对系统的硬性指令,它依据当时的条件可演化出形形色色的组织结构和功能,以适应发展中的需要,此时,外部环境仅通过控制参量达到临界值,为形成新结构创造必要的条件。正因为网络中心战各实体的智能性,能共享战场态势,成为有识实元,导致形成信息化战场上的自同步行为。

自同步作战并不意味着作战单元各自为战。恰恰相反,信息技术使得作战单元能够实现互联互通,通过各种网络连接为作战体系。通常而言,作战单元在地理上广泛分布,是通过信息交流技术在各部分之间进行信息交流从而实现了单元功能的融合。

9.2.1.2 自同步的特点

以往机械化战争中,各参战兵力因无法共享通用战场态势而不能实现自同步;而信息化战争中,网络和信息质量的不断改进,使参战兵力实现自主协同,形成自同步行为。通过自同步,各参战兵力能够提升指挥速度和灵活性,最终确保整体作战能力的充分发挥。

1. 作战兵力基于信息网络实现自主协同

机械化战争时代,由于信息技术不发达,战争中的协同往往采用计划协同的方式进行。采用各种技术的、非技术的手段从多个方面和层次收集各种信息,供指挥决策机关使用。这种信息传输渠道是自下向上的单向传输,与这种信息感知态势相适应的是集中统一的指挥方式。在这种指挥方式中,参战兵力无法得到全方位战场态势,因而难以按照战场实际情况,在合理的时间和空间上自主行动。

信息化战争时代,信息网络为不同层次的指挥员、不同级别的作战单元获取通用战场态势提供了技术手段。随着指挥信息减少和命令详细程度的降低,指挥与控制的呆板性将显著降低,从而有利于提高指挥的灵活性。由此,作战兵力在实施作战中,将得到更多的自主权限,以迅速、准确地应对战场实时态势。

这种基于信息网络开展的网络中心战自同步，如图9－11所示。在信息网络的支撑下，从行动筹划、兵力部署、指挥控制到对参战兵力的实时调度及协同打击效果的反馈，均可共享通用战场态势，部队由此实现自主协同，从而获取全面的优势。

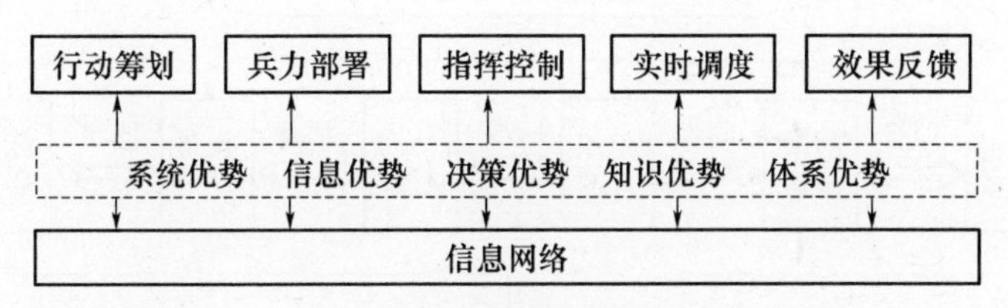

图9－11 基于信息网络开展的网络中心战自同步

2. 全要素全过程实现自主协同

网络中心战是武器装备体系的整体对抗，是各种武器装备系统之间和系统内部整体合成能力的对抗。与此相适应，适应网络中心战要求的自同步，强调武器装备体系结构的优化与功能的提高相互促进、横向一体，从指挥信息系统、火力打击系统、机动作战系统到综合保障系统，各要素实现自主协同。这种自同步，要求使用共同的软件、语言，执行统一的规定、协议，注重信息接口的设计，通过信息网络，横向融合和链接空间上分散的参战部队武器装备系统，实现各系统间的无缝连接和作战信息共享，解决部队各级指挥部门、各战斗与保障部队、各种武器系统与作战平台以及单兵之间互通、互联性差的问题。以全要素自主协同方式实现自同步的模式，如图9－12所示。

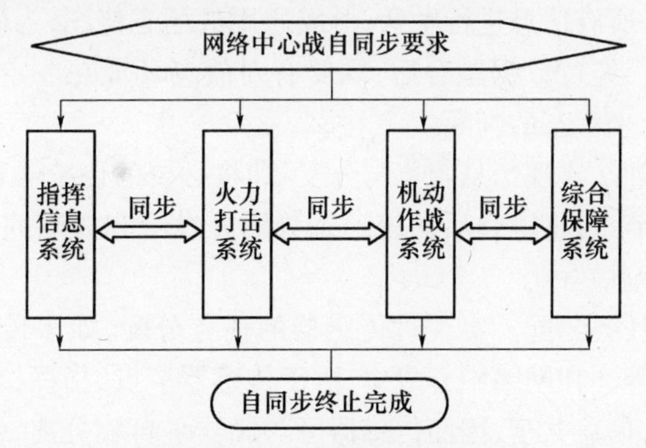

图9－12 全要素自主协同

网络中心战，不仅包含火力、机动、防护和信息等多个领域，而且贯穿于指挥控制过程各个环节。其中任何一个环节把握不好，都将影响系统发挥战斗力。网络中心战自同步,实质上又可视为作战全程自主协同,强调将指挥控制过程诸环节作为一个整体同步进行筹划,让作战实体在其中达到最佳匹配,促进部队整体效能的跃升。从情报侦察、战术决策、组织计划、协同打击到态势评估和行为调控,以全过程自主协同方式实现自同步的模式,如9-13所示。

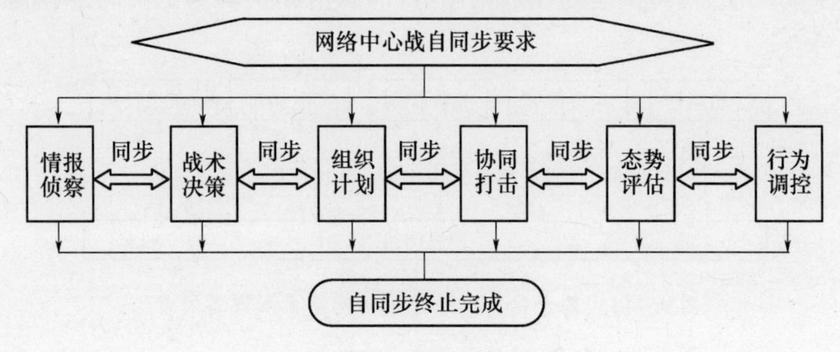

图9-13 全过程自主协同

9.2.1.3 实现网络中心战自同步的功能模块

从网络中心战的原理分析,可知实现网络中心战自同步需要如下功能模块:

(1) 网络管理。用于实现对网络的管理,如节点的接入与断开,节点间的通信管理等。健壮的网络是基础,保证任意作战单元间在需要建立链接关系时能够通过战场的网络进行持续不断的协作与交流。

(2) 数据融合。网络中心战要求将地基、空基、海基和天基传感器连接成有机的整体,并将所有信息进行融合,形成通用战场态势图,为联合部队提供全域态势感知服务。经过数据融合后,既要有对战场环境在一定时间、空间内的感知,还要有对未来状态的判断。

(3) 信息管理。实现信息收集与分发,即将必要的传感器和武器节点信息收集传递到指挥节点,将融合后的统一态势图分发给有权限的其他节点(指挥控制节点、武器节点)。

(4) 传感器任务分配。实现对传感器的任务分配,如多传感器协同探测、传感器机动探测等。在网络中心战中,由于传感器节点、指挥控制节点、武器节点之间实现互联,信息共享,因而传感器可与武器平台相分离,将出现越来越多的独立传感器,所以传感器的任务分配可与武器平台的任务分配隔离开来。

(5) 自同步作战态势分析。网络中心战要求在共享作战态势的基础上实现共享作战态势感知。作战态势感知是透过战争迷雾和假象对作战态势的深刻理解，不仅包括对气象、水文、天候等战场自然环境的分析，而且包括整个部队作战行动在机动、障碍、观察、射击、伪装、防护、定位和野战工事构筑等多方面的设想，还包括对敌指挥员真实作战意图的洞悉，因而需要相应的软件分析模块来实现作战态势感知的一致性，确保能够实现自同步作战。

(6) 自同步作战决策。网络中心战要求作战效果的集中而不是兵力的集中，以减少用于兵力机动的时间和实现兵力行动的隐蔽性，因而要求发挥智能库的运筹功能，实现在地理上分散的指挥员依托网络进行自同步作战决策，制定作战计划。依靠先进的智能库，可使分布环境中计算资源得到充分共享和合理调度，以达到决策、方案或指令产生的快速性。网络中心战还要求利用一体化的情报侦察和信息传递、处理与利用系统，解决作战计划与瞬息万变的战场情况之间"滞后差"的问题，使得从作战计划的酝酿到付诸实施的全过程中，联合部队都可以进行实时的战场情报信息反馈，尽可能达到作战计划与战场实际相一致，根据战场上变化的形势而改变计划。

(7) 自同步交战执行。通过武器专家或军事专家分析，或者计算机系统依据高速自动化的武器—目标配对运算法则(不排除人在回路中的决策)，在时间约束、距离约束、目标价值约束等条件下，迅速决定邻近的武器—目标最佳匹配，按照目标的重要度及武器的优先顺序进行自同步打击。

(8)基于效果的分析与计算。它是实施网络中心战的基本指导思想，在战略、战役、战术 3 个层次将军事领域的效果与其他领域的效果联系起来，为实施网络中心战提供科学的思维方式和算法模型。在组织自同步交战之后，利用基于效果作战的方法论或知识管理工具，进行目标—效果分析，对战斗目标打击的优先顺序重新调整更新，通过反馈调整部队/武器，促使其以最佳的战术行动完成战斗任务，进而完成战役战略目标，自同步地实施网络中心战。

9.2.2 自同步模型问题

9.2.2.1 自同步模型框架

机械化战争中，作战力量间协同是"捆绑式"，对战场情况反应不灵敏，很多情况下各作战要素是在自己的"责任区"单独完成作战任务。网络中心战不是剥夺前线战斗员的决策权，而是提高了单兵作战单元感知更大战场态势的能力，利用有效的资源，减少"战争迷雾"，从而使作战单元间自同步作战，由此更好地实现作战目标。

从作战建模角度看，自同步实际上是以网络管理、信息管理、智能库、交战规则集为支撑的网络化作战行动，实际包含了作战任务分析及分解、作战任务—作战实体分配、作战实体交互关系建模、自同步交战实现、自同步效果分析等运作环节。自同步模型框架如图 9－14 所示。

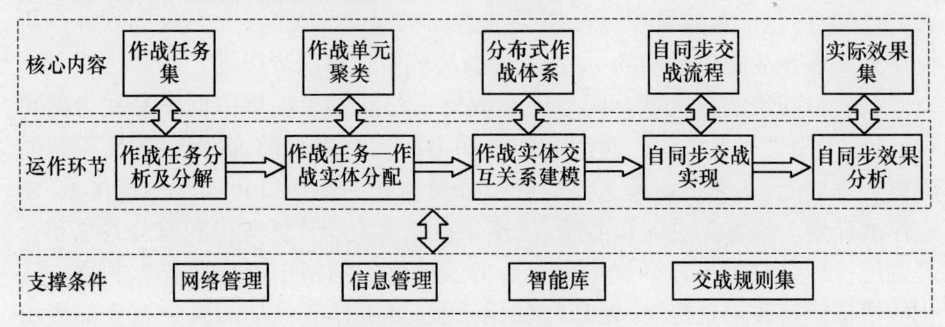

图 9－14　自同步模型框架

第 1 步：在明确意图的基础上，在分布环境中进行作战任务分析和分解，包括使命目标的分解与任务模型的建立，最后构建适合于自同步建模的作战任务集。

第 2 步：依托智能库、交战规则集等支撑条件，通过作战任务—作战实体分配，进行作战单元的聚类，为分布式作战体系的形成聚集资源。

第 3 步：围绕作战实体交互关系开展建模，建模内容主要包括任务执行的计划、作战单元间的协作与协同关系、作战单元间指挥决策关系以及作战单元信息共享与通信组织关系等，最后构建完备的分布式作战体系。在体系的构建中，通常采用结构关系与任务流程的匹配与映射方法进行设计。

第 4 步：实现任务与事件处理过程中的自同步交战。在作战体系的构架中，分布的作战单元确定各自在执行任务或事件处理中的角色，根据角色选择指导行为的交战规则，最终形成规范化的自同步交战流程。

第 5 步：分析体系自同步行为效果。若得到的实际效果集满足使命目标和任务需求，则认为构建的分布式作战体系达到预期效果；反之，若作战单元的意外损失、意外事件的出现导致体系结构与任务处理流程的不匹配，在这种不匹配达到某一极限情况下就需要进行体系的调整，有可能需要重新聚类新的作战单元来形成新的作战体系，也有可能只是进行体系结构关系的调整就适应新的需求。

9.2.2.2　自同步建模要素

在网络中心战中，通用作战态势图贯穿整个感知结构，实现精确、关联、及时数据的有效性，这样，不仅能使指挥员采用适应性很强的新指挥控制方式，加快作战节奏，而且也可使各部队作战行动自同步，真正使部队成为“自我协同部队”。就如何构建网络中心战自同步行为模型的角度来看，其中涉及的要素包括以下 3 个方面。

1. 结构

自同步必须考虑指挥结构的问题。在网络中心战中，作战单元的自同步，将导致减少冗余信息节点，缩短信息传递环节，从而能优化信息流程，增大指挥结构的灵活性，提高指挥效能。

事实上，早在两个世纪前，克劳塞维茨就在《战争论》中指出了优化指挥结构的重要性，认为“增加任何命令的新层次，都会削弱命令的效力”，因而要“尽量增多平等的单位，尽量减少纵向的层次”。但指挥结构的这种优化，受到指挥主体的指挥能力、指挥对象的性质、指挥手段的先进程度等条件限制。作战指挥体系如何设置纵向“递阶”和横向“跨度”，不仅要建立在科学论证的基础之上，而且要以先进的技术手段作为支撑。

在机械化时代的平台中心战中，下属部队具有固有的作战规律，指挥员为了集中必要的部队和火力，往往依托纵向“树状”指挥结构，采用从上至下的指挥方式达到同步行动。但由于作战力量的各单元均有自身的作战节奏，加之指挥员对现场的作战态势有时并不十分了解，就容易造成兵力机动失误，火力分配密度不均，甚至贻误战机。

在网络中心战中，由于有了连接各作战层次的网络，在有限的时间内，通过自下而上的自同步，使上级指挥员发布的通报和命令减少，下层指挥员可以快速管理战场，应付战场上的突发事件。可以说，自同步作战指挥结构，是信息化战场所期待的解决层次结构扁平化所带来问题的新型指挥结构，是分散指挥体系的进一步演化。

自同步指挥结构，主要有烟囱型指挥结构和无指挥节点的结构两种形式，如图 9－15 所示。其中，前者维持层次化指挥体系框架，各作战单元之间兼具基本指挥关系和自同步关系；后者表现为完全的网络化指挥体系，各作战单元之间只有自同步关系，描述的是作战系统更高级的功能形式。

2. 条件

信息化战争中，各作战单元以信息技术为支撑，根据战场态势需要而采取作战行动，在整个战场空间形成由信息、网络连接的自同步作战的局面。一体化作战力量的自同步性，相关的因素有：信息优势，如强的信息获取能力、高质量的信息和动态实时的信息配发等；各作战单元对战场态势共同感知；对作战意图、执行任务、环境信息的一致理解。只有各作战单元触角灵敏，具有自激反应、受激反应的能力，才能完成自同步的过程。

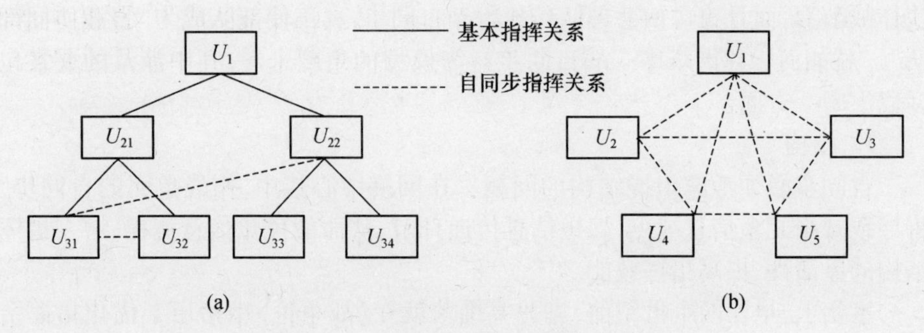

图 9-15　自同步指挥结构的两种形式

(a) 烟囱型自同步指挥结构；(b) 无指挥节点自同步指挥结构。

由此，可将实施自同步作战的前提条件归纳为：清晰地、一致地理解指挥意图，高质量的信息和共享的态势感知，部队各层次的能力以及对信息、下级、上级、同级的信任。图 9-16 给出了自同步结构的关键元素，包括鲁棒网络中的实体、共享态势能力、明确的指挥规则集、增加价值的相互作用。

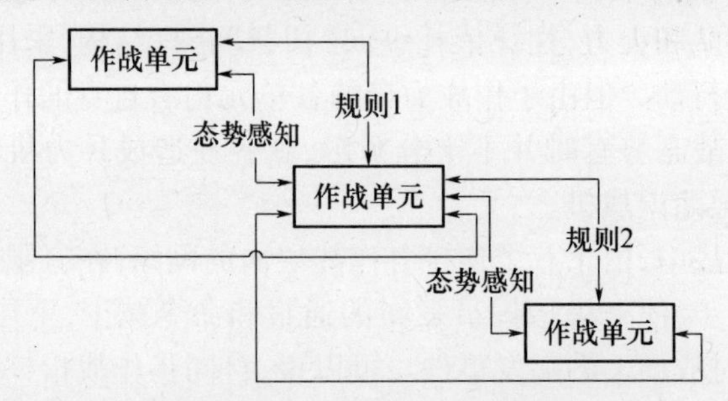

图 9-16　自同步的相互作用

3. 规则

规则集是界定指挥控制与协同权限、配置指挥控制与协同关系的一组条件和结果的关系集合，描述在各种作战态势中的指挥控制与协同原则。下面介绍几类适用于自同步建模的规则集。

(1) 地域原则：指挥控制权按地域分配，目标和任务落入作战单元的分配域内时，该单元自动获取对周边节点的指挥权。例如：信息处理车战中进入某目标分配地域，则它由情报单元自动兼任该地域指挥单元。

(2) 功能原则：不同的作战任务类型由不同的作战单元负责。例如：攻击敌装甲目标由 A 类陆战编队拥有指挥控制权，远程突袭作战由 B 类陆战编队拥有指挥控制权。

(3) 价值原则：围绕军事价值大的关键作战任务，各作战单元依靠对战场态势和指挥意图的共同理解进行主动协调,共同参与完成任务,最终达成作战行动的自同步。例如,针对关键目标地域的情报获取这一高价值任务,一线战斗坦克充当战场中的有源信息节点,和侦察分队自主协同,互通目标信息。

(4) 时间原则:围绕最紧迫的任务组织同步作战。例如,战斗坦克转移到正在执行临界时间任务上,放弃原先锁定的目标而防卫指挥控制中心。

9.2.2.3 复杂适应系统理论及基于 Agent 的作战建模应用

1. 自同步行为复杂适应系统建模概述

在网络中心战建模中,对于指挥/参谋人员的认知及行为建模,应反映出网络中心战时代作战编制体制和条令条例的变化,以及指挥体系"扁平化、网络化"的趋势;对于实战人员,重要的点就是在感知共享和作战意图共享的前提下,实现实战人员之间的自同步。自同步包括:两个或两个以上的通过网络相连的实体,共享的感知,一套规则集,增值的互操作行为。共享的感知与规则集相结合,使得实体能够在层级的指挥控制关系下获得更大的自由度。

既然网络中心战系统本质上是一种复杂适应系统(Complex Adaptive System, CAS),那么可以运用CAS理论及其中的主体(Agent)建模方法来描述网络中心战及其自同步行为。对于网络中心战自同步行为复杂适应系统的建模,采取的是依靠刻画底层个体单元简单的个体适应性及基本的局部交互规则来构建模型系统的方法,通过个体依据自身的适应性来推动系统演变,最终形成与研究对象相似的仿真系统。

这里所描述的网络中心战自同步行为建模,主要以刻画网络中心战实体的适应性为重点。由于个体适应性造成了系统复杂性,并且在弱中央控制下的个体具有自身的适应倾向,对于战场环境的刺激,个体根据自身实际决定行为模式,从而推动系统的演化,如图9-17所示。

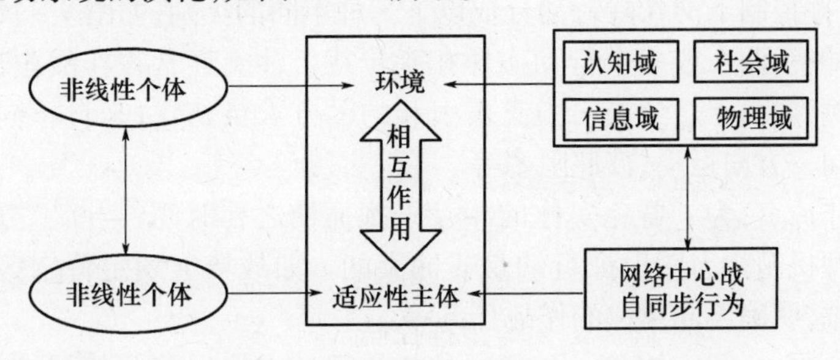

图9-17 网络中心战自同步行为与复杂适应系统的对比

网络中心战自同步行为的概念强调分散配置作战力量，地理上独立的作战力量使用信息网格连接成一种松散的灵活组织；信息域和物理域的战场特征构成了作战单元的外部环境，而认知域构成内部环境，组织内部的各个成员依据对局部战场环境的理解，考察适应性条件，从而自主进行决策和行动，最终实现自同步作战。

如第2章所述，CAS中的适应性主体在多Agent系统中可以理解为智能体（Agent），这样就可以借鉴CAS理论来进一步开展网络中心战自同步行为建模问题研究。

网络中心战作战编组中的传感器、指控系统、武器系统等作战实体（在CAS中即适应性主体，在多Agent系统中即智能体），通过一种Agent，连接到协同作战网格中。这种Agent实质上是软件模块，嵌入在传感器、指控系统、武器等系统软件的应用层中，从而形成了传感器、指控、武器等3种Agent，并具备下列功能：

（1）能在特定的环境下连续自发地实现功能。

（2）具有一定的自主性和推断能力。

（3）能与系统中其他Agent通信交互。

（4）能对周围的环境作出反应。

（5）能完成一个或者多个功能目标。

可见，未来信息化战场上，网络化的作战系统中的传感器、指控、武器等3种Agent，对任务的分配可通过Agent之间的相互协商来确定，对自身的任务具有管理能力，对与其他网络节点的数据通信进行控制，具有了系统的自治性、对环境的反应性、与其他系统的协同性、地理位置的分散性、系统设计的异构性等Agent的基本特性。

2. 基于统一认知的自同步机制

美军认为，同步是“时间和空间上按一定目的的合理安排”。根据这个概念，可把指挥控制下的作战行动分成以下3种不同的类别，如图9-18所示。

（1）冲突：两个或多个行动实体相互干扰。冲突经常在作战中出现，典型的冲突事例，如由于过分的火力支援引起的己方人员伤亡；来自不同部门的战斗车辆向同一方向运动，彼此阻塞等。

（2）非冲突：为了避免实体的相互干扰而使之在时间、空间上分离。通常的军事管理机制都力图保证行动是非冲突的。如战场上划定特定区域给不同的作战单位，明确不同单位的作战任务等。

（3）协同：行动实体在一个共同参与的行动中根据彼此的需求相互配合。例如，一个训练有素、共享实时信息的作战编队互相协同可以发挥出更强的作

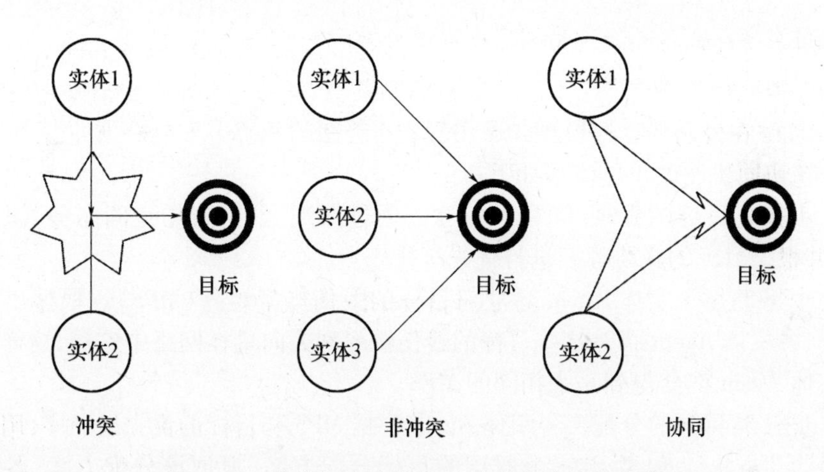

图 9－18　作战行动的冲突、非冲突和协同示意图

战能力。

衡量同步效果的标准就是考察在作战行动中的冲突、非冲突和协同各自所占的比例。未来信息化战争中，战场情况复杂多变，常要求更多地遂行分散式指挥方式，由此需要各作战实体间更多地组织自同步。

基于统一认知的自同步机制，体现了分散式指挥方式的要求和未来信息化战争自主协同模式的发展方向。它是一种基于通信的协同机制，是指两个或两个以上实体之间，在指挥控制系统干预前，有时甚至不需要指挥控制系统的作用，就能对外部情况进行协调的一种交互反应模式。通过该协同机制，作战实体能对瞬息万变的战场情况作出自主的反应。

针对基于 Agent 的作战建模，使用基于统一认知的自同步机制，多实体 Agent网络中心战体系必须满足以下几个前提条件：

（1）作战体系中所有实体 Agent 全部参与协同，各实体 Agent 还可依据自身条件、按照作战规则动态加入或退出协同。

（2）指挥结构满足自同步的要求，形成扁平化指挥体系；所有参与协同的各实体 Agent 地位平等，体现网络化作战的特点。

（3）作战体系中各实体 Agent 拥有通用战场态势图，信息包括己方、敌方及环境等方面，覆盖海、陆、空、天、电多维战场。

（4）作战体系中各实体 Agent 拥有公共的认知模型，包括共享的文化、条令、指挥员意图、交战规则以及流程等。在具体的作战过程中，各实体 Agent 拥有公共的方法进行态势评估、目标优先级的计算以及目标的分配。

（5）信任感。执行自同步交战，依赖作战单元间的彼此信任。只有在互信的基础上才能保证行为的同步，否则就会适得其反，导致作战单元间在自同步机制上彼此行为的失调。因此，参与协同的实体 Agent，必须相信其他的实体Agent能够在公共的认知模型和通用战场态势图的基础上采取恰当的行动。

该协同机制的工作流程如下：

步骤1：目标的发现、识别及排序。通过探测、分析战场空间态势，识别目标，并根据目标的威胁程度进行优先级排序。

步骤2：每个实体 Agent 建立对目标的毁伤概率矩阵（MPS）。根据出现的目标，各实体 Agent 将对这些目标的毁伤概率列表向量在网络中广播，这样每一个实体 Agent 都会得到一个相同的 MPS。

步骤3：目标的分配。各实体 Agent 根据 MPS 和目标的优先级顺序，用相同的最优化方法计算，得出一个通用的目标分配方案，根据该分配方案，各实体Agent对分配给各自的目标制定相应的作战方案。

需要指出的是，尽管这种基于统一认知的自同步机制由于存在很多前提条件，实现较为困难，并且在实现过程中各平台计算负担较大，但是，该机制没有协同中心的存在，因而具有很好的鲁棒性和稳定性，并且该协同机制加快了作战节奏，提高了反应速度，将是未来作战协同机制发展的新趋势。

9.3 复杂网络建模与网络中心战效能评估

9.3.1 复杂网络理论与网络中心战效能概念

9.3.1.1 复杂网络理论概述

在信息化时代，夺取信息优势将是未来作战行动中克敌制胜的关键因素。那么，夺取对敌信息优势都需要考虑哪些因素，怎样设计和组织构建信息化时代的作战系统才能有效地发挥信息的作用？这些都是网络中心战也是作战系统复杂网络建模研究的迫切需求。

复杂网络建模理论以实际复杂系统为研究对象，从系统各个单元之间的相互关系入手，通过对体现复杂系统本质特征的因素进行分析和归纳，建立复杂系统模型。在此基础上，以网络的拓扑结构及其对应的网络动力学和演化特性为重点展开对复杂系统运行规律的研究，最终实现对真实复杂系统行为的分析、预测以及指导大型复杂网络的设计、优化、控制等应用研究。应用复杂网络建模理论研究复杂系统的方法如图 9－19 所示。

网络中心战系统作为一种复杂社会系统，完全可以利用复杂网络建模理论

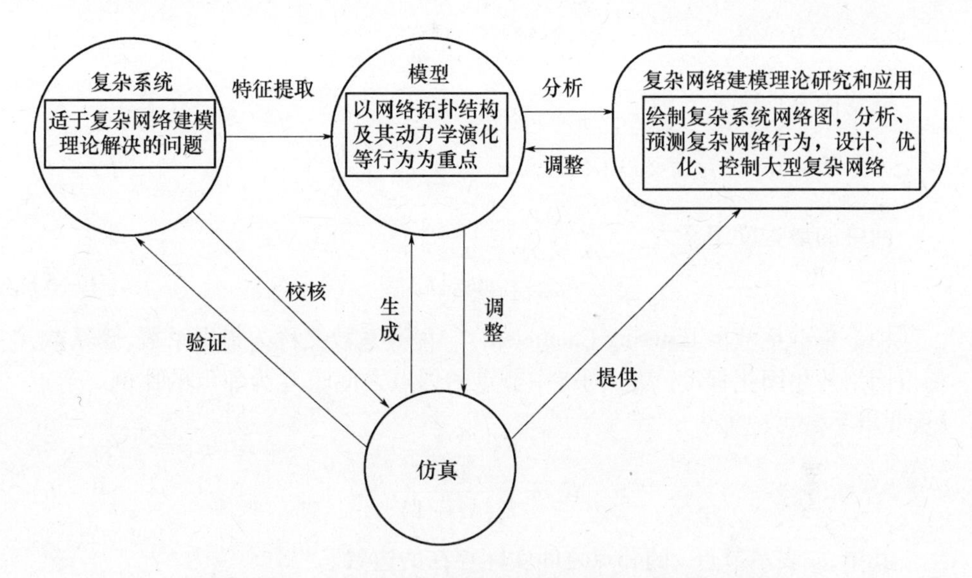

图 9-19　应用复杂网络建模理论研究复杂系统的方法

的相关研究成果。在所建网络中心战系统复杂网络模型的基础上,以夺取战场信息优势这一特定目标而展开研究,既可以实现对已有的作战系统进行优化和重组,又可以指导设计和规划未来的网络化联合作战部队的建设和发展。

根据其基本单位之间是否存在相互作用,网络可抽象地表示为由点和边构成的图,采用邻接矩阵的形式表示网络结构,对于一个 n 阶无向图,定义矩阵

$$A_{n\times n} = [a_{ij}]_{n\times n} \tag{9-1}$$

式中,矩阵元素 $a_{ij} = \begin{cases} 1 & (\text{节点 } i \text{ 与节点 } j \text{ 邻接}) \\ 0 & (\text{节点 } i \text{ 与节点 } j \text{ 不邻接}) \end{cases}$

为研究不同类型的网络在结构上的共同特征,常用来分析复杂网络的最重要的 3 个统计特征如下:

(1) 平均距离(Average Distance)。平均距离又称为平均路径长(Average Path Length),表示网络(设含有 N 个节点)中所有节点对之间的平均最短距离,可记为

$$< l > = \frac{1}{N(N-1)} \sum_{i\neq j} d_{ij} \tag{9-2}$$

式中,d_{ij}为节点 i 与节点 j 之间的最短距离。

(2) 度分布(Degree Distribution)。度分布有时简称为度,又称为连通度(Connectivity),表示节点的邻边数。节点 i 的度可记为

$$k_i = \sum_j a_{ij} = \sum_j a_{ji} \tag{9-3}$$

网络的平均度定义为

$$< k > = < k_i > = \frac{1}{N}\sum_i k_i = \frac{1}{N}\sum_{ij} a_{ij} \tag{9-4}$$

网络的最大度定义为

$$k_{\max} = \max_i \{k_i\} \tag{9-5}$$

(3) 集群系数(Clustering Coefficient)。集群系数又称为集聚系数、簇系数,衡量网络的集团化程度,表示网络中节点的邻点之间也互为邻点的比例。节点 i 的集群系数可记为

$$C_i = \frac{2e_i}{k_i(k_i - 1)} \tag{9-6}$$

其中,e_i 表示节点 i 的邻点之间实际存在的边数。

网络的平均集群系数定义为

$$C = < C_i > = \frac{1}{N}\sum_i C_i \tag{9-7}$$

一般来说,作战模型反映的战争领域越多,就越能体现战争的特点,但也越复杂。基于复杂网络理论进行的网络中心战建模就是力争更加真实地反映信息时代以网络为中心的作战行动特征。复杂网络模型把交战的每一方看成是一个具有特定拓扑结构的网络,在不明确考虑社会领域的情况下,网络的节点和边代表了参战兵力和通信链路,反映了网络中心战的物理领域;在不具体考虑信息内容的情况下,由平均距离、度分布、集群系数等指标决定的网络质量,反映了网络中心战的信息领域;同时,作战系统同步性能和控制研究则抽象地反映了网络中心战的认知和社会领域。上述几个领域涉及复杂网络的建模研究。其相互关系如图 9-20 所示。

9.3.1.2 网络中心行动概念框架及其效能评估指标

网络中心行动(Network-Centric Operation, NCO),一些学者称为“网络中心作战”。发展网络中心行动概念框架的目的,是提出对网络中心战基本理念进行评估的一系列效能指标。

为了发展适应网络中心战原则的效能评估指标,首先必须确定网络中心行动概念及其关系的顶级或者概念级的表示。一旦重要概念及其关系明确,然后才能“挖掘”并确定每个概念的属性以及效能评估指标。网络中心行动概念框

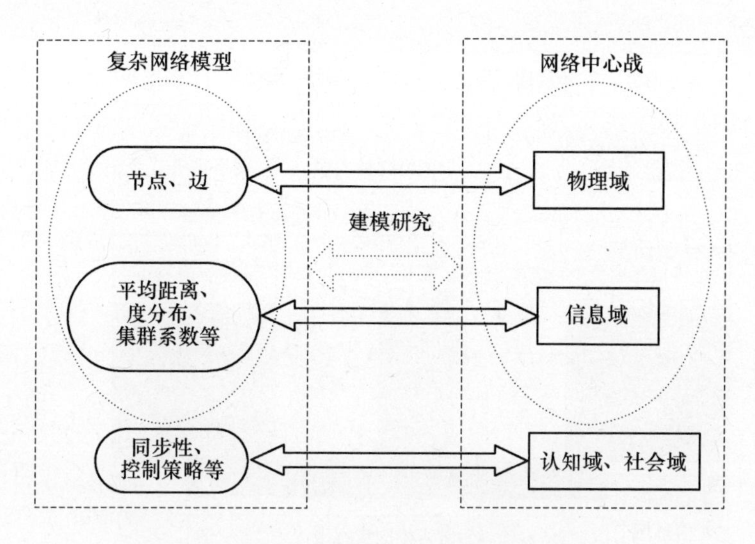

图 9－20　网络中心战与复杂网络模型之间的关系

架就是这个过程的结果。图 9－21 所示为简化的网络中心行动概念框架顶级视图。它突出了网络中心战原则的基本要素,同时引入灵活性等新概念。

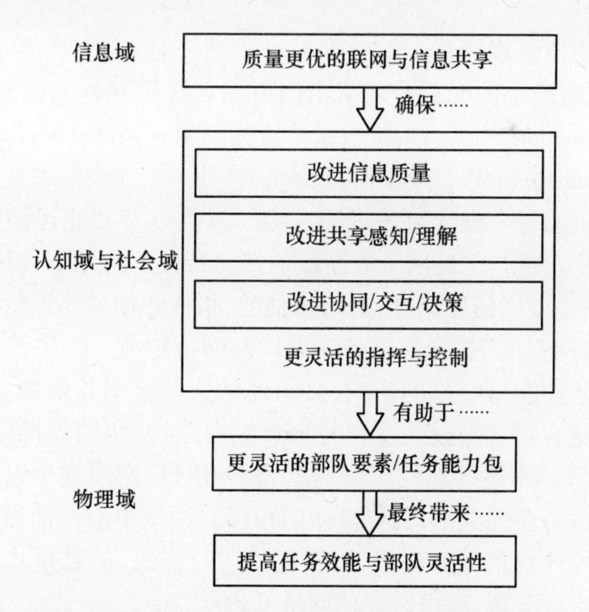

图 9－21　简化的网络中心行动概念框架顶级视图

需要指出的是,网络中心行动概念框架是关于实际的以网络为中心的作战或行动的框架,而不是战争理论的框架。该概念框架的顶级视图如图 9－22 所示。

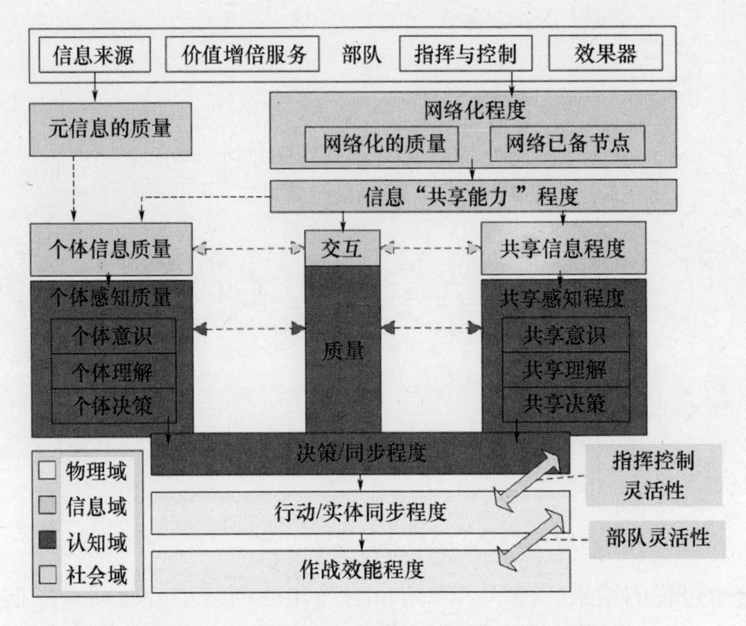

图 9-22 网络中心行动概念框架的顶级视图

在该框架的顶级视图中，部队(Force)不属于任何域，因为它既在所有域内，又包括了所有域中的元素。部队由四方面可提供基本功能的实体组成，即信息来源(Information Sources)、价值增倍服务(Value Added Services)、指挥与控制(Command and Control)和效果器(Effects)。

在概念层中的每个概念是通过第二级的属性以及效能评估指标集合进行描述的。属性从定量与定性两个方面评估概念特征。实际上，每个属性都是通过一个效能指标(或者指标集合)进行评估的，指标详细说明评估属性需要什么数据。例如“联网程度”由网络已备节点以及网络组成。为了评估不同联网级别与质量对部队性能与结果的影响，必须评估这些级别与质量。例如，网络已备节点的属性是容量、连通性、发送与检索能力支持、协同支持以及节点安全，如图 9-23 所示。网络的属性是可达度、服务质量、网络安全以及灵活性。为了搜集评估这些特性的数据，需要具体的指标。网络中心行动概念框架为每个属性提供了效能评估指标。例如，用期望的访问方式、信息模式以及应用软件进行通信的节点百分率，就可以评估网络可达度。

网络中心战概念框架是一个丰富的效能评估指标集合，利用这些指标，可以评估网络中心战重要概念的不同程度与质量的影响，如联网程度、个体信息以及共享信息、态势感知、理解、决策、行动同步以及最终效能。网络中

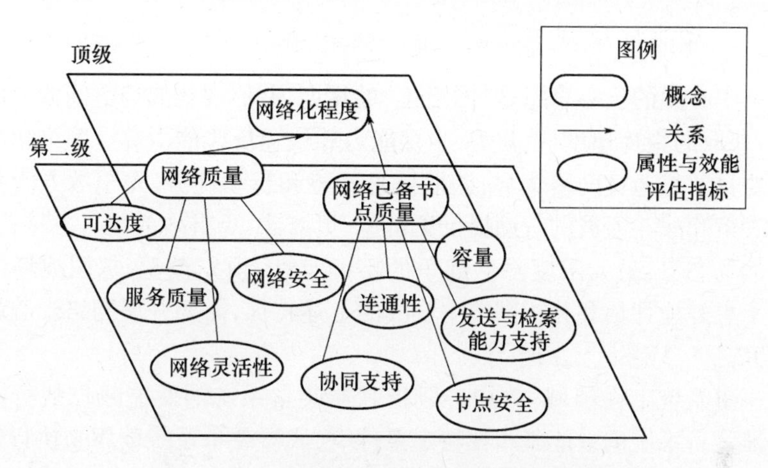

图 9-23 网络中心战概念框架的第二级视图

心行动概念框架的使用方式有多种。例如,它既可以作为演习或试验中评估部队性能的工具,也可以指导政策制定以及采办方案。为了评估各个概念之间的关系,必须确立连接顶级概念以及第二级概念之间的具体假设。这个步骤如图 9-24 所示,本质上也体现了网络中心战各级效能评估指标之间的关系。

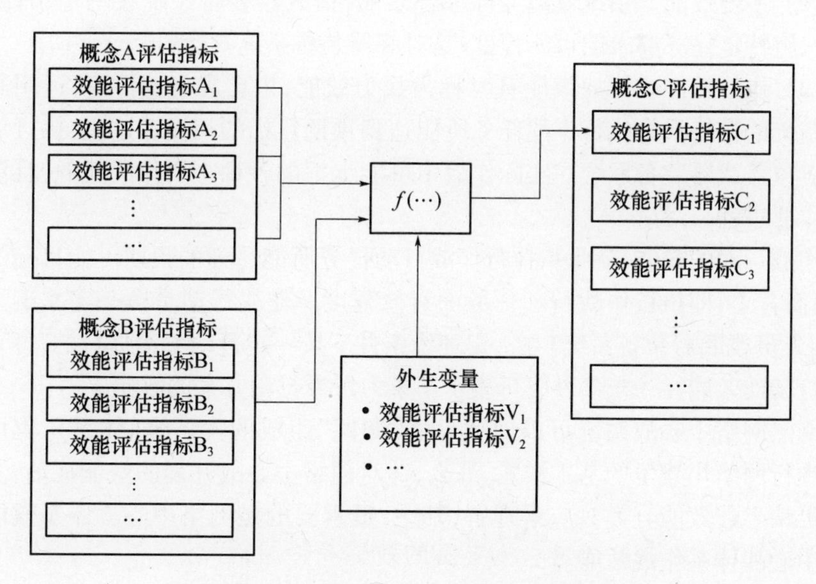

图 9-24 网络中心行动不同级概念之间的关系

9.3.1.3 效能评估方法概述

网络中心战的核心思想是“网络化”的程度,并体现在战场空间取得的自同步效果,获取的指挥速度、杀伤力、生存能力和快速反应能力等。网络化战争的一个重要目的是通过网络优势,获取信息优势和行动优势,先于敌方为各级指挥员的决策和战斗人员的行动提供更迅速、更准确、更有效的信息支持,先于敌方主导战场态势,最大限度降低战争的不确定性,预先警觉,掌握战场的主动权。为了更好地评估和分析网络中心战的上述特征,需要开展网络中心战效能评估研究。

在军事系统工程领域,效能一般指武器装备系统的效能或作战行动的效能。武器装备系统的效能是指在特定条件下,武器装备系统被用来执行规定任务所能达到预期可能目标的程度。按照武器装备系统运筹研究的需要,其效能可分为3类。

(1) 单项效能。单项效能指运用武器装备系统时,就单一使用目标而言所能达到的程度,如防空装备系统的射击效能、探测效能、指挥控制通信效能等。单项效能对应的作战行动是目标单一的作战行动,如侦察、干扰、布雷、射击等火力运用与火力保障中的各个基本环节。

(2) 系统效能。系统效能又称综合效能,指武器装备系统在一定条件下,满足一组特定任务要求的可能程度,是对武器装备系统效能的综合评估。

(3) 作战效能。作战效能有时称为兵力效能,指在规定条件下,运用武器装备系统的作战兵力执行作战任务所能达到预期目标的程度。这里,执行作战任务应覆盖武器装备系统在实际作战中可能承担的各种主要作战任务,且涉及整个作战过程。

作战行动的效能,就是指执行作战行动任务所能达到的预期可能目标的程度,简而言之,即执行作战行动任务的有效程度。作战行动是由一定军事力量(包括人员或武器装备系统)在一定环境条件下按一定行动方案进行的。所以,作战行动的效能在一定条件下可表示军事力量或行动方案的效能。

既然网络中心战系统可以理解为由“四网”组成的大系统(体系),也可理解为遂行网络化战争的基本样式,那么,针对网络中心战开展的效能评估,实际上也可从上述效能分类对应来理解,其中,最重要的是网络中心战体系效能和网络中心战体系作战效能。

由于相比传统作战,网络中心战具有一系列新的特征,网络中心战效能评估与传统作战的效能评估相比而言,存在一些差异,如表9-1所列。

表9-1　传统效能评估与网络中心战效能评估比较

	传统效能评估	网络中心战效能评估
评估边界	物理域	物理域、信息域、认知域和社会域
评估目标	火力对抗	火力对抗、系统对抗、体系对抗
评估对象	武器装备	武器装备、信息系统、信息流、人和组织
评估指标	兵力损耗	兵力损耗、软损耗、信息度量
评估度量	系统优势	系统优势、信息优势、决策优势、知识优势、体系优势

就军事系统工程领域的效能评估方法而言，主要有模拟法、探索性分析法、层次分析法、ADC 法、SEA 法、影响图建模分析、Petri 网建模仿真、兰彻斯特方程、排队网络理论等。这些方法适应于复杂系统的系统效能、作战效能和作战行动效能分析，也可用于网络中心战效能评估研究。上述几种效能评估主要方法的比较如表9-2 所列。

表9-2　效能评估方法比较

评估方法	优　点	缺　点
模拟法	能够比较真实地动态反映实际情况； 具有较高的可信度	建模费用高、周期长； 对建模人员专业素质要求高
探索性分析法	主要针对问题的不确定性； 分析问题灵活性强； 通过改变问题假设可探索各种可能的结局，并生成所有案例空间的结果	主要解决宏观问题； 对建模人员专业素质要求高； 分析过程本身依赖模拟方法和数据挖掘等技术； 运行次数随变量数的增长而急剧增长，要求计算资源巨大
层次分析法	反映系统的层次结构，简便、实用； 体现人的经验，采用定性和定量分析结合的方法	只能进行静态评估； 权重确定具有一定的主观性，由此影响评估结果的可信性
ADC 法	综合考虑可用度、可信度和固有能力，是对效能的综合评估； 特别适合于武器装备系统的系统效能评估	只能进行静态评估； 可用度向量、可信度矩阵和固有能力向量元素有时不容易得出； 系统状态多时可信度矩阵复杂
SEA 法	考虑系统能力与使命的匹配程度； 考虑需求的多样性，分析与需求结合紧密； 考虑指标值的不确定性	生成使命轨迹困难，一般都基于解析模型； 对多种使命需求的情况处理过于简单

（续）

评估方法	优　点	缺　点
影响图建模分析	规范化的图形建模方法，建模过程简明； 比较真实地反映原始系统及其复杂性； 体现定性和定量相结合的思想	对于有些系统很难建立有效的微分方程模型，建立的微分方程有时难于求解； 系统规模大时，影响图复杂
Petri 网建模仿真	一种网络图理论，用于表示异步、并发系统； 具备严密的数学基础； 在描述能力和分析手段上有良好的可扩充性	对于复杂作战体系，Petri 网进行建模时将导致建立的模型规模过大而无法求解，需要进行扩展； 不方便描述连续过程
兰彻斯特方程	一种半经验半理论的兵力损耗分析方法； 可描述作战双方战斗进程； 可预测作战态势发展趋势及最终结果	损耗系数的确定本身来源于经验判断或依靠模拟方法等其他途径； 不能体现作战双方精神状态、指挥能力、训练水平及战场环境因素的影响； 不能反映智能行为及随机活动
排队网络理论	可用于描述由多个服务节点依照一定的转移规律所连接成的排队系统； 通过分析和计算网络稳态特性参数，可实现排队系统优化	完全描述作战体系的延时难度较大； 对捕获网络中的瞬态特性缺乏有效的算法

从表 9－2 分析的结果来看，各种方法都有一定的应用范围和优缺点。相比较而言，要想全面细致了解动态实际情况，最好是模拟法。尽管模拟法费用较高，实现周期也比较长，但该方法是体系作战效能评估的最理想的方法。

9.3.2　复杂网络建模与网络中心战效能模型问题

9.3.2.1　作战体系复杂网络建模概述

金伟新、肖田元教授给出“作战体系”的定义：“作战体系是一个具有适应威胁环境的动态系统，它是由具有自主特性的传感、指控、通信、火力系统（实体、节点、单元、子网络）组构而成，并且这些组分系统本身具有独立的功能，规模可伸缩，具有适应性。作战体系与组分系统相比，具有更强的自组织特性和涌现性。”

对这一作战体系，从拓扑角度，将其传感、作战、指挥、通信等实体抽象为节点，并且将这些实体间的信息（或物质、能量）交互抽象为连边，则这一作战体系就抽象成一个作战体系网络。以复杂系统及复杂网络理论为基础,以多 Agent 建模为支撑技术,构建基于复杂网络的体系对抗模型,进行体系对抗建模仿真试验,探索网络中心战体系形成、演化与两大敌对体系对抗的特点、规律,进而揭示信息化条件下网络化战争的科学本质与调控机理,已经成为 21 世纪军事领域极为重大、紧迫的前沿研究课题之一。

在敌我双方开展作战行动时,在整个战场空间中,参战平台之间由于种种原因存在一定的“交互”关系,如通信关系、指挥关系等。如果将这种交互关系用边或链路来描述,那么战场空间中的兵力就组成了一个“无形的网络”。随着信息技术的快速发展,战场中作战平台之间交互更加实时化、便捷化,这使得对整个作战体系网络的建模分析变得越来越重要。用复杂网络理论描述这个作战体系网络演化的过程就是研究作战的演变过程。研究作战系统的整体演化行为、分析作战系统整体与局部的关系,将有助于加深人们对作战体系网络的认识。

在网络中心战建模中,为了更好地反映作战过程中的战场侦察与目标监视、作战决策与指挥控制、机动打击与攻防战斗等行动,将作战单元抽象为“传感器”、“控制器”、“武器”3 类,在网络模型中对应 3 类节点。

(1)“传感器”S。S 实体的集合提供了大量的战场原始信息,这些信息是网络中心战中形成战斗空间感知和知识提取的信息来源与材料基础。陆战编队中的 S 主要有各类地面传感器、电子侦察车、武装侦察车、照相侦察车、无人侦察机等。

(2)“控制器”C。C 通常是由各类指挥控制实体组成,其作用主要包括作战决策、组织指挥及控制、信息综合处理、资源分配决定、战术制定等,C 实体的集合通过实现战场规划和战斗管理来统一执行指挥控制任务。就陆军战术级作战而言,C 既可以是地面指挥控制车,也可以是复杂的指挥控制机构。

(3)“武器”W。W 在战斗空间中主要是创造战斗力的实体,又被称为射手,其采用的作战手段包括常规手段(如火力打击)和非常规手段(如电子干扰)等,主要包含各类作战兵器系统。W 实体的集合负责作战计划的执行。陆战编队中的 W 有很多种,如坦克、自行火炮、反坦克导弹车、防空导弹车、电子干扰车等作战平台,前沿攻击队、左翼突破群等作战编组。

在整个网络中心战战场空间中,上述 3 类实体以某种方式互联互通,从而完成整个作战任务。这样,作战系统就可以抽象成由 S、C、W 等三类节点连接组成的网络。为了简化模型,假设作战编队由 3 类节点组成,并且节点之间能进行连边耦合,而作战编队的攻击目标则由孤立的目标节点 T 组成。因此整个作战模型表现为一个由 S、C、W、T 等四类节点组成的作战网络。

按照网络中心战中作战实体间可实现战场信息互通和共享的特点，构建模型时还可作如下假设：

(1) S 或 W 都与 C 直接连边，且表示了 S、W 与 C 之间的信息传递。

(2) 不同的 S 间不存在直接的连边，即模型中暂不考虑信息融合，S 只能探测目标并把探测到的信息传递给与自己相连的 C。

(3) 不同的 C 之间可以连边(双向)，表示不同决策单位的组织协同。

(4) S 与 W 之间没有连边，即暂不考虑 S 对 W 的跟踪感测效应。

由以上基本原则和假设可以得到作战网络的抽象表现图，如图 9-25 所示。

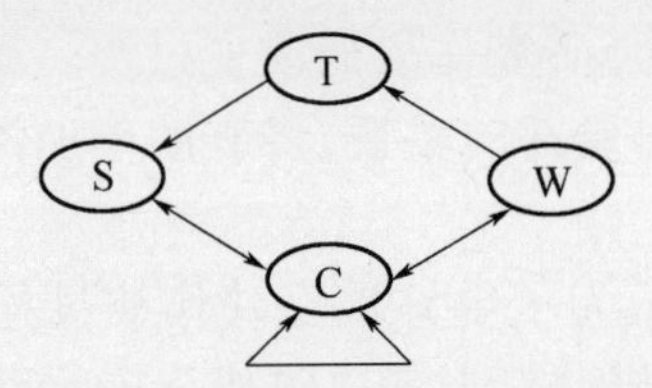

图 9-25 作战网络的抽象表示

9.3.2.2 网络中心战效能模型的构建

这里，针对网络中心战所表现出的复杂网络特征，围绕感知能力、指控能力、打击能力，构建相应的数学模型。实现真正意义上的动态的、综合的网络中心战体系作战效能评估，则需要开展针对性的仿真建模。有关该方面的挑战及可能有效的思路方法将在 9.3.2.3 节中进一步介绍。

1. 感知网络感知能力模型

网络中心战体系中，感知节点(传感器)主要实时获取目标信息、态势信息和环境信息等，为动态决策提供原始数据。由此，可采用感知信息的准确性、相关性作为感知能力指标。

1) 感知信息的准确性

信息准确度即获取的感知信息对感知对象属性描述的不确定程度，可以用衡量信息量的香农(Shannon)熵来表示，设感知节点对对象某一属性信息感知分辨率为 d，该感知范围为 l，则该感知节点对该属性的香农熵为

$$H(\hat{l}) = -\sum_{i=1}^{[\frac{l}{d}]} p_i \ln p_i \qquad (9-8)$$

式中：p_i 为 $\hat{l}$ 等于 i 的概率，若取等概率值，则式(9-8)可以表示为

$$H(\hat{l}) = \ln\left[\frac{l}{d}\right] \tag{9-9}$$

而一般来说，感知节点可能关注对象的多项属性，设某对象具有j项需要关注的属性，则感知节点可提供信息总量的香农熵为

$$H(\hat{S}) = \sum_{i=1}^{j} \ln\left[\frac{l_i}{d_i}\right] \tag{9-10}$$

2）感知信息的相关性

信息相关性即不同感知节点获取的感知信息间的相互印证和包含的程度。对于同一属性信息，设节点A可提供的分辨率和感知范围分别为d_A和l_A，节点B的分辨率和感知范围分别为d_B和l_B，则两节点信息相关性可用联合熵来表征，即

$$H(\hat{A},\hat{B}) = \ln\left[\frac{\max\{l_A, l_B\}}{\min\{d_A, d_B\}}\right] \tag{9-11}$$

对于不同节点间不同属性信息，可以根据式(9-10)进行融合。

2. 指控网络指控能力模型

指控节点主要功能是根据感知网络获取的实时信息，对之进行快速决策，形成根据变化调整结构的决策信息。评价其能力的主要指标应该是指控容量（能够控制的执行节点数）、指控的时效性和决策的正确性（指决策内容）。

1）指控容量

尽管指控节点间具有层次性特点，但由于其功能趋于相同，故可以认为它们之间具有相互替代的冗余性。设部队级指控节点n_L个，分队级指控节点n_Y个；每个节点可以同时指控n_k个下级节点；当部队级指控节点受损后，其中1个分队级指控节点升级为部队级指控节点，但将失去对原来执行节点指控能力；设各指控节点的可靠性服从负指数分布，生存概率服从时间上的均匀分布，则t时刻指控网络可指挥执行节点数的期望为

$$n_E(t) = 1 - \prod_{i=1}^{n_L+n_Y}\left[1 - (1 - \lambda_i e^{-\lambda_i t}) \cdot P_{SC}^{i}\right] \tag{9-12}$$

式中：$n_E(t)$为t时刻指控网络中有效节点数的期望值；λ_i为第i个指控节点故障负指数分布参数；P_{SC}^{i}为第i个指控节点的平均生存概率。

2）指控时效性

指控时效性一方面与指控周期有关，指控周期越长，则指控时效性越低；另一方面，指控网络的复杂程度将产生决定性影响，指控网络越复杂，则指控时效性越低。由此，网络中心战指控时效性可用式(9-13)表述。

$$T_c = \frac{1}{1-g(c)}\sum_{i=1}^{4} t_i \tag{9-13}$$

式中:$g(c)$为指控网络的复杂性因子,$g(c)\in(0,1)$;t_1,t_2,t_3,t_4分别表示信息从感知节点或上级指控节点传输到指控节点的时间、信息处理时间、决策时间以及决策信息向执行节点或下级指控节点分发的时间。

3) 决策正确性

网络中心战中,指控网络决策正确性主要通过辅助决策、协同指挥、人机交互、显示控制等方面体现。因此,决策正确性可用式(9-14)表述。

$$R = R_{sd}\cdot R_{cc}\cdot R_{hi}\cdot R_{sc} \tag{9-14}$$

式中:R_{sd}、R_{cc}、R_{hi}、R_{sc}分别表示指控网络辅助决策能力、协同指挥能力、人机交互能力和显示控制能力。

3. 执行网络打击能力模型

执行节点主要功能是根据决策信息,在一定时间将一定数量一定型号武器射向目标,即对目标进行精确火力打击,其功能可以用一定时间内毁伤一定类型的目标数量(即毁伤目标数以及打击时效性)来表征。

设作战体系每个执行节点拥有K枚武器,可多波次发射,发射间隔时间为t_g;平均飞行时间为t_f;武器类型根据实时决策结果更换,更换时间为t_v。

1) 毁伤目标数

估算毁伤目标数,关键在于计算目标毁伤概率。设目标总数为N,第i个目标毁伤概率为W_i,则毁伤目标数

$$M = NW_i \tag{9-15}$$

执行网络对目标群打击时,若采用随机性非均匀分配目标的方式,则

$$W_i = 1-\prod_{j=1}^{K}(1-r_{ij}p_{ij}) \tag{9-16}$$

式中:r_{ij}为第j枚武器命中第i个目标的概率;p_{ij}为命中条件下第j枚武器毁伤第i个目标的概率。

当武器型号一样、目标类型相同时,p_{ij}相等,可令$p_{ij}=p$。

若采用随机性均匀分配目标的方式,此时$r_{ij}=1/N$,则

$$W_i = 1-\left(1-\frac{p}{N}\right)^{K} \tag{9-17}$$

若采用确定性均匀分配目标的方式,射击每一目标的武器数的数学期望相等,均为K/N,则当K/N为整数时,

$$W_i = 1-(1-p)^{\frac{K}{N}} \tag{9-18}$$

当 K/N 为分数时，设 $K/N=m_1.m_2$，其中 m_1 为整数部分，m_2 为小数部分，

$$W_i = 1 - (1-p)^{m_1}(1-m_2p) \tag{9-19}$$

2）打击时效性

第 h 次打击完成所需的总时间为

$$t_h = h \cdot t_g + \max_{1\leq u\leq j}(a_{uh}) \cdot t_v + t_f \tag{9-20}$$

式中：a_{uh} 表示 h 次打击第 u 个执行节点更换武器的总次数。

9.3.2.3 作战系统 Agent 交互链概念的提出

从系统论的角度看，信息时代的军队是由信息畅通、形态分散的部队构成的网络，军事活动呈现出以网络为中心的高度分布式、网络化的形态。事实上，美军也正是据此提出网络中心战学说，以此作为指导未来军队建设和发展的基本理论。

作为网络中心战学说主要理论基础的梅特卡夫定律认为，网络的潜在价值与网络内节点数量的平方成正比。因此，在进行军事指挥和组织军事活动时，要遵循梅特卡夫定律，尽可能多地使军事系统中的实体（节点）间建立起联系，从而使系统作战效能趋于最大。

但是，一方面，如果按照梅特卡夫定律中的要求，将网络中心战中涉及的传感器网、指挥控制网和火力打击网进行完全连接，那么在提高信息优势的同时，也不可避免地由于网络的结构本身的复杂性而给军事领域带来一系列的负面效应，如网络自身涌现复杂性、网络处理涌现复杂性、指挥控制涌现复杂性。另一方面，网络中心战学说在以该定律为基础解释信息化军队战斗力来源时，却存在假设条件过于简单化的问题。它追求系统内实体（节点）间的最大连接，并假设：所有的连接都具有真正的潜能，所有的连接都拥有正价值，所有的连接都有同等价值，所有良好的连接的总和反映了总的价值。这些条件都过于理想化了。

事实上，从上述分析不难看出，运用复杂网络理论可建立信息时代交战模型，根据战场中各兵力扮演的角色不同，把战场中的兵力节点分为不同类，然后根据节点之间发生的关系建立网络，并运用网络知识给予分析。与此同时，还可提出一个运用邻接矩阵度量网络效能的方法。这些方法具有很高的借鉴和参考价值，然而，它们只是宏观描述了作战网络，缺乏微观行为的描述。

对于复杂网络模型描述，就复杂网络拓扑结构与其节点之间互联规律的建模而言，是一种网络拓扑的静态建模或描述；就复杂网络的动力学行为的演化机制、过程、机理、规律的描述而言，则本质上是一种动态建模仿真。特别是如何深入细致刻画作战网络中节点（实体）的动态、智能、交互行为，是研究网络复

杂性与网络中心战效能模型问题的重点和关键。而且,就目前用基于 Agent 建模方法研究网络中心战建模问题,仍存在诸多不足之处,如直观形象而准确地表达与实现多 Agent 组织模式亟待理论创新。

为此,我们提出了作战系统 Agent 交互链(Agents Interaction Chain)的概念,试图从建立 Agent 交互链的新角度来开展网络中心战系统建模问题研究,推动基于 Agent 建模方法的创新发展,深化 Agent 和多 Agent 技术研究,为探索和分析网络复杂性与网络中心战效能问题提供思路。

1. Agent 交互链定义及表达形式

我们借鉴当前国内外科学界用于分析复杂系统"链"关系而提出的供应链、价值链等"链"理论思想,提出 Agent 交互链的概念,采用一种用网链结构直观形象而准确地表达与实现多 Agent 组织模式,希望采用 Agent 交互链更好地刻画网络中心战模型。

当前,国内外学术界着眼复杂系统分析,在对复杂社会经济现象链式关系的研究和探索中,提出了一些"链"理论,如生态链、供应链、价值链、产业链、博弈链等理论。

"链"是一种识别事物联系和表达人类社会组织的重要方式。从层次化角度来分析,"链"的表现形式可分为"格链"、"树链"、"表链"、"简单链"4 种,如图 9-26 所示。

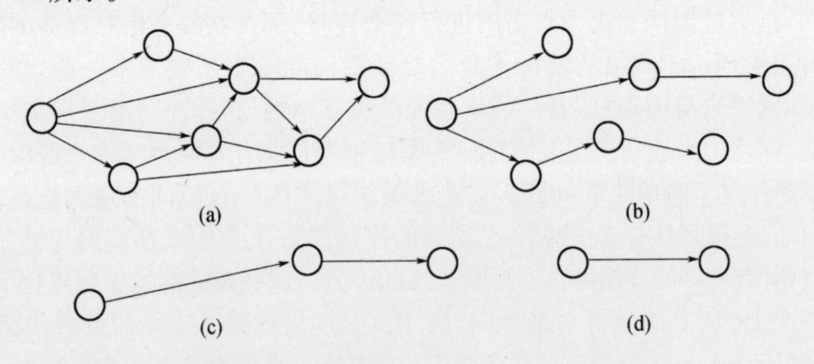

图 9-26 复杂系统层次化"链"表现形式

(a)"格链";(b)"树链";(c)"表链";(d)"简单链"。

这种层次化"链"关系,能反映复杂系统的一些主要特征:

(1)层级性。系统实体之间按照某种序存在一定的等级性,如团、营、连、排、作战平台等。

(2)有序性。层次之间存在着有规则的联系或转化。较高层次限制较低层次的约束取值范围,较低层次继承较高层次约束集合并根据任务环境进一步细化自己的约束集合。

(3) 自主性。每一层的实体具有自身特有的属性、规律和运动形式,例如,指挥控制中的反馈、作战指挥决策过程和作战过程中存在偶然因素等。

(4) 相对性。"层次"是相对的,相对于较低层次表现出整体性或宏观调控性,相对于较高层次则表现出从属组分性和受制约特性,相对于其他层次,又具有自身的特性、规律和内容,而根据不同的研究目的,层次之间不同的联系可划分不同的层次结构。

Agent 交互链可表达为一个三元组$\langle A, I, T\rangle$。其中:A 为作战系统组织中 Agent 的集合;I 为作战系统组织中 Agent 之间各种交互关系的集合;T 为作战系统组织中用于驱动 Agent 交互的任务集合。

特别指出的是,A 可以是红方或蓝方单方 Agent 集合,如红方 Agent 交互链中的 A 可表达为 $A=\{r_1,r_2,\cdots,r_m\}$(设共有 m 个红方 Agent),同理蓝方 Agent 交互链中的 A 可表达为 $A=\{b_1,b_2,\cdots,b_n\}$(设共有 n 个蓝方 Agent);也可以是红、蓝双方对抗型,如 $A=\{r_1,r_2,\cdots,r_m,b_1,b_2,\cdots,b_n\}$(设交互链中红、蓝方Agent 各有 m、n 个)。

I 和 T 将相互作用的各 Agent 连接在一起,一方面反映了交互链的组织结构,另一方面表征了作战系统实际组元逻辑关系及面向实际组元逻辑关系的任务,从而表达了各 Agent 动态作用机制。

在作战系统多 Agent 系统中,各个实体 Agent 之间相互协作、相互影响,使整个系统中各 Agent 在作战中形成交互的 Agent 组织。作战系统组织及以交互为中心的作战系统多 Agent 组织模型如图 9-27(a)、(b)所示。在图 9-27(b)

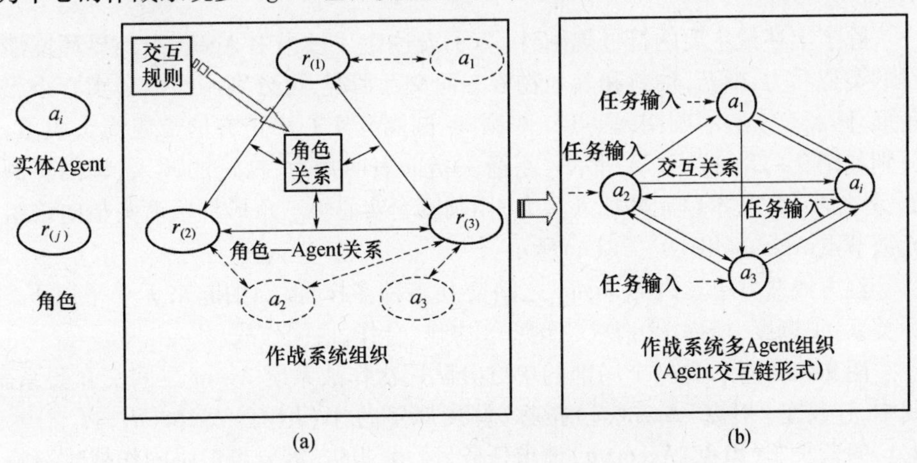

图 9-27 作战系统多 Agent 组织的形成示意图

中，正是通过 Agent 交互链，使研究人员更直观、深刻地认识作战系统多 Agent 组织。

由于基于多 Agent 的作战系统建模本质上是形成作战系统多 Agent 组织的过程，该过程侧重于反映武器装备平台（编组）的个体行为与组织特性，而且，建模对象往往具有多重粒度（Granularity），例如，作为平台级实体的 1 号、2 号、3 号坦克编组形成坦克 1 排，而坦克 1 排、2 排、3 排编组形成坦克 1 连，因此，为了突出平台级建模的重要性并合理反映作战系统实际组元多分辨率建模的需要，我们借鉴当前学术界已有的 Agent 概念和基本思想，将 Agent 作为 Agent 类元模型，也作为 Agent 交互链的链节点，以作战系统 Agent 交互链的形成来实现基于多 Agent 的作战系统建模。

Agent 交互链，可采用图的形式即交互链图进行表述。Agent 交互链图符号规则体系如下：

（1）链节点。在一个 Agent 交互链图中，各个 Agent 实际上成为链节点，采用圆圈表示，圈内字母即该链节点 Agent 名称，如图 9－28（a）所示。

（2）任务输入。任务输入的过程用虚箭头线表示，任务输入内容则用文字或字母表示，如图 9－28（b）所示。

（3）交互关系。红方或蓝方单方作战系统链节点 Agent 之间的各种交互关系用普通实心箭头线表示，敌对方交互关系由分叉箭头线表示，分别如图 9－28（c）、（d）所示。箭头线不但表达箭头与箭尾相接的两个链节点 Agent 之间静态的交互关系，而且表达交互关系的改变即动态交互作用行为机制。箭头指向表明交互作用的方向（由发出方链节点 Agent 指向对象方链节点 Agent）。

除了上述最主要的符号规则外，为了表达作战过程中 Agent 与外界环境涉及的类似兵力、弹药、油料和其他物资方面交互情况，可分别用圆圈套实心小三角形、圆圈套实心小圆圈（黑点）、双圆圈、圆圈套实心小正方形带粗箭头表示，分别如图 9－28（e）～（l）所示。粗箭头指向表明兵力、物资的调入、调出。例如，外加兵力（从本组元外加入兵力）用圆圈套实心小三角形带粗箭头指向该组元链节点 Agent，如图 9－28（e）所示。

红方或蓝方单方内部 Agent 之间交互多种多样，但归纳起来无外乎以下 3 种关系：①调度、指挥；②请求、召唤；③协作、合作、协同作战。

图 9－29 所示为一个局部的单方分队层次作战系统 Agent 之间交互关系。其中，连长车（坦克）Agent（c）指挥、调度属下各车（坦克）Agent（d_1，d_2，…，d_9），向营长车（坦克）Agent（a）请求任务、请示、报告，需要步坦协同作战时召唤步兵战斗车 Agent（b）。

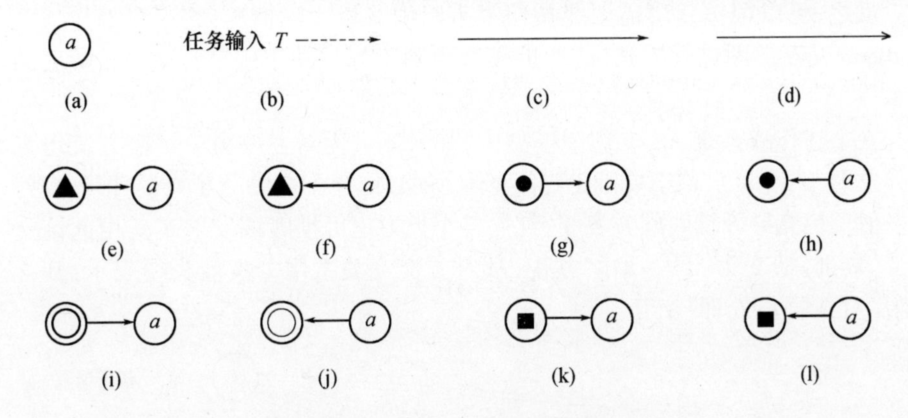

图 9 - 28　Agent 交互链符号规则体系

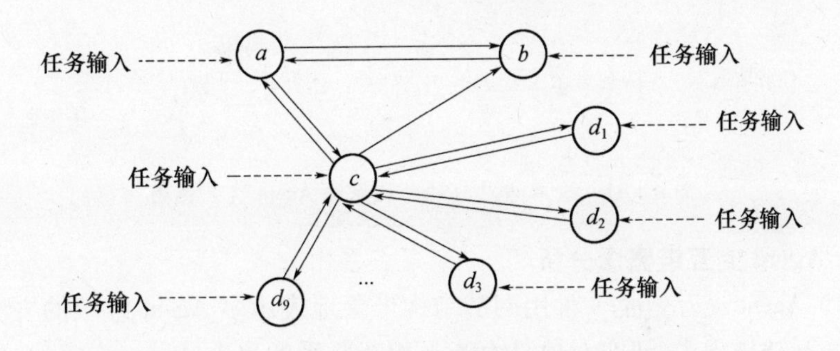

图 9 - 29　单方分队层次作战系统 Agent 交互链图

当某个或某些链节点 Agent 仅仅与另一个 Agent 之间发生交互关系时，在符合复杂作战系统实际结构而且满足 Agent 组织结构优化目标的前提下，这个或这些 Agent 可被约简到该另一个 Agent 中。例如，在作战系统 Agent 交互链中，连长车（坦克）Agent（c）属下各车（坦克）Agent（d_1, d_2, …, d_9）可被约简到其中，如图 9 - 30 所示。

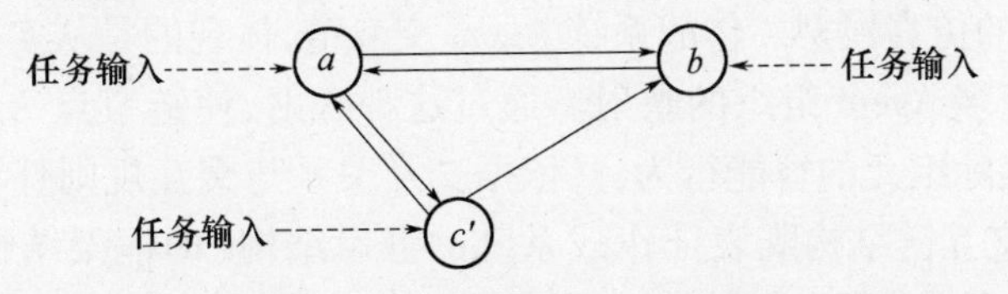

图 9 - 30　单方分队层次作战系统 Agent 交互链约简图

实际上，这种交互链约简与链节点 Agent 聚合概念是一致的。如上例，约简前 c 和 d_1, d_2, …, d_9 均是 Agent，约简后的 c'本质上是坦克连聚合级 Agent。

反之,可以根据建模需要或按照军事组织背景实际情况,将某局部作战系统 Agent 交互链图进行扩充,这种扩充行为则正好反映了链节点 Agent 解聚的概念。

在上述作战系统 Agent 组织模型中,加入 e(e 为对立一方——蓝方反坦克导弹发射车 Agent),鉴于 e 和红方各实体 Agent 均存在直接交互关系(即该发射车发射反坦克导弹摧毁红方各车,红方各车火力也可摧毁该发射车),由此该交互链(局部)演变为图 9-31。其中,敌对方交互关系用分叉箭头线表示,其含义为“对立”型“处理”交互。

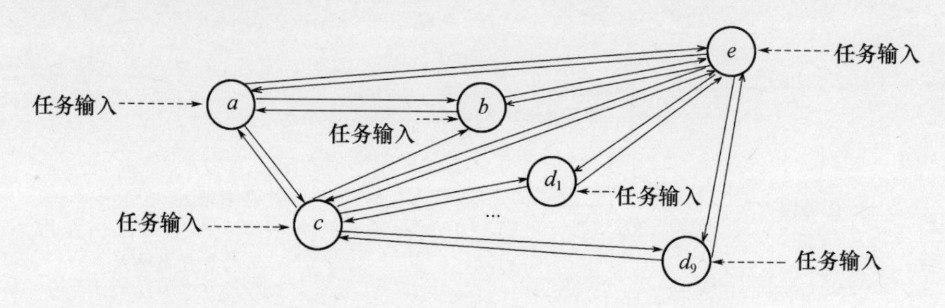

图 9-31　含双方对抗的作战系统 Agent 交互链图

2. Agent 交互链概念分析

(1) Agent 交互链是一种用网链结构形象地表示多 Agent 组织的方法。在 Agent 交互链概念中,研究对象是由若干相互联系的单个 Agent 构成的,具有网链结构外在表现的多 Agent 组织;研究重点是深入刻画构成 Agent 交互链的各个 Agent 之间的相互关系,描述作战系统行为。Agent 交互链,将相互作用的 Agent连接在一起,一方面反映交互链的组织结构,另一方面表征作战系统实际组元逻辑关系与面向实际组元逻辑关系的任务及任务分解、分配,由此刻画和描述各 Agent 的智能、动态作用行为。

(2) 作战系统 Agent 交互链是一种能反映作战系统作战运用过程的一种规范化、可视化的仿真模型。作战系统 Agent 交互链,体现的是从实际作战系统组织到作战系统多 Agent 组织的映射。通过这种映射,使链节点 Agent 本身既内在体现系统实际组元的智能行为,又依据交互关系与交互规则外在体现交互行为;使 Agent 交互链结构既表征作战系统的静态结构(即框架结构),又反映作战系统的动态结构(即运行结构)。

(3) 作战系统 Agent 交互链还是一种实现动态兵力结构建模的有效手段。作战系统建模中,敌对双方兵力编成往往要求灵活多变,例如,本次作战试验的编成下次需要调整,某次仿真运行过程中需要按军事人员意图随时调整编成,或作战系统本身需要任意的编成（如装甲合成分队可能是坦克、步兵战斗车等战斗平台，与情报侦察车、信息处理车等侦察与指挥平台及保障平台或编组单元的任一形式的组合）；对抗的一方可能是平台级实体而另一方是聚合级（某级编组单元）实体，而该聚合级（某级编组单元）实体又需要在某一阶段再次聚合或解聚。这就要求基于 Agent 的作战系统建模，能按这些不确定性因素需求灵活改变 Agent 结构，能够将底层设计与实现阶段和高层需求、分析和设计阶段的建模与仿真统一起来。而 Agent 交互链通过链节点 Agent 聚合与解聚（自动同步实现交互链结构约简与扩充），确保在变模型构形的情况下，不需要对系统所有的模型进行仿真试验即可获得新模型构形条件下的结果，由此方便灵活地实现对动态兵力结构的建模。

（4）"Agent 交互链"概念与相关"链"概念既有区别又有联系，在描述网络中心战模型方面具有一定优势。与生态链、供应链、价值链、产业链、博弈链等"链"理论中的"链"相比，由于研究对象、研究目标、研究重点及应用场合等不同，Agent 交互链与它们有着比较明显的区别，但都采用"链"的概念和形式来描述复杂系统，具有一定的相通之处。而且，正是由于 Agent 交互链借鉴了上述"链"的概念和形式，因而有利于作战体系复杂网络建模，有利于刻画网络复杂性与网络中心战效能模型，为反映信息化条件下的网络化作战行为建模提供了思路。

参 考 文 献

[1] 朱一凡，梅珊，陈超，等. 自治主体建模在海军战术仿真中的应用[J]. 系统仿真学报，2008，20(20)：5446－5450，5454.

[2] 朱小宁. 一体化作战力量的自同步性[N]. 解放军报，2005年3月8日第6版.

[3] 周三元. 面向Agent的企业信息系统建模方法[J]. 导弹与航天运载技术，2003，(2)：49－53.

[4] 周浩元，陈晓荣，路琳. 复杂产业知识网络演化[J]. 上海交通大学学报，2009，43(4)：596－601.

[5] 周德超，张鹏鹰. 基于Repast框架的无线传感器网络仿真实现[J]. 计算机与数字工程，2010，38(1)：155－158.

[6] 智韬，司光亚，贺筱媛. 电力关键基础设施网络仿真模型研究[J]. 系统仿真学报，2010，22(11)：2732－2737.

[7] 郑文恩，陆铭华，董汉权. 基于多AGENT联合意图的反潜编队仿真模型研究[J]. 系统仿真学报，2009，21(20)：5356－6359.

[8] 赵阵. 军事技术信息化对作战方式的影响[J]. 自然辩证法研究，2011，27(2)：39－43.

[9] 赵凛，张星臣. 基于Repast平台的城市交通系统仿真建模研究[J]. 物流技术，2006，(7)：117－119，123.

[10] 赵亮，陈开强，黄金梭. 基于Agent的多轴工业机器人控制逻辑重组[J]. 机械设计，2011，28(1)：45－48.

[11] 赵剑冬. 基于Agent的产业集群企业竞争模型与仿真研究[D]. 广州：华南理工大学，2010.

[12] 赵怀慈，黄莎白. 基于Agent的复杂系统智能仿真建模方法的研究[J]. 系统仿真学报，2003，15(7)：910－913

[13] 张志勇，普杰信，冯长远. 基于角色和协作场景的MAS管理模型及应用[J]. 计算机应用与软件，2005，22(10)：107－109.

[14] 张志刚，游义刚. Repast竞价策略模型在电力市场教学中的研究[J]. 中国电力教育，2011，(12)：163－164，169.

[15] 张运坤，刘磊，张勇强. 浅谈基于Agent的建模仿真的Repast平台[J]. 邯郸学院学报，2010，20(3)：42－44.

[16] 张野鹏. 作战模拟基础[M]. 北京：解放军出版社，1995.

[17] 张野鹏. 军事运筹基础[M]. 北京：高等教育出版社，2006.

[18] 张晓康，柏彦奇，高鲁，等. 基于Swarm平台的装备体系建模研究[J]. 现代电子技术，2010，(24)：40－42.

[19] 张祥林，柏彦奇，李胜宏. 基于MDA的HLA仿真系统的VV&A过程模型[J]. 计算机工程，2007，33(18)：251－252.

[20] 张巍. 国外网络中心战技术的发展动向与分析[J]. 舰船电子工程，2009，29(8)：26－29.

[21] 张荣国，刘静，张继福，等. 产品并行设计多Agent系统中任务分解和协调模型的研究[J]. 太原

重型机械学院学报，2002，23(2)：166－169.
[22] 张强，雷虎民. 复杂网络理论的防空反导系统网络特征[J]. 火力指挥与控制，2011，36(10)：41－44.
[23] 张琦，王达，黄柯棣. 概念模型的描述方法和验证过程[J]. 计算机仿真，2004，21(12)：70－72.
[24] 张鹏程，周宇，李必信，等. 属性序列图：形式语法和语义[J]. 计算机研究与发展，2008，45(2)：318－328.
[25] 张欧亚，佟明安. 基于AUML的面向Agent分析方法及其应用[J]. 计算机工程与应用，2007，43(2)：244－248.
[26] 张璐. 基于多Agent复杂网络的交战模拟方法研究[D]. 长沙：国防科学技术大学，2008.
[27] 张洁，高亮，李培根. 多Agent技术在先进制造中的应用[M]. 北京：科学出版社，2004.
[28] 张杰勇，姚佩阳，滕培俊. 多平台防空体系中的协同机制研究[J]. 计算机科学，2011，38(9)：91－94.
[29] 张瀚，卜淮原，曹琦，等. 基于Agent的军队后勤物资保障仿真系统研究[J]. 物流科技，2008，(2)：68－71.
[30] 张发，赵巧霞. 基于多Agent的交通流仿真平台[J]. 计算机工程，2010，36(1)：9－11.
[31] 张春霞，苏秦. 基于多Agent的FMS建模仿真方法研究[J]. 计算机仿真，2006，22(3)：71－73.
[32] 张斌，胡晓峰，罗批，等. 一个初步的网络中心战模型及仿真分析[J]. 系统仿真学报，2006，18(12)：3622－3625.
[33] 詹雄涛. 基于组织的多AGENT系统问题求解[D]. 福州：福州大学，2004.
[34] 岳秀清，付东，毛一凡. 联合作战仿真中的指挥控制建模研究[J]. 火力与指挥控制，2010，35(9)：167－170.
[35] 岳峰，荣明，胡晓峰，等. 基于Agent构建群体行为模型[J]. 装甲兵工程学院学报，2008，22(1)：68－71.
[36] 袁援，陈松乔. 根据协同需求产生Agent行为模型[J]. 小型微型计算机系统，2004，25(9)：1704－1706.
[37] 袁崇义. Petri网原理[M]. 北京：电子工业出版社，1998.
[38] 俞杰，沈寿林，闵雷雷，等. 基于小世界网络模型的"梅特卡夫定律"反思[J]. 指挥控制与仿真，2009，31(2)：26－28.
[39] 于张帆. 陆军数字化合成部队指挥决策智能行为的研究[D]. 北京：装甲兵工程学院，2007.
[40] 于屏岗. 作战系统复杂网络建模与仿真[D]. 北京：装甲兵工程学院，2010.
[41] 游文霞，王先甲. StarLogo在基于agent复杂系统建模与仿真中的应用[J]. 武汉大学学报(工学版)，2006，39(3)：91－96.
[42] 雍丽英. 基于多智能体的战损建模[D]. 哈尔滨：哈尔滨理工大学，2004.
[43] 姚宏亮. 动态多智能体建模与决策问题研究[D]. 合肥：合肥工业大学，2007.
[44] 杨志谋，司光亚，李志强，等. 大规模群体行为仿真模型设计与实现[J]. 系统仿真学报，2010，22(3)：724－727.
[45] 杨瑛霞. 分布式虚拟训练系统研究[D]. 上海：华东师范大学，2007.
[46] 杨明，张冰，马萍，等. 仿真系统VV&A发展的五大关键问题[J]. 系统仿真学报，2003，15(11)：1506－1508.
[47] 杨健，史红权. 基于多Agent的编队对潜作战智能辅助决策系统研究[J]. 舰船科学技术，2010，32

(2): 73 -76.
[48] 杨建涛. 全球信息栅格与网络中心战[J]. 中国科技信息, 2011, (14): 118 -119.
[49] 杨建池. Agent 建模理论在信息化联合作战仿真中的应用研究[D]. 长沙: 国防科学技术大学, 2007.
[50] 杨惠珍, 李俊, 康凤举. 基于 HLA 的分布交互仿真系统 VV&A 技术研究[J]. 舰船电子工程, 2004, 24(2): 69 -72.
[51] 杨惠珍, 李家宽, 康凤举. 联邦概念模型及其 VV&A 研究[J]. 计算机仿真, 2009, 26(7): 109 -112.
[52] 杨丰, 方雷, 郑国杰, 等. 网络中心式空战仿真研究[J]. 现代防御技术, 2011, 39(4): 194 -198.
[53] 杨艾军, 江敬灼, 张俊学. 多分辨率仿真聚合/解聚建模[J]. 军事运筹与系统工程, 2002, 16(1): 16 -20.
[54] 阳曙光, 时剑, 李为民. 联合火力打击协同式指挥控制模式及其军事概念建模[J]. 电光与控制, 2008, 15(2): 1 -4.
[55] 严体华. 网络中心战概念、体系结构及相关技术研究[D]. 西安: 西安电子科技大学, 2008.
[56] 闫琪. 基于角色的多 Agent 系统开发方法研究[D]. 长沙: 国防科学技术大学, 2004.
[57] 薛立功. 基于多智能体的数字制造软件平台关键技术研究与实现[D]. 武汉: 武汉理工大学, 2011.
[58] 许素红, 吴晓燕, 郇战. 关于仿真可信度评估的探讨[J]. 计算机仿真, 2003, 20(4): 1 -3.
[59] 许素红, 吴晓燕, 刘兴堂. 关于建模与仿真 VV&A 原则的研究[J]. 计算机仿真, 2003, 20(8): 39 -42.
[60] 徐宗昌, 陈悦峰, 常莉, 等. 基于多 Agent/Swarm 军事系统建模研究[J]. 系统仿真学报, 2009, 21(7): 2049 -2052.
[61] 徐盛, 王文政, 周经伦, 等. 基于网格的军事数据链建模与仿真框架研究[J]. 现代电子技术, 2009, (21): 9 -12.
[62] 徐晋晖, 张伟, 石纯一, 等. 面向结构的 Agent 组织形成和演化机制[J]. 计算机研究与发展, 2001, 38(8): 897 -903.
[63] 徐庚保, 曾莲芝. 关于建模与仿真的可信性问题[J]. 计算机仿真, 2003, 20(8): 36 -38.
[64] 谢秀全. 面向任务分解的装备作战运用 Agent 生成方法研究[D]. 北京: 装甲兵工程学院, 2010.
[65] 谢天保. 协商理论在敏捷制造系统中的应用研究[D]. 西安理工大学, 2007.
[66] 武海鹰, 王绪安. 分布式人工智能与多智能体系统研究[J]. 微机发展, 2004, 14(3): 80 -82.
[67] 吴柱, 侯向阳, 许腾. 复杂网络理论军事领域运用研究现状[J]. 国防科技, 2010, 31(5): 1 -6.
[68] 吴征宇, 费之茵, 金农斌. 建模与仿真生命周期中的 VV&A[J]. 国防技术基础, 2003, (2): 17 -19.
[69] 吴钰飞, 常显奇, 廖育荣. 基于 Agent 的应急空间装备体系效能评估研究[J]. 计算机工程与科学, 2010, 32(6): 77 -80, 114.
[70] 吴永波, 何晓晔, 谭东风, 等. 军事建模仿真中概念模型定义比较[J]. 火力与指挥控制, 2007, 32(11): 49 -53.
[71] 吴晓燕, 许素红, 刘兴堂. 仿真系统 VV&A 标准/规范研究的现状与军事需求分析[J]. 系统仿真学报, 2003, 15(8): 1081 -1084.
[72] 吴菊华, 吴丽花, 甘仞初. 基于规范的多 agent 协同机制研究[J]. 计算机应用研究, 2009, 26(5):

1778 - 1781.
[73] 吴江，胡斌. 信息化与群体行为互动的多智能体模拟[J]. 系统工程学报，2009，24(2)：218 - 225.
[74] 吴海平，敖志刚，黄亮，等. 基于传感器网络的网络中心战构建模型研究[J]. 现代电子技术，2010，(12)：144 - 146.
[75] 翁楚良，陆鑫达. 一种基于市场机制的网格资源调价算法[J]. 计算机研究与发展，2004，41(7)：1151 - 1156.
[76] 魏建华. 作战模拟系统设计与实现[D]. 大连：大连理工大学，2005.
[77] 魏洪涛，石峰，李群，等. 网格计算在军事仿真中的应用[J]. 系统仿真学报，2005，17(3)：746 - 750.
[78] 韦晓萍，许锦洲，陈春. 构建网络中心战体系结构[J]. 舰船电子工程，2006，26(5)：53 - 55，139.
[79] 王子才，张冰，杨明. 仿真系统的校核、验证与验收(VV&A)：现状与未来[J]. 系统仿真学报，1999，11(5)：321 - 325，340.
[80] 王正俊，徐艳，顾宏斌. 设计模式及其在AMCCS中的应用[J]. 计算机技术与发展，2006，16(3)：223 - 225，228.
[81] 王震雷，罗雪山. 网络中心作战体系效能评估问题[J]. 火力与指挥控制，2007，32(9)：5 - 9.
[82] 王钰洁. 网络中心战概念及其网格体系结构研究[D]. 西安：西安电子科技大学，2006.
[83] 王钰洁，王宝树. 网络中心战概念及其体系结构模型[J]. 情报指挥控制系统与仿真技术，2005，27(6)：30 - 34.
[84] 王勇，马萍，杨明，等. 仿真概念模型的开发过程研究[J]. 系统仿真学报，2006，18(S2)：17 - 19，23.
[85] 王亚丽. 建模与仿真VV&A研究[J]. 电脑学习，2010，(4)：4 - 5.
[86] 王晓耘，俞立. 基于联合意图理论的团队交互增强性原语语义研究[J]. 计算机应用与软件，2008，25(10)：107 - 109.
[87] 王伟，苑伟政，张磊. 基于Agent的虚拟企业合作伙伴选择方法[J]. 企业管理与信息化，2003，32(6)：77 - 80.
[88] 王曙钊，刘兴堂，吴晓燕，等. 关于VV&A基层指标度量模型的研究[J]. 系统仿真学报，2007，19(10)：4367 - 4370.
[89] 王三喜，夏新民，黄伟. 联合作战力量协同机理研究[J]. 复杂系统与复杂性科学，2011，8(1)：9 - 14.
[90] 王三喜，金国民，黄建明，等. 复杂适应系统理论与军事对抗系统研究[C]. 中国运筹学会第八届学术交流会论文集，2006：840 - 845.
[91] 王汝夯，黄建国，张群飞，等. 基于Agent的水声对抗仿真系统建模与仿真分析[J]. 声学技术，2008，27(5)：667 - 670.
[92] 王立春，陈世福. 多Agent多问题协商模型[J]. 软件学报，2002，13(8)：1637 - 1643.
[93] 王澜. 基于广义相关性的多Agent交互作用研究[D]. 西安：西北工业大学，2006.
[94] 王可定. 作战模拟理论与方法[M]. 长沙：国防科技大学出版社，1999.
[95] 王景会，张明清. M&S全周期中VV&A过程模型研究[J]. 计算机仿真，2007，24(5)：54 - 57.
[96] 王江云，龚光红. 计算机生成航空兵力的多分辨率建模方法研究[J]. 系统仿真学报，2008，20

(11): 2793 - 2796
[97] 王佳. 多 Agent 系统的控制及稳定性分析[D]. 南京: 南京理工大学, 2008.
[98] 王红飞, 李绪志, 陈立军. 基于 Multi - Agent 的卫星计划调度系统智能机制[J]. 计算机工程, 2006, 32(22): 194 - 196.
[99] 王超, 徐肖豪. 基于 Agent 的空中交通系统建模与仿真研究[J]. 计算机工程与应用, 2008, 44 (31): 12 - 14.
[100] 王斌, 盛津芳, 王建新, 等. 基于通信的 MAS 内多 Agent 自动协商[J]. 小型微型计算机系统, 2004, 26(1): 27 - 31.
[101] 汪洲, 彭晓源, 李宁. 基于网络中心战概念的虚拟战场建模/仿真技术[J]. 系统仿真学报, 2005, 17(6): 1294 - 1298.
[102] 汪蕾, 宋华文. 基于 Agent 建模的 C^2 系统建模总体分析[J]. 军事运筹与系统工程, 2004, 18 (1): 43 - 45.
[103] 童梅, 杨晓光, 吴志周. Netlogo——一个方便实用的交通仿真建模工具[C]// 第一届中国智能交通年会论文集. 上海: 2005: 996 - 1001.
[104] 田光进, 邬建国. 基于智能体模型的土地利用动态模拟研究进展[J]. 生态学报, 2008, 28(9): 4451 - 4459.
[105] 田翠华, 于天放, 刘革. 基于 Agent 技术的交通流仿真研究[J]. 计算机技术与发展, 2010, 20 (2): 233 - 236.
[106] 滕克难, 盛安冬. 基于多 Agent 的网络化舰空导弹系统协同机制研究[J]. 火力与指挥控制, 2009, 34(2): 63 - 65.
[107] 陶倩, 徐福缘, 黄平. 基于 Agent 的计算金融学建模方法研究[J]. 系统仿真学报, 2008, 20(11): 3004 - 3007.
[108] 陶定峰. 虚拟战场环境生成技术研究[D]. 南京: 南京理工大学, 2005.
[109] 唐震, 李伯虎, 柴旭东, 等. 普适化仿真网格中仿真服务迁移技术的研究[J]. 系统仿真学报, 2009, 21(12): 3631 - 3636, 3640.
[110] 唐明. 客运枢纽行人交通行为模型与仿真算法研究[D]. 长春: 吉林大学, 2010.
[111] 唐见兵. 作战仿真系统可信性研究[D]. 长沙: 国防科学技术大学, 2009.
[112] 唐见兵, 李革. HLA 作战仿真的 VV&A 过程[J]. 计算机工程, 2007, 33(14): 254 - 256.
[113] 唐见兵, 黄晓慧, 焦鹏, 等. 复杂大系统仿真的 VV&A 理论及过程研究[J]. 国防科技大学学报, 2009, 31(3): 122 - 126, 131.
[114] 唐见兵, 查亚兵, 李革. 仿真 VV&A 研究综述[J]. 计算机仿真, 2006, 23(11): 82 - 85.
[115] 汤晓华, 刘斯宇. 对一体化联合作战问题的几点认识[J]. 南京政治学院学报, 2006, 22(5): 87 - 89.
[116] 孙志勇. 多 Agent 系统体系结构及建模方法研究[D]. 合肥: 合肥工业大学, 2004.
[117] 孙永强, 王振雷, 钱锋, 等. 基于 REPAST 的岛屿空降作战仿真模型[J]. 火力与指挥控制, 2009, 34(5): 25 - 27, 30.
[118] 孙琰, 张华才, 于洪敏. 基于 Agent 的聚合级实体建模方法研究[J]. 兵工自动化, 2008, 27(1): 35 - 36.
[119] 孙琰, 高松, 蔡延曦. 基于指挥 Agent 协作模型研究[J]. 科学技术与工程, 2008, 8(6): 1601 - 1604.

[120] 孙雅峰，王朝阳，黄芝平. 仿真可信度的研究[J]. 电子测量技术，2009，32(11)：8-11.

[121] 孙雅峰，黄芝平，杨小品. 建模与仿真 VV&A 技术研究与发展[J]. 电子测量技术，2009，32(8)：1-4.

[122] 孙亮，张永强，杜在林. 多智能体通信模型研究[J]. 河北工业科技，2009，26(2)：98-101.

[123] 孙建，叶民强. 基于主体的SWARM建模分析及其应用[J]. 福建电脑，2002，(11)：26-27，30.

[124] 孙红，孙茂荣. 基于 Agent 技术的物流管理信息系统模型[J]. 微计算机信息，2008，24(3)：140-142.

[125] 孙国兵，杨明，刘飞. 基于元模型的战场环境多分辨率建模[J]. 江苏大学学报(自然科学版)，2008，29(4)：339-343.

[126] 苏剑飞，王景伟，刘平，等. 基于 Agent 的战场侦察单元建模[J]. 四川兵工学报，2009，30(7)：4-7.

[127] 史忠植. 智能主体及其应用[M]. 北京：科学出版社，2000.

[128] 石荣，李剑，贺岷珏. 网络中心战中的实体关系分析与描述模型[J]. 中国雷达，2009，(2)：1-4.

[129] 石慧，徐从富，刘勇，等. Agent 通信语言 KQML 的实现及应用[J]. 计算机工程与应用，2005，41(13)：94-97.

[130] 石纯一，王克宏，王学军，等. 分布式人工智能进展[J]. 模式识别与人工智能，1995，8(S)：72-92.

[131] 盛秋戬，赵志崑，刘少辉，等. 多主体团队交互协议[J]. 软件学报，2004，15(5)：689-696.

[132] 绳立成，刘峰，张浩. 基于多 Agent 的信息产业集群形成模型研究[J]. 情报科学，2012，30(2)：178-182.

[133] 沈寿林. 战斗复杂性及实验[J]. 军事运筹与系统工程，2010，24(3)：35-40.

[134] 邵荃. 动态仿真模拟实验平台在民航专业课实践教学中应用研究[J]. 科技信息，2011，(15)：129-130.

[135] 阮若林. 多 Agent 系统之间的通信与协作机制初探[J]. 咸宁学院学报，2003，23(6)：55-57.

[136] 阮军，李德华，潘莹，等. 基于嵌套网的对抗模拟模型[J]. 系统仿真学报，2008，20(10)：2546-2549，2552.

[137] 任海英，邹艳蕊. 基于多 Agent 协商的柔性车间调度系统[J]. 微计算机信息，2011，21(1)：14-16.

[138] 饶明波. 基于 Agent 战场仿真实体模型研究与实现[D]. 南京：南京航空航天大学，2011.

[139] 饶明波，万晓冬，张森，等. 基于 Agent 的坦克分队系统实体建模[J]. 四川兵工学报，2010，31(9)：20-23.

[140] 冉承新，凌云翔. 关于仿真模型检验的研究[J]. 计算机仿真，2005，22(8)：62-64.

[141] 曲朝阳，沈晶. 基于扩展 KQML 语言的 Agent 模板实现[J]. 计算机应用，2004，24(1)：90-91，142.

[142] 卿杜政，熊新平，李伯虎，等. 仿真网格的初步实践[J]. 现代防御技术，2004，32(4)：67-72.

[143] 秦胜君. 复杂适应信息系统体系结构的研究与应用[D]. 大连：大连海事大学，2011.

[144] 秦大国，陈浩光，尹江丽，等. 一种基于多 Agent 的危机决策模拟方法[J]. 系统仿真学报，2007，19(11)：2559-2562，2593.

[145] 秦斌. 基于 MAS 技术的焦炉集气管压力智能解耦与协调控制研究[D]. 长沙：中南大学，2006.

[146] 强波，邱晓刚. 联邦开发过程中的校核、验证与确认(VV&A)[J]. 计算机仿真，2005，22(10)：

90 - 93.
[147] 钱学森. 一个科学新领域——开放的复杂巨系统及其方法论[J]. 上海理工大学学报, 2011, 33(6): 526 - 532.
[148] 齐艳平, 王钰, 龚传信. 基于 Agent 技术的弹药供应控制智能决策系统总体研究[C]// 军事系统工程理论创新与实践. 北京: 军事科学出版社, 2000: 357 - 361.
[149] 彭华明, 熊志勇, 孙延明. 基于 MaSE 的多通道交互系统的设计[J]. 武汉理工大学学报(信息与管理工程版), 2009, 31(6): 881 - 884.
[150] 潘星晨, 汪云峰. 应急响应环境下基于 BDI 模型的 Agent 结构研究[J]. 微型机与应用, 2011, 30(5): 81 - 84.
[151] 宁建华, 俞辉, 赵英凯. 多智能体足球机器人策略研究[J]. 计算机工程与设计, 2009, 30(17): 4064 - 4066.
[152] 倪飞舟. 多主体系统中的一种合作规划[J]. 合肥工业大学学报(自然科学版), 2004, 27(3): 317 - 320.
[153] 闵飞炎, 杨明. 基于知识的仿真模型的验证方法[J]. 系统仿真学报, 2006, 18(S2): 140 - 143.
[154] 苗新刚, 汪苏, 怀其武, 等. 基于多 Agent 技术的复杂结构件自动装配系统[J]. 中国机械工程, 2011, 22(12): 1440 - 1443.
[155] 孟凡星, 马垣. 一种 Agent 的协作模型[J]. 计算机应用与软件, 2008, 25(7): 129 - 130.
[156] 蒙祖强, 蔡自兴. 基于 Multi - Agent 技术的个性化数据挖掘系统[J]. 中南工业大学学报(自然科学版), 2003, 34(3): 290 - 293.
[157] 毛远佐. 基于多 Agent 仿真技术的虚拟股票市场分析[J]. 计算机与现代化, 2009, (6): 158 - 161, 164.
[158] 毛一凡, 岳秀清, 王剑飞, 等. 基于 Analytica 的作战决策分析模型构建与仿真[J]. 计算机工程与设计, 2009, 30(4): 984 - 986.
[159] 毛新军, 王怀民, 吴刚. 联合意图的理论框架[J]. 计算机科学, 2003, 30(7): 139 - 143.
[160] 毛新军, 常志明. 面向 Agent 的软件设计模式[J]. 计算机工程与科学, 2011, 33(6): 72 - 78.
[161] 马永刚, 管进, 罗文. 海上网络战与复杂网络[J]. 舰船电子工程, 2008, 28(4): 5 - 9, 43.
[162] 马立元. 大型复杂装备虚拟操作训练系统设计方法研究[D]. 南京: 南京理工大学, 2006.
[163] 罗永乾. 基于多智能体系统(MAS)的作战模型分析与研究[D]. 长沙: 国防科学技术大学, 2006.
[164] 罗小明, 闵华侨, 康祖云. 非对称作战有效性分析的数学建模与仿真研究[J]. 装备指挥技术学院学报, 2010, 21(1): 10 - 14.
[165] 罗批, 司光亚, 胡晓峰, 等. Swarm 及其平台下建特定民意模型的探讨[J]. 系统仿真学报, 2004, 16(1): 5 - 7.
[166] 罗宏伟, 倪延群, 贺军辉. 信息化作战指挥体系的四大特征[J]. 国防科技, 2008, 29(5): 49 - 53.
[167] 罗贺, 胡笑旋, 胡小建. 基于联合意图的网格资源分配模型[J]. 东南大学学报, 2010, 40(S2): 292 - 296.
[168] 罗东俊. 基于 MaSE 的软件开发及应用[J]. 信息技术, 2007, (4): 4 - 8.
[169] 栾好利, 张冀英, 曾文. 基于案例推理的技术研究[J]. 沈阳工程学院学报(自然科学版), 2005, 1(2,3): 95 - 97.
[170] 鲁云军, 王梦麟. 多分辨率建模方法在通信兵作战仿真中的应用[J]. 系统仿真学报, 2007, 19

(22): 5108 - 5111.
[171] 卢宏锋, 孙琰. 基于 Agent 的武器装备体系多分辨率建模研究[J]. 兵工自动化, 2008, 27(9): 12 - 13.
[172] 刘忠鹏, 王钰, 邓明. 工作过程的智能控制[C]. 军事系统工程理论创新与实践. 北京: 军事科学出版社, 2000: 33 - 36.
[173] 刘勇. 多 Agent 系统理论和应用研究[D]. 重庆: 重庆大学, 2003.
[174] 刘秀罗. CGF 建模相关技术及其在指挥控制建模中的应用研究[D]. 长沙: 国防科学技术大学, 2001.
[175] 刘兴堂, 刘力, 孙文. 仿真系统 VV&A 及其标准/规范研究[J]. 计算机仿真, 2006, 23(3): 61 - 66.
[176] 刘兴堂, 刘力, 宋坤, 等. 对复杂系统建模与仿真的几点重要思考[J]. 系统仿真学报, 2007, 19(13): 3073 - 3075, 3104.
[177] 刘晓平, 郑利平, 路强, 等. 仿真 VV&A 标准和规范研究现状及分析[J]. 系统仿真学报, 2007, 19(2): 456 - 460.
[178] 刘曙光, 蔡丹, 高志年. 对抗模拟中作战分队 Agent 的建模设计[J]. 指挥控制与仿真, 2008, 30(1): 17 - 20.
[179] 刘庆鸿, 陈德源, 王子才. 建模与仿真校核、验证与确认综述[J]. 系统仿真学报, 2003, 15(7): 925 - 930.
[180] 刘强. 设计模式的形式化研究及其 EMF 实现[D]. 华东师范大学, 2011.
[181] 刘强, 薛惠锋. 基于 Multi - Agent 的智能指控系统建模[J]. 火力与指挥控制, 2008, 33(6): 91 - 93, 97.
[182] 刘娜, 顾凯平. 基于 SWARM 的库存系统仿真[J]. 中国集体经济, 2008, (9): 115 - 116.
[183] 刘晋飞, 陈明, 姚远, 等. 基于多 Agent 的产品模块化协同设计策略[J]. 计算机集成制造系统, 2011, 17(3): 560 - 570.
[184] 刘金星, 杨有龙, 佟明安. BDOTI 结构空战指挥控制决策的逻辑框架[J]. 火力与指挥控制, 2008, 33(1): 28 - 31.
[185] 刘金广, 张安清. 基于行动基的战术决策 Agent 行动建模方法[J]. 海军大连舰艇学院学报, 2010, 33(3): 22 - 24.
[186] 刘继山. 基于角色和多主体理论电子政务业务系统建模[D]. 大连: 大连理工大学, 2011.
[187] 刘东阳, 朱连章. 基于多 Agent 系统的坦克分队作战仿真与建模[J]. 电脑知识与技术, 2011, 7(32): 7983 - 7985
[188] 刘斌, 武小悦, 刘琦. 基于 Agent 的装备体系基础模型建模分析[J]. 系统工程与电子技术, 2007, 23(12): 2088 - 2092.
[189] 刘宝宏, 黄柯棣. 多分辨率建模的研究现状与发展[J]. 系统仿真学报, 2004, 16(6): 1150 - 1153.
[190] 林勇, 刘卫国, 黄志刚, 等. 基于 AUML 的 Agent 建模方案研究[J]. 计算机与数字工程, 2007, 37(12): 70 - 75.
[191] 林琳, 刘锋. 基于改进合同网协议的多 Agent 协作模型[J]. 计算机技术与发展, 2010, 20(3): 71 - 75.
[192] 廖守亿. 复杂系统基于 Agent 的建模与仿真方法研究及应用[D]. 长沙: 国防科学技术大学, 2005.

[193] 廖守亿，戴金海．复杂系统基于 Agent 的建模与仿真设计模式及软件框架[J]．计算机仿真，2005，22(5)：254－257.

[194] 廖守亿，戴金海．复杂适应系统及基于 Agent 的建模与仿真方法[J]．系统仿真学报，2004，16(1)：113－117.

[195] 梁娟．计算经济学的产业集群技术创新机理[J]．江南大学学报(自然科学版)，2008，7(3)：365－370.

[196] 梁海鹏．制造网络协作化质量控制策略研究[D]．天津：天津大学，2009.

[197] 李志强，胡晓峰，司光亚，等．国家关键基础设施网络综合仿真模型设计[J]．计算机仿真，2009，26(1)：15－19.

[198] 李志猛，沙基昌，张啸天，等．基于有效兵力概念的 Lanchester 方程研究[J]．系统仿真学报，2008，20(14)：3825－3827，3832.

[199] 李振龙，赵晓华．基于 Agent 的区域交通信号协调控制[J]．武汉理工大学学报(交通科学与工程版)，2008，32(1)：130－133.

[200] 李云峰．仿真系统 VV&A 的研究与发展[J]．武汉大学学报，2004，37(4)：101－104.

[201] 李勇．多 Agent 系统联盟及任务分配的研究[D]．合肥：合肥工业大学，2008.

[202] 李永强，徐克虎，陈建锋，等．KQML Agent 语言在坦克分队 CGF 通讯机制中的应用[J]．系统仿真学报，2006，18(2)：359－361.

[203] 李瑛，毕义明．作战仿真中指挥 Agent 的实现[J]．火力与指挥控制，2010，35(4)：164－166.

[204] 李秀娟，李娟．基于 UML 的面向 Agent 建模方法 UMAM[J]．硅谷，2010，(16)：188－189.

[205] 李雄．基于蒙特卡罗方法的高分辨方位估计新方法研究[D]．西安：西北工业大学，2005.

[206] 李雄．基于 Meta－Agent 交互链的作战系统建模研究[D]．北京：装甲兵工程学院，2009.

[207] 李雄，徐宗昌．基于多 Agent 的多传感平台系统建模分析[J]．计算机工程与应用，2006，42(2)：222－225.

[208] 李雄，徐宗昌，王文悦．基于 HLA 的信息化陆战场多传感器仿真系统研究[J]．现代防御技术，2005，33(6)：68－72.

[209] 李雄，徐宗昌，王精业，等．基于 MAS 的信息化战场火力战仿真建模[J]．火力与指挥控制，2007，32(2)：8－12.

[210] 李雄，王精业．战争系统的建模与仿真实验[J]．计算机仿真，2005，22(5)：12－15.

[211] 李雄，王精业．基于仿真网格的战争系统仿真初探[J]．装备指挥技术学院学报，2005，16(S)：166－169.

[212] 李雄，郭齐胜，王精业．基于多 Agent 的信息化战场多传感器仿真模型[J]．计算机仿真，2006，23(7)：18－22.

[213] 李雄，高世峰，崔巅博，等．复杂战争系统建模与仿真需求及 ABMS 方法[J]．装甲兵工程学院学报，2008，22(6)：33－38.

[214] 李雄，董志明，彭文成．平台级 ABM 方法及在多传感器仿真演示中的应用[J]．系统仿真学报，2008，20(8)：2142－2145，2160.

[215] 李雄，董志明，崔巅博，等．作战系统 MAS 中的作战行动域与实际组元逻辑关系分析[J]．装甲兵工程学院学报，2010，24(4)：6－10.

[216] 李滔，闫琪，齐治昌．基于多 Agent 系统的软件开发方法研究[J]．计算机工程与科学，2006，28(6)：118－121，130.

[217] 李强，刘克辉，石红红. 基于多智能体的产业演进仿真建模[J]. 统计与决策，2012，(2)：56-59.
[218] 李明忠，毕长剑，郭晓波. 空军作战仿真多分辨率建模分析[J]. 战术导弹控制技术，2008，(1)：51-55.
[219] 李明. 自同步指挥控制理论分析[J]. 舰船电子工程，2008，28(3)：5-7，50.
[220] 李京，董奎义. 网络中心战中社会域的作用[J]. 国防科技，2009，30(6)：27-30.
[221] 李建民，石纯一. DAI中多Agent协调方法及其分类[J]. 计算机科学，1998，25(2)：9-12.
[222] 李伯虎，柴旭东，侯宝存，等. 一种新型的分布协同仿真系统——"仿真网格"[J]. 系统仿真学报，2008，20(20)：5423-5430.
[223] 李爱，陈果，张强，等. 基于多Agent协同诊断的飞机液压系统综合监控技术[J]. 航空学报，2010，31(12)：2407-2416.
[224] 冷画屏，周洪，吴晓锋. 基于"网络中心战"的作战软件支撑技术[J]. 舰船电子工程，2005，25(1)：25-28.
[225] 邝先验，吴翠琴，黄艳国，等. 基于Agent的城市交通仿真系统研究[J]. 江西理工大学学报，2008，29(2)：9-12.
[226] 军用仿真术语标准研究课题组. 军用建模与仿真通用术语汇编[M]. 北京：国防工业出版社，2004.
[227] 金银龙，余文斌，洪亮，等. 基于Repast平台的商业智能模型的分析与实现[J]. 地理空间信息，2008，6(3)：38-40.
[228] 金伟新，肖田元. 作战体系复杂网络研究[J]. 复杂系统与复杂性科学，2009，6(4)：12-23.
[229] 蒋红梅，徐驰，刘波. 供应链环境下不同属性特征海军装备维修器材库存管理模式研究[J]. 军事经济研究，2011，(7)：68-70.
[230] 姜昌华，韩伟，胡幼华. REPAST——一个多Agent仿真平台[J]. 系统仿真学报，2006，18(8)：2319-2322.
[231] 贾仁耀，刘湘伟. 建模与仿真的动态V&V技术综述[J]. 计算机仿真，2007，24(3)：79-82.
[232] 黄再祥. 面向仿真的陆军战术级作战任务分析与想定描述研究[D]. 北京：装甲兵工程学院，2004.
[233] 黄柯棣，刘宝宏，黄健，等. 作战仿真技术综述[J]. 系统仿真学报，2004，16(9)：1887-1895.
[234] 黄健. HLA仿真系统软件支撑框架及其关键技术研究[D]. 长沙：国防科学技术大学，2000.
[235] 黄广连，阳东升，张维明，等. 分布式作战体系的自同步作战[J]. 舰船电子工程，2008，28(1)：8-13，40.
[236] 黄广连，阳东升，张维明，等. 分布式作战体系的自同步构建研究[J]. 舰船电子工程，2007，27(6)：1-6.
[237] 黄炳强. 强化学习方法及其应用研究[D]. 上海交通大学，2007.
[238] 胡晓峰. 作战模拟术语导读[M]. 北京：国防大学出版社，2004.
[239] 胡晓峰，杨镜宇，司光亚，等. 战争复杂系统仿真分析与实验[M]. 北京：国防大学出版社，2008.
[240] 胡晓峰，司亚光，吴琳，等. 战争模拟原理与系统[M]. 北京：国防大学出版社，2009.
[241] 胡晓峰，罗批，司光亚，等. 战争复杂系统建模与仿真[M]. 北京：国防大学出版社，2005.
[242] 胡小云，冯进. 陆军分队作战仿真模型结构描述规范设计[J]. 指挥控制与仿真，2010，32(1)：

63 - 67.
[243] 胡锦敏, 张申生, 余新颖. 基于 ECA 规则和活动分解的工作流模型[J]. 软件学报, 2002,13(4): 761 - 767.
[244] 胡斌. 作战模型校验需要重点把握的几个问题[J]. 军事运筹与系统工程, 2011, 25(4): 47 - 51.
[245] 胡斌, 黎放, 郑建华. 基于复杂网络的舰艇编队网络中心战模型研究[J]. 系统仿真学报, 2010, 22(8): 1960 - 1964, 1996.
[246] 何晓晔. 任务空间概念建模技术及其 VV&A 研究[D]. 长沙: 国防科学技术大学, 2005.
[247] 何江华, 郭果敢. 计算机仿真与军事应用[M]. 北京: 国防工业出版社, 2006.
[248] 何建华, 高晓光, 杨莉, 等. 网络中心战概念及其空战应用研究[J]. 火力与指挥控制, 2003, 28(4): 51 - 54.
[249] 郝子豪. 数字化部队指挥控制程序分析[D]. 装甲兵工程学院, 2012.
[250] 郝靖, 毕学军, 曹伟华. 概念模型验证[J]. 四川兵工学报, 2008, 29(5): 143 - 145.
[251] 郝成民, 刘湘伟, 郭世杰, 等. Repast 基于 Agent 建模仿真的可扩展平台[J]. 计算机仿真, 2007, 24(11): 285 - 288.
[252] 韩月敏, 林燕, 刘非平, 等. 陆战 Agent 学习机理模型研究[J]. 指挥控制与仿真, 2010, 32(1): 13 - 17.
[253] 韩伟, 韩忠愿. 基于黑板模型的多智能体合作学习[J]. 计算机工程, 2007, 33(22): 42 - 44, 47.
[254] 郭锐, 杜河建. 基于 EINSTein 的现代海战仿真[J]. 计算机仿真, 2006, 23(6): 259 - 262.
[255] 郭庆. 多 Agent 系统协商中若干关键技术的研究[D]. 浙江大学, 2003.
[256] 郭齐胜, 杨秀月, 王杏林, 等. 系统建模[M]. 北京: 国防工业出版社, 2006.
[257] 郭齐胜, 杨立功, 杨瑞平. 计算机生成兵力导论[M]. 北京: 国防工业出版社, 2006.
[258] 郭齐胜, 徐享忠. 计算机仿真[M]. 北京: 国防工业出版社, 2011.
[259] 郭丹. 基于主体建模方法的多分辨率城市人口紧急疏散仿真研究[D]. 武汉: 华中科技大学, 2010.
[260] 桂寿平, 吴冬玲. 基于 Anylogic 的五阶供应链仿真建模与分析[J]. 改革与战略, 2009, 25(1): 159 - 162.
[261] 管留, 裘杭萍, 林春盛, 等. 基于分层半自治 Agent 的战术分队结构及通信机制[J]. 军事通信技术, 2007, 31(4): 66 - 70.
[262] 高雅田. 基于 MAS 的数据挖掘模型自动选择方法研究[D]. 大庆: 东北石油大学, 2011.
[263] 高波, 费奇, 陈学广. 基于扩展 UML 的多 Agent 系统建模方法[J]. 系统工程与电子技术, 2002, 24(5): 70 - 73.
[264] 江岩, 杜玉泉. 探析仿真模型在电视收视率评估中的应用[J]. 电视技术, 2011, 35(11): 105 - 107, 132.
[265] 傅游, 杜宇. 基于 Agent 的 Repast 建模仿真平台[J]. 信息技术与信息化, 2009, (2): 53 - 55.
[266] 付佳. 面向装备作战运用的多 Agent 交互协作模型研究[D]. 北京: 装甲兵工程学院, 2011.
[267] 付国宾, 谭海涛, 朱巍, 等. 基于效果的网络中心战模型研究[J]. 火力与指挥控制, 2009, 34(6): 1 - 3, 6.
[268] 冯屹朝, 查浩, 王超. 应用 Agent 体系与 HLA 建模方法的火控雷达仿真实现[J]. 火控雷达技术, 2008, 3(37): 33 - 34.
[269] 冯学强, 丁士拥, 常天庆, 等. 基于 MAS 的协作机制的网络坦克作战系统研究[J]. 计算机工程

与设计, 2009, 30(1): 80－81.
[270] 冯珊, 郭四海. 面向复杂产品的多层智能推理框架[J]. 智能系统学报, 2011, 6(4): 283－288.
[271] 冯润明. 基于高层体系结构(HLA)的系统建模与仿真研究[D]. 长沙: 国防科学技术大学, 2002.
[272] 冯迪砂, 吴斌. 两种数字生命的Swarm仿真研究[J]. 系统仿真学报, 2007, 19(4): 928－932.
[273] 方美琪. 社会经济系统的复杂性——概念、根源及对策[J]. 首都师范大学学报(社会科学版), 2003, (1): 101－105.
[274] 方美琪. 复杂系统的计算机模拟——探索复杂性的模型方法[J]. 系统辩证学学报, 2005, 13(4):23－29.
[275] 范玉顺, 张立晴, 刘博. 网络化制造与制造网络[J]. 中国机械工程, 2004, 15(19): 1733－1738.
[276] 范虎巍, 李璟, 陈永科, 等. 信息化军队战斗力生成的动力学机制研究[J]. 装备指挥技术学院学报, 2007, 18(3): 10－14.
[277] 范蓓蓓, 汪厚祥, 刘霞. Agent技术在军事中的应用[J]. 舰船电子工程, 2005, 25(1): 70－72.
[278] 都志辉, 陈渝, 刘鹏. 网格计算[M]. 北京: 清华大学出版社, 2002.
[279] 丁泽柳, 曾熠, 罗雪山. 基于IDEF0的NCW指控概念模型研究[J]. 舰船电子工程, 2007, 27(4): 1－4, 20.
[280] 邓斌斌, 顾绍元, 王小平. 基于MaSE方法的业务流程协议分析[J]. 计算机工程, 2005, 31(3): 207－209.
[281] 陈悦峰, 董原生, 邓立群. 基于Agent仿真平台的比较研究[J]. 系统仿真学报, 2011, 23(S1): 110－116.
[282] 陈禹. 复杂性研究的新动向——基于主体的建模方法及其启迪[J]. 系统辩证学学报, 2003, 11(1): 43－50.
[283] 陈绮. 网络中心战战斗力生成仿真研究[J]. 自动化指挥与计算机, 2009, (4): 1－5.
[284] 陈珂, 庞景中. 基于移动Agent的分布式数据挖掘平台的设计与实现[J]. 计算机应用与软件, 2011, 28(7): 183－185, 229.
[285] 陈鸿宇, 胡涛, 姚路. 基于Agent的装备采购供应商仿真模型研究[J]. 海军工程大学学报, 2008, 20(1): 93－97.
[286] 陈昶轶, 梁冬, 沈宇军, 等. 基于多Agent装甲武器平台指挥决策模型[J]. 指挥控制与仿真, 2008, 30(5): 27－29, 33.
[287] 曾庆华, 傅凝. 基于多Agent的智能决策生成系统研究[J]. 系统仿真学报, 2005, 17(11): 2818－2820, 2836.
[288] 曾钦志. 基于Multi－Agent的林产品配送中心建模与仿真[D]. 南京: 南京林业大学, 2007.
[289] 曾爱华. 存储管理软件的设计模式探讨[J]. 软件导刊, 2006, (1): 22－23.
[290] 曹征, 张雪平, 曹谢东, 等. 复杂系统研究方法的讨论[J]. 智能系统学报, 2009, 4(1): 76－79.
[291] 曹星平. HLA仿真系统的校核、验证与确认研究[D]. 长沙: 国防科学技术大学, 2004.
[292] 曹琦. 复杂自适应系统联合仿真建模关键技术及应用研究[D]. 重庆: 重庆大学, 2010.
[293] 曹军海. 基于Agent的离散事件仿真建模框架及其在系统RMS建模与仿真中的应用研究[D]. 北京: 装甲兵工程学院, 2002.
[294] 蔡政英, 王燕舞, 肖人彬, 等. 干扰环境下多产品循环制造网络自适应技术[J]. 计算机工程与应用, 2012, 48(9): 12－14, 26.
[295] 蔡远利, 于振华, 张新曼. 多Agent系统形式化建模方法研究[J]. 系统仿真学报, 2007, 19(14):

3151 -3156.

[296] 蔡延曦，张卓，孙琰. 基于MAS的武器装备体系对抗模型与实现[J]. 科学技术与工程，2008，15(8)：4179 -4182.

[297] 蔡大鹏，张书杰. DDSS中多Agent协商联盟的构建与算法分析[J]. 计算机工程，2005，31(23)：22 -24.

[298] 鲍爱华，姚莉，刘芳，等. 基于组织的多Agent系统建模方法研究[J]. 小型微型计算机系统，2008，29(1)：66 -72.

[299] Y. Zhang, E. Manisterski, S. Kraus, et al. Computing the Fault Tolerance of Multi - Agent Deployment [J]. Artificial Intelligence, 2009, 173(3): 437 -465.

[300] Xiong Li, Zongchang Xu, Zhiming Dong, Yiwei Zhang. Formal Specification of Agent - Oriented Multiple Sensors System Organization Based on Object - Z[J]. Information - An International Journal, 2012, 15(8): 3585 -3594.

[301] Xiong Li, Yonglong Chen, Zhiming Dong. Qualitative Description and Quantitative Optimization of Tactical Reconnaissance Agents System Organization[J]. International Journal of Computational Intelligence Systems, 2012, 5(4): 723 -734.

[302] Xiong Li, Kai Wang, Xianggang Liu, Jiuting Duo, Zhiming Dong. Platform - Level Multiple Sensors Simulation Based on Multi - Agent Interactions [J]. Lecture Notes in Artificial Intelligence, 2006, 4088: 684 -689.

[303] Xiong Li, Jia Fu, Fei Dong, Zhiming Dong. Formal Information Representation for Tactical Reconnaissance System Organization Model[J]. Studies in Informatics and Control, 2012, 21(3): 325 -332.

[304] Xiong Li, Gaotian Pan, Zhiming Dong, Dianbo Cui, Hongwei An. Designing of Multi - Agent - Based of Complex Warfare System Simulation Model [J]. Dynamics of Continuous, Discrete and Impulsive Systems, Series A: Mathematical Analysis, 2006, 7(S3): 953 -959.

[305] Xiong Li, Zhiming Dong. Platform - Level Distributed Warfare Model Based on Multi - Agent System Framework[J]. Defence Science Journal, 2012, 62(3): 180 -186.

[306] Volker Grimm, Eloy Revilla, et al. Pattern - Oriented Modeling of Agent - Based Complex Systems - Lessons from Ecology[J]. Science, 2005, 310: 987 -991

[307] Victor Lesser. Autonomous Agents and Multi - Agent Systems[M]. Kluwer, Boston, 1998.

[308] U. Faghihi, P. Poirier, P. Fournier - Viger, R. Nkambou. Human - Like Learning in a Conscious Agent[J]. Journal of Experimental and Theoretical Artificial Intelligence, 2011, 23(4): 497 -528.

[309] T. Kamiyama, T. Soeda, M. Yoo, T. Yokoyama. A Simulink to UML Transformation Tool for Embedded Control Software Design[J]. International Journal of Modeling and Optimization, 2012, 2(3): 197 -201.

[310] T. E. Kalayci, A. Ugur: Genetic Algorithm - Based Sensor Deployment with Area Priority[J]. Cybernetics and Systems: An International Journal, 2011, 42(8): 605 -620.

[311] Shoham, Yoav, Kevin Leyton - Brown. Multi - Agent Systems: Algorithmic, Game - Theoretic, and Logical Foundations[M]. Cambridge University Press, 2009.

[312] S. Turgay. Agent - Based FMS Control[J]. Robotics and Computer Integrated Manufacturing, 2009, 25(2): 470 -480.

[313] S. Paurobally, J. Cunningham, N. R. Jennings. Verifying the Contract Net Protocol: A Case Study in

Interaction Protocol and Agent Communication Language Semantics[C]. in Proceedings of the 2nd International Conference on Logic and Communication in Multi-Agent Systems, 2004: 98-117.

[314] S. Mihailo, M. Dragan, L. Aleksandar. A Mobile Agents Framework for Integration of Legacy Telecommunications Network Management Systems[J]. Electrical Review, 2012, (6): 337-341.

[315] S. Jurgen, H. Bruce. From Complex Conflicts to Stable Cooperation[J]. Complexity, 2007, 13(2): 78-91.

[316] S. Fatima, M. Wooldridge, N. R. Jennings. An Agenda Based Framework for Multi-Issues Negotiation [J]. Artificial Intelligence Journal, 2004, 152(1): 1-45.

[317] Scott A. Deloach, Mark F. Wood, Clint H. Sparkman. Multi-Agent Systems Engineering[J]. International Journal of Software Engineering and Knowledge Engineering, 2001, 11(3): 231-258.

[318] S. Connelly, P. Lindsay, M. Gallagher. An Agent Based Approach to Examining Shared Situation Awareness[C]. in Proceedings of ICECCS, 2007: 162-171.

[319] R. Olfati-Saber. Flocking for Multi-Agent Dynamic Systems: Algorithms and Theory[J]. IEEE Transactions on Automatic Control, 2006, 51(3): 401-420.

[320] R. Gore, P. F. Reynolds Jr. Insight: Understanding Unexpected Behaviors in Agent-Based Simulations [J]. Journal of Simulation, 2010, 4(3): 170-180.

[321] R. G. Smith. The Contract Net Protocol: High Level Communication and Control in Distributed Problem Solver[J]. IEEE Transactions on Computers, 1980, 29(12): 1104-1113.

[322] R. Fabac. Complexity in Organizations and Environment - Adaptive Changes and Adaptive Decision-Making[J]. Interdisciplinary Description of Complex Systems, 2010, 8(1): 34-48.

[323] P. R. Cohen, H. J. Levesque. Teamwork[J]. Nous, 1991, 25(4): 487-512.

[324] P. Mora? tis, E. Petraki, N. I. Spanoudakis. Engineering JADE Agents with the Gaia Methodology [C]. in Proceedings of the Agent Technology Workshops 2002, LNAI 2592, 2003: 77-91.

[325] Pratik K. Biswas. Towards an Agent-Oriented Approach to Conceptualization[J]. Applied Soft Computing, 2008, 8(1): 127-139.

[326] P. Busetta, N. Howden, R. Rönnquist, A. Hodgson. Structuring BDI Agents in Functional Clusters [C]. in Proceedings of the 6th International Workshop on ATAL 1999, 277-289.

[327] P. Bresciani, F. Sannicoló. Requirements Analysis in Tropos: A Self-Referencing Example[C]. in Proceedings of the Agent Technology Workshops 2002, LNAI 2592, 2003, 21-35.

[328] P. Bresciani, A. Perini, P. Giorgini, F. Giunchiglia, J. Mylopoulos. Modeling Early Requirements in Tropos: A Transformation Based Approach[C]. in Proceedings of the AOSE, 2001: 151-168.

[329] P. Bresciani, A. Perini, P. Giorgini, F. Giunchiglia, J. Mylopoulos. Tropos: An Agent-Oriented Software Development Methodology. Autonomous Agents and Multi-Agent Systems[J]. 2004, 8(3): 203-236.

[330] P. Aula, K. Siira. Organizational Communication and Conflict Management Systems[J]. Nordicom Review, 2010, 31(1): 125-141.

[331] N. R. Jennings. On Agent-Based Software Engineering[J]. Artificial Intelligence, 2000, 117: 277-296.

[332] N. R. Jennings, K. Sycara, M. Wooldridge. A Roadmap of Agent Research and Development[J]. Autonomous Agents and Multi-Agent System, 1998, 10(2): 199-215.

[333] Massimo Cossentin, Nicolas Gaud, Vincent Hilaire, et al. ASPECS: An Agent - Oriented Software Process for Engineering Complex Systems[J]. Autonomous Agents and Multi - Agent Systems, 2010, 20(2): 260 - 304.

[334] Mariusz Jacyno. Self - Organizing Agent Communities for Autonomic Computing[D]. University of Southampton, 2010.

[335] M. Wooldridge 著, 石纯一, 张伟, 徐晋晖, 等译. 多 Agent 系统引论[M]. 北京: 电子工业出版社, 2003.

[336] M. Wooldridge. Reasoning about Rational Agents[M]. The MIT Press, 2000.

[337] M. Wooldridge, N. R. Jennings. Intelligent Agents: Theory and Practice[J]. The Knowledge Engineering Review, 1995, 10(2): 115 - 152.

[338] M. Wooldridge, N. R. Jennings, D. Kinny. The Gaia Methodology for Agent Oriented Analysis and Design[J]. Autonomous Agents and Multi - agent Systems, 2000, 3(3): 285 - 312.

[339] M. René, C. Alexis, et al. Behaviour Based on Decision Matrices for a Coordination between Agents in a Urban Traffic Simulation[J]. Applied Intelligence, 2008, 28(2): 121 - 138.

[340] M. H. Bashtian, M. Arashi, S. M. M. Tabatabaey. Using Improved Estimation Strategies to Combat Multicollinearity[J]. Journal of Statistical Computation and Simulation, 2011, 81(12): 1773 - 1797.

[341] M. E. Bratman. Intention, Plans, and Practical Reason[M]. Harvard University Press, 1987.

[342] M. David, S. Olivier, K. Abderraa. Simulation and Evaluation of Urban Bus - Networks Using a Multiagent Approach[J]. Simulation Modelling Practice and Theory, 2007, 15(6): 659 - 671.

[343] Lu Ma, Jeffrey J. P. Tsai. Formal Modeling and Analysis of a Secure Mobile - Agent System[J]. IEEE Transactions on Systems, Man and Cybernetics - Part A, 2008, 38(1): 180 - 196.

[344] Linxuan Zhang, Tianyuan Xiao, Ce Liang. Implementation of an ASP - Oriented Distributed Collaborative Design System and Its Applications in Pervasive Computing Environment[C]. in Proceedings of the 2nd International Conference on Pervasive Computing and Applications, 2007: 133 - 138.

[345] Lance E. Champagne, Raymond R. Hill. A Simulation Validation Method Based on Bootstrapping Applied to an Agent - Based Simulation of the Bay of Biscay Historical Scenario[J]. Journal of Defense Modeling and Simulation, 2009, 6(10): 201 - 212.

[346] L. Yu, S. Wang, K. K. Lai. An Intelligent - Agent - Based Fuzzy Group Decision Making Model for Financial Multicriteria Decision Support[J]. European Journal of Operational Research, 2009, 195(3): 942 - 959.

[347] L. Penserini, T. Kuflik, P. Busetta, P. Bresciani. Agent - Based Organizational Structures for Ambient Intelligence Scenarios[J]. Journal of Ambient Intelligence and Smart Environments, 2010, 2(4): 409 - 433.

[348] L. Penserini, P. Bresciani, T. Kuflik, P. Busetta. Using Tropos to Model Agent Based Architectures for Adaptive Systems: A Case Study in Ambient Intelligence[C]. in Proceedings of the SWSTE, 2005: 37 - 46.

[349] L. M. Chen, Z. Z. Shi. A Behaviour Strategy for Agents in the Semantic Web Using Dynamic Description Logics[J]. Information - An International Journal, 2011, 14(3): 993 - 998.

[350] Kota, N. M. Gibbins, N. R. Jennings. Self - Organising Agent Organizations[C]. in Proceedings of the International Conference on Autonomous Agents and Multi - Agent Systems, 2009: 797 - 804.

[351] K. Moutaz, H. Mirsad, A. Z. Muhammad. An Agent Based Modeling Approach for Determining Optimal Price – Rebate Schemes[J]. Simulation Modelling Practice and Theory, 2008, 16(1): 111 – 126.

[352] K. Junichi, H. Tomoki, H. Shinji, T. Tanabe, T. Funabashi, H. Hirata. Multi – Agent – Based Autonomous Power Distribution Network Restoration Using Contract Net Protocol[J]. Electrical Engineering in Japan, 2009, 166(4): 56 – 63.

[353] Jun Itakura, Masayuki Kurosaki, Yoshie Itakura, et al. Reproducibility and Usability of Chronic Virus Infection Model Using Agent – Based Simulation: Comparing with a Mathematical Model[J]. BioSystems, 2010, 99(1): 70 – 78.

[354] Jiefei Ma, A. Russo, K. Broda, et al. DARE: A System for Distributed Abductive Reasoning[J]. Autonomous Agents and Multi – Agent Systems, 2008, 16(3): 271 – 297.

[355] J. Wu, R. Tzoneva. A Multi – Agent System Architecture for Coordination of the Real – Time Control Functions in Complex Industrial Systems[J]. International Journal Computers, Communications & Control, 2011, 6(4): 764 – 781.

[356] J. Tweedale, C. Sioutis, P. W. Gloria, et al. Future Directions: Building a Decision Making Framework Using Agent Teams[J]. Studies in Computational Intelligence, 2008, 97: 387 – 408.

[357] J. Odell. Objects and Agents Compared[J]. Journal of Object Technology, 2002, 1(1): 41 – 53.

[358] J. Ferber. Multi – Agent Systems: An Introduction to Distributed Artificial Intelligence[M]. Addison – Wesley, 1999.

[359] Ibrahim Cil, Murat Mala. A Multi – Agent Architecture for Modelling and Simulation of Small Military Unit Combat in Asymmetric Warfare[J]. Expert Systems with Applications, 2010, 37(2): 1331 – 1343.

[360] I. Foster, N. R. Jennings, C. Kesselman. Brain Meets Brawn: Why Grid and Agents Need Each Other [C]. in Proceedings of the 3rd International Conference on Autonomous Agents and Multi – Agent Systems, 2004: 8 – 15.

[361] Hui Chen, Perry P. Y. Lam, et al. Business – to – Consumer Mobile Agent – Based Internet Commerce System (MAGICS)[J]. IEEE Transactions on Systems, Man and Cybernetics – Part C, 2007, 37(6): 1174 – 1189.

[362] Haibin Zhu, Mengchou Zhou. Role – Based Collaboration and Its Kernel Mechanisms[J]. IEEE Transactions on Systems, Man and Cybernetics – Part C, 2006, 4(36): 578 – 588.

[363] H. Yim, K. Cho, K. Jongoo, S. Park. Architecture – Centric Object – Oriented Design Method for Multi – Agent Systems[C]. in Proceedings of the 4th International Conference on Multi – Agent Systems, 2000: 214 – 220.

[364] Gyoo Gun Lim, Kun Chang Lee, Won Jun Seo, Dae Chul Lee. Multi – Agent Based Simulation for Evaluation of Mobile Business Models[J]. Information – An International Journal, 2011, 14(9): 3063 – 3080.

[365] Guoyin Jiang, Bin Hu, Youtian Wang. Agent – Based Simulation of Competitive and Collaborative Mechanisms for Mobile Service Chains[J]. Information Sciences, 2010, 180(2): 225 – 240.

[366] Guoyin Jiang, Bin Hu, Youtian Wang. Agent – Based Simulation Approach to Understanding the Interaction between Employee Behavior and Dynamic Tasks[J]. Simulation, 2011, 87(5): 407 – 422.

[367] G. Booch. Object – Oriented Analysis and Design with Applications[M]. Addison Wesley, 1994.

[368] Feng Wan, Munindar P. Singh. Mapping Dooley Graphs and Commitment Causality to the π – Calculus

[C]. in Proceedings of the International Conference on AAMAS, 2004:128 - 134.

[369] Farid Mokhati, Noura Boudiaf, Mourad Badri, Linda Badri. Translating AUML Diagrams into Maude Specifications: A Formal Verification of Agents Interaction Protocols[J]. Journal of Object Technology, 2007, 6(4), 72 - 102.

[370] Farid Mokhati, Mourad Badri, Linda Badri. A Formal Framework Supporting the Specification of the Interactions between Agents[J]. Informatica, 2007, (31): 337 - 350.

[371] F. Zambonelli, N. R. Jennings, M. Wooldridge. Developing Multiagent Systems: The Gaia Methodology [J] ACM Transactions on Software Engineering and Methodology, 2003, 12(3): 317 - 370.

[372] F. Giunchiglia, J. Mylopoulos, A. Perini. The Tropos Software Development Methodology: Processes, Models and Diagrams[R]. University of Trento, 2001.

[373] F. G. Filip. A Decision - Making Perspective for Designing and Building Information Systems[J]. International Journal Computers, Communications & Control, 2012, 7(2): 264 - 272.

[374] E. H. Durfee. Coordination of Distributed Problem Solvers[M]. Springer, 1988.

[375] David Jégou, Dae - Won Kim, Pierre Baptiste, Kwang H. Lee. A Contract Net Based Intelligent Agent System for Solving the Reactive Hoist Scheduling Problem[J]. Expert Systems with Applications, 2006, 30(2): 156 - 167.

[376] David Alberts, John Garstka, 等. 网络中心行动的基本原理及其度量[M]. 兰科研究中心译. 北京: 国防工业出版社, 2007.

[377] D. N. Elisabetta, G. Carlo, M. Andreas, P. Mike, P. Klaus. A Journey to Highly Dynamic, Self - Adaptive Service - Based Applications[J]. Automated Software Engineering, 2008, (15): 313 - 341.

[378] D. J. Cook. Multi - Agent Smart Environments[J]. Journal of Ambient Intelligence and Smart Environments, 2009, 1(1): 51 - 55.

[379] C. Lucas, L. Francisco. Towards a Theory on the Design of Adaptive Transformation[R]. A Systemic Approach, US Army Command and General Staff College, Kansas, 2010.

[380] Chang - Hyun Jo, J. M. Einhorn. A BDI Agent - Based Software Process[J]. Journal of Object Technology, 2005, 4(9): 101 - 121.

[381] C - C Chen, D. R. Hardoon. Learning from Multi - Level Behaviours in Agent - Based Simulations: A Systems Biology Application[J]. Journal of Simulation, 2010, (4): 196 - 203.

[382] Catholijn M. Jonker, Jan Treur. Agent - Oriented Modeling of the Dynamics of Biological Organisms[J]. Applied Intelligence, 2007, 27(1): 1 - 20.

[383] C. Badica, Z. Budimac, H - D. Burkhard, M. Ivanovic. Software Agents: Languages, Tools, Platforms [J]. Computer Science and Information Systems, 2011, 8(2): 255 - 298.

[384] C. A. Iglesias, M. Garijo, J. C. Gonzalez, J. R. Velasco. A Methodological Proposal for Multiagent Systems Development Extending CommonKADS[C]. in Proceedings of the 10th Banff Knowledge Acquisition for Knowledge - Based Systems Workshop, 1996, 25 - 37.

[385] C. A. Iglesias, M. Garijo, J. C. Gonzalez, J. R. Velasco. Analysis and Design of Multiagent Systems using MAS - CommonKADS[C]. in Proceedings of the 4th Workshop on Agent Theories, Architectures, and Languages, 1998: 313 - 328.

[386] Black, Mike. Information Paper on JSIMS/WARSIM Contingency Planning[R]. Fort Leavenworth, Kansas: National Simulation Center, 2002.